高等学校土建类学科专业"十三五"规划教材

高等学校规划教材

水 力 学

（第二版）

高学平　主编

U0249083

中国建筑工业出版社

图书在版编目（CIP）数据

水力学/高学平主编.—2版.—北京：中国建筑工
业出版社，2018.9（2021.6重印）
高等学校土建类学科专业"十三五"规划教材　高
等学校规划教材
ISBN 978-7-112-22557-6

Ⅰ.①水…　Ⅱ.①高…　Ⅲ.①水力学-高等学
校-教材　Ⅳ.①TV13

中国版本图书馆 CIP 数据核字（2018）第 185537 号

　　本书主要是在第一版基础上，根据近年来学科发展和教学实际对教材进行修
订而成。本书强调基本概念、基本原理和基本方法，注重培养学生解决实际问题
的能力。各章深入浅出，循序渐进。全书分为 10 章，主要内容包括：绪论、流体
静力学、流体运动学、流体动力学、流动阻力和能量损失、量纲分析与相似原理、
孔口管嘴和有压管流、明渠恒定流、堰流及闸孔出流、渗流。教材中重要知识点
均有适当的例题帮助理解，每章后有小结，并有一定量的思考题和习题。

　　本书是为港口工程、水利水电工程、土木工程、环境工程等专业"水力学"
课程编写的教材，亦可作为其他相近专业的教材或参考书，并可供有关专业工程
技术人员参考。

　　为更好地支持本课程教学，我社向选用本教材的任课教师提供课件，有需要
者可与出版社联系，索取方式如下：建工书院 http://edu.cabplink.com，邮箱
jckj@cabp.com.cn，电话：010-58337285。

责任编辑：吉万旺　王　跃
责任校对：李美娜

高等学校土建类学科专业"十三五"规划教材
高等学校规划教材

水　力　学

（第二版）

高学平　主编

*

中国建筑工业出版社出版、发行（北京海淀三里河路 9 号）
各地新华书店、建筑书店经销
霸州市顺浩图文科技发展有限公司制版
北京建筑工业印刷厂印刷

*

开本：787×1092 毫米　1/16　印张：19　字数：461 千字
2018 年 11 月第二版　　2021 年 6 月第十七次印刷
定价：**42.00** 元（赠教师课件）
ISBN 978-7-112-22557-6
（32632）

第二版前言

本书第一版第一次印刷是 2006 年 8 月，岁月如梭，一晃已 12 年了。期间进行了多次印刷，2017 年 8 月进行了第 13 次印刷，截至目前已发行 21500 册。

本书介绍水力学的最基本内容。对于学时较多的水力学课程，一般分为水力学 A 和水力学 B。水力学 A 涵盖水力学的最基本内容，一般 64 学时或 48 学时；水力学 B 涉及不同的专业应用内容，一般 32 学时。本书内容对应水力学 A，适合于不同专业对水力学课程最基本内容的需求，例如水利水电工程、港口航道及海岸工程、土木工程、环境工程、市政工程、水务工程等专业。至于涉及不同的专业应用的内容，本书有续册，其内容对应水力学 B，例如水利水电工程、港口航道及海岸工程等专业，可选续册的相关内容。

本书共 10 章，涵盖了理论基础（绪论、流体静力学、流体运动学、流体动力学、流动阻力和能量损失、量纲分析与相似理论）和基本应用（孔口管嘴和有压管流、明渠恒定流、堰流及闸孔出流、渗流）。每章均有一定量的例题，每章有小结、思考题和习题。

第一版，在教材结构体系、内容系统性、各知识点之间联系等方面，形成了特色。将以往教材分开编写的知识点有机联系起来，例如流体运动的连续性微分方程和总流的连续性方程、实际流体运动微分方程（N-S 方程）和实际流体恒定总流的能量方程，明晰了微分方程和总流方程的关联性以及各自方程的研究对象，有利于学生系统掌握。

第二版，在第一版的基础上进行了以下修订：（1）修正了笔误和印刷错误；（2）改写了典型例题的求解过程，使解题步骤和思路更加清晰，例如恒定总流动量方程的应用、短管水力计算、长管水力计算、明渠恒定非均匀渐变流水面曲线计算等；（3）改写了部分章节，内容更加条理性和系统性，例如薄壁孔口恒定出流、长管水力计算等。

本书参考了有关书籍，汲取了其精华，并引用了部分插图等，在此，编者向有关作者和出版社表示衷心的感谢！

本书编写人员包括高学平（第 1、2、3、4、6 章）、张效先（第 7、8、9 章）、李大鸣（第 5 章）和张庆河（第 10 章）。高学平担任主编。

由于编者水平所限，书中错误在所难免，恳请广大读者和专家批评、指正。

编　者

2018 年 7 月 16 日

第一版前言

本书是为港口航道及海岸工程、水利水电工程、土木工程、环境工程等专业"水力学"或"工程流体力学"课程编写的教材。

编写教材别有一番难处，其难点在于既要保持教材理论体系的完整性又要在内容取舍安排上兼顾后续专业课程的要求，还要考虑教学课时数的限制。本教材在编写过程中，精选内容，理论联系实际，深入浅出，循序渐进，努力做到学以致用，培养学生分析问题和解决实际问题的能力。本书强调基本概念、基本原理和基本方法，注重培养学生解决实际问题的能力。各章均有一定量的例题，每章有小结，并有一定量的思考题和习题。

本书在编写过程中参考了有关书籍，汲取了其精华，并引用了部分插图，在此，编者向有关作者和出版社表示衷心的感谢。在编写过程中，得到了赵耀南教授、杨奕翰教授等的鼓励和支持，吸收了他们的许多宝贵经验、意见和建议，在这里编者对他们表示衷心的感谢。

全书共分为10章，主要内容包括：绪论、流体静力学、流体运动学、流体动力学、流动阻力和能量损失、量纲分析与相似原理、孔口管嘴和有压管流、明渠恒定流、堰流及闸孔出流、渗流。适用于港口航道及海岸工程、水利水电工程、土木工程、环境工程（市政工程）等专业。本书有续册，内容为：明渠非恒定流、船闸输水系统水力计算、水沙运动的基本原理、波动水力学、泄水建筑物下游的水流衔接与消能、高速水流。港口航道及海岸工程、水利水电工程专业可选择续册相关内容。

本书采取集体讨论、分工执笔、主编统稿审定的编写方式。参加编写的有：高学平（第1章、第2章、第3章、第4章、第6章）；张效先（第7章、第8章、第9章）；李大鸣（第5章）；张庆河（第10章）。高学平、张效先担任主编。

由于编者水平所限，时间较紧，书中不妥之处恳切希望广大读者及专家批评、指正。

编 者
2006 年 5 月 30 日

目　　录

第1章 绪 论

自然界中的物体一般有三种存在形态：固体、液体和气体。液体和气体统称为流体。固体能维持其固有形状和体积；液体能保持比较固定的体积，但没有一定的形状，随容器的形状而变化，具有自由表面；气体则充满整个容器，没有固定的体积和形状，没有自由表面。因此，区分三种物态的标准，一是体积变化的大小，即压缩性；二是物体能否流动，即流动性。固体和液体的压缩性小（比气体压缩性要小得多），用压缩性可以把气体和固体或液体区别开来。流动是一种剪切现象，当物体不能在微小剪切力的作用下维持平衡，不断地变形，这就是流动。液体和气体在微小剪切力的作用下，很容易发生变形，因而具有流动性；固体在微小剪切力的作用下可以维持平衡，因而不具有流动性。用流动性可以把固体和流体区分开来。

本章主要介绍水力学的任务、流体连续介质概念、液体的主要物理性质以及作用于流体上的力。

1.1 水力学的任务

水力学的任务是研究液体（主要是水）的平衡和运动规律及其实际应用。

水力学所研究的基本规律，一是关于液体平衡的规律，它研究液体处于静止或相对静止状态时，作用于液体上各种力之间的关系，这一部分称为流体静力学（水静力学）；二是关于液体的运动规律，它研究液体在运动状态时，作用于液体上的力与运动要素之间的关系，以及液体运动特性与能量转换等，这一部分又可分为流体运动学和流体动力学。实际应用即是利用上述基本规律解决工程中的实际问题。

水力学是许多工程实践的基础，在水力发电、港口航道、农田水利、环境保护、土木建筑、道路桥梁、市政建设等部门，都将碰到大量与液体运动规律有关的问题。例如，水利枢纽的设计、港口设计、航道设计、洪峰预测、河流泥沙、城市供水系统中管路布置、水泵选择等。要解决这些问题必须具备水力学的知识。因此，水力学是一门重要的应用性的技术基础学科。

水力学是研究水流运动的一门科学。因水流运动和其他液体流动以及一部分气体运动具有共同的性质和规律，所以也可以把液流和气流合在一起研究，称为流体力学。一般将侧重于理论方面的流体力学，称为理论流体力学；侧重于应用的，称为工程流体力学。

水力学以试验起家，以总结经验公式为主要法宝。人类知识的深化，总是以经验上升为理论，用理论取代经验的方式前进的。与过去的水力学相比，现代的水力学的理论基础大大加强了。因而对水流问题的求解，也从以试验为主转变为理论分析和试验方法并重的途径。即使利用试验方法，也尽可能地用理论指导，避免盲目的试验。如果只用过去的水力学知识去阅读现代的水力学文献，就会感到困难重重，甚至难以理解。水力学的发展，和其他学科一样，在于不断地用数理分析方法所得出的结论去替换水力学自己暂时的和近似的解答。当前科学技术的发展趋势是学科之间的相互渗透、综合。水力学的研究范围越来越广，并且派生出许多新的学科，如计算水力学、环境水力学、生态水力学等。水力学是一门既古老又富有生机的学科。

本书主要研究以水为代表的液体的运动和平衡规律及其应用，其基本理论也适用于各种液体和忽略压缩性影响的气体。

1.2 连 续 介 质

流体和任何物质一样，都是由分子组成的，分子与分子之间是不连续而有空隙的。例如，常温下每立方厘米水中约含有 3×10^{22} 个水分子，相邻分子间距离约为 3×10^{-8} cm。因而，从微观结构上说，流体是有空隙的、不连续的介质。

但是，我们所关心的不是个别分子的微观运动，而是大量分子"集体"所显示的特性，也就是所谓的宏观特性或宏观量，这是因为分子间的孔隙与实际所研究的流体尺度相比是极其微小的。因此，可以设想把所讨论的流体分割成为无数无限小的基元个体，相当于微小的分子集团，称之为流体的"质点"。从而认为，流体就是由这样的一个紧挨着一个的连续的质点所组成的，没有任何空隙的连续体，即所谓的"连续介质"。同时认为，流体的物理力学性质，例如密度、速度、压强和能量等，具有随同位置而连续变化的特性，即视为空间坐标和时间的连续函数。因此，不再从那些永远运动的分子出发，而是在宏观上从质点出发来研究流体的运动规律，从而可以利用连续函数的分析方法。长期的实践和科学实验证明，利用连续介质假定所得出的有关流体运动规律的基本理论与客观实际是符合的。

所谓流体质点，是指微小体积内所有流体分子的总体，而该微小体积是几何尺寸很小（但远大于分子平均自由行程），但包含足够多分子的特征体积，其宏观特性就是大量分子的统计平均特性，且具有确定性。

1.3 流体物理量

根据流体连续介质模型，任一时刻流体所在空间的每一点都为相应的流体质点所占据。流体的物理量是指反映流体宏观特性的物理量，如密度、速度、压强、温度和能量等。对于流体物理量，如流体质点的密度，可以定义为微小体积内大量数目分子的统计质量除以该微小体积所得的平均值，即

$$\rho = \lim_{\Delta V \to \Delta V'} \frac{\Delta m}{\Delta V} \tag{1-1}$$

式中　Δm——体积 ΔV 中所含流体的质量；

　　　$\Delta V'$——微小体积。

按数学的定义，空间一点的流体密度为：

$$\rho = \lim_{\Delta V \to 0} \frac{\Delta m}{\Delta V} \tag{1-2}$$

由于微小体积 $\Delta V'$ 很小，按式（1-1）定义的流体质点密度，可以视为流体质点质心（几何点）的流体密度，这样就应与式（1-2）定义的空间点的流体密度相一致。为把物理概念与数学概念统一起来，方便利用有关连续函数的数学工具，今后均采用如式（1-2）所表达的流体物理量定义。所谓某一瞬时空间任意一点的物理量，是指该瞬时位于该空间点的流体质点的物理量。在任一时刻，空间任一点的流体质点的物理量都有确定的值，它们是坐标点 $(x，y，z)$ 和时间 t 的函数。例如，某一瞬时空间任意一点的密度是坐标点 $(x，y，z)$ 和时间 t 的函数，即

$$\rho = \rho(x，y，z，t) \tag{1-3}$$

每一个物理量都包括量的数值和量的种类，物理量的种类习惯上称为量纲；量度物理量的基准称为单位。量纲与单位不同，例如河宽 $B=5\mathrm{m}$，也可以用 $B=500\mathrm{cm}$ 表示。这里，河宽是表示"长度"的物理量，而"m"或"cm"是该长度的单位。所以，单位不同，量的数值也就不同。但量纲只有一个，即长度，记作 L。

在国际单位制（SI）中，以长度、时间、质量作为基本量，其单位和表示符号分别为米（m）、秒（s）、千克（kg）。力则为导出量，单位为牛顿（N）。1 牛顿定义为：在 1 牛顿的力作用下，质量为 1 千克的物体得到 1 米/秒² 的加速度，即 $1\mathrm{N}=1\mathrm{kg} \cdot \mathrm{m/s^2}$。

物理量虽然很多，但可以分为两类：一类是有量纲的量，如速度、加速度等；另一类则是无量纲的量，如圆周率 π、摩擦系数等。有量纲的物理量虽然很多，但其量纲亦可分为基本量纲与导出量纲。基本量纲是性质完全不同的独立量纲，其中任何一个不能由另外的组合而得。研究以水为代表的流体时，基本量纲有质量 M、时间 T、长度 L 三种。其他物理量的量纲，都可以由这三种基本量纲以不同方式组合而成，称为导出量纲，例如速度的量纲为 LT^{-1}，力的量纲为 MLT^{-2}。

1.4　液体的主要物理性质

流体运动的规律与作用于流体的外部因素及条件有关，而外部因素及条件通过流体自身的内在物理性质来表现。一般说来，流体的主要物理性质可归纳为惯性、重力特性、黏滞性、压缩性与膨胀性、表面张力特性。虽然这些物理性质都在不同程度上决定和影响着流体的运动，但每一种性质的影响程度并非相同。就一般而论，重力特性、黏滞性对流体运动的影响起着重要作用。

1.4.1　惯性

流体与固体一样，具有惯性。惯性是物体保持原有运动状态的性质。运动状态的任何改变，都必须克服惯性的作用。惯性的大小以质量来度量。质量越大，惯性越大，运动状态越难改变。当流体受外力作用使运动状态发生改变时，由于流体的惯性引起对外界抵抗的反作用力称为惯性力。

设物体的质量为 m，加速度为 a，则惯性力为 $F=-ma$，式中负号表示惯性力的方向与物体加速方向相反。需要指出，惯性力不是能够引起物体运动或使物体有运动趋势的主动力，而是为了使物体加速所必须克服的一种力。

流体的质量以密度来反映。单位体积流体所含的质量称为密度，以 ρ 表示。对于均质

流体，若体积为 V 的流体具有的质量为 m，则密度为：

$$\rho = \frac{m}{V} \qquad (1\text{-}4)$$

密度的单位为千克/米³（kg/m³），其量纲为 ML^{-3}。流体的密度随温度和压强的变化而变化。对液体而言，其密度随压强和温度的变化甚微，在实际计算中可视为常数。例如水的密度，实用上就以在一个标准大气压强下、温度为 4℃ 时的最大密度值作为计算值，其数值为 1000 千克/米³（kg/m³）。表 1-1 给出了不同温度下水的密度值。由表中可知，温度在 0～30℃ 之间，其密度较 4℃ 时的密度只减小 0.4%；但当温度在 80～100℃ 之间，其密度比 4℃ 时的密度减小 2.8%～4%。因此，在温差较大的热水循环系统中，应设膨胀接头或膨胀水箱以防止管道被水胀裂。此外，当温度为 0℃ 时，冰的密度 $\rho_{冰}=916.7\mathrm{kg/m^3}$，水的密度 $\rho_{水}=999.9\mathrm{kg/m^3}$，二者的密度不同，冰的体积比水的体积约大 9%，故路基、水管、水泵等在冬期温度过低时应增加防冰冻措施。

不同温度下水的物理性质数值表 表 1-1

温度 （℃）	密度 ρ （kg/m³）	动力黏滞系数 μ （10^{-3}Pa·s）	运动黏滞系数 ν （10^{-6}m²/s）	体积弹性系数 K （10^9N/m²）	表面张力系数 σ （N/m）
0	999.9	1.787	1.787	2.04	0.0762
4	1000.0	1.568	1.568	—	—
5	1000.0	1.514	1.514	2.06	0.0754
10	999.7	1.304	1.304	2.11	0.0748
15	999.1	1.137	1.138	2.14	0.0741
20	998.2	1.002	1.004	2.20	0.0736
25	997.1	0.891	0.894	2.22	0.0726
30	995.7	0.789	0.802	2.23	0.0718
40	992.3	0.654	0.659	2.27	0.0701
50	988.1	0.548	0.554	2.30	0.0682
60	983.2	0.467	0.475	2.28	0.0668
70	977.8	0.405	0.414	2.25	0.0650
80	971.8	0.355	0.366	2.21	0.0630
90	965.3	0.316	0.327	2.16	0.0612
100	958.4	0.283	0.295	2.07	0.0594

注：表中数据主要引自夏震寰现代水力学（一）P442。

在一个标准大气压强下，温度为 20℃ 时，水银（汞）的密度为 $13550\mathrm{kg/m^3}$，通常计算时取 $\rho_H=13.6\times10^3\mathrm{kg/m^3}$。在一个标准大气压强下，温度为 20℃ 时，干空气的密度 $\rho_a=1.2\mathrm{kg/m^3}$。

1.4.2 重力特性

物体受地球引力作用的性质，称为重力特性。地球对流体的引力即为重力，或称重量。重力的单位是牛顿（N）或千牛顿（kN），$1\mathrm{kN}=10^3\mathrm{N}$。质量为 m 的流体，其所受重力 G 的大小为：

$$G = mg \qquad (1\text{-}5)$$

式中 g——重力加速度。

1.4.3 黏滞性

流体具有易流动性，对于像水这样的流体，不论多么微小的切向作用力作用于静止流体时，其原来的静止状态将被破坏而开始变形，也即开始流动。但是当流体一旦流动时，则流体分子间的作用力立即显示为对流动的阻抗作用，即显示出所谓黏滞性阻力。流体的这种阻抗变形运动的特性称为黏滞性。需要说明的是当流体运动 旦停止，这种阻力就立即消失。因此，黏滞性在流体静止或相对静止时是不显示作用的。流体运动时的黏滞阻力只能使流动缓慢下来，但不能阻止静止流体在任何微小切向力作用下开始流动。

下面以图 1-1 说明流体的黏滞性的作用。图示流体沿底部壁面作平直的直线运动，且相邻层质点之间互不掺混，即做成层的向前运动。由于流体和壁面的"附着力"，紧邻壁面的流层将粘附在壁面上而静止不动。这样，壁面以上的流层，由于受这个不动流层的阻滞，而形成了如图 1-1 所示的 $0\sim u_0$ 流速分布。这就是说，运动较快的流层将作用于运动较慢的流层上一

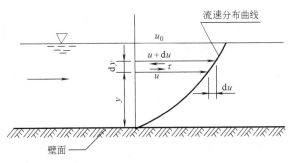

图 1-1　流体沿底部壁面的直线运动

个切向力，方向与运动方向相同，促其运动加快。反之，运动较慢的流层将作用在运动较快的流层上一个与运动方向相反的切应力，使其运动减慢。这样，流体的黏滞性就使流体内部出现了成对的切力，即内摩擦力。科学实验证明，内摩擦力（切力）T 与下述因素有关：

（1）与两流层间的速度差（即相对速度）$\mathrm{d}u$ 成正比，和流层间距离 $\mathrm{d}y$ 成反比；

（2）与流层的接触面积 A 的大小成正比；

（3）与流体的种类有关；

（4）与接触面上压力的大小无关。

内摩擦力的数学表达式可写为：

$$T = \mu A \frac{\mathrm{d}u}{\mathrm{d}y} \tag{1-6}$$

单位面积上的内摩擦力称为切应力，以 τ 表示，则

$$\tau = \mu \frac{\mathrm{d}u}{\mathrm{d}y} \tag{1-7}$$

式中　μ——随液体种类不同而异的比例系数，称为黏滞系数。

两流层间流速差与其距离的比值 $\mathrm{d}u/\mathrm{d}y$ 称为速度梯度。式（1-6）或式（1-7）称为牛顿内摩擦定律。它可以表述为：作层流运动的流体，相邻流层间单位面积上所作用的内摩擦力（或黏滞力），与流速梯度成正比，同时与流体的性质有关。

下面对式（1-7）中各项作进一步说明：

（1）速度梯度 $\mathrm{d}u/\mathrm{d}y$。它表示速度沿垂直于速度方向 y 的变化率，单位为"s^{-1}"。

为理解速度梯度的意义，从图 1-2 中将相距为 $\mathrm{d}y$ 的两层流体 1-1 和 2-2 分离出来，并取两流层间矩形微分流体 $ABCD$ 来研究，如图 1-2 所示。设微分体经过 $\mathrm{d}t$ 时段后运动至新的位置 $A'B'C'D'$，因流层 2-2 与流层 1-1 间存在流速差 $\mathrm{d}u$，微分体除位置改变而引起

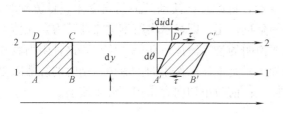

图 1-2　微分流体的剪切变形

平移运动之外，还伴随着形状的改变，由原来的矩形变成了平行四边形，也就是产生了剪切变形（角变形），AD 边和 BC 边都发生了角变形 $d\theta$，其剪切变形速度为 $d\theta/dt$。同时，在 dt 时段内，D 点比 A 点多移动的距离为 $du dt$。因 dt 为微小时段，角变形 $d\theta$ 亦为微小量，可以认为，$d\theta \approx \tan(d\theta) = du dt/dy$，故

$$\frac{du}{dy} = \frac{d\theta}{dt} \tag{1-8}$$

可见，速度梯度 du/dy 实际上是代表流体微团的剪切变形率（或称剪切变形速度，亦称直角变形速度）。所以，牛顿内摩擦定律也可以理解为切应力与剪切变形速度成正比。

（2）切应力 τ，或称单位面积的内摩擦力，或称单位面积上的黏滞力，单位为"N/m²"，简称"Pa"。量纲为 $ML^{-1}T^{-2}$。切应力 τ 不仅有大小，而且还有方向。现以图 1-2 微分矩形流体变形后的 $A'B'C'D'$ 来说明 τ 的方向：上表面 $D'C'$ 上面的流层运动较快，有带动较慢的 $D'C'$ 流层前进的趋势，故作用于 $D'C'$ 面上的切应力 τ 的方向与运动方向相同。下表面 $A'B'$ 下面的流层运动较慢，有阻抗较快的 $A'B'$ 流层前进的趋势，故作用于 $A'B'$ 面上的切应力 τ 的方向与运动方向相反。对于相接触的两个流层来讲，作用在不同流层上的切应力，必然是大小相等，方向相反。这里需要说明的是，内摩擦力虽然是流体阻抗相对运动的性质，但它不能从根本上制止流动的发生。因此，流体的易流动特性不因有内摩擦力存在而消失。当然，内摩擦力在流体静止或相对静止状态（即流体质点间没有相对运动）时是不显示作用的。

（3）黏滞系数 μ，单位是牛顿·秒/米²（N·s/m²）或帕斯卡秒（Pa·s），量纲为 $ML^{-1}T^{-1}$。黏滞系数 μ 的大小表征流体黏滞性的强弱。不同流体有不同的 μ 值，黏滞性大的流体 μ 值大，黏滞性小的流体 μ 值小。μ 的物理意义可以这样来理解：当取 $du/dy = 1$ 时，则 $\tau = \mu$，即 μ 表征单位速度梯度作用下的切应力，所以它反映了黏滞性的动力特性，因此也称 μ 为动力黏滞系数。

流体的黏滞性常用另一种形式的黏滞系数 ν 来表示，它是动力黏滞系数 μ 和流体密度 ρ 的比值，即

$$\nu = \frac{\mu}{\rho} \tag{1-9}$$

因 ν 不包括力的量纲而仅仅具有运动的量纲 $L^2 T^{-1}$，故称 ν 称为运动黏滞系数。常用单位是米²/秒（m²/s）或厘米²/秒（cm²/s），习惯上把 1 厘米²/秒称为 1 斯托克斯。同样，运动黏滞系数 ν 表征流体黏滞性的强弱。在相同条件下，ν 值愈大，说明黏滞性愈大，流体流动性愈低；反之，ν 值愈小，说明黏滞性愈小，流体流动性愈高。

液体的黏滞系数随温度而变化。水的黏滞系数随温度升高而减小（表 1-1）。几种常见液体在常温下的运动黏滞系数 ν 值见表 1-2。

液体名称	温度（℃）	$\nu(cm^2/s)$	液体名称	温度（℃）	$\nu(cm^2/s)$
汽油	18	0.0065	石油	18	0.2500
酒精	18	0.0133	重油	18	1.4000
煤油	18	0.0250	甘油	20	8.7000

最后还须指出，牛顿内摩擦定律只适用于部分流体，对于某些特殊流体是不适用的。一般把符合牛顿内摩擦定律（即切应力与剪切变形速度呈线性关系）的流体称为牛顿流体，反之称为非牛顿流体。如水、空气和油类等，在温度不变条件下，这类流体的 μ 值不变，剪切应力与剪切变形速度呈线性关系，是牛顿流体。本书研究的是牛顿流体，至于非牛顿流体（如泥浆、血浆、油漆、颜料等）可参考有关著作。

1.4.4　压缩性与膨胀性

流体受压，体积缩小、密度增大的性质，称为流体的压缩性。流体受热，体积膨胀、密度减小的性质，称为流体的膨胀性（亦称热胀性）。

液体不能承受拉力，但可以承受压力。液体分子间的距离与气体相比是比较小的，当对液体施加压力时，体积的压缩也即是分子间距离的缩短，导致了分子之间巨大排斥力的出现，并和外加压力维持平衡状态，如果外加力一旦取消，分子立即恢复原来的相互距离，即液体立即恢复其原来的体积。这正像固体一样，液体呈现了对于压力的弹性抵抗作用。液体压缩性的大小以体积压缩系数 β 或体积弹性系数 K 来表示。体积压缩系数是液体体积的相对缩小值与压强的增值之比。设 V 为液体原来的体积，当加压 dp 后，体积相应地压缩了 dV，则其体积压缩系数为：

$$\beta = -\frac{\frac{dV}{V}}{dp} \tag{1-10}$$

考虑压强增加时体积相应减小，dV 与 dp 的符号始终是相反的，为保持 β 为正，式中加负号。β 愈大，则液体压缩性愈大。β 的单位为米^2/牛顿（m^2/N）。

液体被压缩时其质量并不改变，即质量增量 $dm=0$，故 $dm = \rho dV + V d\rho = 0$ 或 $dV/V = -d\rho/\rho$，因而体积压缩系数又可写为：

$$\beta = \frac{1}{\rho}\frac{d\rho}{dp} \tag{1-11}$$

体积弹性系数 K 是体积压缩系数的倒数，即

$$K = \frac{1}{\beta} \tag{1-12}$$

K 愈大，表示液体愈不容易被压缩。K 的单位为牛顿/米^2（N/m^2）。

不同的液体有不同的 β 或 K 值，同一种液体其 β 或 K 值是随温度和压强而变化，但这种变化甚微，一般可视为常数。例如，压强每升高一个大气压，水的密度约增加 1/20000；大约增加一千个大气压才可使水的体积减少 5%。其他液体也有类似的性质，因而可以认为液体是不可压缩的。只有在某些特殊情况，如水击等问题时才需考虑水的压

缩性。水的体积弹性系数 K 值见表 1-1。

温度较低时（10～20℃），每增加 1℃，水的密度约减小 1.5/10000；温度较高时（90～100℃），每增加 1℃，水的密度约减小 7/10000，故一般情况下液体的膨胀性可以忽略。只有在某些特殊情况，如热水采暖等问题才考虑水的热胀性。对于气体，虽然温度和压强对 β 和 K 值的影响较液体更为显著，但在一般速度不高的流动情况下，也可将其视为不可压缩流体来处理。只有在压强变化过程非常迅速或者速度较高的流动情况下，才必须考虑压缩性。

1.4.5 表面张力特性

表面张力是自由表面上液体分子由于受两侧分子引力不平衡，使自由表面上液体分子受到极其微小的拉力，这种拉力称为表面张力。表面张力不仅在液体与气体接触面上发生，而且还会在液体与固体，或一种液体与另一种液体（如汞和水等）相接触的周界上发生。

因为气体分子的扩散作用，不存在自由表面，故气体不存在表面张力。表面张力是液体的特有性质。即使对液体来讲，表面张力在平面上并不产生附加压力，因为那里的力处于平衡状态，它只有在曲面上才产生附加压力以维持平衡。

表面张力的大小，可以用表面张力系数 σ 来度量。表面张力系数是指在自由表面（把这个面看作一个没有厚度的薄膜一样）单位长度上所受拉力的数值，单位为牛顿/米（N/m）。σ 的大小随液体种类、温度和表面接触情况而变化。对于和空气接触的自由面，当温度为 20℃时，水的 $\sigma=0.0736N/m$，水银的 $\sigma=0.0538N/m$。

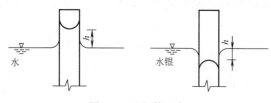

图 1-3 毛细管现象

在水流实验中，经常使用盛有水或水银的细玻璃管做测压管，由于表面张力的影响，使玻璃管中液面和与之相连通容器中的液面不在同一水平面上，液体会在细管中上升或下降 h 高度，如图 1-3 所示，这种现象称为毛细管现象。

毛细管升高或下降值 h 的大小和管径大小及液体性质有关。在一般实验室温度（20℃），可用下列近似公式来估算毛细管高度：

水的毛细升高 $$h=\frac{30}{d}$$ (1-13)

水银的毛细降低 $$h=\frac{10.15}{d}$$ (1-14)

式中，h 及 d 均以"mm"计，d 为玻璃管内径。可见，管的内径越小，毛细管升高或下降值越大。所以，用来测量压强的玻璃管内径不宜太小，否则就会产生很大的误差。

1.5 作用在流体上的力

流体处于运动或平衡状态时，受到各种力的作用，按其物理性质的不同可以分为惯性力、重力、黏滞力、弹性力和表面张力等。为便于分析流体的运动或平衡规律，作用于流体上的力，按其作用特点又分为表面力和质量力两大类。

1.5.1 表面力

表面力是作用于流体表面、并与其面积成比例的力。例如，固体边界对流体的摩擦力、边界对流体的反作用力、一部分流体对相邻流体（在接触面上）产生的压力等，都属于表面力。表面力可分为垂直于作用面的压力和沿作用面方向的切力。表面力的单位为牛顿（N）。

表面力的大小除用总作用力来度量外，常用单位表面力（应力）即单位面积上所受的表面力来表示。单位表面力的单位为牛顿/米²（N/m²），量纲为 $ML^{-1}T^{-2}$。若单位表面力与作用面垂直，称为压应力或压强；若与作用面平行，称为切应力。

1.5.2 质量力

质量力是指通过所研究流体的每一部分质量而作用于流体的、其大小与流体的质量成比例的力。质量力又称体积力。重力、惯性力都属于质量力。质量力的单位是牛顿（N）。

质量力除用总作用力来度量外，常用单位质量力来表示。作用在单位质量流体上的质量力称单位质量力。若质量为 m 的均质流体，总质量力为 F，则单位质量力 f 为：

$$f = \frac{F}{m} \tag{1-15}$$

单位质量力的量纲和加速度的量纲 LT^{-2} 相同。这一点可以对比牛顿公式 $F = ma$ 或 $a = F/m$ 来理解，其中 a 为加速度。

设总质量力 F 在空间坐标上的投影分别为 F_x、F_y、F_z，则单位质量力 f 在相应坐标轴上的投影为 f_x、f_y、f_z，即

$$f_x = \frac{F_x}{m}, \quad f_y = \frac{F_y}{m}, \quad f_z = \frac{F_z}{m} \tag{1-16}$$

当液体所受的质量力只有重力时（这是普遍情况），重力 $G = mg$ 在直角坐标系（设 z 轴铅直向上为正）的三个轴向分量分别为 $G_x = 0$、$G_y = 0$、$G_z = -mg$，则单位质量重力的轴向分力为：

$$f_x = 0, \quad f_y = 0, \quad f_z = -g \tag{1-17}$$

1.6 理想流体与不可压缩流体

1.6.1 理想流体

实际流体具有黏滞性，黏滞性的存在，使得对流体运动的分析变得非常困难。为使分析问题简化，引入理想流体的概念。所谓理想流体是指没有黏滞性的流体。理想流体只是实际流体在某种条件下的一种近似（简化）模型。实际流体与理想流体的根本区别在于有无黏滞性。对某些流动问题，若黏滞性不起作用或不起主要作用，采用理想流体模型可得出符合实际的结果。对某些流动问题中，若黏滞性影响很大，不能忽略时，应按实际流体处理，或者，先按理想流体模型处理，再对没有考虑黏滞性而引起的偏差进行修正。

1.6.2 不可压缩流体

实际流体都是可压缩的，如果忽略流体的压缩性，这种流体称为不可压缩流体；反

之，则称可压缩流体。不可压缩流体只是实际流体在某种条件下的一种近似模型。液体的压缩性和膨胀性均很小，密度可视为常数，一般按不可压缩流体处理。气体在大多数情况下也可按不可压缩流体处理。只有在某些情况下，比如速度接近或超过音速，在流动过程中其密度变化很大时，必须按可压缩流体来处理。

1.7 水力学的研究方法

现代水力学的研究方法通常有理论分析、数值计算和科学实验三种。由于流体运动的多样性和复杂性，针对不同流体运动问题需采用不同的研究方法。有时，同一问题应同时采用不同方法，以便相互补充、相互验证。

1.7.1 理论分析方法

理论分析方法是建立在流体连续介质假定的基础上，通过研究作用于流体上的力，引用经典力学的基本原理（如牛顿定律、动量定理、动能定理等），来建立流体运动的基本方程（如连续性方程、能量方程和动量方程等），利用数学手段分析求解。由于流体运动的多样性，对于某些复杂流体运动，完全用理论分析方法来解决，目前还存在许多困难。

1.7.2 数值计算方法

数值计算方法是近似求解流体运动的控制方程（如连续性方程、N-S 方程等），是把描述流体运动的控制方程离散成代数方程组，在计算机上求解的方法。它是以理论流体力学和计算数学为基础的。数值计算方法可分为有限差分法、有限元法和边界元法等。随着计算机的发展，数值计算方法已成为研究流体运动的一种重要手段，得到了广泛的应用。

1.7.3 科学实验方法

科学实验方法是研究流体运动的一种重要的手段。它可以检验理论分析或数值计算成果的正确性与合理性，亦可以直接对理论或数值计算暂时还不能完全求解的流体运动进行研究。科学实验方法可归纳为以下三种方式：

（1）原型观测。对工程中的实际流体运动直接进行观测，收集第一性材料，进行分析研究，为检验理论分析、数值计算成果或总结某些基本规律提供依据。

（2）模型试验。在实验室内，以相似理论为指导，把实际工程缩小为模型，在模型上模拟相应的流体运动，得出模型流体运动的规律。然后，再把模型试验结果按照相似关系还原为原型的结果，以满足实际的工程需要。

（3）系统试验。由于原型观测受到某些条件的局限或因某种流体运动的相似理论还未建立，因而既不能进行原型观测又不能进行室内模型试验，则可在实验室内小规模地造成某种流体运动，用以进行系统的试验观测，从中找出规律。

理论分析、数值计算、科学实验这三种方法各有利弊，互为补充、相互促进。理论分析能对某些流体运动进行分析求解，并能指导数值计算和科学实验，但对一些复杂的流体运动的求解还存在着相当大的困难。数值计算能对一些复杂的流动现象进行近似求解，便于改变计算条件，具有灵活、经济等优点，但同时也有它本身的困难和局限性，如解的稳定性、收敛性等。科学实验是研究流动的重要手段，它能检验理论分析和数值计算结果的正确性和可靠性，并为简化理论模型提供依据，其作用是理论分析和数值计算方法所不可替代的。

本 章 小 结

1. 固体、液体和气体是自然界中物质存在的三种形态，液体和气体统称为流体。本书主要研究以水为代表的流体的平衡和运动及其实际应用。

2. 把流体视为由一个挨一个的连续的无任何空隙的质点所组成，即所谓连续介质。

3. 物理量的量纲与单位不同。国际单位制中，长度、时间、质量为基本量，而力则为导出量，它们的单位和表示符号分别为：米（m）、秒（s）、千克（kg）和牛顿（N）。$1N=1kg \cdot m/s^2$。常用基本量纲为长度 L、时间 T、质量 M。

4. 惯性、重力特性、黏滞性、压缩性与膨胀性以及表面张力特性是流体的主要物理性质，其中重力特性、黏滞性对流体运动的影响起着重要作用。

5. 流体的质量以密度来反映。单位体积流体内所具有的质量称为密度，其单位为"kg/m^3"，量纲为 ML^{-3}。

6. 当流体处在运动状态时，由于流体分子间的作用力，流体内部质点间或流层间因相对运动而产生内摩擦力以抗抵相对运动的性质，称为流体的黏滞性。此内摩擦力称为黏滞力，可由牛顿内摩擦定律来描述。流体的黏滞性常用动力黏滞系数或运动黏滞系数来表示。动力黏滞系数单位为"$N \cdot s/m^2$"，量纲为 $ML^{-1}T^{-1}$；运动黏滞系数单位为"m^2/s"，量纲为 L^2T^{-1}。

7. 作用在流体上的力按其作用特点分为质量力和表面力两大类。质量力（又称体积力）的大小与流体的质量成比例。重力、惯性力都属于质量力。质量力常用单位质量力来表示，单位质量力在各坐标轴上的投影分别用 f_x、f_y、f_z 表示。表面力的大小与作用面的面积成比例。表面力常用应力（单位表面力）来表示，若应力与作用面垂直，称为压应力或压强，若与作用面平行，称为切应力。

8. 理想流体只是实际流体（黏性流体）在某种条件下的一种简化模型。实际流体与理想流体的主要区别在于有无黏滞性。

思 考 题

1-1 固体与流体、液体与气体的主要差别是什么？

1-2 物理量的量纲与单位的概念是否相同？基本量纲是哪些？何谓导出量纲？在国际单位制中，基本单位有哪些？

1-3 水在上下两平板间流动，流速分布如图1-4所示。（1）定性画出切应力分布；（2）分析微分矩形水体 A 和 B 上下两表面上所受切应力的方向。

1-4 试分析图1-5中三种情况下微分矩形水体 A 受哪些表面力和质量力？（1）静止水池；（2）顺直渠道水流；（3）平面弯道水流。

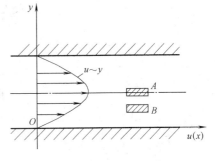

图 1-4 思考题 1-3 图

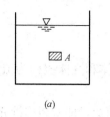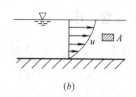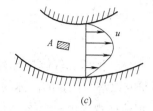

|(a)|(b)|(c)|

图 1-5　思考题 1-4 图

1-5　为什么可将流体视为连续介质？

1-6　什么是流体的黏滞性？它对流体流动起什么作用？动力黏滞系数 μ 和运动黏滞系数 ν 有什么区别？

1-7　作用于流体上的力按其作用特点可分为哪两类？通常包括哪些具体的力？

1-8　牛顿内摩擦定律是否适用于任何流体？

习　　题

1-1　已知某水流流速分布为 $u=0.72y^{1/10}$，u 的单位为 "m/s"，y 为距壁面的距离，单位为 "m"。（1）求 $y=0.1$、0.5、1.0m 处的速度梯度；（2）若水的运动黏滞系数 $\nu=0.0101\text{cm}^2/\text{s}$，计算相应的切应力。

1-2　已知温度 20℃ 时水的密度 $\rho=998.2\text{kg/m}^3$，动力黏滞系数 $\mu=1.002\times10^{-3}\text{N}\cdot\text{s/m}^2$，求其运动黏滞系数 ν。

1-3　容器内盛有液体，求下述不同情况下该液体所受单位质量力？（1）容器静止时；（2）容器以等加速度 g 垂直向上运动；（3）容器以等加速度 g 垂直向下运动。

1-4　根据牛顿内摩擦定律，推导动力黏滞系数 μ 和运动黏滞系数 ν 的量纲。

1-5　上下两个平行壁面间距为 25mm，中间为黏滞系数为 $\mu=0.7\text{Pa}\cdot\text{s}$ 的油，有一 250mm×250mm 的平板（忽略板厚度），在距一个壁面 6mm 的距离处以 150mm/s 的速度拖行。设平板与壁面完全平行，并假设平板两边的流速分布均为线性，求拖行平板的力。

1-6　一底面尺寸为 40cm×45cm 的矩形平板，质量为 5kg，沿涂有润滑油的斜面向下作等速运动，斜面倾角 $\theta=22.62°$，如图 1-6 所示。已知平板运动速度 $u=1\text{m/s}$，油层厚 $\delta=1\text{mm}$，由平板所带动的油层的运动速度呈直线分布。试求润滑油的动力黏滞系数 μ。

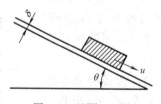

图 1-6　习题 1-6 图

第 2 章　流体静力学

流体静力学是研究流体处于静止或相对静止状态下的力学规律及其在工程上的应用。这里主要研究的是液体。

若流体质点间没有相对运动，认为流体处于静止状态或相对静止状态（统称为平衡状态）。相对于地球不动的流体称为静止状态，而相对于地球虽有运动，但流体质点间没有相对运动的流体称为相对静止状态。例如，地面上固定不动的贮油罐内的石油、水池中不动的水处于静止状态。等加速行驶的油罐车中的石油处于相对静止状态。

当液体处于平衡状态时，液体各质点之间均不产生相对运动，因而液体的黏滞性不起作用。因而在研究液体静力学问题时，没有区分理想流体和实际流体的必要。

本章主要研究静止状态液体的力学规律，研究流体静压强的分布规律，进而确定液体对边界的作用力，为实际工程的设计提供依据。例如，闸、坝等建筑物的表面都直接与水接触，在进行这些建筑物的设计时，首先必须计算作用于这些边界上的水压力。

2.1　流体静压强及其特性

2.1.1　流体静压强

液体和固体一样，由于自重而产生压力，但和固体不同的是，因为液体具有易流动性，液体对任何方向的接触面都显示压力。液体对容器壁面、液体内部之间都存在压力。

如图 2-1 所示，涵洞前沿设置一平板闸门。当开启闸门时需很大的拉力，除闸门自重外，其主要原因是水对闸门产生了很大的压力，使闸门紧贴壁面产生摩擦力所造成的。静止或相对静止液体对其接触面上所作用的压力称为流体静压力（静水压力），常以符号 P 表示。

图 2-1　作用在平板闸门上的静压力

在图 2-1 所示平板闸门上，取微小面积 ΔA，若作用于 ΔA 上的流体静压力为 ΔP，则 ΔA 面上单位面积所受的平均流体静压力称为平均流体静压强（平均静水压强），以 $\bar{p}$ 表示：

$$\bar{p} = \frac{\Delta P}{\Delta A} \tag{2-1}$$

当面积 ΔA 无限缩小至 K 点时，比值 $\Delta P/\Delta A$ 的极限值定义为 K 点的流体静压强（K 点的静水压强），以 p 表示：

$$p = \lim_{\Delta A \to K} \frac{\Delta P}{\Delta A} \tag{2-2}$$

可以看出，流体静压力和流体静压强（平均压强或点压强）都是压力的一种量度。它们的区别在于：前者是作用在某一面积上的总压力；后者是作用在单位面积上的平均压力或某一点上的压力。

在国际单位制中，流体静压力的单位为牛顿（N）或千牛顿（kN）。压力量纲为 MLT^{-2}。流体静压强的单位为牛顿/米²（N/m²）或千牛顿/米²（kN/m²）。牛顿/米²又称为帕斯卡（Pa），1Pa＝1N/m²。压强的量纲为 $ML^{-1}T^{-2}$。

2.1.2 静压强的特性

流体静压强有两个重要特性。

（1）静压强的方向是垂直受压面，并指向受压面。

（2）任一点静压强的大小和受压面方位无关，或者说任一点各方向的静压强均相等。这两个特性可通过下述例子说明。第一种情况，设平衡液体中有一铅直平板 AB，设平板上有一 C 点，距液面 h，如图 2-2（a）；第二种情况，假定 C 点位置固定不动（距液面仍为 h），但平板 AB 绕 C 点转动一个方位，如图 2-2（b）。按静压强的第一个特性，两种情况下 C 点的压强 p_c 的方向都垂直指向 AB，不论 AB 的方位如何。按静压强的第二个特性，C 点的压强在两种情况下都相等，尽管受压面 AB 的方位发生了变化。另外，若受压面为曲面，则压强垂直受压曲面的切向平面，并指向受压面。

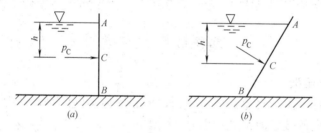

图 2-2　作用在平板上的点压强

下面分别论证静压强的这两个特性。

第一特性是说不论受压面是什么方位，静压强的方向总是和受压面垂直，并且只能是压力，不能是拉力。在静止液体内部各部分之间，情况也是这样。这一特性可用反证法来证明。在平衡状态液体中，取出某一体积的液体，先假设作用在这一部分液体表面上的流体静压强的方向不是垂直于作用面的，如图 2-3（Ⅰ）。这时，可将 p_n 分解为法向应力 p 与切向应力 τ 两个分力。根据流体的易流动性，静止流体在任何微小切向应力作用下将失去平衡而开始流动，这与平衡状态液体的前提相矛盾。因此，流体静压强不可能不垂直于作用面。再假设作用在表面上的流体静压强是拉力，如图 2-3（Ⅱ），由于静止流体在拉作用下也要失去平衡而流动，因而 p 只能是压力。因此，流体静压强的方向必然是垂直并指向受压面，如图 2-3（Ⅲ）。

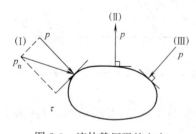

图 2-3　流体静压强的方向

静压强的第二个特性，即任一点的静压强大小与受压面方位无关。在平衡状态液体中，取出包含任意一点 O 点在内的微小四面体 $OABC$，并将 O 点设于坐标原点，取正交

的三个边长分别为 $\mathrm{d}x$、$\mathrm{d}y$、$\mathrm{d}z$，并与 x、y、z 坐标轴重合，如图 2-4。斜平面 ABC 的面积设为 $\mathrm{d}A_n$，它的法线方向为 n。四面体其余三个面的面积分别按其法线方向表示为 $\mathrm{d}A_x$、$\mathrm{d}A_y$ 及 $\mathrm{d}A_z$，也即是 $\mathrm{d}A_n$ 在各坐标面上的投影。

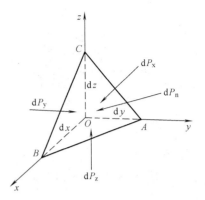

图 2-4　微小四面体受力分析

现在考虑此四面体所受的外力。第一，它受表面力作用，并且只能是压力，分别用 $\mathrm{d}P_n$、$\mathrm{d}P_x$、$\mathrm{d}P_y$ 及 $\mathrm{d}P_z$ 表示，下标表示它们的作用方向，此方向和作用面的法线方向一致。第二，四面体受质量力的作用，用 f_x、f_y 及 f_z 分别表示作用于四面体的单位质量力沿各轴向的投影（习惯上取沿坐标轴方向为正）。

该微分四面体的质量为 $\frac{1}{6}\rho\mathrm{d}x\mathrm{d}y\mathrm{d}z$，其质量力沿各坐标轴的投影分别为 $\frac{1}{6}\rho\mathrm{d}x\mathrm{d}y\mathrm{d}z \cdot f_x$、$\frac{1}{6}\rho\mathrm{d}x\mathrm{d}y\mathrm{d}z \cdot f_y$、$\frac{1}{6}\rho\mathrm{d}x\mathrm{d}y\mathrm{d}z \cdot f_z$。

微分四面体在这些外力作用下处于平衡状态，即所有作用于微分四面体上的外力在各坐标轴上投影的代数和应分别为零。对 x 轴，有

$$\mathrm{d}P_x + \frac{1}{6}\rho\mathrm{d}x\mathrm{d}y\mathrm{d}z \cdot f_x - \mathrm{d}P_n\cos(n \cdot x) = 0$$

式中，$(n \cdot x)$ 表示倾斜面 ABC 的法向与 x 轴的夹角。由于 $\mathrm{d}y\mathrm{d}z = 2\mathrm{d}A_x$；$\cos(n \cdot x) = \mathrm{d}A_x/\mathrm{d}A_n$，代入上式并加以整理，得

$$\frac{\mathrm{d}P_x}{\mathrm{d}A_x} + \frac{1}{3}\rho f_x\mathrm{d}x = \frac{\mathrm{d}P_n}{\mathrm{d}A_n}$$

取上式极限，使四面体无限缩小至点 O，并注意到 $\mathrm{d}x \rightarrow 0$，应用式（2-2）点压强的定义，即得点 O 上的静水压强 p_x 及 p_n 的关系为 $p_x = p_n$。

同理可得 $p_y = p_n$ 及 $p_z = p_n$。由此得

$$p_x = p_y = p_z = p_n \tag{2-3}$$

因斜面的方向是任意选定的，所以当四面体无限缩小至一点时，各个方向的静压强均相等，也即与方向无关。根据这一特性，并应用连续介质的概念，可以得出结论：任一点静压强仅是空间坐标的连续函数而与受压面方向无关，即

$$p = p(x, y, z) \tag{2-4}$$

2.2　流体平衡微分方程及其积分

2.2.1　流体平衡微分方程

流体的平衡微分方程，是表征流体处于平衡状态时作用于流体上各种力之间的关系。下面来建立这一方程。

设想在平衡状态的流体中隔离出一微分正六面体 $abcdefgh$，其各边分别与直角坐标

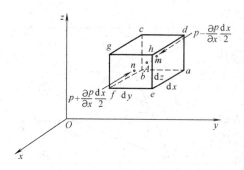

图 2-5　微分正六面体受力分析

系的坐标轴平行，各边长分别为 $\mathrm{d}x$、$\mathrm{d}y$、$\mathrm{d}z$，形心点在 $A(x,\ y,\ z)$，如图 2-5 所示。该六面体应在所有表面力和质量力的作用下处于平衡。下面分析其所受的力。

1. 作用于微分六面体各表面上的表面力

周围流体对六面体各表面上所作用的静压力即是表面力。设六面体中心点 A 的静压强为 p，根据流体连续性的假定，它应当是空间坐标的连续函数，即 $p = p(x,\ y,\ z)$。当空间坐标发生变化时，压强也发生变化。六面体各表面形心点处的压强，以点 A 的压强 p 为基准，用泰勒级数展开并略去高阶微量来求得。沿 x 方向作用在 $abcd$ 面形心点 $m(x-\mathrm{d}x/2,\ y,\ z)$ 上的压强 p_1 和 $efgh$ 面形心点 $n(x+\mathrm{d}x/2,\ y,\ z)$ 上的压强 p_2 可分别表述为：

$$p_1 = p - \frac{1}{2}\frac{\partial p}{\partial x}\mathrm{d}x,\quad p_2 = p + \frac{1}{2}\frac{\partial p}{\partial x}\mathrm{d}x$$

式中，$\dfrac{\partial p}{\partial x}$ 为压强沿 x 方向的变化率，称为压强梯度；$\dfrac{1}{2}\dfrac{\partial p}{\partial x}\mathrm{d}x$ 为由于 x 方向的位置变化而引起的压强差。视微分六面体各面上的压强分布均匀，并可用面中心上的压强代表该面上的平均压强。因此，作用在边界面 $abcd$ 和 $efgh$ 上的总压力分别为：

$$P_{abcd} = \left(p - \frac{1}{2}\frac{\partial p}{\partial x}\mathrm{d}x\right)\mathrm{d}y\mathrm{d}z$$

$$P_{efgh} = \left(p + \frac{1}{2}\frac{\partial p}{\partial x}\mathrm{d}x\right)\mathrm{d}y\mathrm{d}z$$

同理，对于沿 y 方向和 z 方向作用在相应面上的总压力可写出相应的表达式。

2. 作用于六面体的质量力

作用于微分六面体上的质量力在 x 方向的投影为 $\rho\mathrm{d}x\mathrm{d}y\mathrm{d}z \cdot f_x$，$y$ 方向的投影为 $\rho\mathrm{d}x\mathrm{d}y\mathrm{d}z \cdot f_y$，$z$ 方向的投影为 $\rho\mathrm{d}x\mathrm{d}y\mathrm{d}z \cdot f_z$，其中 $\rho\mathrm{d}x\mathrm{d}y\mathrm{d}z$ 为六面体流体的质量。

3. 列作用于六面体的力的平衡方程

当六面体处于平衡状态时，所有作用于六面体上的力，在三个坐标轴方向的投影之和应等于零。在 x 方向有

$$\left(p - \frac{1}{2}\frac{\partial p}{\partial x}\mathrm{d}x\right)\mathrm{d}y\mathrm{d}z - \left(p + \frac{1}{2}\frac{\partial p}{\partial x}\mathrm{d}x\right)\mathrm{d}y\mathrm{d}z + \rho\mathrm{d}x\mathrm{d}y\mathrm{d}z \cdot f_x = 0$$

用 $\rho\mathrm{d}x\mathrm{d}y\mathrm{d}z$ 除上式各项，经简化得 $f_x - \dfrac{1}{\rho}\dfrac{\partial p}{\partial x} = 0$。

同理，在 y 方向、z 方向可推出类似结果。从而得微分方程组

$$\left.\begin{aligned}
f_x - \frac{1}{\rho}\frac{\partial p}{\partial x} &= 0 \\
f_y - \frac{1}{\rho}\frac{\partial p}{\partial y} &= 0 \\
f_z - \frac{1}{\rho}\frac{\partial p}{\partial z} &= 0
\end{aligned}\right\}
\qquad (2\text{-}5)$$

式（2-5）即流体平衡微分方程，又称欧拉（Euler）平衡微分方程。它表达了处于平衡状态的流体中任一点压强与作用于流体的质量力之间的普遍关系。

2.2.2 流体平衡微分方程的积分

1. 流体平衡微分方程的全微分形式

将式（2-5）中三个分量式依次乘以 dx、dy 和 dz，并将它们相加，得

$$\frac{\partial p}{\partial x}dx+\frac{\partial p}{\partial y}dy+\frac{\partial p}{\partial z}dz=\rho(f_x dx+f_y dy+f_z dz)$$

因为 $p=p(x,y,z)$，所以上式左边是压强 p 的全微分 dp。从而得到流体平衡微分方程的全微分表达式为：

$$dp=\rho(f_x dx+f_y dy+f_z dz) \tag{2-6}$$

式（2-6）是流体平衡微分方程的另一种表达式。当单位质量力已知时，利用该方程可以导出平衡液体压强分布规律。

2. 力势函数

对于不可压缩均质流体来说，其密度 ρ 是个常量。在这种情况下，由于式（2-6）等号左端是一个坐标函数 p 的全微分，因而该式等号右端括号内三项之和亦应是某一函数 $W(x,y,z)$ 的全微分。即

$$dW=f_x dx+f_y dy+f_z dz \tag{2-7}$$

而 $dW=\frac{\partial W}{\partial x}dx+\frac{\partial W}{\partial y}dy+\frac{\partial W}{\partial z}dz$。因此，得

$$\left.\begin{array}{l}f_x=\dfrac{\partial W}{\partial x}\\[2mm]f_y=\dfrac{\partial W}{\partial y}\\[2mm]f_z=\dfrac{\partial W}{\partial z}\end{array}\right\} \tag{2-8}$$

满足式（2-8）的函数 $W(x,y,z)$ 称为力势函数（或势函数），而具有这样力势函数的质量力称为有势力（或保守力）。例如，重力和惯性力都是有势力。

上述讨论表明：流体只有在有势的质量力作用下才能维持平衡。

3. 流体平衡微分方程的积分形式

将式（2-7）代入式（2-6），得

$$dp=\rho dW \tag{2-9}$$

积分式（2-9）可得

$$p=\rho W+C \tag{2-10}$$

式中，C 为积分常数，可由已知条件确定。如果已知平衡流体边界或内部任意点处的压强 p_0 和力势函数 W_0，则由式（2-10）可得 $C=p_0-\rho W_0$。将 C 值代入式（2-10），得

$$p=p_0+\rho(W-W_0) \tag{2-11}$$

上式即为流体平衡微分方程的积分形式。因力势函数仅为空间坐标的函数，所以，$W-W_0$ 也仅是空间坐标的函数而与 p_0 无关。因此，由式（2-11）可得出结论：处于平衡状态的不可压缩流体中，作用在其边界上的压强 p_0 将等值地传递到流体内的一切点上；即当 p_0 增大或减小时，流体内任意点的压强也相应地增大或减小同样数值。这就是物理学中著名的巴斯加原理。该原理在水压机、水力起重机、蓄能机等简单水力机械的工作原理中有广泛的应用。

2.2.3 等压面

所谓等压面即液体中压强相等的点所组成的面。例如静止液体与大气相接触的自由表面就是一个等压面，因为自由表面上各点的压强都等于大气压强。此外，处于静止状态的不同流体的交界面也是等压面。

等压面具有两个重要性质：①在平衡液体中等压面即是等势面；②等压面与质量力正交。只有重力作用下的静止液体，其等压面必然是水平面。在应用等压面时，必须保证所讨论的流体是静止同种连续介质。等压面的概念将对今后分析和计算流体静压强问题提供方便。

下面从流体平衡微方程对这两个性质进行分析。

1. 在平衡液体中等压面即是等势面

因等压面上 p 为常数，即 $\mathrm{d}p=0$，由式（2-9）得 $\rho\mathrm{d}W=0$。但密度 $\rho\neq0$，因此 $\mathrm{d}W=0$，即 W 为常数。故在平衡液体中等压面同时也是等势面。

2. 等压面与质量力正交

因在等压面上 $\mathrm{d}p=0$ 或 $\mathrm{d}W=0$，由式（2-6）或式（2-7）可得等压面方程为：

$$f_x\mathrm{d}x+f_y\mathrm{d}y+f_z\mathrm{d}z=0 \tag{2-12}$$

式中，$\mathrm{d}x$、$\mathrm{d}y$、$\mathrm{d}z$ 可设想为液体质点在等压面上的任意微小位移 $\mathrm{d}s$ 在相应坐标轴上的投影。因此式（2-12）表明，当液体质点沿等压面移动 $\mathrm{d}s$ 距离时，质量力做的微功等于零。但是因质量力和 $\mathrm{d}s$ 都不为零，所以，必然是等压面与质量力正交。

根据等压面与质量力正交的这一重要性质，若已知质量力的方向便可确定等压面的形状；反之，若已知等压面的形状便可确定质量力的方向。例如，只有重力作用下的静止液体，因重力为铅垂方向，其等压面必然是水平面。如果作用在液体上除重力外还有其他质量力，那么等压面就应与质量力的合力正交。此时，由于质量力的合力不一定是铅垂方向的，因而等压面也就不一定是水平面。由以上分析可知，等压面既可以是平面亦可能是曲面。

在以上讨论等压面的过程中，把密度 ρ 作为常数看待，把力势函数 W 视为空间坐标的连续函数。因此，在应用有关等压面的特性时，必须保证所讨论的流体介质是同一种连续介质。

等压面的概念在分析计算流体静压强时经常用到，应当正确判断等压面。静止液体，质量力只有重力时，等压面必为水平面；平衡液体与大气接触的自由面为等压面；不同液体的交界面为等压面；同种、连续介质才可能是等压面。

图 2-6 给出了不同情况的等压面。应当注意，静止液体，质量力只有重力时，等压面必为水平面；但反过来，水平面即是等压面，这一结论只适用于静止、质量力只有重力、

同一种连续介质。如果不是同种液体或不连续，同一水平面上各点压强并不一定相等，即同一水平面并不一定是等压面。如图 2-6（d）所示玻璃管与容器中的水是连通的，因此，任何一个水平面都是等压面；而在图 2-6（e）中，1-1 虽然是水平面，但由于此平面通过两种液体，因而不是等压面，只有 2-2 平面以下的水平面才是等压面。

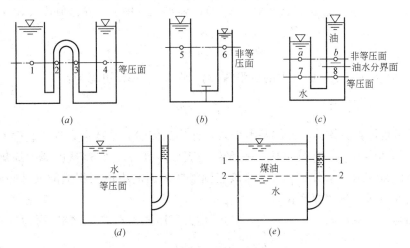

图 2-6　不同情况的等压面

（a）连通容器；（b）连通器被隔断；（c）盛有不同种类溶液的连通器；

（d）玻璃管与容器连通；（e）盛有两类液体的容器

2.3　流体静压强分布规律

在实际工程中经常遇到只有重力作用下处于静止状态的液体平衡问题，此时所受的质量力只有重力。下面分析质量力只有重力情况下静止液体中各点静压强的分布规律。

2.3.1　流体静压强公式

如图 2-7 所示为静止液体。将直角坐标系的 z 轴取为铅直方向，原点选在底面。液面上的压强为 p_0。此时，作用在单位质量液体的质量力（即重力）在各坐标轴上的投影分别为 $f_x=0$、$f_y=0$、$f_z=-g$，代入液体平衡微分方程（2-6），则有

$$dp=\rho(f_x dx+f_y dy+f_z dz)=-\rho g dz$$

即

$$dz+\frac{dp}{\rho g}=0$$

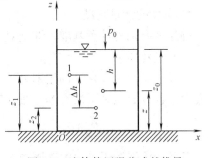

图 2-7　流体静压强公式的推导

对不可压缩均质流体 ρ 为常数。积分上式，得

$$z+\frac{p}{\rho g}=C \tag{2-13}$$

式中，C 为常数。式（2-13）表明：在静止液体中，任一点的 $z+\dfrac{p}{\rho g}$ 总是一个常数。对液

体内任意两点，式（2-13）可写为：

$$z_1 + \frac{p_1}{\rho g} = z_2 + \frac{p_2}{\rho g} \tag{2-14}$$

在液面上 $z=z_0$、$p=p_0$，代入式（2-13），则 $C=z_0+\frac{p_0}{\rho g}$。将 C 值代入式（2-13），则

$$p = p_0 + \rho g(z_0 - z) \tag{2-15}$$

令 $h=z_0-z$ 表示该点在液面以下的淹没深度，则式（2-15）可写为：

$$p = p_0 + \rho g h \tag{2-16}$$

式（2-16）即是计算流体静压强的基本公式，亦称流体静力学基本方程。它表明，静止液体内任意点的压强 p 由两部分组成，一部分是表面压强 p_0，它遵从巴斯加原理，等值地传递到液体内部；另一部分是 $\rho g h$，即该点到液体表面的单位面积上的液体重量。而且，压强随淹没深度按线性规律变化。

若液面与大气相通时，$p_0=p_a$，p_a 为当地大气压强，则式（2-16）写为：

$$p = p_a + \rho g h \tag{2-17}$$

又如在同一连通的静止液体中，已知某点的压强，则应用式（2-16）可推求任一点的压强值，即

$$p_2 = p_1 + \rho g \Delta h \tag{2-18}$$

式中，Δh 为两点间深度差，当点 1 高于点 2 时为正，反之为负（图 2-6）。

对于气体来说，因 ρ 值较小，常忽略不计，由式（2-18）可知，气体中任意两点的静压强，在两点间之差不大时，可以认为相等。

2.3.2　压强的计量基准和表示法

1. 压强的计量基准

静压强有两种计量基准，即绝对压强和相对压强。

（1）绝对压强

以设想没有大气存在的绝对真空状态作为零点计量的压强，称为绝对压强，以符号 p' 表示。若液面绝对压强为 p_0'，据式（2-16）液体内某点绝对压强 p' 可写为：

$$p' = p_0' + \rho g h \tag{2-19}$$

若液面压强等于当地大气压强 p_a，则

$$p' = p_a + \rho g h \tag{2-20}$$

（2）相对压强

以当地大气压强作为零点计量的压强称为相对压强，以 p 表示。在水工建筑物中，因水流和建筑物表面均受大气压强作用，所以在计算建筑物的水压力时，不需考虑大气压强的作用，因此常用相对压强来表示。在今后的讨论中，一般都指相对压强，若指绝对压强则将注明。如果自由表面压强 $p_0=p_a$，则式（2-16）可写为：

$$p = \rho g h \qquad (2\text{-}21)$$

（3）绝对压强与相对压强的关系

绝对压强和相对压强是按两种不同基准计算的压强，它们之间相差一个当地大气压强值。若以 p_a 表示当地大气压强，则绝对压强 p' 和相对压强 p 的关系如下：

$$p' = p + p_a \qquad (2\text{-}22)$$

或 $$p = p' - p_a \qquad (2\text{-}23)$$

绝对压强和相对压强的关系亦可用图 2-8 来说明。由图看出，绝对压强总是正值，而相对压强可能是正值，也可能是负值。

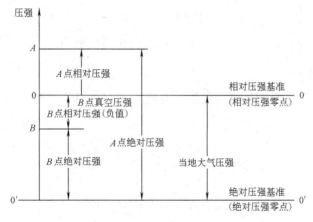

图 2-8　压强图示

（4）真空及真空压强

当液体中某点的绝对压强 p' 小于当地大气压强 p_a，即其相对压强为负值时，则称该点存在真空（负压）。真空的大小常用真空压强 p_k 表示。真空压强是指该点绝对压强小于当地大气压强的数值，即

$$p_k = p_a - p' \qquad (2\text{-}24)$$

由真空及真空压强的定义可知，相对压强为负值时，即存在真空；相对压强的绝对值等于真空压强。

2. 压强的表示法

（1）用应力单位表示。即从压强的定义出发，用单位面积上的力来表示。如牛顿/米² （N/m²）、千牛顿/米² （kN/m²）、牛顿/厘米² （N/cm²）等。

（2）用大气压的倍数表示。国际上规定一个标准大气压（温度为 0℃，纬度为 45°时海平面上的压强）为 101.325kPa，用 atm 表示，即 1atm=101.325kPa。工程界中，常用工程大气压来表示压强，一个工程大气压（相当于海拔 200m 处的正常大气压）等于 98kPa，用 at 表示，即 1at=98kPa。

（3）用液柱高度表示。由式（2-21）得：

$$h = \frac{p}{\rho g} \qquad (2\text{-}25)$$

即对于任一点的静压强 p 可以应用式（2-25）表示为密度为 ρ 的液体的液柱高度。常用水柱高度或汞柱高度表示，其单位为 $\mathrm{mH_2O}$、$\mathrm{mmH_2O}$ 或 mmHg。

上述三种压强表示法之间的关系为：

$$98\mathrm{kN/m^2}=1\mathrm{at}=10\mathrm{mH_2O}=736\mathrm{mmHg}$$

$$101.325\mathrm{kN/m^2}=1\mathrm{atm}=10.33\mathrm{mH_2O}=760\mathrm{mmHg}$$

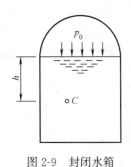

图 2-9　封闭水箱

【例 2-1】　一封闭水箱（图 2-9），水面上压强 $p_0=85\mathrm{kN/m^2}$，求水面下 $h=1\mathrm{m}$ 点 C 的绝对压强、相对压强和真空压强。已知当地大气压 $p_\mathrm{a}=98\mathrm{kN/m^2}$，$\rho=1000\mathrm{kg/m^3}$。

【解】　由压强公式（2-19）或式（2-16），C 点绝对压强为：

$$p'=p_0+\rho gh=85+1000\times9.8\times1\times10^{-3}=94.8\mathrm{kN/m^2}$$

由式（2-23），C 点的相对压强为：

$$p=p'-p_\mathrm{a}=94.8-98=-3.2\mathrm{kN/m^2}$$

相对压强为负值，说明 C 点存在真空。相对压强的绝对值等于真空压强，即

$$p_\mathrm{k}=3.2\mathrm{kN/m^2}$$

或据式（2-24）得：

$$p_\mathrm{k}=p_\mathrm{a}-p'=3.2\mathrm{kN/m^2}$$

【例 2-2】　如图 2-10 所示为一开敞水箱，已知当地大气压强 $p_\mathrm{a}=98\mathrm{kN/m^2}$，水的密度 $\rho=1000\mathrm{kg/m^3}$，重力加速度 $g=9.8\mathrm{m/s^2}$。求水面下 $h=0.68\mathrm{m}$ 处 M 点的相对压强和绝对压强，并分别用应力单位、工程大气压和水柱高度来表示。

【解】　应用式（2-21），得 M 点相对压强

$$p=\rho gh=1000\times9.8\times0.68\times10^{-3}=6.66\mathrm{kN/m^2}$$

$$p=0.068\mathrm{at}$$

$$h=\frac{p}{\rho g}=\frac{6.66\times10^3}{1000\times9.8}=0.68\mathrm{mH_2O}$$

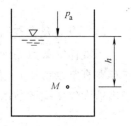

图 2-10　开敞水箱

应用式（2-20），得 M 点绝对压强

$$p'=p_\mathrm{a}+\rho gh=98+1000\times9.8\times0.68\times10^{-3}=104.7\mathrm{kN/m^2}$$

$$p'=1.068\mathrm{at}$$

$$h=\frac{p'}{\rho g}=\frac{104.7\times10^3}{1000\times9.8}=10.68\mathrm{mH_2O}$$

2.3.3　静压强分布图

根据静压强公式中 $p'=p'_0+\rho gh$ 或 $p=\rho gh$ 以及静压强方向垂直指向受压面的特点，可用图形来表示静压强的大小和方向，称此图形为静压强分布图。

静压强分布图绘制规则是：

（1）按一定比例用线段长度代表该点静压强的大小；

（2）用箭头表示静压强的方向，并与受压面垂直。

下面举例说明不同情况下压强分布图的画法。

（1）图 2-11（a）为一垂直平板闸门 AB。A 点在自由水面上，其相对压强 $p_A=0$；B 点在水面下 h，故其相对压强 $p_B=\rho gh$。作带箭头线段 CB，线段长度为 ρgh，并垂直指向 AB。连接直线 AC，并在三角形 ABC 内作数条平行于 CB 带箭头的线段，则 ABC 即表示 AB 面上的相对压强分布图。

如闸门两边同时承受不同水深的静压力作用，如图 2-11（b）。这种情况因闸门受力方向不同，可先分别绘出左右受压面的压强分布图，然后两图叠加，消去大小相同方向相反的部分，余下的梯形即为静压强分布图。

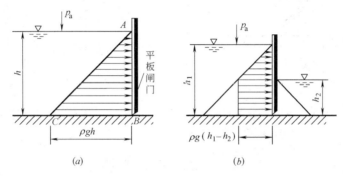

图 2-11　平板闸门静水压强分布图

（2）图 2-12 为一折面的静压强分布图，作法同前。

（3）图 2-13 中有上、下两种密度不同的液体作用在平面 AC，两种液体分界面在 B 点。B 点压强 $p_B=\rho_1 gh_1$，C 点压强 $p_C=\rho_1 gh_1+\rho_2 g(h_2-h_1)$。压强分布如图 2-13 所示。

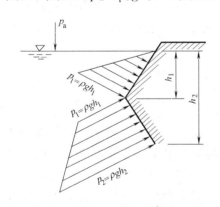

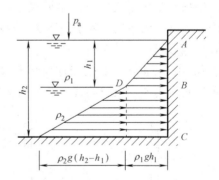

图 2-12　折面的静压强分布图　　　　图 2-13　两种密度液体作用下受压面的静压强分布图

（4）图 2-14 为作用在弧形闸门上的压强分布图。因为闸门为一圆弧面，所以面上各点压强只能逐点算出，各点压强都沿半径方向，指向圆弧的中心。

2.3.4　位置水头、压强水头和测压管水头

式（2-13）表明，在静止液体中，任一点的 $z+\dfrac{p}{\rho g}$ 总是一个常数。其中，z 为该点的

23

位置相对于基准面的高度，称为位置水头；$\frac{p}{\rho g}$ 是该点在压强作用下沿测压管所能上升的高度，称为压强水头。所谓测压管是一端和大气相通，另一端和液体中某点相接的管子，如图 2-15 所示。位置水头和压强水头之和 $z+\dfrac{p}{\rho g}$ 称为测压管水头，它表示测压管水面相对于基准面的高度。式（2-13）表明，同一容器静止液体中，所有各点的测压管水头均相等，即使各点的位置水头和压强水头互不相同，但各点的测压管水头必然相等。

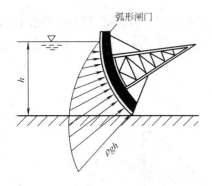

图 2-14　弧形闸门上的压强分布图

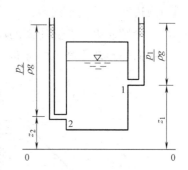

图 2-15　测压管水头

2.4　压强的量测

工程实际中经常需要量测流体的压强，如在水流模型实验中经常需要直接量测水流中某点的压强或两点的压强差；水泵、风机、压缩机、锅炉等均装有压力表和真空表，以便随时观测压强的大小来监测其工作状况。量测压强的仪器常用的有弹簧金属式（如压力表、真空表等）、电测式（如应变电阻丝式压力传感器、电容式压力传感器等）和液柱式三类。这里只介绍利用流体静力学原理设计的液柱式测压计，这些测压计构造简单、直观、方便和经济，因而在工程上得到了广泛的应用。

2.4.1　测压管

1. 直接由同一液体引出的液柱高度来测量压强的测压管

简单的测压管即一根玻璃管，一端和所要测量压强之处相连接，另一端开口，和大气相通，如图 2-16 所示。由于 A 点压强的作用，使测压管中液面升至某一高度 h_A，于是液体在 A 点的相对压强 $p_A = \rho g h_A$。测压管通常用来测量较小的压强，当相对压强 $p = 1/5$at 时，对于水来说，液柱高 $h = 2m$ 水柱，即需要 2m 以上的测压管，这在使用上很不方便。为此，可改用 U 形水银测压管。

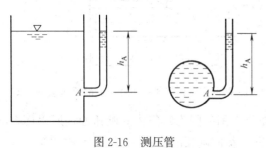

图 2-16　测压管

2. U 形水银测压管

通常是用 U 形的玻璃管制成（图 2-17），管内弯曲部分装有水银（或其他密度较大而

又不会混合的液体）。管的一端与测点连接，另一端开口与大
气相通。由于点 A 压强的作用，使右管中的水银柱面较左管的
水银柱面高出 Δh_2，测点距左管液面的高度 Δh_1。设容器中液
体的密度为 ρ，水银的密度为 ρ_H。根据流体静力学基本方程，
并应用等压面的概念可以求出 A 点压强 p_A。

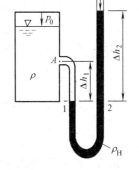

图 2-17　U 形水银测压管

U 形管中 1、2 两点是在连通的同一液体（水银）的同一
水平面上（图 2-17），因 1-2 是等压面，则 $p_1 = p_2$。根据式
（2-18）$p_1 = p_A + \rho g \Delta h_1$ 和 $p_2 = \rho_H g \Delta h_2$，因 $p_1 = p_2$，故得

$$p_A = \rho_H g \Delta h_2 - \rho g \Delta h_1 \tag{2-26}$$

可见，在量得 Δh_1 和 Δh_2 后，即可根据上式求出点 A 的压强。

应该指出，测压管可用来量测正压强或负压强（真空压强）。还应指出，在观测精度
要求较高或所用测压管较细的情况下，需要考虑毛细作用所产生的影响。因受毛细作用
后，液体上升高度将因液体的种类、温度及管径等因素而不同。

2.4.2　比压计（压差计）

比压计是量测两点压强差的仪器。常用的比压计有空气比压计、水银比压计和斜式比
压计等。各种比压计多用 U 形管制成。在用各种比压计量测压差时，都是根据静压强规
律来计算压强差的。

1. 空气比压计

图 2-18 是一空气比压计。由于 A、B 两点的压强不等，所以 U 形管中的水面高度不
同。因空气的密度较小，因此可认为 U 形管中液面上压强 p_0 均相等，设两管水面高差为
Δh。根据式（2-16）可写出 $p_A = p_0 + \rho g [\Delta h + (z_B - z_A)]$ 和 $p_B = p_0 + \rho g z_B$，所以

$$p_A - p_B = \rho g (\Delta h - z_A) \tag{2-27}$$

若管水平，A、B 两点在同一水平面上，即 $z_A = 0$，则

$$p_A - p_B = \rho g \Delta h \tag{2-28}$$

2. 水银比压计

当所测两点的压差较大时使用水银比压计。如图 2-19 所示为一水银比压计。

设 A、B 两点处液体密度为 ρ_A 和 ρ_B。两点的相对位置及 U 形管中水银面之高差如图

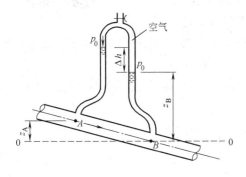

图 2-18　空气比压计

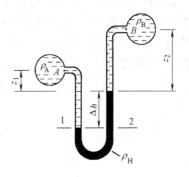

图 2-19　水银比压计

2-19 所示。根据等压面的概念，断面 1 和断面 2 处压强相等，即 $p_1=p_2$。根据式（2-18）$p_1=p_A+\rho_A g(z_1+\Delta h)$ 和 $p_2=p_B+\rho_B g z_2+\rho_H g\Delta h$，又 $p_1=p_2$，故得

$$p_A-p_B=(\rho_H g-\rho_A g)\Delta h+\rho_B g z_2-\rho_A g z_1 \tag{2-29}$$

如 A、B 两点处为同一种液体，即 $\rho_A=\rho_B=\rho$，则

$$p_A-p_B=(\rho_H g-\rho g)\Delta h+\rho g(z_2-z_1) \tag{2-30}$$

如 A、B 两点处为同一种液体，且在同一高程，即 $z_2-z_1=0$，则

$$p_A-p_B=（\rho_H g-\rho g）\Delta h=\rho g\left(\frac{\rho_H}{\rho}-1\right)\Delta h \tag{2-31}$$

如 A、B 两点处的液体都是水，因为水银与水的密度之比 $\rho_H/\rho=13.6$，则

$$p_A-p_B=12.6\rho g\Delta h \tag{2-32}$$

在这种情况下，只需测读水银柱面的高差，即可求出两点的压强差。

3. 倾斜式比压计

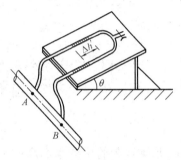

图 2-20 倾斜式比压计

当量测很小的压差时，为了提高量测精度，有时采用倾斜式比压计。一般所用的倾斜式比压计系将空气比压计中的 U 形管倾斜位置，如图 2-20 所示，这样可将铅垂空气比压计中的液面高差 Δh 增大为 $\Delta h'(=\Delta h/\sin\theta)$。于是，所测两点的压差为：

$$p_A-p_B=\rho g\Delta h=\rho g\Delta h'\sin\theta \tag{2-33}$$

当 $\theta=90°$，$\sin\theta=1$ 时，$\Delta h'=\Delta h$，即成为铅垂的空气比压计。θ 角一般为 $10°\sim30°$，这样使压差的读数增大 $2\sim5$ 倍，从而可提高量测精度。

【例 2-3】 在某供水管路上装一复式 U 形水银测压计，如图 2-21 所示。已知测压计显示的各液面的标高和 A 点的标高为：

$\triangledown_1=1.8m$，$\triangledown_2=0.6m$，$\triangledown_3=2.0m$，$\triangledown_4=0.8m$，$\triangledown_A=\triangledown_5=1.5m$。

试确定管中 A 点压强。（$\rho_H=13.6\times10^3 kg/m^3$，$\rho=1\times10^3 kg/m^3$）。

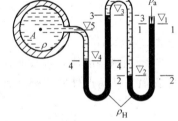

图 2-21 复式 U 形水银测压计

【解】 已知断面 1 上作用着大气压，因此可以从点 1 开始，通过等压面，并应用流体静力学基本方程式，逐点推算，最后便可求得 A 点压强。因 2-2、3-3、4-4 为等压面，根据式（2-17）可得 $p_2=\rho_H g(\triangledown_1-\triangledown_2)$，$p_3=p_2-\rho g(\triangledown_3-\triangledown_2)$，$p_4=p_3+\rho_H g(\triangledown_3-\triangledown_4)$，$p_5=p_4-\rho g(\triangledown_5-\triangledown_4)$，又 $p_A=p_5$。联立求得

$$p_A=\rho_H g(\triangledown_1-\triangledown_2)-\rho g(\triangledown_3-\triangledown_2)+\rho_H g(\triangledown_3-\triangledown_4)-\rho g(\triangledown_5-\triangledown_4)$$

将已知值代入上式，得

$$p_A=298.5kPa$$

从上述分析和本例题的计算过程，可以归纳出计算压强及压强差的基本方法，即以 $p = p_0 + \rho g h$ 作为基本计算公式；用等压面作为关联条件；逐次推算即可方便地求解。

2.5　作用于平面上的静水总压力

上面讨论的都是静止液体内任一点的压强的计算方法。在工程实践中，常需确定静止液体作用于整个受压面上的静压力，即液体总压力。对于以水为代表的液体，习惯上称为静水总压力。例如闸门等结构设计，必须计算结构物所受的静水总压力，它是水工建筑物结构设计时必须考虑的主要荷载。

静水总压力包括其大小、方向和作用点（总压力作用点也称压力中心）。

本节主要讲述求解作用在平面上的静水总压力的两种方法：图解法和解析法。这两种方法的原理，都是以流体静压强的特性及静压强公式为依据的。

2.5.1　图解法

图解法是利用压强分布图计算静水总压力的方法。该方法用于计算作用在矩形平面上所受的静水总压力最为方便。工程上常常遇到的是矩形平面问题，所以此方法被普遍采用。

作用于平面上静水总压力的大小，应等于分布在平面上各点静水压强的总和。因而，作用在单位宽度上的静水总压力，应等于静水压分布图的面积；整个矩形平面的静水总压力，则等于平面的宽度乘以压强分布图的面积。

图 2-22 所示一任意倾斜放置的矩形平面 $ABEF$，平面长为 l 宽为 b，并令其压强分布图的面积为 Ω，则作用于该矩形平面上的静水总压力为：

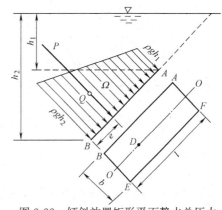

图 2-22　倾斜放置矩形平面静水总压力

$$P = b\Omega \qquad (2\text{-}34)$$

因为压强分布图为梯形，其面积 $\Omega = \dfrac{1}{2}(\rho g h_1 + \rho g h_2)l$，故

$$P = \frac{\rho g}{2}(h_1 + h_2)bl \qquad (2\text{-}35)$$

矩形平面有纵向对称轴，P 的作用点 D 必位于纵向对称轴 $O\text{-}O$ 上，同时，总压力 P 的作用点还应通过压强分布图的形心点 Q。

当压强分布为三角形时，压力中心 D 距底部距离为 $e = l/3$；当压强为梯形分布时，压力中心距底部距离 $e = \dfrac{l(2h_1 + h_2)}{3(h_1 + h_2)}$，如图 2-23 所示。

2.5.2　解析法

当受压面为任意形状，即为无对称轴的不规则平面时，静水总压力的计算较为复杂，因此常用解析法求解其静水总压力的大小和作用点位置。解析法是根据力学和数学分析方

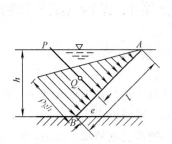
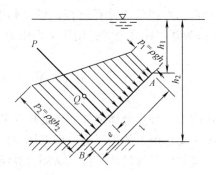

图 2-23　压力中心位置

法来求解作用于平面上静水总压力。

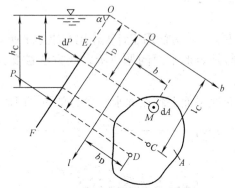

图 2-24　任意形状平面上静水总压力

有一任意形状平面 EF，倾斜置放于水中，与水平面的夹角为 α，平面面积为 A，平面形心点为 C（图 2-24）。下面研究作用于该平面上静水总压力的大小和压力中心位置。

为了分析方便，选平面 EF 的延展面与水面的交线 Ob，以及与 Ob 相垂直的 Ol 为一组参考坐标系。

1. 总压力的大小

因为静水总压力是由每一部分面积上的静水压力所构成，先在 EF 平面上任选一点 M，围绕点 M 取一微分面积 dA。设 M 点在液面下的淹没深度为 h，故 M 点的静水压强 $p = \rho g h$，微分面 dA 上各点压强可视为与 M 点相同，故作用于 dA 面上静水压力为 $dP = p dA = \rho g h dA$；整个 EF 平面上的静水总压力则为：

$$P = \int_A dP = \int_A \rho g h \, dA$$

设 M 点在 bOl 参考坐标系上的坐标为 (b, l)，由图可知 $h = l \sin\alpha$，于是

$$P = \rho g \sin\alpha \int_A l \, dA \tag{2-36}$$

上式中 $\int_A l \, dA$ 表示平面 EF 对 Ob 轴的静面矩，并且 $\int_A l \, dA = l_C A$，其中 l_C 表示平面 EF 形心点 C 至 Ob 轴的距离。代入式（2-36），得

$$P = \rho g \sin\alpha \cdot l_C A = \rho g h_C A \tag{2-37}$$

式中，h_C 为平面 EF 形心点 C 在液面下的淹没深度，$h_C = l_C \sin\alpha$；而 $\rho g h_C$ 为形心点 C 的静水压强 p_C。故式（2-37）又可写作：

$$P = p_C A \tag{2-38}$$

式（2-38）表明：作用于任意平面上的静水总压力，等于平面形心点上的静水压强与平面

面积的乘积。形心点的压强 p_C，可理解为整个平面的平均静水压强。

2. 总压力的作用点

设总压力作用点的位置在 D，它在坐标系中的坐标值为 (l_D, b_D)。由理论力学可知，合力对任一轴的力矩等于各分力对该轴力矩的代数和。按照这一原理，考查静水压力分别对 Ob 轴及 Ol 轴的力矩。

对 Ob 轴，$P \cdot l_D = \int_A lp\,\mathrm{d}A$，因 $p = \rho g h = \rho g l \sin\alpha$，则

$$P \cdot l_D = \rho g \sin\alpha \int_A l^2 \mathrm{d}A \tag{2-39}$$

令 $I_b = \int_A l^2 \mathrm{d}A$，$I_b$ 表示平面 EF 对 Ob 轴的惯性矩。由平行移轴定理：$I_b = I_c + l_C^2 A$，I_c 表示平面 EF 对于通过其形心 C 且与 Ob 轴平行的轴线的惯性矩。代入式（2-39）得

$$P \cdot l_D = \rho g \sin\alpha I_b = \rho g \sin\alpha (I_C + l_C^2 A)$$

于是有

$$l_D = \frac{\rho g \sin\alpha(I_C + l_C^2 A)}{P} = \frac{\rho g \sin\alpha(I_C + l_C^2 A)}{\rho g l_C \sin\alpha \cdot A}$$

化简后得

$$l_D = l_C + \frac{I_C}{l_C A} \tag{2-40}$$

式（2-40）中，因 $I_C > 0$，$l_C > 0$，$A > 0$，所以 $I_C / l_C A > 0$，则 $l_D > l_C$，即总压力作用点 D 在平面形心点 C 下方。

同理得 b_D 的表达式为：

$$b_D = \frac{I_{bl}}{l_C A} \tag{2-41}$$

式中，$I_{bl} = \int_A bl\,\mathrm{d}A$，表示平面 EF 对 Ob 及 Ol 轴的惯性积。

只要根据式（2-40）及式（2-41）求出 l_D 及 b_D，则压力中心 D 的位置即可确定。显然，若平面 EF 有纵向对称轴，则不必计算 b_D 值，因为 D 点必在纵向对称轴上。对于矩形平面，$I_C = \frac{1}{12}bl^3$；对于圆形平面，$I_C = \frac{1}{64}\pi d^4$，符号参见表 2-1，可方便地应用式（2-40）计算出 l_D，须记住。表 2-1 列出了几种有纵向对称轴的常见平面静水总压力及压力中心位置的计算式。

几种常见平面静水总压力及作用点位置计算表　　　　　　　　　　表 2-1

平面在水中位置	平面形式	静水总压力 P 值	压力中心距水面的斜距
	矩形	$P = \dfrac{\rho g}{2} lb(2l_1 + l) \cdot \sin\alpha$	$l_D = l_1 + \dfrac{(3l_1 + 2l)l}{3(2l_1 + l)}$

平面在水中位置	平面形式		静水总压力 P 值	压力中心距水面的斜距
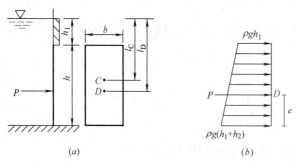	等腰梯形		$P=\rho g\sin\alpha\cdot\dfrac{3l_1(B+b)+l(B+2b)}{6}$	$L_D=l_1+\dfrac{[2(B+2b)l_1+(B+3b)l]l}{6(B+b)l_1+2(B+2b)l}$
	圆形		$P=\dfrac{\pi}{8}d^2(2l_1+d)\cdot\rho g\sin\alpha$	$l_D=l_1+\dfrac{d(8l_1+5d)}{8(2l_1+d)}$
	半圆形		$P=\dfrac{d^2}{24}(3\pi L_1+2d)\cdot\rho g\sin\alpha$	$l_D=l_1+\dfrac{d(32l_1+3\pi d)}{16(3\pi l_1+2d)}$

【例 2-4】 一矩形闸门铅直放置，如图 2-25 所示，闸门顶淹没水深 $h_1=1\mathrm{m}$，闸门高 $h=2\mathrm{m}$，宽 $b=1.5\mathrm{m}$，试用解析法和图解法求静水总压力 P 的大小及作用点。

【解】（1）解析法（图 2-25a）

① 求静水总压力

由图知 $h_C=h_1+h/2=2\mathrm{m}$，$A=bh=1.5\times2=3\mathrm{m}^3$，代入式（2-37）得

$$P=\rho gh_CA=1\times9.8\times2\times3=58.8\mathrm{kN}$$

② 求压力中心

图 2-25　铅直矩形闸门上静水压力

因 $l_C=h_C=2\mathrm{m}$，$I_C=\dfrac{1}{12}bh^3=\dfrac{1}{12}\times1.5\times2^3=1\mathrm{m}^4$，代入式（2-40）得

$$l_D=l_C+\frac{I_C}{l_CA}=2+\frac{1}{2\times1.5\times2}=2.17\mathrm{m}$$

而且压力中心 D 在矩形的对称轴上。

（2）图解法

先绘相对压强分布图，如图 2-25（b）所示。

压强分布图的面积 $\Omega=\dfrac{1}{2}[\rho gh_1+\rho g(h_1+h)]h=\dfrac{1}{2}\rho gh(2h_1+h)=39.2\mathrm{kN/m}$，闸门宽 $b=1.5\mathrm{m}$，代入式（2-34）得

$$P=b\Omega=1.5\times39.2=58.8\mathrm{kN}$$

因压强为梯形分布，压力中心 D 离底的距离（参见 2.5.1 节图解法）为：

$$e = \frac{h[2h_1 + (h_1 + h)]}{3[h_1 + (h_1 + h)]} = \frac{2[2 \times 1 + (1 + 2)]}{3[1 + (1 + 2)]} = 0.83\text{m}$$

如图 2-25（b）所示，或 $l_D = (h_1 + h) - e = 2.17\text{m}$，而且压力中心 D 在矩形的对称轴上。

【例 2-5】 如图 2-26 所示为置于桌面上的各种不同形状的容器。各容器的底面积均相同，并等于 A。容器中均盛有同一密度 ρ 的液体，水深均为 h。试分析各容器底上所受静水总压力的大小以及容器对桌面的压力。容器重量略去不计。

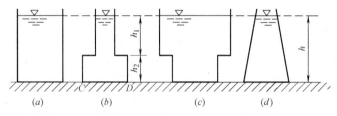

图 2-26 不同形状容器底上所受静水总压力

【解】 根据计算平面上静水总压力公式（2-37），$P = \rho g h_C A$，由于在各容器底面形心点上的水深 h_C 相同，并等于 h，因此作用在底面积相同的各容器底上的总压力相同，并且 $P = \rho g h A$。

至于各容器对桌面的压力，只需将各容器视为隔离体，按力的平衡原理，在不计容器重量的情况下，各容器对桌面的压力自然就等于容器中所盛液体的重量。

【例 2-6】 如图 2-27 所示为一平板闸门，水压力经闸门的面板传到 3 个水平横梁上，为了使各个横梁的负荷相等，3 水平横梁距自由表面的距离 y 应等于多少？已知水深 $h = 3\text{m}$。

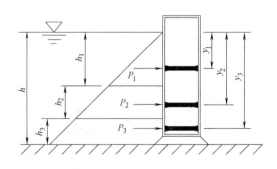

图 2-27 平板闸门受力分析

【解】 首先画出平板闸门所受的静水压强分布图。单位宽闸门上所受的静水总压力可以由图解法计算静水压强分布图的面积求出，即

$$P = \frac{1}{2}\rho g h \cdot h \cdot 1 = \frac{1}{2} \times 1000 \times 9.8 \times 3 \times 3 \times 1 = 44100\text{N}$$

若使 3 个横梁上的负荷相等，则每个梁上所承受的水压力应相等，即

$$P_1 = P_2 = P_3 = \frac{1}{3}P = 14700\text{N}$$

将压强分布图三等分，则每部分的面积代表 $\frac{1}{3}P$。

以 h_1、h_2、h_3 表示这 3 部分压强分布图的高度，则

$$P_1 = \frac{1}{2}\rho g h_1^2$$

因此

$$h_1 = \sqrt{\frac{2P_1}{\rho g}} = 1.73 \text{m}$$

同理

$$2P_1 = \frac{1}{2}\rho g (h_1 + h_2)^2$$

则

$$h_1 + h_2 = 2.45 \text{m}$$

因此

$$h_2 = 2.45 - h_1 = 2.45 - 1.73 = 0.72 \text{m}$$

所以

$$h_3 = h - (h_1 + h_2) = 3 - 2.45 = 0.55 \text{m}$$

每根横梁要承受上述 3 部分压强分布面积的压力，横梁安装位置应在各相应压力的压力中心 y_1、y_2 及 y_3 上。对于三角形压强分布，压力中心距底部距离为 $e = h_1/3$，则

$$y_1 = h_1 - e = \frac{2}{3}h_1 = \frac{2}{3} \times 1.73 = 1.16 \text{m}$$

对于梯形面积，其压力中心距下底的距离 $e = \dfrac{h_2[2h_1 + (h_1 + h_2)]}{3[h_1 + (h_1 + h_2)]}$ （参见 2.5.1 节图解法），则

$$y_2 = h_1 + h_2 - e$$
$$= 2.45 - \frac{0.72}{3} \cdot \frac{2 \times 1.73 + 2.45}{1.73 + 2.45} = 2.11 \text{m}$$

同理

$$y_3 = 2.72 \text{m}$$

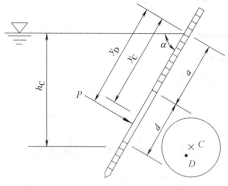

图 2-28 圆形闸门受力分析

【例 2-7】 如图 2-28 所示，水池壁面设一圆形放水闸门，当闸门关闭时，求作用在圆形闸门上静水总压力和作用点的位置。已知闸门直径 $d = 0.5$m，距离 $a = 1.0$m，闸门与自由水面间的倾斜角 $\alpha = 60°$。

【解】 闸门形心点的淹没深度为：

$$h_c = y_c \sin\alpha = \left(a + \frac{d}{2}\right)\sin\alpha$$

故作用在闸门上的静水总压力为：

$$P = \rho g h_c \frac{\pi d^2}{4} = 1000 \times 9.8 \times \left(1 + \frac{0.5}{2}\right)\sin 60° \times \frac{3.14 \times 0.5^2}{4} = 2065 \text{N}$$

设总压力的作用点离水面的倾斜距离为 y_D，则由式（2-40）得：

$$y_D = y_C + \frac{I_C}{y_C A} = \left(a + \frac{d}{2}\right) + \frac{\dfrac{\pi d^4}{64}}{\left(a + \dfrac{d}{2}\right)\dfrac{\pi d^2}{4}} = 1.25 + 0.013 = 1.26\text{m}$$

2.6 作用于曲面上的静水总压力

工程中常遇到受压面为曲面，例如弧形闸门、输水管及圆形的贮油设备等，这些曲面一般为柱形曲面（二向曲面）。下面着重讨论这种柱形曲面上的总压力计算问题。

在计算平面上静水总压力大小时，可以把各部分面积上所受压力直接求其代数和，这相当于求一个平行力系的合力。然而，对于曲面，根据静压强的特性，作用于曲面上各点的静压强都是沿曲面上各点的内法线方向。因此，曲面上各部分面积上所受压力的大小和方向均各不相同，故不能用求代数和的方法计算总压力。为了把它变成一个求平行力系的合力问题，先分别计算作用在曲面上总压力的水平分力 P_x 和垂直分力 P_z，最后合成总压力 P。

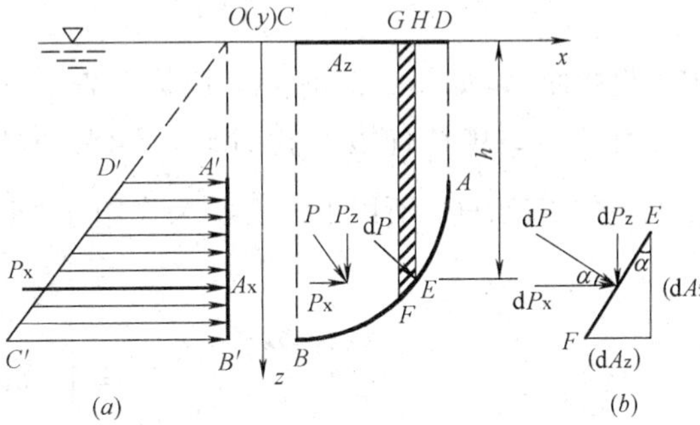

图 2-29 作用于柱形曲面上的静水压力

下面以水下一柱形曲面 AB（垂直于纸面为单位宽度）为例，如图 2-29所示，说明求解作用于曲面上的静水总压力的大小和方向的方法。

2.6.1 总压力的水平分力和垂直分力

在曲面 AB 上任取一微小曲面 EF，并视为平面，其面积为 dA（图 2-29），作用在此微小平面 dA 上的静水总压力为 $dP = \rho g h dA$，其中 h 为 dA 面的形心在液面以下的深度，dP 垂直于平面 dA，与水平面的夹角为 α。此微小总压力 dP 可分解为水平和垂直两个分力：

$$\left.\begin{aligned} dP_x &= dP\cos\alpha = \rho g h dA\cos\alpha \\ dP_z &= dP\sin\alpha = \rho g h dA\sin\alpha \end{aligned}\right\} \tag{2-42}$$

式中，$dA\cos\alpha$ 是 dA 在铅垂平面上的投影面，具有沿 x 向的法线，以 dA_x 表示；$dA\sin\alpha$ 是 dA 在水平面上的投影面，具有沿 z 向的法线，以 dA_z 表示，于是式（2-42）可写为：

$$\left.\begin{aligned} dP_x &= \rho g h dA_x \\ dP_z &= \rho g h dA_z \end{aligned}\right\} \tag{2-43}$$

对式（2-43）进行积分，即可求得作用在 AB 面上静水总压力的水平分力和铅直分力。

1. 水平分力

由式（2-43）第一式积分，得水平分力为：

$$P_x = \rho g \int_{A_x} h dA_x \tag{2-44}$$

式中铅直投影面 A_x 如图 2-29 所示,脚标 x 表示投影面的法向方向。

显然,求水平分力即转化为求作用在铅直投影面 A_x 上的力。由作用在平面上静水总压力公式(2-37)可得:

$$P_x = \rho g h_c A_x \tag{2-45}$$

式中 h_c——铅直投影面的形心点在液面下的淹没深度。

水平分力 P_x 的作用线应通过 A_x 平面的压力中心,其方向垂直指向该平面。作用在投影面上的压强分布图如图 2-29 (a) 中的梯形 $A'B'C'D'$。

2. 垂直分力

由式(2-43)第二式积分,得铅垂分力

$$P_z = \rho g \int_{A_z} h \mathrm{d}A_z \tag{2-46}$$

式中,投影面 A_z 如图 2-29 所示,脚标 z 表示投影面的法线方向。

分析式(2-46)右边的积分式,$h\mathrm{d}A_z$ 为作用在微小曲面 EF 上的水体体积,如图 2-29 中的 $EFGH$。所以 $\int_{A_z} h\mathrm{d}A_z$ 为作用在曲面 AB 上的水体体积,如图 2-29 中的 AB-CD。令

$$V = \int_{A_z} h \mathrm{d}A_z \tag{2-47}$$

柱体 $ABCD$ 称为压力体。该体积乘以 ρg 即为作用于曲面上的液体 $ABCD$ 的重量。把式(2-47)代入式(2-46),得

$$P_z = \rho g V \tag{2-48}$$

式(2-48)表明:作用于曲面上总压力 P 的垂直分力 P_z 等于压力体内的水体重量。显然,垂直分力 P_z 的作用线应通过液体 $ABCD$ 的重心。

压力体只是作为计算曲面上垂直分力的一个数值当量,它不一定是由实际液体所构成。对图 2-29 所示的曲面,压力体为液体所充实,称为实压力体;但在另外一些情况下,如图 2-30 所示的曲面,其相应的压力体(图中阴影部分)内并无液体,称为虚压力体。

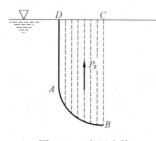

图 2-30　虚压力体

压力体应由下列周界面所围成:

(1) 受压曲面本身;

(2) 受压曲面在自由液面(如图 2-29)或自由液面的延展面(如图 2-30)上的投影面;

(3) 从曲面的边缘向自由液面或自由液面的延展面所作的铅直面。

关于垂直分力 P_z 的方向,则应根据曲面与压力体的关系而定:当液体和压力体位于曲面的同侧(图 2-29)时,P_z 向下;当液体和压力体各在曲面之一侧(图 2-30)时,P_z 向上。

当曲面为凹凸相间的复杂柱面时,可在曲面与铅垂面相切处将曲面分开,分别绘出各

部分的压力体，并定出各部分垂直压力的方向，然后合成起来，即可得出总的垂直压力的方向。图 2-31 (a) 曲面 ABCD，可分成 AC 及 CD 两部分，其压力体及相应垂直压力的方向如图中 2-31 (b)、(c) 所示，合成后的压力体则如图 2-31 (d)。曲面 ABCD 所受总压力的垂直分力的大小及其方向，即不难由图 2-31 (d) 定出。

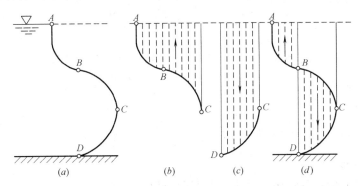

图 2-31　凹凸相间的复杂柱面的压力体

2.6.2　总压力

当总压力的水平分力 P_x 和铅直分力 P_z 求得后，则作用在曲面上静水总压力的大小为：

$$P=\sqrt{P_x^2+P_z^2} \tag{2-49}$$

2.6.3　总压力的方向

为了确定总压力 P 的方向，可以求出 P 与水平面的夹角为：

$$\alpha=\arctan\frac{P_z}{P_x} \tag{2-50}$$

总压力的作用线必通过 P_x 与 P_z 的交点，这个交点不一定位于曲面上。

【**例 2-8**】　如图 2-32 所示为一溢流坝上的弧形闸门 ed。已知：$R=10$m，闸门宽 $b=8$m，$\theta=30°$。求作用在该弧形闸门上的静水总压力的大小和方向。

【**解**】　(1) 水平分力

铅垂投影面如图 2-32 所示，面积 $A_x=bh=8×R\sin30°=40.00\mathrm{m}^2$，投影面形心点淹没深度

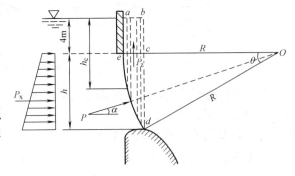

$$h_c=4+\frac{h}{2}=4+\frac{R\sin30°}{2}=6.50\mathrm{m}$$

图 2-32　弧形闸门上的静水总压力

所以 $P_x=\rho g h_c A_x=1000×9.80×6.50×40.00=2548.00\mathrm{kN}$，方向向右。

(2) 铅直分力

压力体如图中 abcde，压力体体积 $V=A_{abcde}b$，因

$$A_{abcde}=A_{abce}+A_{cde}$$

35

$$A_{cde}=扇形面积 Ode-三角形面积 Ocd=\pi R^2 \cdot \frac{30°}{360°}-\frac{1}{2}R\sin30° \cdot R\cos30°=4.52m^2$$

$$A_{abce}=4\times(R-R\cos30°)=5.36m^2$$

所以

$$A_{abcde}=5.36+4.52=9.88m^2$$

故

$$P_z=\rho gV=1000\times9.8\times9.88\times8=774.59kN$$

方向向上。

（3）总压力

$$P=\sqrt{P_x^2+P_2^2}=2663.14kN$$

（4）作用力的方向

总压力指向曲面，其作用线与水平方向的夹角

$$\alpha=\text{acrtan}\left(\frac{P_z}{P_x}\right)=\text{acrtan}\left(\frac{774.59}{2548.00}\right)=16.91°$$

【例 2-9】 图 2-23（a）、（b）是相同的弧形闸门 AB，圆弧半径 $R=2m$，水深 $h=R=2m$，不同的是图 2-23（a）中水在左侧，而图 2-23（b）中水在右侧。求作用在闸门 AB 上的静水总压力大小和方向（垂直于图面的闸门宽度按 $b=1m$ 计算）。

【解】 很显然，在图 2-33（a）和图 2-33（b）中总压力 P 的大小是相同的，仅作用方向相反而已。

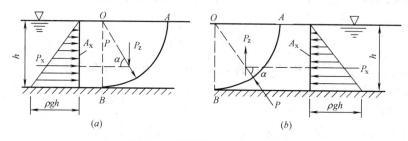

图 2-33　圆柱形闸门受力分析

由于 AB 是圆弧面，所以弧面上各点的静水压强都沿半径方向通过圆心 O 点，因而总压力 P 也必通过圆心 O。

（1）先求总压力 P 的水平分力 P_x

铅垂投影面的面积 $A_x=bh=1\times2=2m^2$，投影面形心点淹没深度 $h_c=h/2=1m$。根据式（2-45），有

$$P_x=\rho gh_cA_x=1000\times9.8\times1\times2=19600N$$

P_x 的作用线位于水面以下 $\frac{2}{3}h$ 深度。在图 2-33（a）和图 2-33（b）中的 P_x 数值相同，但方向是相反的。

（2）求总压力 P 的垂直分力 P_z

在图 2-33（a）中压力体 V 是实际水体 OAB 的体积，即实压力体，但在图 2-33（b）中则 V 应该是虚拟的水体 OAB 的体积，即虚压力体，它们的形状、体积是一样的。根据式（2-48）有

$$P_z = \rho g V = \rho g \left(\frac{\pi R^2}{4} \times 1 \right) = 1000 \times 9.8 \times \frac{3.14 \times 2^2}{4} \times 1 = 30772 \text{N}$$

P_z 的作用线通过水体 OAB 的重心，对于所研究的均匀液体，也即是通过压力体体积 OAB 的形心，在图 2-33（a）中 P_z 的方向向下，而在图 2-33（b）中 P_z 的方向向上。

（3）求总压力及作用力的方向

$$P = \sqrt{P_x^2 + P_z^2} = \sqrt{(19600)^2 + (30772)^2} = 36484 \text{N}$$

$$\alpha = \text{acrtan} \left(\frac{P_z}{P_x} \right) = \text{acrtan} \left(\frac{30772}{19600} \right) = 57.5°$$

即总压力 P 的作用线与水平面的夹角 $\alpha = 57.5°$。

【例 2-10】 有一薄壁金属压力管，管中受均匀水压力作用（如图 2-34），其压强 $p = 4903.5$ kPa，管内直径 $d = 1$m，管壁允许拉应力 $[\sigma] = 147.1$MPa，求管壁厚度 δ。（不计管道自重及水重而产生的应力）

【解】 水管在水压力作用下，管壁将受到拉应力，此时外荷载为水管内壁（曲面）上的水压力。

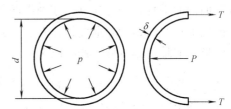

图 2-34 管壁受均匀水压力作用

为分析水管内力与外荷载的关系，沿管轴方向取长度 $l = 1$m 管道，并沿直径方向将管子剖开，取一半来分析受力情况，如图 2-34 所示。

设管壁上的拉应力为 σ，剖面处管壁所受总内力为 $2T$，则 $2T = 2l\delta\sigma = 2\delta\sigma$。

作用在半环内表面的水压力沿 T 方向的分力，由曲面总压力的水平分力公式得

$$P = pA = p \times d \times l = pd$$

根据力的平衡，有

$$2\delta\sigma = pd$$

令管壁所受拉应力恰好等于其允许拉应力 $[\sigma]$，则所需管壁厚度为：

$$\delta = \frac{pd}{2[\sigma]} = \frac{4903500 \times 1}{2 \times 147100000} = 0.0166 \text{m}$$

2.7 浮力、潜体及浮体的稳定性

2.7.1 浮力

漂浮在水面或淹没于水中的物体将受到静水压力的作用，其值等于物体表面上各点静水压强的总和。

如图 2-35 所示有一任意形状物体淹没于水下。和计算曲面静水总压力一样，假设整

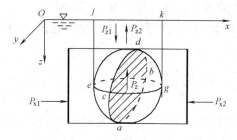

图 2-35　淹没于水中的任意形状物体受力分析

个物体表面（看作是三向曲面）上的静水总压力可分为 3 个方向的分力：P_x、P_y、P_z。

先计算水平分力 P_x 和 P_y。今以平行于 Ox 轴的直线与物体表面相切，其切点构成一根封闭曲线 $abdc$，曲线 $abdc$ 将物体表面分成左、右两半，作用于物体表面静水总压力的水平分力 P_x，应为这两部分的水平分力 P_{x1} 和 P_{x2} 之和。显然，左半部曲面和右半部曲面在 yOz 平面上的投影面积相等，因而 P_{x1} 和 P_{x2} 大小相等，方向相反，合成后在 Ox 方向合力 P_x 为零。同理，整个表面所受 Oy 方向的静水压力 P_y 也等于零。

再讨论垂直分力 P_z。今以与 Oz 轴平行的直线与物体表面相切，切点形成一条封闭曲线 $ebgc$，曲线把物体表面分成上、下两部分，则作用于物体上的垂直分力 P_z 是上、下两部分曲面的垂直分力的合力。分别画两部分曲面的压力体，曲面 deg 上的垂直分力 P_{z1}，方向向下；曲面 aeg 的垂直分力 P_{z2}，方向向上；抵消部分压力体 $edgkj$ 后，得出的压力体的形状就是物体本身，其体积为 V，方向向上。因此，垂直分力 P_z 为：

$$P_z = \rho g V \tag{2-51}$$

以上讨论表明：淹没物体上的静水总压力只有一个铅直向上的力，其大小等于该物体所排开的同体积的水重。这就是阿基米德（Archimedes）原理。

液体对淹没物体上的作用力称为浮力，浮力的作用点在物体被淹没部分体积的形心，该点称为浮心。

在证明阿基米德原理的过程中，假定物体全部淹没于水下，但所得结论，对部分淹没于水中的物体，也完全适用。

物体在静止液体中，除受重力作用外，还受到上浮力的作用。若物体在空气中的自重为 G，其体积为 V，则物体全部淹没于水下时，物体所受的上浮力为 $\rho g V$。

如果 $G > \rho g V$ 时，物体将会下沉，直至沉到底部才会停止下来，这样的物体称为沉体。

如果 $G < \rho g V$ 时，物体将会上浮，一直要浮出水面，当物体所受浮力和自重刚好相等时，才保持平衡状态，这样的物体称为浮体。

如果 $G = \rho g V$ 时，物体可以潜没于水中的任何位置而保持平衡，这样的物体称为潜体。

物体的沉浮，是由它所受重力和上浮力的相互关系来决定的。

2.7.2　潜体的平衡及其稳定性

潜体的平衡，是指潜体在水中既不发生上浮或下沉，也不发生转动的平衡状态。图 2-36 为一潜体，为使讨论具有普遍性，假定物体内部质量不均匀，重心 C 和浮心 D 并不在同一位置。这时，潜体在浮力及重力作用下保持平衡的条件是：

（1）作用于潜体上的浮力和重力相等，即 $G = \rho g V$。

（2）重力和浮力对任意点的力矩代数和为零。要满足这一条件，必须使重心和浮心位于同一铅垂线上（图 2-36a）。

其次，再来分析一下潜体平衡的稳定性。所谓平衡的稳定性是指已经处于平衡状态的潜体，如果因为某种外来干扰使之脱离平衡位置时，潜体自身恢复平衡的能力。

图 2-36（b）表示一个重心位于浮心之下的潜体，原来处于平衡状态，由于外来干扰，使潜体向左或向右侧倾斜，因而有失去平衡的趋势。当倾斜以后，由重力和上浮力所形成的力偶可以反抗其继续倾斜。当外来干扰撤除后，自身有恢复平衡的能力，这样的平衡状态称为稳定平衡。

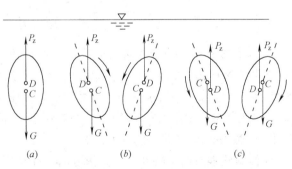

图 2-36　潜体的平衡及其稳定

相反，如图 2-36（c）所示，一个重心位于浮心之上的潜体，原来处于平衡状态，由于外来干扰使潜体发生倾斜。当倾斜以后，由重力和上浮力所构成的力偶，有使潜体继续扩大其倾覆的趋势，即使在干扰撤除以后，平衡状态仍可以遭到破坏，因而为不稳定平衡。

综上所述，潜体平衡的稳定条件是要使重心位于浮心之下。

当潜体的重心与浮心重合时，潜体处于任何位置都是平衡的，此种平衡为随遇平衡。

2.7.3　浮体的平衡及其稳定性

一部分淹没于水下，一部分暴露于水上的物体，称为浮体。浮体的平衡条件和潜体的一样，但浮体平衡的稳定要求与潜体有所不同。浮体重心在浮心之上时，其平衡仍有可能是稳定的。

图 2-37 表示一横向对称的浮体，重心 C 位于浮心 D 之上。通过浮心 D 和重心 C 的直线 0-0 称为浮轴，在平衡状态下，浮轴为一条铅垂直线。当浮体受到外来干扰（如风吹、浪打）发生倾斜时，浮体被淹没部分的几何形状改变，从而使浮心 D 移至新的位置 D'，此时浮力 P_z 与浮轴有一交点 M，M 称为定倾中心，MD 的距离称为定倾半径，以 ρ 表示。在倾角 α 不大的情况下，实用上近似认为 M 点位置不变。

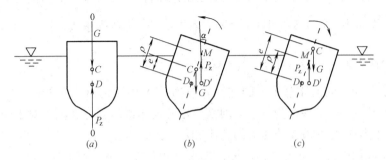

图 2-37　浮体的平衡及其稳定

假定浮体的重心 C 点也不变，令 C、D 之间的距离为 e，称 e 为重心与浮心的偏心距。由图 2-37 不难看出，当 $\rho>e$（即定倾中心高于重心）时，浮体平衡是稳定的，此时浮力与重力所产生的力偶可以使浮体平衡恢复，故此力偶称为正力偶。若当 $\rho<e$（即定倾中

心低于重心）时，浮力与重力构成了倾覆力偶，使浮体有继续倾斜的趋势。

综上所述，浮体平衡的稳定条件为定倾中心要高于重心，或者说，定倾半径大于偏心距。

本 章 小 结

1. 静止或相对静止液体对其接触面上所作用的力称为流体静压力（静水压力），其单位为牛顿（N）或千牛顿（kN）。单位面积上所受的平均流体静压力称为平均流体静压强（平均静水压强），用 $\bar{p}$ 表示。当受压面的面积无限缩小至一点时，则该受压面所受的力与受压面面积的比值的极限，称为该点的点压强。压强的单位是牛顿/米^2（N/m^2）或千牛顿/米^2（kN/m^2），其量纲为 $ML^{-1}T^{-2}$。

流体静压强有两个特性。一是指方向，即静压强的方向是垂直指向受压面；二是指大小，即任一点静压强的大小和受压面方位无关，只与该点在液面下的位置有关。

2. 流体平衡微分方程表达了处于静止或相对静止状态的液体中任一点压强与作用于流体的质量力之间的普遍关系。流体平衡微分方程的积分形式表明，处于平衡状态的不可压缩流体中，作用在其边界上的压强 p_0 将等值地传递到流体的任一点上。

3. 液体中压强相等的点所组成的面称为等压面。它有两个特性：在平衡液体中等压面即等势面；等压面与质量力正交。单纯重力作用下的静止液体，其等压面必然是水平面。在应用等压面时，必须保证所讨论的流体是静止同种连续介质。等压面（尤其水平等压面）在计算压强时经常用到。

4. 液体中任一点的压强可用静压强的基本公式 $p=p_0+\rho g h$ 来计算。压强随淹没深度 h 按线性规律变化。

5. 绝对压强是以绝对真空状态作为零点计量的压强，用 p' 表示。相对压强是以当地大气压强作为零点计量的压强，用 p 表示。二者之间相差一个当地大气压强 p_a。压强的计量单位有三种表示法，即用应力单位表示、用大气压的倍数表示、用液体高度表示。

6. 根据静压强公式以及静压强垂直并指向受压面的特点，可利用图形来表示静压强的大小和方向，此图形称为静压强分布图。静压强分布图的绘制规则，一是按比例用线段长度表示点压强的大小；二是用箭头表示压强的方向，并使之垂直受压面。

7. $z+\dfrac{p}{\rho g}$ 称为测压管水头，其中 z 为位置水头，$\dfrac{p}{\rho g}$ 为压强水头。同一静止液体中，所有各点的测压管水头均相等，即 $z+\dfrac{p}{\rho g}=C$。

8. 作用于平面上的液体总压力的计算，包括总压力的大小、方向和作用点。对于矩形受压面，利用图解法求解较为方便，因而要正确绘出静压强分布图。对于受压面为任意形状，常用解析法求解其液体总压力的大小和作用点位置。

9. 作用于曲面上液体总压力的计算，先求其水平分力 P_x 和垂向分力 P_z，再求合力 P。水平分力 P_x 等于作用于该曲面的垂直投影面积上的静水总压力，其方向垂直指向投影面。铅直分力 P_z 等于压力体内水体重，其方向视受压曲面与压力体的关系而定。压力体是由受压曲面、受压曲面在自由液面或其延展面上的投影面以及从受压曲面边缘向自由液面或其延展面所作的铅直面所围成。

思 考 题

2-1 静水压强有哪些特性？静水压强随淹没深度的分布规律如何？

2-2 同一容器中装两种液体，且 $\rho_1 < \rho_2$，在容器侧壁装了两根测压管。试问：图 2-38 中所标明的测压管中液面位置对吗？为什么？

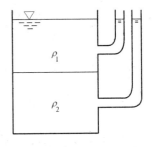

图 2-38 思考题 2-2 图

2-3 图 2-39 中三种不同情况，试问：A-A、B-B、C-C、D-D 中哪个是等压面？哪个不是等压面？为什么？

2-4 如图 2-40 所示的管路，在 A、B、C 三点装上测压管。当阀门关闭时，试问：（1）各测压管中的水面高度如何？（2）标出各点的位置水头、压强水头和测压管水头。

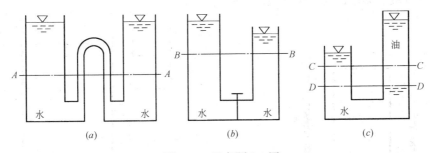

图 2-39 思考题 2-3 图

（a）连通容器；（b）连通器被隔断；（c）盛有不同种类溶液的连通器

2-5 如图 2-41 所示，三个开敞容器中的水深 h 相等。（1）图 2-41（a）容器置于地面上；（2）图 2-41（b）容器以加速度 g 向上运动；（3）图 2-41（c）容器以加速度向下运动。试分析：AB 侧面上的压强分布有何变化？

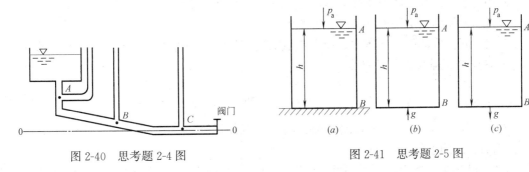

图 2-40 思考题 2-4 图   图 2-41 思考题 2-5 图

2-6 如图 2-42 所示，一平板闸门 AB 斜置于水中，当上、下游水位均上升 1m（虚线位置）时，试问：图 2-42（a）、图 2-42（b）中闸门 AB 上所受的静水总压力及作用点是否改变？提示：可画压强分布图来分析。

2-7 如图 2-43 所示为一封闭容器装水（密度 ρ_1），两测压管内为水银（密度 ρ_2）。试问：同一水平线上 1、2、3、4、5 各点的压强哪点最大？哪点最小？哪些点相等？

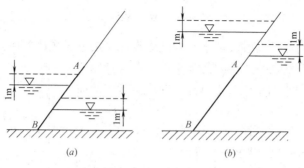

图 2-42 思考题 2-6 图

2-8 如图 2-44 所示，封闭水箱中的水面与筒 1、筒 3、筒 4 中的水面同高，筒 1 可以升降，借以调解箱中水面压强。如将：（1）筒 1 下降一定高度；（2）筒 1 上升一定高度。试分别说明各液面哪些最高？哪些最低？哪些同高？

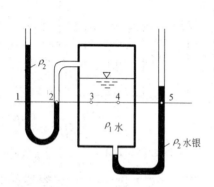

图 2-43 思考题 2-7 图

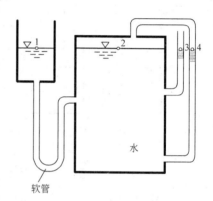

图 2-44 思考题 2-8 图

2-9 压力体有哪些周界面所围成？其方向如何确定？

2-10 绝对压强、相对压强和真空压强之间有什么关系？

2-11 等压面是水平面的条件是什么？

2-12 同一容器静止液体中，所有各点的测压管水头是否相等？各点的位置水头是否相等？各点的压强水头是否相等？

习　　题

2-1 如图 2-45 所示，一封闭水箱自由面上气体压强 $p_0 = 25\text{kN/m}^2$，$h_1 = 5\text{m}$，$h_2 = 2\text{m}$。求 A、B 两点的静水压强。

2-2 已知某点绝对压强为 80kN/m^2，当地大气压强 $p_a = 98\text{kN/m}^2$。将该点绝对压强、相对压强和真空压强用水柱及水银柱表示。

2-3 如图 2-46 所示为一复式水银测压计，已知 $\nabla_1 = 2.3\text{m}$，$\nabla_2 = 1.2\text{m}$，$\nabla_3 = 2.5\text{m}$，$\nabla_4 = 1.4\text{m}$，$\nabla_5 = 3.5\text{m}$。求水箱液面上的绝对压强 p_0。

2-4 某压差计如图 2-47 所示，已知 $h_A = h_B = 1\text{m}$，$\Delta h = 0.5\text{m}$。求 $p_A - p_B$。

2-5 如图 2-48 所示，利用三组串联的 U 形水银测压计测量高压水管中的压强，测压计顶端盛水。当 M 点压强等于大气压强时，各支水银面均位于 0-0 水平面上。当最末一

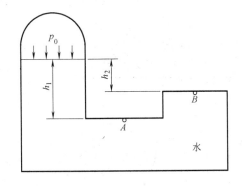

图 2-45 习题 2-1 图

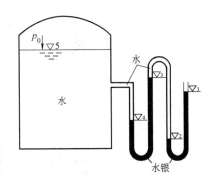

图 2-46 习题 2-3 图

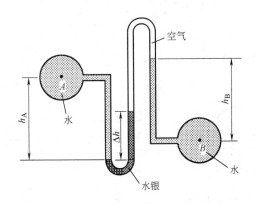

图 2-47 习题 2-4 图

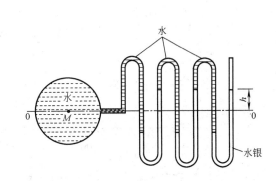

图 2-48 习题 2-5 图

组测压计右支水银面在 0-0 平面以上的读数为 h 时，求 M 点的压强。

2-6 如图 2-49 所示，盛同一种液体的两容器，用两根 U 形差压计连接。上部差压计 A 内盛密度为 ρ_A 的液体，液面高差为 h_A；下部差压计内盛密度为 ρ_B 的液体，液面高差为 h_B。求容器内液体的密度 ρ（用 ρ_A、ρ_B、h_A、h_B 表示）。

2-7 画出图 2-50 中各标有文字的受压面上的静水压强分布图。

2-8 画出图 2-51 中各标有文字曲面上的压力体图，并标出垂直压力的方向。

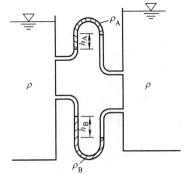

图 2-49 习题 2-6 图

2-9 如图 2-52 所示，水闸两侧都受水的作用，左侧水深 3m，右侧水深 2m。求作用在单位宽度闸门上静水总压力的大小及作用点位置（用图解法和解析法分别求解）。

2-10 如图 2-53 所示，求承受两层液体的斜壁上的液体总压力（以 1m 宽计）。已知：$h_1=0.6$m，$h_2=1.0$m，$\rho_1=80$kg/m^3，$\rho_2=100$kg/m^3，$\alpha=60°$。

2-11 如图 2-54 所示一弧形闸门 AB，宽 $b=4$m，圆心角 $\theta=45°$，半径 $r=2$m，闸门转轴恰与水面齐平。求作用于闸门的静水压力及其与水平面的夹角。

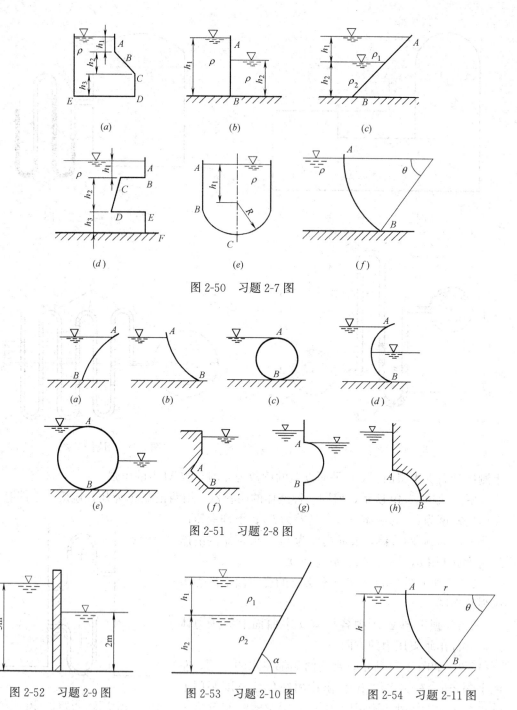

图 2-50 习题 2-7 图

图 2-51 习题 2-8 图

图 2-52 习题 2-9 图   图 2-53 习题 2-10 图   图 2-54 习题 2-11 图

2-12 两水池隔墙上装一半球形堵头，如图 2-55 所示。球形堵头半径 $R=1\mathrm{m}$，测压管读数 $h=200\mathrm{mm}$。求：（1）水位差 ΔH；（2）半球形堵头的总压力的大小和方向。

2-13 求作用在如图 2-56 所示宽 4m 的矩形涵管闸门上的静水总压力 P 及压力中心 h_{D}。

2-14 圆弧门如图 2-57 所示，门长 2m。（1）求作用于闸门的水平总压力；（2）求垂直总压力；（3）求总压力及其作用线。

44

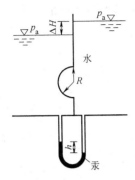

图 2-55 习题 2-12 图

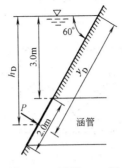

图 2-56 习题 2-13 图

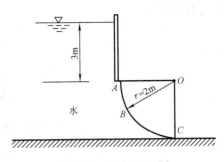

图 2-57 习题 2-14 图

2-15 如图 2-58 所示，有一直立的矩形自动翻板闸门，门高 H 为 3m，如果要求水面超过门顶 h 为 1m 时，翻板闸门即可自动打开，若忽略门轴摩擦的影响，问该门转动轴 0-0 应放在什么位置？

2-16 如图 2-59 所示，涵洞进口设圆形平板闸门，其直径 $d = 1m$，闸门与水平面呈 $\alpha = 60°$ 倾角并铰接于 B 点，闸门中心点位于水下 4m，门重 $G = 980N$。当门后无水时，求启门力 T（不计摩擦力）。

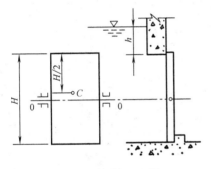

图 2-58 习题 2-15 图

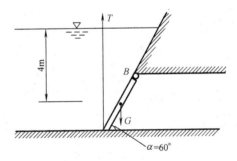

图 2-59 习题 2-16 图

2-17 为校核图 2-60 所示混凝土重力坝的稳定性，对于下游无水和有水两种情况，分别计算作用于单位长度坝体上水平水压力和铅直水压力。

2-18 如图 2-61 所示，一弧形闸门，α 为 45°，半径 R 为 4.24m，试计算 1m 宽的门面上所受的静水总压力并确定其方向。

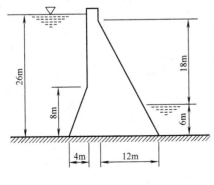

图 2-60 习题 2-17 图

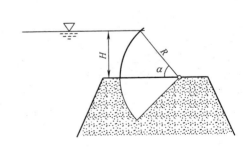

图 2-61 习题 2-18 图

2-19　如图 2-62 所示，直径 $D=3.0$m 的圆柱堰，长 6m。求作用于圆柱堰的静水总压力及其方向。

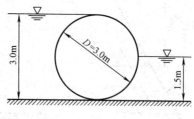

图 2-62　习题 2-19 图

第 3 章　流体运动学

自然界中，静止的流体只是一种特殊的状态，而运动的流体是普遍存在的。例如，液体在管道中（输水管、输油管等）的流动、河道中的水流运动、船闸中的水流运动、渗流等。

流体运动和刚体运动不同。刚体在运动时各质点之间处于相对静止状态，表现为整体一致的运动。流体则不然，各质点之间有相对运动，不再是整体一致的运动。例如，水在河道中流动时，沿水深各点的速度是不同的。

根据流体连续介质的假定，可以把流体运动看作是充满一定空间、由无数流体质点组成的连续介质运动。运动流体所占的空间，叫作流场。不同时刻，流场中的质点都有它一定的空间位置、流速、加速度、压强等。在流场内表征流体运动状态的物理量有速度、加速度、动水压强（即流体运动时某点的压强）、切应力、密度等，统称为运动要素。研究流体运动的规律，就是分析流体的运动要素随空间和时间的变化。

本章主要分析研究流体如何运动、流动的特点、流动表示方法等，即所谓的流体运动学。至于流体为什么运动，即引起流体运动的原因和条件、探讨作用于流体质点上的力、研究因外力作用而引起的流体运动规律等，将在下一章里介绍，即所谓的流体动力学。

3.1　流　动　描　述

3.1.1　描述流体运动的两种方法

研究流体运动首先要有描述流动的方法。描述流动的方法有拉格朗日法和欧拉法。

1. 拉格朗日（Lagrange）法

拉格朗日法以研究个别流体质点的运动为基础，通过对每个流体质点运动规律的研究来获得整个流体的运动规律。这种方法又称为质点系法。

将 $t=t_0$ 时的某流体质点在空间的位置坐标 (a, b, c) 作为该质点的标记。在此后的瞬间 t，该质点 (a, b, c) 已运动到空间位置 (x, y, z)。不同的质点在 t_0 时，具有不同的位置坐标，如 (a', b', c')、(a'', b'', c'')……这样就把不同的质点区别开来。同一质点在不同瞬间处于不同位置；各个质点在同一瞬间 t 也位于不同的空间位置，如图3-1所示。因而，任一瞬时 t 质点 (a, b, c) 的空间位置 (x, y, z) 可表示为：

$$\left.\begin{array}{l} x=x(a,b,c,t) \\ y=y(a,b,c,t) \\ z=z(a,b,c,t) \end{array}\right\} \qquad (3\text{-}1)$$

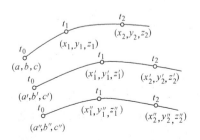

图 3-1　质点的运动轨迹

式中 a、b、c 称为拉格朗日变量。若给定式中的 a、

b、c 值，可以得到某一特定质点的轨迹方程。

将式（3-1）对时间 t 取偏导数，可得任一流体质点在任意瞬间的速度 u 在 x、y、z 轴向的分量：

$$\left.\begin{array}{l} u_x = \dfrac{\partial x}{\partial t} = u_x(a,b,c,t) \\[2mm] u_y = \dfrac{\partial y}{\partial t} = u_y(a,b,c,t) \\[2mm] u_z = \dfrac{\partial z}{\partial t} = u_z(a,b,c,t) \end{array}\right\} \tag{3-2}$$

同理，将式（3-2）对时间取偏导数可得流体质点的加速度 a 在各轴向的投影：

$$\left.\begin{array}{l} a_x = \dfrac{\partial^2 x}{\partial t^2} = a_x(a,b,c,t) \\[2mm] a_y = \dfrac{\partial^2 y}{\partial t^2} = a_y(a,b,c,t) \\[2mm] a_z = \dfrac{\partial^2 z}{\partial t^2} = a_z(a,b,c,t) \end{array}\right\} \tag{3-3}$$

对于某一特定质点，给定 a、b、c 值，就可利用式（3-1）～式（3-3）确定不同时刻流质点的坐标、速度和加速度。

拉格朗日法的基本特点是追踪单个质点的运动，概念上简明易懂，与研究固体运动的方法一致。但是，由于流体质点的运动轨迹非常复杂，要寻求为数众多的不同质点的运动规律，实际上难以实现，因而，除研究某些问题（如波浪运动等）外，一般不采用拉格朗日法。而且，绝大多数的工程问题并不需要追踪质点的来龙去脉，而是着眼于固定空间或固定断面的流动。例如，扭开水龙头，水从管中流出，我们并不需要追踪某个水质点自管中流出到哪里去，只要知道水从管中以多大的速度流出即可，也就是要知道某固定断面（水龙头处）的流动状况。下面介绍普遍采用的欧拉法。

2. 欧拉（Euler）法

欧拉法是以考察不同流体质点通过固定的空间点的运动情况来了解整个流动空间内的流动情况，即着眼于研究各种运动要素的分布场。这种方法又叫作流场法。

采用欧拉法，流场中任何一个运动要素可以表示为空间坐标和时间的函数。在直角坐标系中，流速是随空间坐标 (x, y, z) 和时间 t 而变化的。因而，流体质点的流速在各坐标轴上的投影可表示为：

$$\left.\begin{array}{l} u_x = u_x(x,y,z,t) \\ u_y = u_y(x,y,z,t) \\ u_z = u_z(x,y,z,t) \end{array}\right\} \tag{3-4}$$

若令式（3-4）中 x、y、z 为常数，t 为变数，即可求得在某一空间点 (x, y, z) 上，流体质点在不同时刻通过该点的流速变化情况。若令 t 为常数，x、y、z 为变数，则可求得在同一时刻，通过不同空间点上的流体质点的流速分布情况（即流速场）。

在流场中，同一空间定点上不同流体质点通过该点时流速是不同的，即在同一空间点上流速随时间而变化。另一方面，在同一瞬间不同空间点上流速也是不同的。因此，欲求某一流体质点在空间定点上的加速度，应同时考虑以上两种变化。在一般情况下，任一流体质点在空间定点上的加速度在三个坐标轴上的投影为：

$$
\left.
\begin{aligned}
a_x &= \frac{\mathrm{d}u_x}{\mathrm{d}t} \\
a_y &= \frac{\mathrm{d}u_y}{\mathrm{d}t} \\
a_z &= \frac{\mathrm{d}u_z}{\mathrm{d}t}
\end{aligned}
\right\}
\tag{3-5}
$$

因 u_x、u_y、u_z 是 x、y、z 的连续函数，经微分时段 $\mathrm{d}t$ 后流体质点将运动到新的位置，所以 x、y、z 又是 t 的函数。利用复合函数微分规则，并考虑 $\frac{\mathrm{d}x}{\mathrm{d}t}=u_x$，$\frac{\mathrm{d}y}{\mathrm{d}t}=u_y$，$\frac{\mathrm{d}z}{\mathrm{d}t}=u_z$，则加速度表达式为：

$$
\left.
\begin{aligned}
a_x &= \frac{\mathrm{d}u_x}{\mathrm{d}t} = \frac{\partial u_x}{\partial t} + u_x\frac{\partial u_x}{\partial x} + u_y\frac{\partial u_x}{\partial y} + u_z\frac{\partial u_x}{\partial z} \\
a_y &= \frac{\mathrm{d}u_y}{\mathrm{d}t} = \frac{\partial u_y}{\partial t} + u_x\frac{\partial u_y}{\partial x} + u_y\frac{\partial u_y}{\partial y} + u_z\frac{\partial u_y}{\partial z} \\
a_y &= \frac{\mathrm{d}u_z}{\mathrm{d}t} = \frac{\partial u_z}{\partial t} + u_x\frac{\partial u_z}{\partial x} + u_y\frac{\partial u_z}{\partial y} + u_z\frac{\partial u_z}{\partial z}
\end{aligned}
\right\}
\tag{3-6}
$$

以上三式中等号右边第一项 $\frac{\partial u_x}{\partial t}$、$\frac{\partial u_y}{\partial t}$、$\frac{\partial u_z}{\partial t}$ 表示在每个固定点上流速对时间的变化率，称为时变加速度（当地加速度）。等号右边的第二项至第四项之和 $u_x\frac{\partial u_x}{\partial x} + u_y\frac{\partial u_x}{\partial y} + u_z\frac{\partial u_x}{\partial z}$、$u_x\frac{\partial u_y}{\partial x} + u_y\frac{\partial u_y}{\partial y} + u_z\frac{\partial u_y}{\partial z}$、$u_x\frac{\partial u_z}{\partial x} + u_y\frac{\partial u_z}{\partial y} + u_z\frac{\partial u_z}{\partial z}$ 是表示流速随坐标的变化率，称为位变加速度（迁移加速度）。因此，一个流体质点在空间点上的全加速度应为上述两加速度之和。

这两种加速度的具体含义可以通过下述例子加以说明。自水箱引出的变直径圆管中有 A、B 两点（图 3-2），在放水过程中，某水流质点位于 A 点，另一水流质点位于 B 点，经 $\mathrm{d}t$ 时间后，一个质点从 A 移动到 A'；另一质点从 B 移动到 B'。如果水箱水面保持不变，管内流动不随时间变化，则 A 和 B 的时变加速度都是零。在管径不变处，A 和 A' 的流速相同，位变加速度也是零，这时就可以说 A 点没有加速度；而在管径改变处，B' 的流速大于 B，B 点的位变加速度不等于零。如果水箱水面随着放水过程不断下降，则管内流速也随着时间改变，各处的流速都会逐渐减小。这时，即使在管径不变的 A 处，其位变加速度为零，但也还有负的加速度存在，这个加速度就是时变加速度；而在管径改变的 B 处，除了有时变加速度以外，还有位变加速度，B 点的加速度

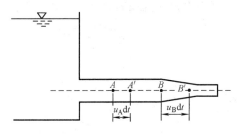

图 3-2　时变加速度与位变加速度的说明

是这两部分的和。

3.1.2 迹线与流线

在研究流动时，常用某些线簇图像表示流动情况。拉格朗日法是研究流体中各个质点在不同时刻的运动情况；欧拉法则是在同一时刻研究不同质点的运动情况。前者引出了迹线的概念；后者建立了流线的概念。

1. 迹线

某一流体质点在运动过程中，不同时刻所流经的空间点所连成的线称为迹线，或者迹线就是流体质点运动时所走过的轨迹线。

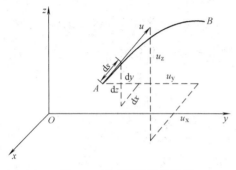

图 3-3　质点运动的轨迹线

下面推导迹线的微分方程。图 3-3 中的曲线 AB 代表某一流体质点（a，b，c）运动的轨迹线，在迹线 AB 上取一微分段 ds 代表流体质点在此时间内的位移。因 ds 无限小，可以看成直线，则位移 ds 在坐标轴上的投影 dx、dy、dz 可表示为：

$$
\left.
\begin{aligned}
dx &= u_x(a,b,c,t)dt \\
dy &= u_y(a,b,c,t)dt \\
dz &= u_z(a,b,c,t)dt
\end{aligned}
\right\}
\tag{3-7}
$$

由此可得迹线微分方程式为：

$$
\frac{dx}{u_x(a,b,c,t)} = \frac{dy}{u_y(a,b,c,t)} = \frac{dz}{u_z(a,b,c,t)} = dt
\tag{3-8}
$$

式中，u_x、u_y、u_z 都是 a、b、c、t 的函数。a、b、c 是质点的标记，是不变的参数。时间 t 是自变量。把式（3-8）对 t 积分可求得该质点（a，b，c）的迹线方程。

2. 流线

流线是某瞬间在流场中绘出的曲线，在此曲线上所有各点的流速矢量都和该线相切。流线的绘制方法如下：在流场中任取一点 1（图 3-4a），绘出在某时刻通过该点的流体质点的流速矢量 u_1，再在该矢量上取距点 1 很近的点 2 处，标出同一时刻通过该处的流体质点的流速矢量 u_2……，如此继续下去，得一折线 123……，若折线上相邻各点的间距无限接近，其极限就是某时刻流场中经过点 1 的流线。如果绘出在同一瞬时各空间点的一簇流线，就可以清晰地表示出整个空间在该瞬时的流动图像（图 3-4b、c）。可以证明，流线密处流速大，流线稀处流速小。流线是欧拉法分析流动的重要概念。

下面建立流线的微分方程式。设图 3-3 中的曲线 AB 代表一流线，若在流线 AB 上取

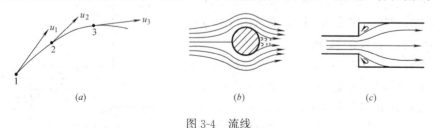

(a)　　　　　　　　　　(b)　　　　　　　　　　(c)

图 3-4　流线

一微分段 ds，因其无限小，可看做是直线。由流线定义可知流速矢量 u 与此流线微分段 ds 相重合。速度 u 在各坐标轴上投影为 u_x、u_y、u_z，ds 在各坐标轴上的投影为 dx，dy，dz，由于 ds 和 u 的方向余弦相等，则

$$\frac{dx}{ds}=\frac{u_x}{u}, \quad \frac{dy}{ds}=\frac{u_y}{u}, \quad \frac{dz}{ds}=\frac{u_z}{u} \tag{3-9}$$

改写式（3-9）为 ds/u 的形式，则得

$$\frac{dx}{u_x}=\frac{dy}{u_y}=\frac{dz}{u_z}=\frac{ds}{u} \tag{3-10}$$

这就是流线的微分方程。式中，u_x、u_y、u_z 都是变量 x、y、z 和 t 的函数，所以流线只是对某一瞬间而言的。一般情况，t 的变化会引起流速的变化，因而流线的位置、形状也是时间 t 的函数。只有当流速不随时间变化时，流线才不随时间变化。若已知流速分布，利用式（3-10）可求得流线方程。

流线具有以下特性：

（1）流线不能相交。如果流线相交，那么交点处的流速矢量应同时与这两条流线相切。显然，一个流体质点在同一瞬间只能有一个流动方向，而不能有两个流动方向，所以流线不能相交。

（2）流线是一条光滑曲线或直线，不会发生转折。因为假定流体为连续介质，所以各运动要素在空间的变化是连续的，流速矢量在空间的变化亦应是连续的。若流线存在转折点，同样会出现有两个流动方向的矛盾现象。

（3）流线表示瞬时流动方向。因流体质点沿流线的切线方向流动，在不同瞬时，当流速改变时，流线即发生变化。

3.2 描述流体运动的基本概念

3.2.1 流管、元流和总流

1. 流管

在流场中沿与流动方向相交的平面任意取一条微小的封闭曲线 C（图 3-5），通过该曲线 C 上的每一个点作流线，这些流线所形成的一个封闭管状曲面称为流管。

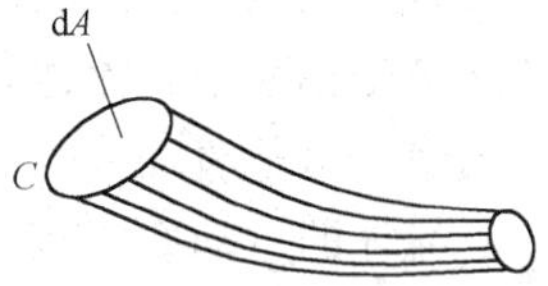

2. 元流

充满流管中的流体称为元流或微小流束。

3. 总流

由无数元流组成的整个流体（如通过河道、管道的水流）称为总流。

图 3-5 流管

3.2.2 过流断面、流量和断面平均流速

1. 过流断面

垂直于流线簇所取的断面，称为过流断面（过水断面）。过流断面的面积用 A 表示。当流线簇彼此不平行时，过流断面是曲面（图 3-6a）；当流线簇为彼此平行直线时，过流断面为一平面（图 3-6b），例如等直径管道中的流动，其过流断面为平面。

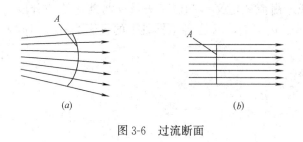

图 3-6 过流断面

2. 流量

单位时间内通过某一过流断面的流体体积称为流量，用 Q 表示，单位是"m^3/s"。

对元流，过流断面 dA 上各点流速可认为相等，令 dA 面上的流速为 u，因过流断面与流速矢量垂直，故元流的流量 dQ 为：

$$dQ=udA \tag{3-11}$$

对总流，流量 Q 应等于所有元流的流量之和，设总流过流断面面积为 A，则

$$Q=\int_A dQ=\int_A u\,dA \tag{3-12}$$

因为总流过流断面上各点的流速是不等的，例如管道中靠近管壁处流速小，而中间流速大，如图 3-7 所示，所以常用一个平均值来代替各点的实际流速，称该平均值为断面平均流速，用 v 表示。断面平均流速是一个假想的速度，其值与过流断面面积 A 的乘积应等于实际上流速为不均匀分布时通过的流量，即

$$Q=\int_A u\,dA=vA$$

或

$$v=\frac{Q}{A} \tag{3-13}$$

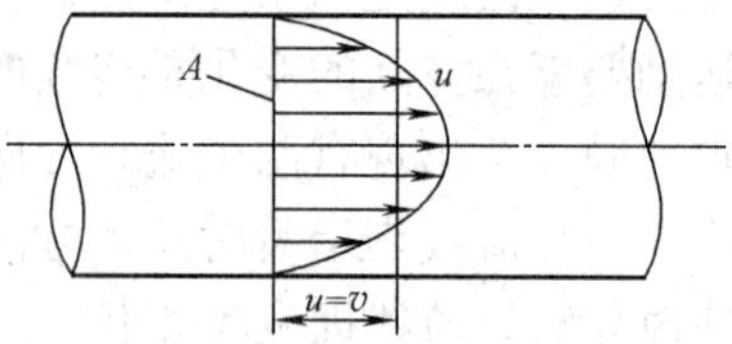

图 3-7 断面平均流速

总流的流量 Q 就是断面平均流速 v 与过流断面面积 A 的乘积。引入断面平均流速的概念，可以使流动的分析得到简化，因为在实际应用中，有时并不一定需要知道总流过流断面上的流速分布，仅仅需要了解断面平均速度沿流程和时间的变化情况。

3.2.3 一元流、二元流和三元流

采用欧拉法描述流动时，流场中的任何要素可表示为空间坐标和时间的函数。例如，在直角坐标系中，流速是空间坐标 x、y、z 和时间 t 的函数。按运动要素随空间坐标变化的关系，可把流动分为一元流、二元流和三元流（亦称一维流动、二维流动和三维流动）。

流体的运动要素仅随空间一个坐标（包括曲线坐标流程 s）而变化的流动称为一元流。运动要素随空间二个坐标而变化的流动称为二元流（即平面流动）。运动要素随空间三个坐标而变化的流动称为三元流（即空间流动）。

严格地说，实际流体运动都属于三元流动。但按三元流分析，需考虑运动要素在空间三个坐标方向的变化，问题非常复杂，还会遇到许多数学上的困难。河渠、管道、闸、坝的水流属于三元流，但有时可按一元流或二元流考虑。例如，当不考虑河渠和管道中的流速在断面内的变化，只考虑断面平均流速沿流程 s 的变化，此时河渠和管道中的流动可视为一元流。显然，元流就是一元流。对于总流，若把过流断面上各点的流速用断面平均流速代替，这时总流可视为一元流。又如，矩形断面的顺直明渠，当渠道宽度很大，两侧边界影响可以

忽略不计时，可以认为沿宽度方向每一剖面的水流情况是相同的，水流中任一点的流速与两个坐标有关，一个是决定断面位置的流程，另一个是该点在断面上距渠底的铅直距离。

3.2.4 恒定流与非恒定流

1. 恒定流

如果在流场中任何空间点上所有的运动要素都不随时间改变，这种流动称为恒定流。也就是说，在恒定流的情况下，任一空间点上无论哪个流体质点通过，其运动要素都是不变的，运动要素仅仅是空间坐标的连续函数，而与时间无关。例如对流速而言，有

$$\left.\begin{aligned} u_x &= u_x(x,y,z) \\ u_y &= u_y(x,y,z) \\ u_z &= u_z(x,y,z) \end{aligned}\right\} \tag{3-14}$$

因此，流速对时间的偏导数应等于零，即

$$\frac{\partial u_x}{\partial t} = \frac{\partial u_y}{\partial t} = \frac{\partial u_z}{\partial t} = 0 \tag{3-15}$$

所以，对恒定流来说，在式（3-6）加速度公式中，时变加速度（当地加速度）等于零。

恒定流时，流线的形状和位置不随时间而变化，这是因为整个流场内各点流速向量均不随时间而改变。恒定流时，迹线与流线重合，因为流线不随时间改变，于是质点就一直沿着这条流线运动而不离开它，这也是说恒定流动中质点的迹线与流线重合。

2. 非恒定流

如果流场中任何空间点上有任何一个运动要素是随时间而变化的，这种流动称为非恒定流。例如对流速而言，有

$$\left.\begin{aligned} u_x &= u_x(x,y,z,t) \\ u_y &= u_y(x,y,z,t) \\ u_z &= u_z(x,y,z,t) \end{aligned}\right\} \tag{3-16}$$

这里，流速不仅仅是空间坐标的函数，亦是时间的函数。

实际上，大多数流动为非恒定流。但是，对于某些工程上所关心的流动，可以视为恒定流动。研究每一个流动时，首先要分清流动属于恒定流还是非恒定流。在恒定流问题中，不包括时间变量，流动的分析比较简单；而非恒定流问题中，由于增加了时间变量，流动的分析比较复杂。

3.2.5 均匀流与非均匀流

1. 均匀流

如果流动过程中运动要素不随坐标位置（流程）而变化，这种流动称为均匀流。例如，直径不变的直线管道中的水流就是均匀流的典型例子。基于上述定义，均匀流具有以下特性：

（1）均匀流的流线彼此是平行的直线，其过流断面为平面，且过流断面的形状和尺寸沿程不变。

（2）均匀流中，同一流线上不同点的流速应相等，从而各过流断面上的流速分布相

同，断面平均流速相等，即流速沿程不变。在式（3-6）加速度公式中位变加速度等于零。

（3）均匀流过流断面上的动水压强分布规律与静水压强分布规律相同，即在同一过流断面上各点测压管水头为一常数。如图 3-8 所示，在管道均匀流中，任意选择 1-1 及 2-2 两过流断面，分别在两过流断面上装上测压管，则同一断面上各测压管水面必上升至同一高程，即 $z+\dfrac{p}{\rho g}=C$。但不同断面上测压管水面升至的高程是不同的，1-1 断面上 $\left(z+\dfrac{p}{\rho g}\right)_1=C_1$，2-2 断面上 $\left(z+\dfrac{p}{\rho g}\right)_2=C_2$。为了证明这一特性，今在均匀流过流断面上取一微分柱体，其轴线 n-n 与流线正交，并与铅垂线成夹角 α，如图 3-9 所示。微分柱体两端面形心点距基准面高度分别为 z 及 $z+\mathrm{d}z$，其动水压强分别为 p 及 $p+\mathrm{d}p$。作用在微分柱体上的力在 n 方向的投影有柱体两端面上的动水压力 $p\mathrm{d}A$ 与 $(p+\mathrm{d}p)\mathrm{d}A$，以及柱体自重沿 n 方向的投影 $\mathrm{d}G\cdot\cos\alpha=\rho g\mathrm{d}A\mathrm{d}n\cos\alpha=\rho g\mathrm{d}A\mathrm{d}z$。柱体侧面上的动水压力以及水流的内摩擦力与 n 轴正交，故沿 n 方向投影为零。在均匀流中，与流线成正交的 n 方向无加速度，亦即无惯性力存在。上述诸力在 n 方向投影的代数和为零，于是

$$p\mathrm{d}A-(p+\mathrm{d}p)\mathrm{d}A-\rho g\mathrm{d}A\mathrm{d}z=0$$

简化后得 $\rho g\mathrm{d}z+\mathrm{d}p=0$，积分得

$$z+\frac{p}{\rho g}=C \tag{3-17}$$

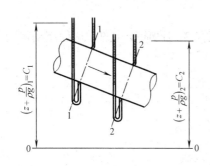

图 3-8 均匀流过流断面上测压管水头

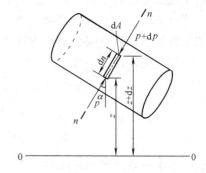

图 3-9 均匀流过流断面上微分柱体的平衡

式（3-17）表明，均匀流过流断面上的动水压强分布规律与静水压强分布规律相同。因而过流断面上任一点动水压强或断面上动水总压力都可以按静水压强以及静水总力的公式来计算。

2. 非均匀流

如果流动过程中运动要素随坐标位置（流程）变化而变化，这种流动称为非均匀流。非均匀流的流线不是互相平行的直线。如果流线虽然互相平行但不是直线（如管径不变的弯管中水流）；或者流线虽为直线但不互相平行（如管径沿程缓慢均匀扩散或收缩的渐变管中水流）都属于非均匀流。

按照流线不平行和弯曲的程度，可将非均匀流分为两类：

（1）渐变流

流线虽然不是互相平行的直线，但近似于平行直线时的流动称为渐变流（或缓变流）。

所以渐变流的极限情况就是均匀流。如果一个实际水流，其流线之间夹角很小，或流线曲率半径很大，则可将其视为渐变流。但究竟夹角要小到什么程度，曲率半径要大到什么程度才能视为渐变流，一般无定量标准，要看对于一个具体问题所要求的精度。由于渐变流的流线近似于平行直线，在过流断面上动水压强的分布规律，可近似地看作与静水压强分布规律相同。如果实际水流的流线不平行程度和弯曲程度太大，在过流断面上，沿垂直于流线方向就存在着离心惯性力，这时，再把过流断面上的动水压强按静水压强分布规律看待所引起的偏差就会很大。

流动是否可视为渐变流与流动的边界有密切的关系，当边界为近于平行的直线时，流动往往是渐变流。管道转弯、断面扩大或收缩以及明渠中由于建筑物的存在使水面发生急剧变化的水流都是急变流的例子（图3-10）。

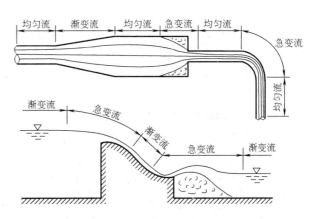

图 3-10　均匀流和非均匀流图示

（2）急变流

若流线之间夹角很大或者流线的曲率半径很小，这种流动称为急变流。

现在来简要地分析一下在急变流情况下，过流断面上动水压强分布特性。如图 3-11（a）所示为一流线上凸的急变流，为简单起见，设流线为一簇互相平行的同心圆弧曲线。如果仍然像分析渐变流过流断面上动水压强分布方法那样，在过流断面上取一微分柱体来研究它的受力情况。很显然，急变流与渐变流相比，在平衡方程式中，多了一个离心惯性力。离心惯性力的方向与重力沿 n-n 轴方向的分力相反，因此，使过流断面上动水压强比静水压强要小，图中虚线部分表示静水压强分布图，实线部分为实际的动水压强分布情况。假如急变流为一下凹的曲线流动（如图3-11 b），由于流体质点所受的离心惯性力方向与重力作用方向相同，因此过流断面上动水压强比按静水压强计算所得的数值要大，图中虚线部分仍代表静水压强分布图，实线为实际动水压强分布图。

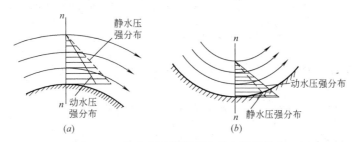

图 3-11　急变流过流断面上动水压强分布

综上所述，急变流时动水压强分布规律，与静水压强分布规律不同。

3.2.6　有压流与无压流

过流断面的全部周界与固体边壁接触、无自由表面的流动，称为有压流或者有压管流。如自来水管中的水流属于有压流。在有压流中，由于流体受到固体边界条件约束，流量变化只会引起压强、流速的变化，但过流断面的大小、形状不会改变。

具有自由表面的流动称为无压流或明渠流。如河渠中的水流属于无压流；流体在管道中未充满整个管道断面的流动亦属于无压流。在无压流中，自由表面的压强为大气压强，其相对压强为零。当流量变化时，过流断面的大小、形状可随之改变，故流速和压强的变化表现为流速和水深的变化。

3.3 流体运动的连续性方程

因流体被视为连续介质，若在流场中任意划定一个封闭曲面，在某一给定时段中流入封闭曲面的流体质量与流出的流体质量之差应等于该封闭曲面内因密度变化而引起的质量总变化，即流动必须遵循质量守恒定律。上述结果的数学表达式即为流体运动的连续性方程。

3.3.1 流体运动的连续性微分方程

设想在流场中取一空间微分平行六面体（图 3-12），六面体的边长为 dx、dy、dz，其形心为 $A(x, y, z)$，A 点的流速在各坐标轴的投影为 u_x、u_y、u_z，A 点的密度为 ρ。

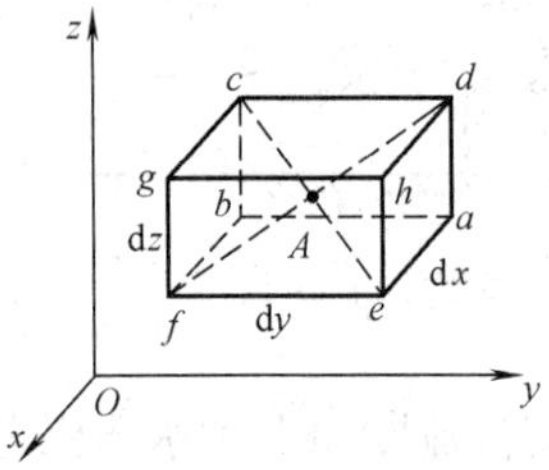

图 3-12 微分平行六面体

下面研究六面体流体质量的变化。经一微小时段 dt，自后面流入的流体质量为：

$$\left(\rho - \frac{\partial \rho}{\partial x}\frac{dx}{2}\right)\left(u_x - \frac{\partial u_x}{\partial x}\frac{dx}{2}\right)dydzdt$$

自前面流出的流体质量为：

$$\left(\rho + \frac{\partial \rho}{\partial x}\frac{dx}{2}\right)\left(u_x + \frac{\partial u_x}{\partial x}\frac{dx}{2}\right)dydzdt$$

故 dt 时段内沿 x 方向流入与流出六面体的流体质量差为：

$$-\left(u_x\frac{\partial \rho}{\partial x} + \rho\frac{\partial u_x}{\partial x}\right)dxdydzdt = -\frac{\partial(\rho u_x)}{\partial x}dxdydzdt$$

同理，在 dt 时段内沿 y 和 z 方向流进与流出六面体的流体质量之差分别为：

$$-\frac{\partial(\rho u_y)}{\partial y}dxdydzdt \quad \text{和} \quad -\frac{\partial(\rho u_z)}{\partial z}dxdydzdt$$

因此，在 dt 时段内流进与流出六面体总的流体质量的变化为：

$$-\left[\frac{\partial(\rho u_x)}{\partial x} + \frac{\partial(\rho u_y)}{\partial y} + \frac{\partial(\rho u_z)}{\partial z}\right]dxdydzdt$$

因六面体内原来的平均密度为 ρ，总质量为 $\rho dxdydz$；经 dt 时段后平均密度变为 $\rho + \frac{\partial \rho}{\partial t}dt$，总质量变为 $\left(\rho + \frac{\partial \rho}{\partial t}dt\right)dxdydz$，故经过 dt 时段后六面体内质量总变化为：

$$\left(\rho + \frac{\partial \rho}{\partial t}dt\right)dxdydz - \rho dxdydz = \frac{\partial \rho}{\partial t}dxdydzdt$$

在同一时段内，流进与流出六面体总的流体质量的差值应与六面体内因密度变化所引起的总的质量变化相等，即

$$\frac{\partial \rho}{\partial t} \mathrm{d}x\mathrm{d}y\mathrm{d}z\mathrm{d}t = -\left[\frac{\partial(\rho u_\mathrm{x})}{\partial x} + \frac{\partial(\rho u_\mathrm{y})}{\partial y} + \frac{\partial(\rho u_\mathrm{z})}{\partial z}\right]\mathrm{d}x\mathrm{d}y\mathrm{d}z\mathrm{d}t$$

等式两边同除以 $\mathrm{d}x\mathrm{d}y\mathrm{d}z\mathrm{d}t$，得

$$\frac{\partial \rho}{\partial t} + \left[\frac{\partial(\rho u_\mathrm{x})}{\partial x} + \frac{\partial(\rho u_\mathrm{y})}{\partial y} + \frac{\partial(\rho u_\mathrm{z})}{\partial z}\right] = 0 \tag{3-18}$$

式（3-18）就是可压缩流体非恒定流的连续性微分方程。它表达了任何可实现的流体运动所必须满足的连续性条件。其物理意义是，流体在单位时间流经单位体积空间时，流出与流入的质量差与其内部质量变化的代数和为零。对不可压缩均质流体 ρ＝常数，式（3-18）简化为：

$$\frac{\partial u_\mathrm{x}}{\partial x} + \frac{\partial u_\mathrm{y}}{\partial y} + \frac{\partial u_\mathrm{z}}{\partial z} = 0 \tag{3-19}$$

式（3-19）即为不可压缩均质流体的连续性微分方程。它说明，对于不可压缩的流体，单位时间流经单位体积空间，流出和流入的流体体积之差等于零，即流体体积守恒。以矢量表示：

$$\mathrm{d}iv\,\vec{u} = 0 \tag{3-20}$$

即速度 $\vec{u}$ 的散度为零。

对不可压缩流体二元流，连续性微分方程可写为：

$$\frac{\partial u_\mathrm{x}}{\partial x} + \frac{\partial u_\mathrm{y}}{\partial y} = 0 \tag{3-21}$$

连续性微分方程中没有涉及任何力，描述的是流体运动学规律。它对理想流体与实际流体、恒定流与非恒定流、均匀流与非均匀流、渐变流与急变流、有压流与无压流等都适用。

3.3.2　总流的连续性方程

不可压缩均质流体的总流连续性方程，可由式（3-20）导出。由式（3-20）可得

$$\iiint_V \mathrm{d}iv\,\vec{u}\,\mathrm{d}V = \iiint_V \left(\frac{\partial u_\mathrm{x}}{\partial x} + \frac{\partial u_\mathrm{y}}{\partial y} + \frac{\partial u_\mathrm{z}}{\partial z}\right)\mathrm{d}x\mathrm{d}y\mathrm{d}z = 0 \tag{3-22}$$

根据高斯定理，式（3-21）的体积积分可用曲面积分来表示，即

$$\iiint_V \mathrm{d}iv\vec{u}\,\mathrm{d}V = \iint_S u_\mathrm{n}\mathrm{d}S \tag{3-23}$$

式中，S 是体积 V 的封闭表面，u_n 为封闭表面上各点处流速在其外法线方向的投影，曲面积分 $\iint_S u_\mathrm{n}\mathrm{d}S$ 称为通过封闭表面的速度通量。

由式（3-22）及式（3-23）可得

$$\iint_S u_\mathrm{n}\mathrm{d}S = 0 \tag{3-24}$$

恒定流时，流管的全部表面积 S 包括两端断面和四周侧表面。在流管的侧表面上 $u_n=0$，于是式（3-24）的曲面积分简化为：

$$-\iint\limits_{A_1} u_1\,\mathrm{d}A_1 + \iint\limits_{A_2} u_2\,\mathrm{d}A_2 = 0$$

式中　A_1——流管的流入断面面积；

　　　A_2——流管的流出断面面积。

上式第一项所以取负号是因为流速 u_1 的方向与 $\mathrm{d}A_1$ 的外法线的方向相反。由此可得

$$\iint\limits_{A_1} u_1\,\mathrm{d}A_1 = \iint\limits_{A_2} u_2\,\mathrm{d}A_2$$

或 $$v_1 A_1 = v_2 A_2 \tag{3-25}$$

式（3-25）就是不可压缩流体恒定总流的连续性方程。式中 v_1 及 v_2 分别是总流过流断面 A_1 及 A_2 的断面平均流速。该式说明，在不可压缩流体总流中，任意两个过流断面所通过的流量相等。也就是说，上游断面流进多少流量，下游任何断面也必然流出多少流量。

将式（3-25）改写为：

$$\frac{v_2}{v_1} = \frac{A_1}{A_2} \tag{3-26}$$

式（3-26）说明，在不可压缩流体总流中，任意两个过流断面，其平均流速的大小与过流断面面积成反比。断面大的地方流速小，断面小的地方流速大。

若沿程有流量流进或流出（图 3-13a、b），则总流连续性方程可写为：

$$Q_1 + Q_2 = Q_3 \tag{3-27}$$
$$Q_1 = Q_2 + Q_3 \tag{3-28}$$

(a)　　　　　　　　　　　　　(b)

图 3-13　流动的汇流与分流

恒定总流连续性方程是水力学中三大基本方程之一，是用以解决水力学问题的重要公式，应用广泛。上述不可压缩流体恒定总流的连续性方程（3-25）是从连续性微分方程入手，通过积分推导得出的。该恒定总流的连续性方程也可直接利用质量守恒律得出。至于非恒定总流的连续性方程，可利用质量守恒定律导出，将在续册的章节中推导给出（参见明渠非恒定流）。

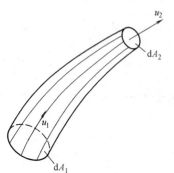

图 3-14　恒定总流连续性方程的推导

下面从质量守恒定律推导恒定总流的连续性方程。

在恒定流中取流管如图 3-14 所示，四周均为流线，只有两端过水断面有质点流进流出，而且流管形状不

随时间改变。在 dt 时段内，从 dA_1 流入的质量为 $\rho_1 u_1 dA_1 dt$，从 dA_2 流出的质量为 $\rho_2 u_2 dA_2 dt$，因为是恒定流，管内的质量不随时间变化，根据质量守恒定律，流入的质量必与流出的质量相等，可得

$$\rho_1 u_1 dA_1 dt = \rho_2 u_2 dA_2 dt$$

考虑流体不可压缩，即 $\rho_1 = \rho_2$，则

$$u_1 dA_1 = u_2 dA_2$$

或

$$dQ = u_1 dA_1 = u_2 dA_2 = \text{const}$$

对于总流，将上式积分，得

$$\int_Q dQ = \int_{A_1} u_1 dA_1 = \int_{A_2} u_2 dA_2$$

从而得到式（3-25），即

$$Q = v_1 A_1 = v_2 A_2$$

【例 3-1】 水流自水箱经管径 $d_1 = 200\text{mm}$，$d_2 = 100\text{mm}$，$d_3 = 50\text{mm}$ 的管路后流入大气中，出口断面的流速 $v_3 = 4\text{m/s}$，如图 3-15 所示。求流量及各管段的断面平均流速。

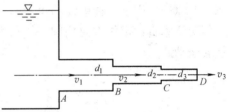

图 3-15 水流自水箱流出

【解】 （1） $Q = v_3 A_3 = v_3 \times \dfrac{\pi d_3^2}{4} = 4 \times 0.785 \times 0.05^2 = 0.00785\text{m}^3/\text{s}$

（2）由连续性方程

$$v_1 = v_3 \frac{A_3}{A_1} = v_3 \frac{d_3^2}{d_1^2} = 4 \times \left(\frac{0.05}{0.2}\right)^2 = 0.25\text{m/s}$$

$$v_2 = v_3 \frac{A_3}{A_2} = v_3 \frac{d_3^2}{d_2^2} = 4 \times \left(\frac{0.05}{0.1}\right)^2 = 1.0\text{m/s}$$

【例 3-2】 设有两种不可压缩的二元流动，其流速为：

（1） $u_x = 2x$，$u_y = -2y$；（2） $u_x = 0$，$u_y = 3xy$

试检查流动是否符合连续性条件。

【解】 代入连续性方程，看其是否满足。

（1） $\dfrac{\partial(2x)}{\partial x} + \dfrac{\partial(-2y)}{\partial y} = 2 - 2 = 0$，符合连续条件。

（2） $\dfrac{\partial(0)}{\partial x} + \dfrac{\partial(3xy)}{\partial y} = 0 + 3x \neq 0$，不符合连续条件，说明该流动不存在。

3.4 流体微团运动分析

流体运动的类型、特性等与流体微团运动的形式有关，为进一步探讨流体运动规律，需对流体微团运动加以分析。

流体微团与流体质点是两个不同的概念。在连续介质的概念中，流体质点是可以忽略线性尺度效应（如膨胀、变形、转动等）的最小单元，而流体微团则是由大量流体质点所组成的具有尺度效应的微小流体团。

刚体的运动形式有平移和旋转，如一个微小六面体的刚体平移和旋转后，只是空间位置及方位发生变化，而其形状保持不变。流体因具有易流动性，极易变形，所以流体微团在运动过程中，除与刚体一样发生平移和旋转外，微团本身还发生变形。如在流场中任取一微小正六面体微团，由于流体微团上各点的速度不同，经过 dt 时段后，该流体微团不仅空间位置及方位发生了变化，而且其形状也将发生变形，由原来的微小正六面体变成了斜六面体。一般情况下，流体微团的运动由下列四种形式组成：①平移，②线变形，③角变形，④旋转。线变形和角变形统称变形。实际上，最简单的流体微团的运动形式可能只是这四种中的某一种，而较复杂的运动形式则总是这几种形式的合成。下面以二维情况为例加以分析，然后推广到三维普通情况。

在 xOy 平面取一方形流体微团 $ABCD$，如图 3-16 所示。若经过 dt 时段后，流体微团移动到图 3-16（a）中 $A_1B_1C_1D_1$ 的位置，其形状和各边方位都与原来一样，这就是一种单纯的平移运动。若经 dt 时段后，原来的方形变成了矩形，而各边方位不变，A 点的位置也没有移动，如图 3-16（b），则微团发生了单纯的线变形。若经过 dt 时段后，A 点位置不变，各边长也不变，但原来相互垂直的两边各有转动，转动方向相反，转角大小相等，如图 3-16（c），则是一种单纯的角变形。若经过 dt 时段后，A 点位置不变，各边长也不变，但两条垂直边都作方向相同、转角大小相同的转动，如图 3-16（d），则是一种单纯的旋转运动。

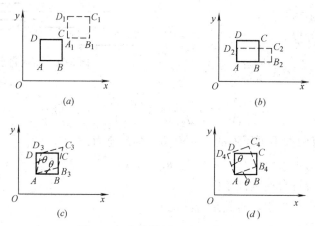

图 3-16　流体微团四种运动形式

现在来分析这些运动形式和流速变化之间的关系。设在 xOy 平面矩形流体微团 $ABCD$ 的边长分别为 dx 和 dy，A 点在各坐标轴上的速度分量为 u_x 和 u_y，B、C、D 各点的速度分量假设都与 A 点不同，其间的变化可按泰勒级数表达，各点的速度分量如图 3-17 所示。经过 dt 时段后，该微团运动到新位置而变成 $A_1B_4C_4D_4$ 的形状。它的整个变化过程可以看成是平移、线变形、角变形和旋转运动形式的组合。

3.4.1　平移

A 点的速度分量 u_x、u_y 是矩形其他各点 B、C、D 相应分速的组成部分。若暂不考虑 B、C、D 各点的分速与 A 点的差值，则经过 dt 时段后整个矩形 $ABCD$ 将沿 x 方向移动 $u_x dt$，沿 y 方向移动 $u_y dt$，发生平移运动，到达 $A_1B_1C_1D_1$ 的位置，但其形状和大小没有改变，如图 3-17 所示。u_x、u_y 是流体微团在 x、y 方向的平移速度。

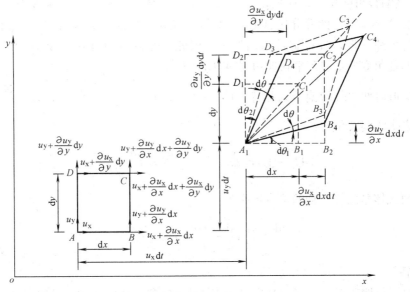

图 3-17　流体微团运动分析图示

3.4.2　线变形

由于矩形 $ABCD$ 各角点在 x 方向的分速不同，B 点比 A 点快 $\frac{\partial u_x}{\partial x}dx$，$C$ 点比 D 点也

快 $\frac{\partial u_x}{\partial x}dx$，所以，经过 dt 时段后，边线 AB 和 DC 在 x 方向均伸长了 $\frac{\partial u_x}{\partial x}dxdt$。同理，边

线 AD 和 BC 在 y 方向上均伸长了 $\frac{\partial u_y}{\partial y}dydt$。因此，经过时段 dt 后，矩形 $ABCD$ 因平移及

线变形运动变成矩形 $A_1B_2C_2D_2$，如图 3-17 所示。流体微团沿各坐标轴方向单位时间、

单位长度的线变形称为线变形率。由此，流体微团沿 x、y 方向的线变形率分别为：

$$\frac{\frac{\partial u_x}{\partial x}dxdt}{dxdt}=\frac{\partial u_x}{\partial x},\quad \frac{\frac{\partial u_y}{\partial y}dydt}{dydt}=\frac{\partial u_y}{\partial y}$$

3.4.3　角变形和旋转

因矩形 $ABCD$ 各角点与边线垂直方向的分速度的不同，各边线将发生偏转。B 点在 y

方向的分速度比 A 点在 y 方向的分速度大 $\frac{\partial u_y}{\partial x}dx$，因此，经 dt 时段后 B 点将比 A 点向上

多移动 $\frac{\partial u_y}{\partial x}dxdt$，致使 AB 发生逆时针偏转，偏转角度为 $d\theta_1$。由图 3-17 可知 $d\theta_1 \approx$

$\tan(d\theta_1)=\left(\frac{\partial u_y}{\partial x}dxdt\right)\Big/\left(dx+\frac{\partial u_x}{\partial x}dxdt\right)$，略去分母中的高阶微量，得 $d\theta_1=\frac{\partial u_y}{\partial x}dt$。同理

D 点比 A 点向右多移动了 $\frac{\partial u_x}{\partial y}dydt$，致使 AD 发生了顺时针偏转，偏转角度 $d\theta_2=\frac{\partial u_x}{\partial y}dt$。

最后，矩形 $ABCD$ 经过平移、线变形及上述边线偏转变成了平行四边形 $A_1B_4C_4D_4$。显

然，矩形 $A_1B_2C_2D_2$ 变成平行四边形 $A_1B_4C_4D_4$ 的过程可分解为以下两步。

1. 角变形

首先使 A_1D_2 顺时针偏转一个角度（$d\theta_2-d\theta$），A_1B_2 逆时针偏转一个角度（$d\theta_1+$

dθ），且令该偏转角度相等，这样，矩形 $A_1B_2C_2D_2$ 将变成平行四边形 $A_1B_3C_3D_3$，此时平行四边形 $A_1B_3C_3D_3$ 的等分线 A_1C_3 与矩形 $A_1B_2C_2D_2$ 的等分线 A_1C_2 是重合的，因此矩形只有直角纯变形，没有旋转运动发生。因此，经过时间 dt 后，矩形 $ABCD$ 经过平移、线变形及角变形变成了平行四边形 $A_1B_3C_3D_3$。

因角变形时两边线的偏转角相等，即（dθ_2 － dθ）＝（dθ_1 ＋ dθ），故 dθ＝$\dfrac{\mathrm{d}\theta_2-\mathrm{d}\theta_1}{2}$，则每一直角边线的偏转角为：

$$(\mathrm{d}\theta_1+\mathrm{d}\theta)=\mathrm{d}\theta_1+\frac{\mathrm{d}\theta_2-\mathrm{d}\theta_1}{2}=\frac{\mathrm{d}\theta_1+\mathrm{d}\theta_2}{2}$$

则 xoy 平面流体微团绕 z 轴的角变形率为：

$$\theta_z=\frac{\mathrm{d}\theta_1+\mathrm{d}\theta}{\mathrm{d}t}=\frac{1}{2}\left(\frac{\mathrm{d}\theta_1+\mathrm{d}\theta_2}{\mathrm{d}t}\right)=\frac{1}{2}\left(\frac{\partial u_y}{\partial x}+\frac{\partial u_x}{\partial y}\right)$$

2. 旋转

将整个平行四边形 $A_1B_3C_3D_3$ 绕 A_1 点顺时针旋转一个角度 dθ，此时 $A_1B_3C_3D_3$ 的等分线 A_1C_3 将与 A_1C_4 重合，从而变成平行四边形 $A_1B_4C_4D_4$。因此，矩形 $ABCD$ 经过平移、线变形、角变形及旋转变成了平行四边形 $A_1B_4C_4D_4$。

旋转是由于 dθ_1 与 dθ_2 不等所产生的，矩形 $ABCD$ 的纯旋转角为 dθ，故 xoy 平面流体微团绕 z 轴的旋转角速度为

$$\omega_z=\frac{\mathrm{d}\theta}{\mathrm{d}t}=\frac{1}{2}\frac{\mathrm{d}\theta_2-\mathrm{d}\theta_1}{\mathrm{d}t}=\frac{1}{2}\left(\frac{\partial u_y}{\partial x}-\frac{\partial u_x}{\partial y}\right)$$

推广到三维的普通情况，可写出流体微团运动的基本形式与速度变化的关系式：

平移速度 u_x，u_y，u_z

线变形率

$$\varepsilon_{xx}=\frac{\partial u_x}{\partial x},\ \ \varepsilon_{yy}=\frac{\partial u_y}{\partial y},\ \ \varepsilon_{zz}=\frac{\partial u_z}{\partial z} \tag{3-29}$$

角变形率

$$\left.\begin{aligned}\theta_z&=\frac{1}{2}\left(\frac{\partial u_y}{\partial x}+\frac{\partial u_x}{\partial y}\right)\\\theta_y&=\frac{1}{2}\left(\frac{\partial u_x}{\partial z}+\frac{\partial u_z}{\partial x}\right)\\\theta_x&=\frac{1}{2}\left(\frac{\partial u_z}{\partial y}+\frac{\partial u_y}{\partial z}\right)\end{aligned}\right\} \tag{3-30}$$

旋转角速度

$$\left.\begin{aligned}\omega_z&=\frac{1}{2}\left(\frac{\partial u_y}{\partial x}-\frac{\partial u_x}{\partial y}\right)\\\omega_y&=\frac{1}{2}\left(\frac{\partial u_x}{\partial z}-\frac{\partial u_z}{\partial x}\right)\\\omega_x&=\frac{1}{2}\left(\frac{\partial u_z}{\partial y}-\frac{\partial u_y}{\partial z}\right)\end{aligned}\right\} \tag{3-31}$$

3.5 无涡流与有涡流

3.5.1 无涡流与有涡流的概念

按流体微团是否绕自身轴旋转，将流体运动分为有涡流（有旋流）和无涡流（无旋流）。

若流体运动时有流体微团绕自身轴旋转，即旋转角速度 ω_x、ω_y、ω_z 中有不等于零的，则这样的流体运动叫作有涡流或有旋流。自然界中的实际流体几乎都是有涡流动。

若流体运动时每个流体微团都不绕自身轴旋转，即旋转角速度 $\omega_x = \omega_y = \omega_z = 0$，则称此种运动为无涡流或无旋流。

涡是指流体微团绕其自身轴旋转的运动，不要把涡与通常的旋转运动混淆起来。例如图 3-18（a）所示的运动，流体微团相对于 O 点作圆周运动，其轨迹是一圆周，但仍是无涡的，因为流体微团本身并没有旋转运动，只是它移动的轨迹是圆。如图 3-18（b）所示的运动，流体微团除绕

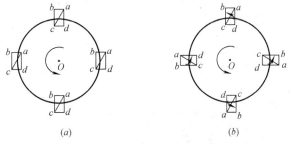

图 3-18　无涡流与有涡流的定义

O 点沿圆周运动外，自身又有旋转运动，这种运动才是有涡的。所以流体运动是否有涡不能单从流体微团运动的轨迹来看，而要看流体微团本身是否有旋转运动而定。

3.5.2 无涡流的条件

无涡流时 $\omega_x = \omega_y = \omega_z = 0$，即应满足下述条件：

$$\omega_x = \frac{1}{2}\left(\frac{\partial u_z}{\partial y} - \frac{\partial u_y}{\partial z}\right) = 0, \ \omega_y = \frac{1}{2}\left(\frac{\partial u_x}{\partial z} - \frac{\partial u_z}{\partial x}\right) = 0, \ \omega_z = \frac{1}{2}\left(\frac{\partial u_y}{\partial x} - \frac{\partial u_x}{\partial y}\right) = 0$$

即

$$\left.\begin{array}{l} \dfrac{\partial u_z}{\partial y} = \dfrac{\partial u_y}{\partial z} \\[2mm] \dfrac{\partial u_x}{\partial z} = \dfrac{\partial u_z}{\partial x} \\[2mm] \dfrac{\partial u_y}{\partial x} = \dfrac{\partial u_x}{\partial y} \end{array}\right\} \tag{3-32}$$

由高等数学知道，式（3-32）是使 $u_x \mathrm{d}x + u_y \mathrm{d}y + u_z \mathrm{d}z$ 成为某一函数 φ 的全微分的必要和充分条件。因此，对无涡流必然存在下列关系：

$$u_x \mathrm{d}x + u_y \mathrm{d}y + u_z \mathrm{d}z = \mathrm{d}\varphi = \frac{\partial \varphi}{\partial x}\mathrm{d}x + \frac{\partial \varphi}{\partial y}\mathrm{d}y + \frac{\partial \varphi}{\partial z}\mathrm{d}z \tag{3-33}$$

由此可知

$$\frac{\partial \varphi}{\partial x} = u_x, \ \frac{\partial \varphi}{\partial y} = u_y, \ \frac{\partial \varphi}{\partial z} = u_z \tag{3-34}$$

所以，无涡流中必然存在着一个标量场 $\varphi(x, y, z)$；若非恒定流，这个标量场应为 φ

$(x，y，z，t)$，其中 t 为时间参数。这个标量场和速度场的关系式（3-34），与力场中的力势相比，有同样形式的关系，故称函数 φ 为流速势函数（或流速势）。

以上分析表明，如果流场中所有流体微团的旋转角速度都等于零，即无涡流，则必有流速势函数存在，所以无涡流又称为势流。

【例 3-3】 设有两块平板，一块固定不动，一块在保持平行条件下作直线等速运动。在两块平板之间装有黏性液体。这时的液体流动称为简单剪切流动，如图 3-19 所示。其流速分布为 $u_x=cy$，$u_y=0$，其中 $c\neq0$。试判别这个流动是势流还是有涡流。

【解】
$$\omega_z=\frac{1}{2}\left(\frac{\partial u_y}{\partial x}-\frac{\partial u_x}{\partial y}\right)=-\frac{1}{2}c\neq0$$

故该流动为有涡流。尽管质点做直线运动，流线也都是平行直线，在表观上看不出有旋转的迹象。

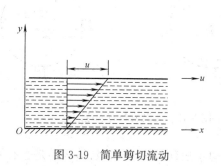

图 3-19　简单剪切流动　　　　　　图 3-20　水箱底部小孔排水时
　　　　　　　　　　　　　　　　　　　　箱内形成的同心圆流线

【例 3-4】 从水箱底部小孔排水时，在箱内形成圆周运动，其流线为同心圆，如图 3-20所示，流速分布可表示为：

$$u_x=-\frac{cy}{x^2+y^2}，\ u_y=\frac{cx}{x^2+y^2}，\ c\neq0$$

试判断该流体运动是势流还是有涡流。

【解】
$$\omega_z=\frac{1}{2}\left(\frac{\partial u_y}{\partial x}-\frac{\partial u_x}{\partial y}\right)=\frac{c}{2}\left[\frac{(y^2-x^2)}{(x^2+y^2)^2}-\frac{(y^2-x^2)}{(x^2+y^2)^2}\right]$$

除原点（$x=0$，$y=0$）外 $\omega_z=0$，该流动为势流。尽管质点沿圆周运动，但微团并无绕其自身轴的转动。

3.6　恒定平面势流

势流是一种理想流动，一般实际流体的运动都不是势流。但势流在研究实际问题时可使分析流动的过程简化，故在很多流动问题的研究中得到了很广泛的应用。例如闸孔出流、高坝溢流、波浪、渗流等问题都可以应用势流理论来求解，其正确性已得到了验证。本节将介绍恒定平面（二维）势流的基本知识。

3.6.1　流速势与流函数

1. 流速势与等势线

前面已提到势流必有流速势函数 $\varphi(x，y，z)$ 存在，对于平面势流，流速势 $\varphi(x，y)$

与流速的关系为：

$$
\left.
\begin{aligned}
u_x &= \frac{\partial \varphi}{\partial x} \\
u_y &= \frac{\partial \varphi}{\partial y}
\end{aligned}
\right\}
\tag{3-35}
$$

将式（3-35）代入平面（二维）流动的连续性微分方程（3-21）得：

$$
\frac{\partial^2 \varphi}{\partial x^2} + \frac{\partial^2 \varphi}{\partial y^2} = 0 \quad 或 \quad \nabla^2 \varphi = 0
\tag{3-36}
$$

式（3-36）是拉普拉斯（Laplace）方程式。从而得到流速势的一个重要性质，即 φ 是一调和函数。

由于平面势流的流速场完全可以通过式（3-35）由流速势 φ 来确定，而这个流速势必须满足式（3-36）。因此，平面势流问题就归结为在特定边界条件下求解拉普拉斯方程。

在恒定平面势流中，φ 是位置（x，y）的函数，在 $x\text{-}y$ 平面内每个点（x，y）都给出一个数值，把 φ 值相等的点连起来所得的曲线称为等势线。所以等势线方程为：

$$
\varphi(x,y) = 常数 \quad 或 \quad \mathrm{d}\varphi = 0
\tag{3-37}
$$

给予不同的常数值就可得到一组等势线。

由式（3-33）知流速势 $\varphi(x$，$y)$ 的全微分为：

$$
\mathrm{d}\varphi = u_x \mathrm{d}x + u_y \mathrm{d}y
\tag{3-38}
$$

则等势线方程亦可表示为：

$$
\mathrm{d}\varphi = u_x \mathrm{d}x + u_y \mathrm{d}y = 0
\tag{3-39}
$$

2. 流函数及其性质

由式（3-10）知，平面流动的流线微分方程为：

$$
\frac{\mathrm{d}x}{u_x} = \frac{\mathrm{d}y}{u_y}
$$

或

$$
u_x \mathrm{d}y - u_y \mathrm{d}x = 0
\tag{3-40}
$$

不可压缩均质流体平面运动的连续方程为：

$$
\frac{\partial u_x}{\partial x} + \frac{\partial u_y}{\partial y} = 0
$$

由高等数学知，上式是使 $u_x \mathrm{d}y - u_y \mathrm{d}x$ 能成为某一函数 ψ 的全微分的必要和充分条件。函数 $\psi(x$，$y)$ 的全微分为：

$$
\mathrm{d}\psi = u_x \mathrm{d}y - u_y \mathrm{d}x
\tag{3-41}
$$

积分可得

$$
\psi(x,y) = \int (u_x \mathrm{d}y - u_y \mathrm{d}x)
\tag{3-42}
$$

此函数 $\psi(x$，$y)$ 称为平面流动的流函数。因此，满足连续性方程的任何不可压缩均质流体的平面运动，必然存在流函数。

因流函数 ψ 是两个自变量的函数，它的全微分可写为：

$$\mathrm{d}\psi = \frac{\partial\psi}{\partial x}\mathrm{d}x + \frac{\partial\psi}{\partial y}\mathrm{d}y \tag{3-43}$$

比较式（3-41）和式（3-43），得

$$\left.\begin{array}{l} u_{\mathrm{x}} = \dfrac{\partial\psi}{\partial y} \\[3mm] u_{\mathrm{y}} = -\dfrac{\partial\psi}{\partial x} \end{array}\right\} \tag{3-44}$$

这就是流函数 $\psi(x, y)$ 与流速的关系，也可以看作是流函数的定义。

因此，在研究平面流动时，如能求出流函数，即可求得任一点的两个速度分量，这样就简化了分析的过程。所以，流函数是研究平面流动的一个很重要、很有用的概念。

流函数具有以下性质：

（1）同一流线上各点的流函数为常数，或流函数相等的点连成的曲线就是流线。

在某一确定时刻，ψ 是平面位置 (x, y) 的函数，在 x-y 平面内，每个点 (x, y) 都给出 ψ 的一个数值，把 ψ 相等的点连接起来所得曲线，其方程为：

$$\psi(x, y) = 常数 \quad 或 \quad \mathrm{d}\psi = 0 \tag{3-45}$$

由式（3-41）、式（3-43）及式（3-45）可知

$$\mathrm{d}\psi = \frac{\partial\psi}{\partial x}\mathrm{d}x + \frac{\partial\psi}{\partial y}\mathrm{d}y = u_{\mathrm{x}}\mathrm{d}y - u_{\mathrm{y}}\mathrm{d}x = 0 \tag{3-46}$$

上式就是流线方程式（3-40）。由此可知：流函数相等的点连接起来的曲线就是流线。若流函数方程能找出，则令 $\psi =$ 常数，即可求得流线的方程式，不同的常数代表不同的流线。

（2）两流线间所通过的单宽流量等于该两流线的流函数值之差。

如图 3-21，在平面流中任意两根流线上各取点 a 和 b，过两点连一曲线 $\overset{\frown}{ab}$，在该曲线上任意取一点 M，M 点的流速分量为 u_{x}、u_{y}；通过 M 点在 $\overset{\frown}{ab}$ 上取一微分段 $\mathrm{d}n$，其分量为

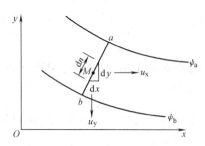

图 3-21　单宽流量与流函数的关系

$\mathrm{d}x$、$\mathrm{d}y$。由图看出，通过 $\mathrm{d}n$ 段的微小流量为 $\mathrm{d}q = u_{\mathrm{x}}\mathrm{d}y - u_{\mathrm{y}}\mathrm{d}x$。故通过曲线 $\overset{\frown}{ab}$ 的流量 $q_{\overset{\frown}{ab}} = \int_{b}^{a}\mathrm{d}q = \int_{b}^{a}(u_{\mathrm{x}}\mathrm{d}y - u_{\mathrm{y}}\mathrm{d}x)$。由式（3-41）可知 $u_{\mathrm{x}}\mathrm{d}y - u_{\mathrm{y}}\mathrm{d}x = \mathrm{d}\psi$，则

$$q_{\overset{\frown}{ab}} = \int_{b}^{a}\mathrm{d}\psi = \psi_{\mathrm{a}} - \psi_{\mathrm{b}} \tag{3-47}$$

由此可得出结论：任何两条流线之间通过的单宽流量等于该两条流线的流函数值之差。

（3）平面势流的流函数是一个调和函数。

上述两个性质不管是有涡流或势流都是适用的。当平面流为势流时，则

$$\omega_z = \frac{1}{2}\left(\frac{\partial u_y}{\partial x} - \frac{\partial u_x}{\partial y}\right) = 0 \quad 或 \quad \frac{\partial u_y}{\partial x} - \frac{\partial u_x}{\partial y} = 0$$

将式（3-44）代入上式得：

$$\frac{\partial^2 \psi}{\partial x^2} + \frac{\partial^2 \psi}{\partial y^2} = 0$$

上式就是拉普拉斯方程。所以平面势流的流函数与流速势一样是一个调和函数。

3. 流函数与流速势的关系

（1）流函数与流速势为共轭函数

因流函数 ψ 及流速势 φ 分别满足式（3-35）和式（3-44），则有下式成立：

$$\left. \begin{array}{l} u_x = \dfrac{\partial \varphi}{\partial x} = \dfrac{\partial \psi}{\partial y} \\[2mm] u_y = \dfrac{\partial \varphi}{\partial y} = -\dfrac{\partial \psi}{\partial x} \end{array} \right\} \tag{3-48}$$

在高等数学中满足这种关系的两个函数称为共轭函数。所以在平面势流中流函数 ψ 与流速势 φ 是共轭函数。利用式（3-48），已知 u_x、u_y 可推求 ψ 及 φ；或已知其中一个函数就可推求另一个函数。

（2）流线与等势线相正交

等流函数线就是流线，其方程式（3-46）为 $\mathrm{d}\psi = u_x \mathrm{d}y - u_y \mathrm{d}x = 0$，因此，流线上任意一定点的斜率为：

$$m_1 = \frac{\mathrm{d}y}{\mathrm{d}x} = \frac{u_y}{u_x}$$

等流速势线就是等势线，其方程式（3-39）为 $\mathrm{d}\varphi = u_x \mathrm{d}x - u_y \mathrm{d}y = 0$，因此，在同一定点上等势线的斜率 $m_2 = \dfrac{\mathrm{d}y}{\mathrm{d}x} = -\dfrac{u_x}{u_y}$。

所以，$m_1 m_2 = -1$，即流线与等势线在该定点上是相正交的。

【例 3-5】 设平面流场中的速度为 $u_x = U$，$u_y = 0$，U 为常数。试判断该流动是否存在流函数和速度势函数，若存在则求出它们的表达式，并绘出相应的流线和等势线。

【解】 （1）求流函数

因 $\dfrac{\partial u_x}{\partial x} = 0$，$\dfrac{\partial u_y}{\partial y} = 0$，所以 $\dfrac{\partial u_x}{\partial x} + \dfrac{\partial u_y}{\partial y} = 0$，满足连续性方程，故存在流函数 ψ。

由式（3-41）得 $\mathrm{d}\psi = u_x \mathrm{d}y - u_y \mathrm{d}x = U\mathrm{d}y$，积分得 $\psi = Uy + C_1$。

流线 $\psi =$ 常数，即 $Uy =$ 常数。故流线是平行于 x 轴的直线（图 3-22）。

（2）求速度势函数

因 $\dfrac{\partial u_x}{\partial y} = 0$，$\dfrac{\partial u_y}{\partial x} = 0$，所以 $\omega_z = \dfrac{1}{2}\left(\dfrac{\partial u_y}{\partial x} - \dfrac{\partial u_x}{\partial y}\right) = 0$，故存在速度势函数 φ。

由式（3-38）得 $\mathrm{d}\varphi = u_x \mathrm{d}x + u_y \mathrm{d}y = U\mathrm{d}x$，积分得 $\varphi = Ux + C_2$。

等势线 $\varphi =$ 常数，即 $Ux =$ 常数。故等势线是平行于 y 轴的直线（图 3-22）。

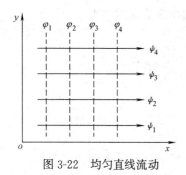

图 3-22 均匀直线流动

此流动即为平行于 ox 轴的均匀直线流动。

【例 3-6】 平面势流的流函数为 $\psi=Ax+By$，A、B 为常数。试求流速 u_x、u_y 及速度势函数 φ。

【解】 （1）求流速

$$u_x=\frac{\partial \psi}{\partial y}=B,\quad u_y=-\frac{\partial \psi}{\partial x}=-A$$

（2）求速度势函数

由式（3-38）得

$$d\varphi=u_x dx+u_y dy=Bdx-Ady$$

积分得 $\varphi=Bx-Ay+C$，C 为积分常数。

3.6.2 求解平面势流的方法

平面势流的求解问题，关键在于根据给定的边界条件，求解拉普拉斯方程的势函数或流函数。其求解方法有：流网法、势流叠加法、复变函数法、数值计算法等。下面介绍流网法和势流叠加法的原理。

1. 流网法

在平面势流中，$\varphi(x,y)=D_i$ 代表一族等势线；$\psi(x,y)=C_i$ 代表一族流线。等势线族与流线族所成的网状图形称为流网，如图 3-23 所示。

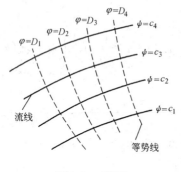

图 3-23 流网

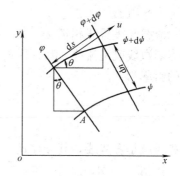

图 3-24 流网的特征

流网具有以下特征：

（1）流网中的流线与等势线是相互正交的。在介绍流函数与速度势的关系时已予以证明。

（2）流网中流速势 φ 的增值方向与流速方向一致；将流速方向逆时针旋转 90°所得方向即为流函数 ψ 的增值方向。因此，只要知道流动方向就可确定 φ 及 ψ 的增值方向。

在平面势流的流速场中任意选取一点 A，通过 A 点必可作出一根等势线 φ 和一根流线 ψ，并绘出其相邻的等势线 $\varphi+d\varphi$ 和流线 $\psi+d\psi$，令两等势线之间的距离为 ds，两流线之间的距离为 dn，如图 3-24 所示。

A 点流速 u 的方向必为该点流线的切线方向，也一定是该点的等势线的法线方向。若以流速 u 的方向作为 s 的增值方向，将 s 的增值方向逆时针旋转 90°作为 n 的增值方向，则

$$d\varphi=u_x dx+u_y dy=u\cos\theta\cdot ds\cos\theta+u\sin\theta\cdot ds\sin\theta=uds(\cos^2\theta+\sin^2\theta)=uds \quad (3-49)$$

由上式可知，当 ds 为正值时，$d\varphi$ 也为正值，即流速势 φ 的增值方向与 s 的增值方向是相同的，流速势 φ 的增值方向与流速方向一致。

由于

$$d\psi = u_x dy - u_y dx = u\cos\theta \cdot dn\cos\theta - u\sin\theta(-dn\sin\theta) = udn(\cos^2\theta + \sin^2\theta) = udn$$

$$(3-50)$$

上式表明，流函数 ψ 的增值方向与 n 的增值方向是相同的，流函数 ψ 的增值方向即流速方向逆时针旋转 $90°$ 的方向。

（3）流网中每一网格的边长之比（ds/dn）等于 φ 与 ψ 的增值之比（$d\varphi/d\psi$）；如取 $d\varphi = d\psi$，则网格成正方形。

由式（3-49）得

$$u = \frac{d\varphi}{ds} \tag{3-51}$$

由式（3-50）得

$$u = \frac{d\psi}{dn} \tag{3-52}$$

故

$$\frac{d\varphi}{d\psi} = \frac{ds}{dn} \tag{3-53}$$

在绘制流网时，各等势线之间的 $d\varphi$ 值和各流线之间的 $d\psi$ 值各为一个固定的常数，因此网格的边长 ds 与 dn 之比就应该不变。若取 $d\varphi = d\psi$，则 $ds = dn$。这样，所有的网格就都是正方形。在实用上绘制流网时，不可能绘制无数的流线及等势线，因此上式改为差分式，即

$$\frac{\Delta\varphi}{\Delta\psi} = \frac{\Delta s}{\Delta n} \tag{3-54}$$

若取所有的 $\Delta\varphi = \Delta\psi = $ 常数，则 $\Delta s = \Delta n$，即每个网格将成为各边顶点正交、各边长度近似相等的正交曲线方格；每一网格对边中点距离相等，所以 Δs 及 Δn 应看作是网格对边中点的距离。

根据上述流网性质，若边界轮廓为已知，使每一网格接近正交曲线方格，试绘几次就可绘出流网，进而求得流场的速度分布。因为任何两条相邻流线之间的流量 Δq 是一常数，根据流函数的性质 $\Delta\psi = \Delta q$，所以任何网格中的速度为：

$$u = \frac{\Delta\varphi}{\Delta n} = \frac{\Delta q}{\Delta n} \tag{3-55}$$

在绘制流网时，各网格中的 Δq 为一常数，所以流速 u 与 Δn 成反比，即两处的流速之比为：

$$\frac{u_1}{u_2} = \frac{\Delta n_2}{\Delta n_1} \tag{3-56}$$

在流网中可以直接量出各处的 Δn，根据上式，就可以得出速度的相对变化关系。如一点的速度为已知，就可按上式求得其他各点的速度。式（3-56）表明，当两条流线的间距愈

大，速度愈小；间距愈小，速度越大。流网可以清晰地表示出速度分布的情况。

由上可知，流网可以解决恒定平面势流问题。流网之所以能给出恒定平面势流的流场情况，是因为流网就是拉普拉斯方程在一定边界条件下的图解。在特定边界条件下，拉普拉斯方程只能有一个解。根据流网特征，针对特定的边界条件，只能绘出一个流网，所以流网能给出正确的答案。根据流网，能较简捷地掌握流场中的流动情况，得出流速分布和压强分布的近似解。

绘制流网是求解平面势流问题的一种方法，是数值计算方法普遍应用之前工程界比较

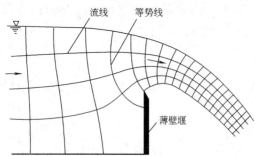

图 3-25　具有自由面的薄壁堰流网

通用的方法。流网理论是完全正确的，但流网法的精度依赖于流网的绘制。对于工程需要来讲，流网法的精度是可以满足要求的。例如，工程上常见的水流问题（图 3-25 和图 3-26）和渗流问题（图 3-27）均可用流网法求解。应当指出，有压平面势流流网的绘制相对简单，而具有自由表面的平面势流流网的绘制相对复杂，这是因为自由水面的位置、形状是未知的。有关流网法的具体应用将在第 10 章渗流中介绍。

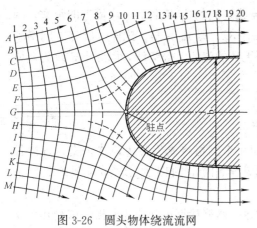

图 3-26　圆头物体绕流流网

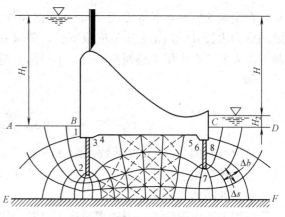

图 3-27　有压渗流流网

2. 势流叠加法

势流的一个重要特性是可叠加性。设有两势流，流速势分别为 φ_1 和 φ_2，它们的连续性条件应分别满足拉普拉斯方程，即

$$\frac{\partial^2 \varphi_1}{\partial x^2}+\frac{\partial^2 \varphi_1}{\partial y^2}=0, \quad \frac{\partial^2 \varphi_2}{\partial x^2}+\frac{\partial^2 \varphi_2}{\partial x^2}=0$$

而这两个流速势之和，$\varphi=\varphi_1+\varphi_2$ 也将满足拉普拉斯方程。因为

$$\frac{\partial^2 \varphi}{\partial x^2}+\frac{\partial^2 \varphi}{\partial y^2}=\frac{\partial^2 \varphi_1}{\partial x^2}+\frac{\partial^2 \varphi_1}{\partial y^2}+\frac{\partial^2 \varphi_2}{\partial x^2}+\frac{\partial^2 \varphi_2}{\partial y^2}=0$$

这就是说，两流速势之和形成新的流速势，代表新的流动。新流动的流速

$$u_x = \frac{\partial \varphi}{\partial x} = \frac{\partial \varphi_1}{\partial x} + \frac{\partial \varphi_2}{\partial x} = u_{x1} + u_{x2}$$

$$u_y = \frac{\partial \varphi}{\partial y} = \frac{\partial \varphi_1}{\partial y} + \frac{\partial \varphi_2}{\partial y} = u_{y1} + u_{y2}$$

是原来两势流流速的叠加，亦即在平面点上将两流速几何相加的结果。同样可以证明，新流动的流函数等于原来两流动流函数的代数和，即 $\psi = \psi_1 + \psi_2$。显然，以上的结论可以推广到两个以上流动。

一些简单的平面势流，如均匀直线流动、源流和汇流等，其流函数和流速势的表达式不难求出。利用势流叠加原理，通过把已知的简单势流恰当地叠加，合成一种符合给定边界条件的复杂流动，得到其流速分布，进而利用势流的伯诺利能量方程求得压强分布，如均匀流绕桥墩时的流动、圆柱绕流等。

（1）均匀直线流动

流线相互平行且速度处处相等的流动叫作均匀直线流动。设一平面均匀直线流动的速度 u，与 x 轴的夹角为 α，如图 3-28 所示。

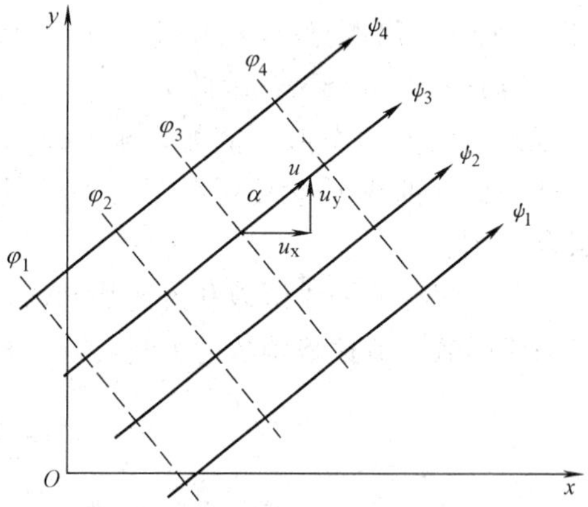

下面求其流函数 ψ 和速度势 φ。图 3-28 中的速度 u 沿 x 和 y 轴的分量为：

$$u_x = u\cos\alpha, \quad u_y = u\sin\alpha$$

由式（3-41）得

$$\mathrm{d}\psi = u_x \mathrm{d}y - u_y \mathrm{d}x = u\cos\alpha \mathrm{d}y - u\sin\alpha \mathrm{d}x$$

积分得

$$\psi = uy\cos\alpha - ux\sin\alpha + C_1$$

由式（3-38）得

$$\mathrm{d}\varphi = u_x \mathrm{d}x + u_y \mathrm{d}y = u\cos\alpha \mathrm{d}x + u\sin\alpha \mathrm{d}y$$

积分得

$$\varphi = ux\cos\alpha + uy\sin\alpha + C_2$$

令积分常数 $C_1 = C_2 = 0$，则得

$$\psi = u(y\cos\alpha - x\sin\alpha) \tag{3-57}$$

$$\varphi = u(x\cos\alpha + y\sin\alpha) \tag{3-58}$$

图 3-28　与 x 轴成夹角 α 的均匀直线流动

显然，若均匀直线流流速平行于 x 轴，则 $\alpha = 0$，$u_x = u$，$u_y = 0$，此时

$$\psi = uy \tag{3-59}$$

$$\varphi = ux \tag{3-60}$$

即流线与 x 轴平行，等势线与 y 轴平行（参见例 3-5 中的图 3-22）。

若均匀直线流流速平行于 y 轴，则 $\alpha = 90°$，$u_x = 0$，$u_y = u$，此时

$$\psi = -ux \tag{3-61}$$

$$\varphi = uy \tag{3-62}$$

即流线与 y 轴平行，等势线与 x 轴平行。

（2）源流和汇流

设在水平的无限平面内，液体从某一点 o 沿径向均匀地向四周流动，其流线是从源点 o 发出的一簇射线，如图 3-29 所示，这种流动称为源流，o 点称为源点。

源流中只有径向流速 u_r，所以

$$u_r = \frac{Q}{2\pi r} = \frac{Q}{2\pi\sqrt{x^2+y^2}} \tag{3-63}$$

$$u_\theta = 0 \tag{3-64}$$

及

$$u_x = u_r\cos\theta = \frac{Q}{2\pi r}\cdot\frac{x}{r} = \frac{Qx}{2\pi(x^2+y^2)} \tag{3-65}$$

$$u_y = u_r\sin\theta = \frac{Q}{2\pi r}\cdot\frac{y}{r} = \frac{Qy}{2\pi(x^2+y^2)} \tag{3-66}$$

式中　Q——沿源点流出的流量，称为源流强度。

当 $r\to 0$，$u_r\to\infty$，因此 $r=0$（即源点）这一点为奇点。除奇点外，实际流动中有些流动与该流动类似，例如，泉水从泉眼向外均匀流出的情况，就是源流的近似。源流这一概念的重要意义还在于，许多复杂的实际流型，可通过源流和其他简单流型的组合得到。

要求解源流的流函数和流速势函数，采用极坐标系比较方便。在极坐标系中，流速分量与流函数、流速势函数的关系，同直角坐标系中的类似，即

$$u_r = \frac{\partial\psi}{r\,\partial\theta},\quad u_\theta = -\frac{\partial\psi}{\partial r} \tag{3-67}$$

$$u_r = \frac{\partial\varphi}{\partial r},\quad u_\theta = \frac{\partial\varphi}{r\,\partial\theta} \tag{3-68}$$

因源流 $u_\theta = 0$，故得

$$\frac{\partial\psi}{\partial r} = 0,\quad \frac{\partial\psi}{r\,\partial\theta} = \frac{\mathrm{d}\psi}{r\,\mathrm{d}\theta} = u_r,\quad \mathrm{d}\psi = ru_r\mathrm{d}\theta = \frac{Q}{2\pi}\mathrm{d}\theta \tag{3-69}$$

$$\frac{\partial\varphi}{r\,\partial\theta} = 0,\quad \frac{\partial\varphi}{\partial r} = \frac{\mathrm{d}\varphi}{\mathrm{d}r} = u_r,\quad \mathrm{d}\varphi = u_r\mathrm{d}r = \frac{Q}{2\pi r}\mathrm{d}r \tag{3-70}$$

分别对上两式积分，得

$$\psi = \frac{Q}{2\pi}\theta + C_1,\quad \varphi = \frac{Q}{2\pi}\ln r + C_2 \tag{3-71}$$

因取积分常数 C_1 和 C_2 等于零并不改变流函数和流速势的性质，于是得到源流的流函数 ψ 及流速势 φ 的表达式：

$$\psi = \frac{Q}{2\pi}\theta = \frac{Q}{2\pi}\arctan\frac{y}{x} \tag{3-72}$$

$$\varphi = \frac{Q}{2\pi}\ln r = \frac{Q}{2\pi}\ln\sqrt{x^2+y^2} \tag{3-73}$$

分析上述两式，可知源流的流线是一簇从源点出发的径向射线，等势线则是一簇以源点为中心的同心圆，两簇线相互正交，构成流网，如图 3-29 所示。

如把液体的源点改为汇集液体的汇聚点，则四周液体将均匀地流向 o 点，这种流动称

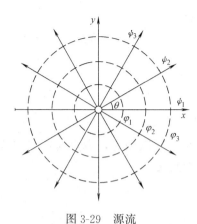

图 3-29　源流

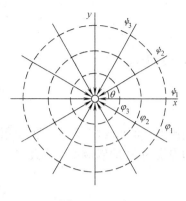

图 3-30　汇流

为汇流，o 点称为汇点，如图 3-30 所示。汇流的流函数和流速势的表达式与源流的形式一样，只是符号相反，即

$$\psi = -\frac{Q}{2\pi}\theta = -\frac{Q}{2\pi}\arctan\frac{y}{x} \tag{3-74}$$

$$\varphi = -\frac{Q}{2\pi}\ln r = -\frac{Q}{2\pi}\ln\sqrt{x^2+y^2} \tag{3-75}$$

式中　Q——自四周流入汇点的流量，称为汇流强度。

　　汇流和源流一样，原点也是一个奇点，若将原点附近除外，则实际流动中地下水从四周均匀流入水井的流动，可以作为汇流的近似。

　　（3）等强度源流和汇流的叠加：偶极流

　　如图 3-31 所示，A_1 为源点而 A_2 为汇点，对称于 y 轴，坐标原点 O 位于 A_1 与 A_2 中间，取 A_1A_2 作为 x 轴。该源点和汇点叠加后，任一 P（x，y）点的流函数为：

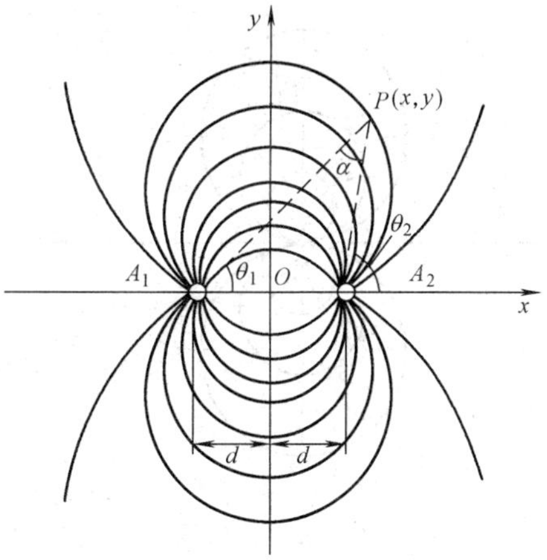

$$\psi = \frac{Q}{2\pi}\theta_1 - \frac{Q}{2\pi}\theta_2 = -\frac{Q}{2\pi}(\theta_2-\theta_1)$$

或　　　　　　　　$$\psi = \frac{Q}{2\pi}\alpha$$

式中　θ_1——角 xA_1P；

　　　　θ_2——角 xA_2P；

　　　　α——角 A_1PA_2。

图 3-31　源流和汇流的叠加

　　等流函数线（流线）上的 $\psi=$ 常数，即 $\alpha=\theta_2-\theta_1=$ 常数。由几何学知，该流线是圆心在 y 轴上通过 A_1 及 A_2 点的一组圆，如图 3-31 所示。

　　若源点和汇点的间距为 $2d$，则

$$\tan\theta_1 = \frac{y}{x+d}, \quad \tan\theta_2 = \frac{y}{x-d}$$

而　　　　　　$$\tan\alpha = \tan(\theta_1-\theta_2) = \frac{\tan\theta_1-\tan\theta_2}{1+\tan\theta_1\tan\theta_2} = \frac{-2yd}{x^2+y^2-d^2}$$

73

于是 $$\psi=\frac{Q}{2\pi}\arctan\frac{-2yd}{x^2+y^2-d^2}$$

若假定 $$2Qd=M$$

则得流函数为：

$$\psi=\frac{M}{4\pi d}\arctan\frac{-2yd}{x^2+y^2-d^2}$$

当源点与汇点无限接近，即 d 趋近于零，而 M 维持有限值时，源点与汇点的这样结合称为强度为 M 的偶极流。则此时的流函数将趋近于下式：

$$\psi=-\frac{M}{2\pi}\frac{y}{x^2+y^2} \tag{3-76}$$

等流函数线，即流线方程为：

$$-\frac{M}{2\pi}\frac{y}{x^2+y^2}=C_1$$

改写为：

$$x^2+\left(y+\frac{M}{4\pi C_1}\right)^2=\left(\frac{M}{4\pi C_1}\right)^2 \tag{3-77}$$

式（3-77）表明流线是一簇圆心在 y 轴上 $\left(0,-\frac{M}{4\pi C_1}\right)$，半径为 $\frac{M}{4\pi C_1}$ 的圆族，并在坐标原点与 x 轴相切，如图 3-32 实线所示。流体由坐标原点流出，沿上述圆周，重新又流入原点。

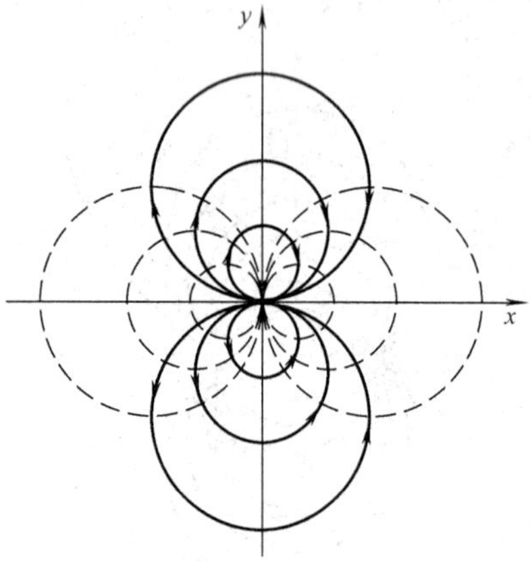

图 3-32　偶极流

同理，其势函数为：

$$\varphi=\frac{M}{2\pi}\frac{x}{x^2+y^2} \tag{3-78}$$

等势线方程为：

$$\frac{M}{2\pi}\frac{x}{x^2+y^2}=C_2$$

改写为：

$$\left(x-\frac{M}{4\pi C_2}\right)^2+y^2=\left(\frac{M}{4\pi C_2}\right)^2 \tag{3-79}$$

式（3-79）表明等势线是一簇圆心在 x 轴上 $\left(\frac{M}{4\pi C_2},0\right)$，半径为 $\frac{M}{4\pi C_2}$ 的圆簇，并在坐标原点与 y 轴相切，如图 3-32 虚线所示。

（4）均匀流动和偶极流的叠加：圆柱绕流

圆柱绕流可由均匀直线流和偶极流的叠加得到。设均匀直线流沿 x 轴方向，速度为 $u_x=u$；偶极流的偶极点置于坐标原点，如图 3-33 所示。

均匀直线流和偶极流叠加所得新的势流的流函数和速度势为：

$$\psi=uy-\frac{M}{2\pi}\frac{\sin\theta}{r}=\left(ur-\frac{M}{2\pi}\frac{1}{r}\right)\sin\theta \tag{3-80}$$

$$\varphi=ux+\frac{M}{2\pi}\frac{\cos\theta}{r}=\Big(ur+\frac{M}{2\pi}\frac{1}{r}\Big)\cos\theta \qquad (3\text{-}81)$$

对于 $\psi=0$ 的流线，其方程为：

$$\Big(ur-\frac{M}{2\pi}\frac{1}{r}\Big)\sin\theta=0$$

这个方程的解为：

(1) $\sin\theta=0$，则 $\theta=0$，$\theta=\pi$，即 x 轴为流线；

(2) $ur-\dfrac{M}{2\pi}\dfrac{1}{r}=0$，则 $r^2=\dfrac{M}{2\pi u}$，即 $r=\sqrt{\dfrac{M}{2\pi u}}=a$

的圆也是流线。以固体边界代替此流线时，其外部的流动图形不变。若以 $M/2\pi=a^2u$ 代入式（3-80）和式（3-81），则得半径为 a 的圆柱在流速为 u 的均匀直线流中绕流的流函数和流速势：

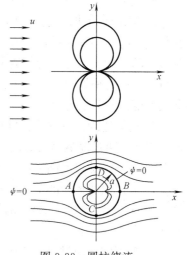

图 3-33　圆柱绕流

$$\psi=ur\sin\theta\Big(1-\frac{a^2}{r^2}\Big) \qquad (3\text{-}82)$$

$$\varphi=ur\cos\theta\Big(1+\frac{a^2}{r^2}\Big) \qquad (3\text{-}83)$$

相应的速度分布为：

$$u_r=\frac{\partial\psi}{r\,\partial\theta}=u\cos\theta\Big(1-\frac{a^2}{r^2}\Big) \qquad (3\text{-}84)$$

$$u_\theta=-\frac{\partial\psi}{\partial r}=-u\sin\theta\Big(1+\frac{a^2}{r^2}\Big) \qquad (3\text{-}85)$$

由此可得圆柱表面上的速度分布，即 $r=a$ 时，由式（3-84）、式（3-85）得：

$$u_r=0 \qquad (3\text{-}86)$$

$$u_\theta=-2u\sin\theta \qquad (3\text{-}87)$$

即圆柱表面上的速度分布沿圆周的切线方向。当 $r=a$ 和 $\theta=0$，$\theta=\pi$ 时，$u_r=0$，$u_\theta=0$，即为驻点，如图 3-33 所示 A 和 B 的位置；当 $r=a$ 和 $\theta=\pm\pi/2$ 时，$\sin\theta=\pm1$，速度的绝对值达到最大，即 $|u_{\theta\max}|=2u$，如图 3-33 所示 C 和 D 的位置。

本 章 小 结

1. 描述流体运动的方法有拉格朗日法和欧拉法，其中欧拉法是普遍采用的方法。拉格朗日法是通过研究单个质点的运动规律来获得整个流体的运动规律；欧拉法是以研究不同质点通过固定空间位置的运动情况来了解整个流动空间内的流动，其运动要素是空间坐标和时间的函数，欧拉法又称流场法。

2. 用欧拉法描述流体运动时，质点加速度等于时变加速度和位变加速度之和。

3. 迹线和流线是两个不同概念。流线是欧拉法分析流动的重要概念。流线上所有各质点的流速分量都与之相切。流线不能相交、不能转折、是一条光滑的曲线，它表示瞬间的流动方向。流线簇可以清晰地表示出整个空间在某一瞬间的流动情况。恒定流时，流线的形状和位置不随时间变化，流线与迹线重合。流线可以通过流线方程求出。

4. 总流、过流断面、流量、断面平均流速是实际工程中常用的概念。

5. 恒定流与非恒定流、均匀流与非均匀流、渐变流与急变流是不同的概念，要了解它们之间的区别和联系，千万不要混淆。恒定流与非恒定流是以运动要素是否随时间变化来区分的。均匀流与非均匀流是以流动过程中运动要素是否随坐标位置（流程）而变化来区分的，亦可根据流线簇是否彼此平行的直线来判断。非均匀流按流线不平行和弯曲程度分为渐变流和急变流。

6. 流体连续性方程是根据质量守恒定律导出的，它是流体运动所必须满足的连续条件，对于不可压缩流体的总流，连续性方程表述为任意两个过流断面所通过的流量相等，$v_1A_1 = v_2A_2$，即过流断面的平均流速与过流断面的面积成反比。

7. 流体微团运动的基本形式分为平移、变形（线变形、角变形）和旋转。平移速度、线变形率、角变形率、旋转角速度可分别求出。其中旋转角速度可以用来判别流体运动是有涡流还是无涡流。

8. 若流体运动时每个流体微团都不存在绕自身轴的旋转运动，即旋转角速 $\omega_z = \omega_y = \omega_x = 0$，则称此运动为无涡流或无旋流；反之则称为有涡流或有旋流。无涡流又称有势流（简称势流）。

9. 势流必存在流速势函数 φ，流速势 φ 是一调和函数。已知流速势 φ，可得流速场。因此，求解平面势流问题归结为求解特定边界条件下的拉普拉斯方程。流函数 ψ 亦为调和函数，若已知流函数 ψ，可求流速场。流函数与势函数为共轭函数。流线与等势线正交。

10. 流网的特征包括：流网中的流线与等势线是相互正交的；流网中流速势 φ 的增值方向与流速方向一致，将流速方向旋转 $90°$ 所得方向即为流函数 ψ 的增值方向；流网中若取 $d\varphi = d\psi$，则网格成正方形。势流的一个重要特性是可叠加性，利用势流叠加原理，均匀直线流动、源流和汇流等简单平面势流的恰当叠加，可得到符合给定边界条件的复杂流动。

思 考 题

3-1 如图 3-34 所示，水流通过由两段等截面及一段变截面组成的管道，试问：

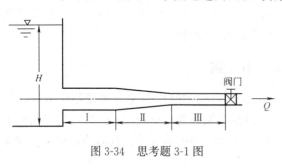

图 3-34 思考题 3-1 图

（1）当阀门开度一定，上游水位保持不变，各段管中，是恒定流还是非恒定流？是均匀流还是非均匀流？

（2）当阀门开度一定，上游水位随时间下降，这时管中是恒定流还是非恒定流？

（3）恒定流情况下，当判别第 Ⅱ 段管中是渐变流还是急变流时，与该段管长有无关系？

3-2 均匀流和渐变流一定是恒定流，急变流一定是非恒定流，此说法对吗？为什么？

3-3 恒定流和非恒定流、均匀流和非均匀流、渐变流和急变流、有压流和无压流，各种流动分类的原则是什么？试举出具体的例子。

3-4 有涡流和无涡流的基本特征是什么？如何判断有涡流和无涡流？

3-5 流体微团运动的基本形式有哪些？写出它们分别与速度变化的关系式。

习 题

3-1 恒定二维流动的速度场为 $u_x=ax$，$u_y=-ay$，其中 $a=1s^{-1}$。（1）论证流线方程为 $xy=C$；（2）绘出 $C=0$、1 及 $4m^2$ 的流线；（3）写出质点加速度的表达式。

3-2 试检验下述不可压缩流体的运动是否存在？

（1）$u_x=2x^2+y$，$u_y=2y^2+z$，$u_z=-4(x+y)z+xy$

（2）$u_x=yzt$，$u_y=xzt$，$u_z=xyt$

3-3 圆管中流速为轴对称分布（如图 3-35），$u=\dfrac{u_{max}}{r_0^2}(r_0^2-r^2)$，$u$ 是距管轴中心为 r 处的流速。若已知 $r_0=0.03m$，$u_{max}=0.15m/s$，求通过圆管的流量 Q 及断面平均流速。

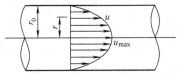

图 3-35 习题 3-3 图

3-4 水流从水箱经管径分别为 $d_1=10cm$，$d_2=5cm$，$d_3=2.5cm$ 的管道流出，出口流速 $v=1m/s$，如图 3-36 所示。求流量及其他管道的断面平均流速。

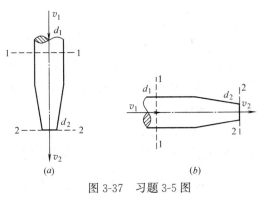

图 3-36 习题 3-4 图

3-5 如图 3-37 铅直放置的有压管道，已知 $d_1=200mm$，$d_2=100mm$，断面 1-1 处的流速 $v_1=1m/s$。求（1）输水流量 Q；（2）断面 2-2 处的平均流速 v_2；（3）若此管水平放置，输水流量 Q 及断面 2-2 处的速度 v_2 是否发生变化？（4）图 3-37（a）中若水自下而上流动，Q 及 v_2 是否会发生变化？

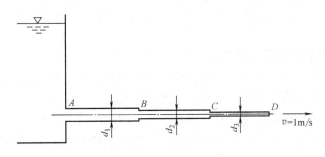

图 3-37 习题 3-5 图

3-6 已知某流场的流速势为 $\varphi=\dfrac{a}{2}(x^2-y^2)$，$a$ 为常数，试求 u_x 及 u_y。

3-7 对于 $u_x=2xy$，$u_y=a^2+x^2-y^2$ 的平面流动，a 为常数。试分析判断该流动：（1）是恒定流还是非恒定流？（2）是均匀流还是非均匀流？（3）是有旋流还是无旋流？

3-8 已知流速分布为 $u_x=-x$，$u_y=y$。试判别流动是否有势。

3-9 已知 $u_x=4x$，$u_y=-4y$，试求该流动的速度势函数和流函数。

77

第 4 章　流体动力学

上一章讨论了流体运动的表述方法，分析了流体如何运动，但研究的只是流体运动本身，而没有涉及流体为什么会这样运动，即没有涉及引起流体运动的原因和条件。本章将回答这个问题，即探讨外力作用而引起流体运动的规律，即流体动力学问题。流体动力学是研究流体运动而涉及力的规律及其在工程上的应用。

由于实际流体具有黏滞性，致使问题比较复杂；而理想流体因不考虑黏滞性，将使问题大大简化。虽然实际上并不存在理想流体，但有些流动问题中，当黏滞性的影响很小，可以忽略不计时，则对理想流体运动研究所得的结果可用于实际流体。本章将对理想流体和实际流体运动分别讨论。

4.1　理想流体运动微分方程及其积分

4.1.1　理想流体动水压强的特性

因为理想流体不具有黏滞性，所以流体运动时不产生切应力，在作用表面上只有压应力，即动水压强。理想流体动水压强具有下述两个特性：

(1) 理想流体动水压强的方向总是沿着作用面的内法线方向。

(2) 理想流体中任一点动水压强的大小与其作用面的方位无关。即任一点动水压强的大小在各方向上均相等，只是位置坐标和时间的函数。

上述结论可用分析静水压强特性的同样方法得到证明。显然，理想流体动水压强的特性与静水压强的特性完全一样。

4.1.2　理想流体运动微分方程

设想在理想流体的流场中取以任意点 $M(x，y，z)$ 为中心的微分平行六面体，如图 4-1 所示。六面体的各边分别与直角坐标轴平行，边长分别为 $\mathrm{d}x$、$\mathrm{d}y$、$\mathrm{d}z$。设 M 点的动水压强为 p，速度分量为 u_x、u_y、u_z。下面分析作用于微分六面体上的力。

1. 表面力

表面力只有动水压力。沿 x 轴方向作用于六面体后表面上的动水压强为 $p-\dfrac{\partial p}{\partial x}\dfrac{\mathrm{d}x}{2}$，作用于前表面上的动水压强为 $p+\dfrac{\partial p}{\partial x}\dfrac{\mathrm{d}x}{2}$。由此得作用于微分六面体后、前表面上的动水压力分别为

$$\left(p-\frac{\partial p}{\partial x}\frac{\mathrm{d}x}{2}\right)\mathrm{d}y\mathrm{d}z \ \text{和} \ \left(p+\frac{\partial p}{\partial x}\frac{\mathrm{d}x}{2}\right)\mathrm{d}y\mathrm{d}z。$$

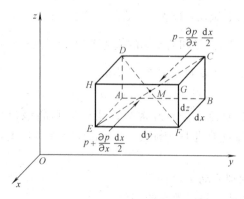

图 4-1　理想流体的微分平行六面体

同理，沿 y 轴方向作用于边界面上的动水压力为 $\left(p-\dfrac{\partial p}{\partial y}\dfrac{\mathrm{d}y}{2}\right)\mathrm{d}z\mathrm{d}x$ 和 $\left(p+\dfrac{\partial p}{\partial y}\dfrac{\mathrm{d}y}{2}\right)\mathrm{d}z\mathrm{d}x$；沿 z 轴方向作用于边界面上的动水压力为 $\left(p-\dfrac{\partial p}{\partial z}\dfrac{\mathrm{d}z}{2}\right)\mathrm{d}x\mathrm{d}y$ 和 $\left(p+\dfrac{\partial p}{\partial z}\dfrac{\mathrm{d}z}{2}\right)\mathrm{d}x\mathrm{d}y$。

2. 质量力

作用于微分六面体上的质量力在 x、y、z 轴上的分量分别为 $f_x\rho\mathrm{d}x\mathrm{d}y\mathrm{d}z$、$f_y\rho\mathrm{d}x\mathrm{d}y\mathrm{d}z$、$f_z\rho\mathrm{d}x\mathrm{d}y\mathrm{d}z$。其中 f_x、f_y、f_z 分别为沿 x、y、z 轴上的单位质量力。

3. 根据牛顿第二定律列平衡方程

作用于微分六面体上的力在 x 轴上的分量的代数和应等于微分六面体的质量与加速度在 x 方向分量的乘积，即

$$f_x\rho\mathrm{d}x\mathrm{d}y\mathrm{d}z+\left(p-\dfrac{\partial p}{\partial y}\dfrac{\mathrm{d}x}{2}\right)\mathrm{d}y\mathrm{d}z-\left(p+\dfrac{\partial p}{\partial x}\dfrac{\mathrm{d}x}{2}\right)\mathrm{d}y\mathrm{d}z=\rho\mathrm{d}x\mathrm{d}y\mathrm{d}z\dfrac{\mathrm{d}u_x}{\mathrm{d}t}$$

化简后得 $f_x-\dfrac{1}{\rho}\dfrac{\partial p}{\partial x}=\dfrac{\mathrm{d}u_x}{\mathrm{d}t}$。同理可得沿 y、z 方向的关系式，并写在一起，即

$$\left.\begin{aligned}
f_x-\dfrac{1}{\rho}\dfrac{\partial p}{\partial x}&=\dfrac{\mathrm{d}u_x}{\mathrm{d}t}\\
f_y-\dfrac{1}{\rho}\dfrac{\partial p}{\partial y}&=\dfrac{\mathrm{d}u_y}{\mathrm{d}t}\\
f_z-\dfrac{1}{\rho}\dfrac{\partial p}{\partial z}&=\dfrac{\mathrm{d}u_z}{\mathrm{d}t}
\end{aligned}\right\}\tag{4-1}$$

上式就是理想流体运动微分方程，又称欧拉（Euler）运动微分方程。它表述了流体质点运动和作用在它本身上的力的关系，适用于可压缩和不可压缩流体的恒定流和非恒定流、有势流和有涡流。

因加速度为时变加速度与位变加速度之和，故欧拉运动微分方程（4-1）可写为：

$$\left.\begin{aligned}
f_x-\dfrac{1}{\rho}\dfrac{\partial p}{\partial x}&=\dfrac{\partial u_x}{\partial t}+u_x\dfrac{\partial u_x}{\partial x}+u_y\dfrac{\partial u_x}{\partial y}+u_z\dfrac{\partial u_x}{\partial z}\\
f_y-\dfrac{1}{\rho}\dfrac{\partial p}{\partial y}&=\dfrac{\partial u_y}{\partial t}+u_x\dfrac{\partial u_y}{\partial x}+u_y\dfrac{\partial u_y}{\partial y}+u_z\dfrac{\partial u_y}{\partial z}\\
f_z-\dfrac{1}{\rho}\dfrac{\partial p}{\partial z}&=\dfrac{\partial u_z}{\partial t}+u_z\dfrac{\partial u_z}{\partial x}+u_y\dfrac{\partial u_z}{\partial y}+u_z\dfrac{\partial u_z}{\partial z}
\end{aligned}\right\}\tag{4-2}$$

显然，当恒定流时，上式中 $\dfrac{\partial u_x}{\partial t}=\dfrac{\partial u_y}{\partial t}=\dfrac{\partial u_z}{\partial t}=0$。

对于静止流体，$u_x=u_y=u_z=0$，欧拉运动微分方程（式 4-1）变为流体静力学欧拉平衡微分方程（2-5）。

理想流体运动微分方程中共有八个物理量。对于不可压缩均质流体来说，密度 ρ 为常数，单位质量力 f_x、f_y、f_z 通常是已知的，所以只有 u_x、u_y、u_z、p 四个未知数。显然，式（4-1）中三个方程不能求解 4 个未知数，所以还需一个方程，即不可压缩流体连续性微分方程（3-19）。从理论上讲，任何一个流动问题，只要联立求解这四个方程式，并满

足该问题的起始条件和边界条件，就可以求得该问题的解。这些方程的建立为研究流动问题奠定了巩固的理论基础。但是，由于数学上的困难，采用这种方法求解边界条件比较复杂的流动问题时会遇到很大的困难。

4.1.3 理想流体运动微分方程的积分

为便于应用，可将理想流体运动微分方程进行积分。由于数学上的困难，目前还无法在一般情况下对运动微分方程进行普遍积分。为便于积分，葛罗米柯（Громеко）将理想流体运动微分方程进行了变换，得到了葛罗米柯方程。葛罗米柯方程也只有在质量力是有势的条件下才能积分。

葛罗米柯对理想流体运动微分方程进行了如下变换：

因流速 $u^2 = u_x^2 + u_y^2 + u_z^2$，由此可得

$$\frac{\partial}{\partial x}\left(\frac{u^2}{2}\right) = u_x\frac{\partial u_x}{\partial x} + u_y\frac{\partial u_y}{\partial x} + u_z\frac{\partial u_z}{\partial x}$$

将上式与欧拉运动微分方程式（4-2）的第一式相减，得

$$f_x - \frac{1}{\rho}\frac{\partial p}{\partial x} - \frac{\partial}{\partial x}\left(\frac{u^2}{2}\right) = \frac{\partial u_x}{\partial t} + u_z\left(\frac{\partial u_x}{\partial z} - \frac{\partial u_z}{\partial x}\right) - u_y\left(\frac{\partial u_y}{\partial x} - \frac{\partial u_x}{\partial y}\right)$$

将式（3-31）中 $\omega_z = \frac{1}{2}\left(\frac{\partial u_y}{\partial x} - \frac{\partial u_x}{\partial y}\right)$，$\omega_y = \frac{1}{2}\left(\frac{\partial u_x}{\partial z} - \frac{\partial u_z}{\partial x}\right)$ 代入上式，得

$$f_x - \frac{1}{\rho}\frac{\partial p}{\partial x} - \frac{\partial}{\partial x}\left(\frac{u^2}{2}\right) = \frac{\partial u_x}{\partial t} + 2(u_z\omega_y - u_y\omega_z)$$

将欧拉运动微分方程式（4-2）的第二式、第三式进行相同运算，经整理后，则欧拉运动微分方程可写为：

$$\left.\begin{aligned}
f_x - \frac{1}{\rho}\frac{\partial p}{\partial x} - \frac{\partial}{\partial x}\left(\frac{u^2}{2}\right) - \frac{\partial u_x}{\partial t} = 2(u_z\omega_y - u_y\omega_z) \\
f_y - \frac{1}{\rho}\frac{\partial p}{\partial y} - \frac{\partial}{\partial y}\left(\frac{u^2}{2}\right) - \frac{\partial u_y}{\partial t} = 2(u_x\omega_z - u_z\omega_x) \\
f_z - \frac{1}{\rho}\frac{\partial p}{\partial z} - \frac{\partial}{\partial z}\left(\frac{u^2}{2}\right) - \frac{\partial u_z}{\partial t} = 2(u_y\omega_x - u_x\omega_y)
\end{aligned}\right\} \qquad (4\text{-}3)$$

上式是葛罗米柯（Громеко）在1881年推导出来的，称为葛罗米柯方程。它只是欧拉运动微分方程的另一种数学表示式，在物理上并没有什么变化，仅把角速度引入方程式中。对于无涡流（势流），令 ω_z、ω_y、ω_x 等于零，应用葛罗米柯方程十分方便。

若作用在流体上的质量力是有势的，由物理学知，势场中的力在 x、y、z 三个轴上分量可用力势函数 $W(x, y, z)$ 的相应坐标轴的偏导数来表示，参见式（2-8），即

$$f_x = \frac{\partial W}{\partial x}, f_y = \frac{\partial W}{\partial y}, f_z = \frac{\partial W}{\partial z}$$

对不可压缩的均质流体，ρ＝常数。将上述关系代入式（4-3），稍加整理，得

$$\left.\begin{aligned}
\frac{\partial}{\partial x}\left(W-\frac{p}{\rho}-\frac{u^2}{2}\right)-\frac{\partial u_x}{\partial t}&=2(u_z\omega_y-u_y\omega_z)\\
\frac{\partial}{\partial y}\left(W-\frac{p}{\rho}-\frac{u^2}{2}\right)-\frac{\partial u_y}{\partial t}&=2(u_x\omega_z-u_z\omega_x)\\
\frac{\partial}{\partial z}\left(W-\frac{p}{\rho}-\frac{u^2}{2}\right)-\frac{\partial u_z}{\partial t}&=2(u_y\omega_x-u_x\omega_y)
\end{aligned}\right\} \tag{4-4}$$

式（4-4）就是作用于理想液体的质量力是有势的条件下的葛罗米柯方程。它适用于理想液体的恒定流与非恒定流、有涡流与无涡流。

下面仅对葛罗米柯方程在恒定流条件下进行积分，得出恒定流的伯诺利积分，即理想流体恒定流的能量方程。至于非恒定流条件下的积分，请参考有关参考书。

对于恒定流，$\frac{\partial u_x}{\partial t}=\frac{\partial u_y}{\partial t}=\frac{\partial u_z}{\partial t}=0$，则式（4-4）简化为：

$$\left.\begin{aligned}
\frac{\partial}{\partial x}\left(W-\frac{p}{\rho}-\frac{u^2}{2}\right)&=2(u_z\omega_y-u_y\omega_z)\\
\frac{\partial}{\partial y}\left(W-\frac{p}{\rho}-\frac{u^2}{2}\right)&=2(u_z\omega_z-u_z\omega_x)\\
\frac{\partial}{\partial z}\left(W-\frac{p}{\rho}-\frac{u^2}{2}\right)&=2(u_y\omega_x-u_x\omega_y)
\end{aligned}\right\}$$

因恒定流时各运动要素与时间无关，所以$\left(W-\frac{p}{\rho}-\frac{u^2}{2}\right)$的全微分可写为：

$$d\left(W-\frac{p}{\rho}-\frac{u^2}{2}\right)=\frac{\partial}{\partial x}\left(W-\frac{p}{\rho}-\frac{u^2}{2}\right)dx+\frac{\partial}{\partial y}\left(W-\frac{p}{\rho}-\frac{u^2}{2}\right)dy+\frac{\partial}{\partial z}\left(W-\frac{p}{\rho}-\frac{u^2}{2}\right)dz$$

将上两式整理后，用行列式的形式表示为：

$$d\left(W-\frac{p}{\rho}-\frac{u^2}{2}\right)=2\begin{vmatrix} dx & dy & dz \\ \omega_x & \omega_y & \omega_z \\ u_x & u_y & u_z \end{vmatrix} \tag{4-5}$$

显然，当$\begin{vmatrix} dx & dy & dz \\ \omega_x & \omega_y & \omega_z \\ u_x & u_y & u_z \end{vmatrix}=0$时，上式是可积分的，积分后得

$$W-\frac{p}{\rho}-\frac{u^2}{2}=常数$$

或

$$\frac{p}{\rho}+\frac{u^2}{2}-W=常数 \tag{4-6}$$

上式称为伯努利（Bernoulli）积分。

根据上述讨论和推导过程可知，应用伯努利积分必须满足下列条件：

（1）恒定流体；

（2）流体是不可压缩均质理想流体，密度ρ＝常数；

（3）作用于流体上的质量力是有势的；

$$(4)\ \text{行列式}\ \begin{vmatrix} \mathrm{d}x & \mathrm{d}y & \mathrm{d}z \\ \omega_x & \omega_y & \omega_z \\ u_x & u_y & u_z \end{vmatrix}=0.$$

根据行列式的性质，具备下列条件的流体运动，均能满足上述行列式等于零的要求，即

① $u_x=u_y=u_z=0$，这是静止流体的条件，说明式（4-6）适用于静止流体；

② $\omega_x=\omega_y=\omega_z=0$，这是无涡流（势流）的条件，说明式（4-6）适用于整个势流中，不限于同一根流线；

③ $\dfrac{\mathrm{d}x}{u_x}=\dfrac{\mathrm{d}y}{u_y}=\dfrac{\mathrm{d}z}{u_z}$，这是流线方程，说明在有涡流中，式（4-6）适用于同一根流线；

④ $\dfrac{\mathrm{d}x}{\omega_x}=\dfrac{\mathrm{d}y}{\omega_y}=\dfrac{\mathrm{d}z}{\omega_z}$，这是涡线方程，说明在有涡流中，式（4-6）适用于同一根涡线；

⑤ $\dfrac{u_x}{\omega_x}=\dfrac{u_y}{\omega_y}=\dfrac{u_z}{\omega_z}$，这是指恒定流中以流线与涡线相重合为特征的螺旋流，即式（4-6）适用于恒定螺旋流。所谓螺旋流是指液体质点既沿流线方向运动，同时在运动过程中又绕流线旋转。

当质量力只有重力时，

$$f_x=0,\ f_y=0,\ f_z=-g$$

由式（2-7），$\mathrm{d}W=f_x\mathrm{d}x+f_y\mathrm{d}y+f_z\mathrm{d}z$，得

$$\mathrm{d}W=-g\mathrm{d}z$$

积分得 $W=-gz$（取积分常数等于零），代入式（4-6）得

$$gz+\frac{p}{\rho}+\frac{u^2}{2}=常数$$

或

$$z+\frac{p}{\rho g}+\frac{u^2}{2g}=常数 \tag{4-7}$$

对于同一条流线上的任意两点 1 和 2，式（4-7）可写为

$$z_1+\frac{p_1}{\rho g}+\frac{u_1^2}{2g}=z_2+\frac{p_2}{\rho g}+\frac{u_2^2}{2g} \tag{4-8}$$

这就是伯努利（Bernoulli）方程式。它是水力学中普遍应用的方程之一。D. Bernoulli （1738）曾应用动能原理求解了一些具体问题，但在他的水动力学书里并没有提出这个公式。他的父亲 J. Bernoulli 于 1743 年出版的水力学书中也没有提出这个公式，只是对管道流动写出作用力与质量力乘以加速度的平衡，并得出了与现在的伯努利方程式类似的形式。Euler（1755）在上面的基础上得出了这个公式。后来为了纪念伯努利的贡献，该方程式用他的名字命名。应当指出，该式仅适用于流体的固体边界对地球没有相对运动，即作用在流体上的质量力只有重力而没有其他惯性力。

由于流线是元流的极限情况，所以沿流线的伯努利方程式（4-8）可视为理想流体元流能量方程。

理想流体元流能量方程也可以利用牛顿第二定律或能量守恒定理直接推导得到。在理想流体恒定流中取一微小流束，研究 1-1 及 2-2 断面之间的 $\mathrm{d}s$ 微分流段（图 4-2），微分流

段 ds 的横断面积为 dA。根据牛顿第二定律，作用在 ds 流段上的外力沿 s 方向的合力，应等于该流段质量 ρdAds 与其加速度 $\dfrac{\mathrm{d}u}{\mathrm{d}t}$ 的乘积。

作用在微分流段上沿 s 方向的外力有：过水断面 1-1 及 2-2 上的动水压力；重力沿 s 方向的分力 d$G\cdot\cos\alpha=\rho g\mathrm{d}A\mathrm{d}s\cos\alpha$；流段侧壁上的动力压力在 s 方向的分力为零，对理想流体，侧壁上摩擦力为零。令在 1-1 断面上动水压强为 p，其动水压力 $p\mathrm{d}A$，2-2 断面上的动水压强为（$p+\mathrm{d}p$），其动水压力为（$p+\mathrm{d}p$）dA。若以 0-0 为基准面，断面

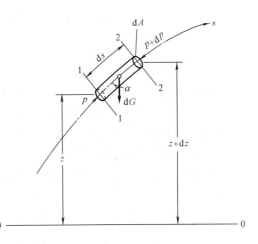

图 4-2　理想流体元流能量方程的推导

1-1 及 2-2 的形心点距基准面高分别为 z 及 $z+\mathrm{d}z$，则 $\cos\alpha=\dfrac{\mathrm{d}z}{\mathrm{d}s}$，故重力沿 s 方向的分力为

$$\rho g\mathrm{d}A\mathrm{d}s\frac{\mathrm{d}z}{\mathrm{d}s}=\rho g\mathrm{d}A\mathrm{d}z。$$

对微分流段沿 s 方向应用牛顿第二定律，则有

$$p\mathrm{d}A-(p+\mathrm{d}p)\mathrm{d}A-\rho g\mathrm{d}A\mathrm{d}z=\rho\mathrm{d}A\mathrm{d}s\frac{\mathrm{d}u}{\mathrm{d}t}$$

对恒定一元流，$u=u(s)$，则有 $\dfrac{\mathrm{d}u}{\mathrm{d}t}=\dfrac{\mathrm{d}u}{\mathrm{d}s}\dfrac{\mathrm{d}s}{\mathrm{d}t}=u\dfrac{\mathrm{d}u}{\mathrm{d}s}=\dfrac{\mathrm{d}}{\mathrm{d}s}\left(\dfrac{u^2}{2}\right)$，代入上式并整理得

$$\frac{\mathrm{d}}{\mathrm{d}s}\left(z+\frac{p}{\rho g}+\frac{u^2}{2g}\right)=0$$

即得式（4-7），$z+\dfrac{p}{\rho g}+\dfrac{u^2}{2g}=$常数。

4.1.4　伯努利方程式的意义

z 是某点距选定基准面的高度，称为位置水头，表示单位重量流体的位置势能，简称位能。

$\dfrac{p}{\rho g}$ 是某点压强的作用使流体沿测压管所能上升的高度，称为压强水头，表示压力做功所能提供的单位能量，简称压能。

$\dfrac{u^2}{2g}$ 是以点流速 u 为初速度的铅直上升射流所能达到的理论高度，称为流速水头（速度头），表示单位重量的动能，简称动能。

前两项相加，以 H_p 表示：

$$H_\mathrm{p}=z+\frac{p}{\rho g} \tag{4-9}$$

H_p 表示某点测压管水面相对于基准面的高度，称为测压管水头，表示单位重量流体所具有的总势能。

将三项相加，以 H 表示，即

$$H = z + \frac{p}{\rho g} + \frac{u^2}{2g}$$ (4-10)

H 称为总水头，表示单位重量流体的总能量或总机械能。

伯努利方程式表明，单位重量流体所具有的位能、压能和动能之和沿同一流线保持不变；或者，总水头沿流程保持不变，位能、压能、动能之间可以相互转化。

4.1.5 伯努利方程式的应用

以毕托管（Pitot tube）为例说明伯努利方程式的应用。毕托管是用于测量水流和气

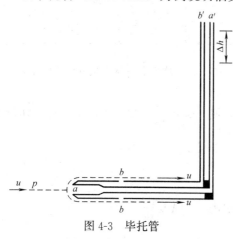

图 4-3 毕托管

流流速的一种仪器，如图 4-3 所示。管前端开口 a 正对水流或气流。a 端内部有流体通路与上部 a' 端相通。管侧有多个孔口 b，它的内部也有流体通路与上部 b' 相通。当测定水流时，a'、b' 两管水面差 Δh 即反映 a、b 两处压差。当测定气流时，a'、b' 两端接液柱差压计，以测定 a、b 两处的压差。

当毕托管放入流体中，流体最初从端口 a 处流入，并沿内部通路进入 a' 管上升直至停止，此时，端口 a 处压强因受上升水柱的作用而升高，其压强为 p_a，该处质点流速降低到零。此后，由 a 分流后流经 b 孔，同时沿内部通道流入 b' 管上升直至停止，b 处流速恢复原有速度 u，压强也降至原有压强 p_b。

沿 ab 流线写元流能量方程 $\frac{p_a}{\rho g} + 0 = \frac{p_b}{\rho g} + \frac{u^2}{2g}$，得出 $u = \sqrt{2g\dfrac{p_a - p_b}{\rho g}}$。因 $\dfrac{p_a - p_b}{\rho g}$ 即为 a'、b' 两管水面差 Δh，则速度为：

$$u = \varphi \sqrt{2g\Delta h}$$ (4-11)

式中 φ——经试验校正的流速系数，它与管的构造和加工情况有关，其值近似地等于 1。

4.2 实际流体运动微分方程及其积分

4.2.1 实际流体质点应力分析

实际流体具有黏滞性，由于黏滞性的存在，有相对运动的各层流体之间将产生切应力。因此，在运动的实际流体中，不但有压应力，而且还有切应力。如在运动流体中任一点 A 取垂直于 z 轴的平面（图 4-4），则作用在该平面上 A 点的表面应力 p_n 并非沿内法线方向，而是倾斜方向的，其在 x、y、z 三个轴向都有分量：一个与 z 平面成法向的压应力 p_{zz}，即动压强；两个与 z 平面呈切向的切应力 τ_{zx} 及 τ_{zy}。压应力和切应力的第一个下标表示作用面的法线方向，即表示应力作用面与那个轴垂直；第二个下标表示应力的作用方向，即表示应力作用方向与那个轴平行。同样在垂直于 y 轴平面上，作用的应力有 p_{yy}、τ_{yx}、τ_{yz}；在垂直于 x 轴的平面上，作用的应力有 p_{xx}、τ_{xy}、τ_{xz}。这样，任一点在三

个互相垂直的作用面上的应力共有 9 个分量，其中三个压应力 p_{xx}、p_{yy}、p_{zz} 和六个切应力 τ_{xy}、τ_{xz}、τ_{yx}、τ_{yz}、τ_{zx}、τ_{zy}。

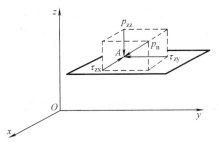

图 4-4　垂直于 z 轴的平面上 A 点的表面应力

下面讨论切应力和动水压强的性质和大小。

1. 切应力的特性和大小

（1）切应力互等定律，即作用在两互相垂直平面上且与该两平面的交线相垂直的切应力大小都是相等的。表述如下：

$$\tau_{xy}=\tau_{yx},\tau_{yz}=\tau_{zy},\tau_{zx}=\tau_{xz} \qquad (4\text{-}12)$$

证明：在实际流体中取一微小六面体，边长 dx、dy、dz，各表面的应力如图 4-5 所示。对通过六面体中心点 S 并平行于 x 轴的轴线取力矩，因质量力通过中心点 S，则得

$$\tau_{zy}dxdy\cdot\frac{1}{2}dz+\left(\tau_{zy}+\frac{\partial\tau_{zy}}{\partial z}dz\right)dxdy\cdot\frac{1}{2}dz-\tau_{yz}dxdz\cdot\frac{1}{2}dy-\left(\tau_{yz}+\frac{\partial\tau_{yz}}{\partial y}dy\right)dxdz\cdot\frac{1}{2}dy=0$$

忽略三阶以上的微量，则

$$\tau_{zy}dxdydz-\tau_{yz}dxdydz=0$$

于是得

$$\tau_{zy}=\tau_{yz}$$

同理，可以证明 $\tau_{xy}=\tau_{yx}$ 及 $\tau_{zx}=\tau_{xz}$。

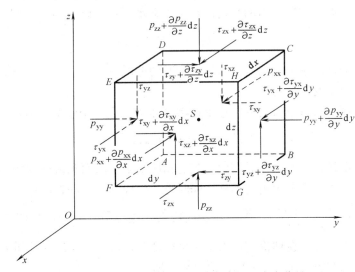

图 4-5　实际流体微小六面体各表面的应力分量

（2）切应力与流速变化的关系。因变形和速度变化有关，所以切应力与流速变化有关。

在绪论中曾介绍了牛顿内摩擦定律，在平行直线流动中，切应力的大小表述为：

$$\tau=\mu\frac{du}{dy}=\mu\frac{d\theta}{dt}$$

即切应力与剪切变形速度（即角变形率）成比例。这个结论可以推广到三维情况。根据 3.4.3 节中介绍的流体微团运动的基本形式，xOy 平面上的角变形率为：

$$\theta_z = \frac{1}{2}\left(\frac{\partial u_y}{\partial x} + \frac{\partial u_x}{\partial y}\right)$$

这是微团的角变形率，而实际上的直角变形率应为上式的两倍，所以

$$\tau_{yx} = \mu\left(\frac{\partial u_y}{\partial x} + \frac{\partial u_x}{\partial y}\right)$$

同理，对三个互相垂直的平面上均可得出：

$$\left.\begin{array}{l}
\tau_{yx} = \tau_{xy} = \mu\left(\dfrac{\partial u_y}{\partial x} + \dfrac{\partial u_x}{\partial y}\right) \\[2mm]
\tau_{zy} = \tau_{yz} = \mu\left(\dfrac{\partial u_z}{\partial y} + \dfrac{\partial u_y}{\partial z}\right) \\[2mm]
\tau_{xz} = \tau_{zx} = \mu\left(\dfrac{\partial u_x}{\partial z} + \dfrac{\partial u_z}{\partial x}\right)
\end{array}\right\} \tag{4-13}$$

这就是黏性流体中切应力的普遍表达式，称为广义的牛顿内摩擦定律。

2. 压应力的特性和大小

（1）压应力的大小与其作用面的方位有关，三个相互垂直方向的压应力一般是不相等的，即 $p_{xx} \neq p_{yy} \neq p_{zz}$。但从几何关系上可以证明，同一点上，三个相互垂直面的压应力之和，与那组垂直面的方位无关，即（$p_{xx} + p_{yy} + p_{zz}$）值总保持不变。在实际流体中，任何三个互相垂直面上的压应力的平均值定义为动水压强，以 p 表示，则

$$p = \frac{1}{3}(p_{xx} + p_{yy} + p_{zz}) \tag{4-14}$$

因此，实际流体的动水压强也只是位置坐标和时间的函数，即 $p = p(x,\ y,\ z,\ t)$。

（2）压应力与线变形率的关系

各个方向的压应力可以认为等于这个动水压强 p 加上一个附加应力，即

$$p_{xx} = p + p'_{xx},\ p_{yy} = p + p'_{yy},\ p_{zz} = p + p'_{zz}$$

这些附加应力可以认为是由于黏滞性所引起的相应结果，因而和流体的变形有关。因为黏滞性的作用，流体微团除发生角变形外，同时也发生线变形，即在流体微团的法线方向上有相对的线变形率 $\dfrac{\partial u_x}{\partial x}$、$\dfrac{\partial u_y}{\partial y}$、$\dfrac{\partial u_z}{\partial z}$，使法向应力（压应力）的大小与理想流体相比有所改变，产生附加压应力。在理论流体力学中可以证明，对于不可压缩均质流体，附加压应力与线变形率之间有类似式（4-13）的关系，即

$$p'_{xx} = -2\mu\frac{\partial u_x}{\partial x},\ p'_{yy} = -2\mu\frac{\partial u_y}{\partial y},\ p'_{zz} = -2\mu\frac{\partial u_z}{\partial z}$$

式中，负号是因为当 $\dfrac{\partial u_x}{\partial x}$ 为正值时，流体微团是伸长变形，周围流体对它作用的是拉力，p'_{xx} 应为负值；反之，当 $\dfrac{\partial u_x}{\partial x}$ 为负值时，p'_{xx} 应为正值。因此，在 $\dfrac{\partial u_x}{\partial x}$、$\dfrac{\partial u_y}{\partial y}$、$\dfrac{\partial u_z}{\partial z}$ 的前面

须加负号，与流体微团的拉伸与压缩相适应。因此，压应力与线变形率的关系为：

$$\left.\begin{array}{l} p_{xx} = p - 2\mu\,\dfrac{\partial u_x}{\partial x} \\[2mm] p_{yy} = p - 2\mu\,\dfrac{\partial u_y}{\partial y} \\[2mm] p_{zz} = p - 2\mu\,\dfrac{\partial u_z}{\partial z} \end{array}\right\} \tag{4-15}$$

将上三式相加后平均，得 $\dfrac{p_{xx} + p_{yy} + p_{zz}}{3} = p - \dfrac{2}{3}\mu\left(\dfrac{\partial u_x}{\partial x} + \dfrac{\partial u_y}{\partial y} + \dfrac{\partial u_z}{\partial z}\right)$。考虑不可压缩均质流体的连续性方程式（3-19），于是得 $p = \dfrac{1}{3}(p_{xx} + p_{yy} + p_{zz})$，正好验证了式（4-14）。

根据以上分析，实际流体中任一点的应力状态可由一个动水压强 p 和三个切应力 τ_{xy}、τ_{yz}、τ_{zx} 来表示。

4.2.2　以应力表示的实际流体运动微分方程

以图 4-5 所示的流体中的微小六面体作为隔离体进行分析。微小六面体的质量为 $\rho dx dy dz$。作用在六面体上的表面力每面有三个：一个法向应力，两个切应力。法向应力都是沿内法线方向。假设包含 A 点的三个面上的切应力为负向，则包含 H 点的三个面上的切应力必为正向。

根据牛顿第二定律写出 x 方向的动力平衡方程式：

$$\rho f_x dx dy dz + p_{xx} dy dz - \left(p_{xx} + \frac{\partial p_{xx}}{\partial x} dx\right) dy dz - \tau_{yx} dx dz$$

$$+ \left(\tau_{yx} + \frac{\partial \tau_{yx}}{\partial y} dy\right) dx dz - \tau_{zx} dx dy + \left(\tau_{zx} + \frac{\partial \tau_{zx}}{\partial z} dz\right) dx dy = \rho dx dy dz \frac{du_x}{dt}$$

化简后得 x 方向的方程。同理可得 y、z 方向的方程，则

$$\left.\begin{array}{l} f_x - \dfrac{1}{\rho}\left(\dfrac{\partial p_{xx}}{\partial x}\right) + \dfrac{1}{\rho}\left(\dfrac{\partial \tau_{yx}}{\partial y} + \dfrac{\partial \tau_{zx}}{\partial z}\right) = \dfrac{du_x}{dt} \\[3mm] f_y - \dfrac{1}{\rho}\left(\dfrac{\partial p_{yy}}{\partial y}\right) + \dfrac{1}{\rho}\left(\dfrac{\partial \tau_{zy}}{\partial x} + \dfrac{\partial \tau_{yx}}{\partial z}\right) = \dfrac{du_y}{dt} \\[3mm] f_z - \dfrac{1}{\rho}\left(\dfrac{\partial p_{zz}}{\partial z}\right) + \dfrac{1}{\rho}\left(\dfrac{\partial \tau_{zy}}{\partial x} + \dfrac{\partial \tau_{yz}}{\partial y}\right) = \dfrac{du_z}{dt} \end{array}\right\} \tag{4-16}$$

上式就是以黏性应力表示的实际流体运动微分方程式。

4.2.3　纳维埃-斯托克斯（Navier-Stokes）方程

将式（4-13）和式（4-15）代入式（4-16），得 x 方向的方程式为：

$$f_x + \frac{1}{\rho}\left[-\frac{\partial}{\partial x}\left(p - 2\mu\,\frac{\partial u_x}{\partial x}\right) + \mu\frac{\partial}{\partial y}\left(\frac{\partial u_y}{\partial x} + \frac{\partial u_x}{\partial y}\right) + \mu\frac{\partial}{\partial z}\left(\frac{\partial u_x}{\partial z} + \frac{\partial u_z}{\partial x}\right)\right] = \frac{du_x}{dt}$$

整理后得

$$f_x - \frac{1}{\rho}\frac{\partial p}{\partial x} + \frac{\mu}{\rho}\left(\frac{\partial^2 u_x}{\partial x^2} + \frac{\partial^2 u_x}{\partial y^2} + \frac{\partial^2 u_x}{\partial z^2}\right) + \frac{\mu}{\rho}\frac{\partial}{\partial x}\left(\frac{\partial u_x}{\partial x} + \frac{\partial u_x}{\partial y} + \frac{\partial u_x}{\partial z}\right) = \frac{du_x}{dt}$$

把不可压缩均质流体的连续性方程（3-19）代入上式，并将加速度项展开，得 x 方向的方

程。同理可得 y、z 方向的方程。将液体动力黏滞系数 μ 换为运动黏滞系数 ν，则

$$\left.\begin{array}{l} f_x-\dfrac{1}{\rho}\dfrac{\partial p}{\partial x}+\nu\nabla^2 u_x=\dfrac{\partial u_x}{\partial t}+u_x\dfrac{\partial u_x}{\partial x}+u_y\dfrac{\partial u_x}{\partial y}+u_z\dfrac{\partial u_x}{\partial z} \\[2mm] f_y-\dfrac{1}{\rho}\dfrac{\partial p}{\partial y}+\nu\nabla^2 u_y=\dfrac{\partial u_y}{\partial t}+u_x\dfrac{\partial u_y}{\partial x}+u_y\dfrac{\partial u_y}{\partial y}+u_z\dfrac{\partial u_y}{\partial z} \\[2mm] f_z-\dfrac{1}{\rho}\dfrac{\partial p}{\partial z}+\nu\nabla^2 u_z=\dfrac{\partial u_z}{\partial t}+u_x\dfrac{\partial u_z}{\partial x}+u_y\dfrac{\partial u_z}{\partial y}+u_z\dfrac{\partial u_z}{\partial z} \end{array}\right\} \tag{4-17}$$

上式即为不可压缩均质流体运动微分方程，称为纳维埃-斯托克斯（Navier-Stokes）方程，简称 N-S 方程。它表述了流体质点运动时，质量力、压力、黏滞力和惯性力的平衡关系。如果流体为理想流体，$\nu=0$，式（4-17）即成为理想流体的运动微分方程；如果流体为静止或相对静止流体，式（4-17）即成为流体的平衡微分方程。所以，N-S 方程是不可压缩均质流体的普遍方程。式中，$\nabla^2=\dfrac{\partial^2}{\partial x^2}+\dfrac{\partial^2}{\partial y^2}+\dfrac{\partial^2}{\partial z^2}$ 为拉普拉斯算符。

N-S 方程中有四个未知数 p、u_x、u_y、u_z，因 N-S 方程组和连续性方程共有四个方程式，所以从理论上讲是可求解的，但实际上由于数学上的困难，N-S 方程尚不能求出普遍解。一般只能在简单的边界条件，并略去一些次要因素，才能求得解析解。随着计算技术的发展，一些复杂的流体运动的数值求解日渐完善。

【例 4-1】　如图 4-6 所示为一宽浅渠道中的恒定均匀层流运动，试用 N-S 方程求解其流速分布。

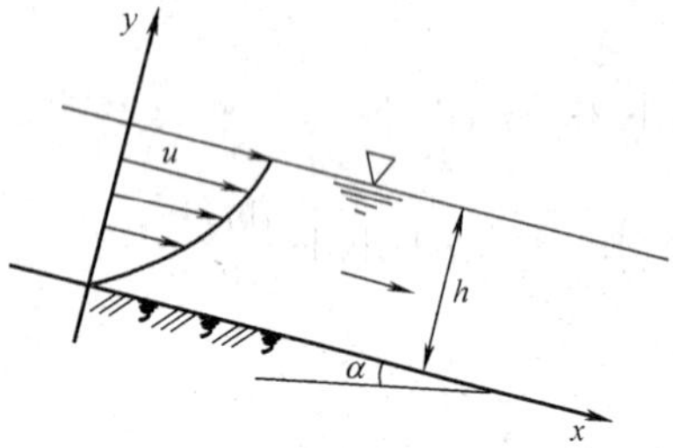

图 4-6　明渠层流运动

【解】　取单位宽度来研究，则可视为二维问题，即 $u_y=u_z=0$。又在恒定流中，$\dfrac{\partial u_x}{\partial t}=\dfrac{\partial u_y}{\partial t}=\dfrac{\partial u_z}{\partial t}=0$。于是，N-S 方程式和连续性方程式可变成如下的形式：

由连续方程式

$$\frac{\partial u_x}{\partial x}=0 \tag{a}$$

由 N-S 方程式

$$\left.\begin{array}{l} f_x-\dfrac{1}{\rho}\dfrac{\partial p}{\partial x}+\nu\left(\dfrac{\partial^2 u_x}{\partial y^2}\right)=0 \\[3mm] f_y-\dfrac{1}{\rho}\dfrac{\partial p}{\partial y}=0 \end{array}\right\} \tag{b}$$

单位质量力 $f_x=g\sin\alpha$，$f_y=-g\cos\alpha$。由（b）的第二式得

$$-\rho g\cos\alpha-\frac{\partial p}{\partial y}=0$$

当 $y=h$ 时，$p=p_a$，于是可得

$$p=p_a+\rho g(h-y)\cos\alpha$$

说明在恒定均匀层流中，断面上动水压强符合静水压强分布规律。因此，$\dfrac{\partial p}{\partial x}=0$。

由（b）的第一式得

$$\rho g \sin\alpha + \rho\nu \frac{\partial^2 u_x}{\partial y^2} = 0$$

以下用 u 来替代 u_x，则

$$\frac{\partial^2 u}{\partial y^2} = -\frac{g}{\nu}\sin\alpha$$

积分得

$$u = -\frac{g}{2\nu}\sin\alpha y^2 + C_1 y + C_2$$

结合边界条件：

当 $y=0$，$u=0$（在渠底处）；$y=h$，$\dfrac{\partial u}{\partial y}=0$（在自由表面处）

则有

$$C_1 = \frac{gh}{\nu}\sin\alpha$$

$$C_2 = 0$$

$$u = \frac{g}{2\nu}\sin\alpha(2yh - y^2)$$

即明渠恒定均匀层流的断面流速按抛物线规律分布。在自由表面 $y=h$，速度有最大值

$$u_{max} = \frac{gh^2}{2\nu}\sin\alpha$$

【例 4-2】 试用 N-S 方程求直圆管层流运动的流速表达式（图 4-7）。

【解】 取圆管中心轴为 x 轴。圆管层流运动时，液体质点只有沿轴向的流动而无横向运动，则 $u_x \neq 0$，$u_y = u_z = 0$。看 N-S 方程组中第一式

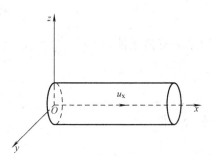

图 4-7 圆管层流运动

$$f_x - \frac{1}{\rho}\frac{\partial p}{\partial x} + \nu\left(\frac{\partial^2 u_x}{\partial x^2} + \frac{\partial^2 u_x}{\partial y^2} + \frac{\partial^2 u_x}{\partial z^2}\right) = \frac{\partial u_x}{\partial t} + u_x\frac{\partial u_x}{\partial x} + u_y\frac{\partial u_x}{\partial y} + u_z\frac{\partial u_x}{\partial z}$$

恒定流时，$\dfrac{\partial u_x}{\partial t}=0$。质量力只有重力时，$f_x=0$。因 $u_y=u_z=0$，所以 $u_y\dfrac{\partial u_x}{\partial y}=0$，$u_z\dfrac{\partial u_x}{\partial z}=0$，$\dfrac{\partial u_y}{\partial y}=0$，$\dfrac{\partial u_z}{\partial z}=0$。由连续性方程式 $\dfrac{\partial u_x}{\partial x}+\dfrac{\partial u_y}{\partial y}+\dfrac{\partial u_z}{\partial z}=0$，可知 $\dfrac{\partial u_x}{\partial x}=0$，所以，$u_x\dfrac{\partial u_x}{\partial x}=0$，$\dfrac{\partial^2 u}{\partial x^2}=0$。则 N-S 方程组第一式可简化为：

$$\frac{\partial p}{\partial x} = \rho\nu\left(\frac{\partial^2 u_x}{\partial y^2} + \frac{\partial^2 u_x}{\partial z^2}\right) \tag{a}$$

因 $\dfrac{\partial u_x}{\partial x}=0$，所以 u_x 并不沿 x 方向而变化，由式（a）可知 $\dfrac{\partial p}{\partial x}$ 与 x 无关，即动水压强

沿 x 轴方向的变化率 $\dfrac{\partial p}{\partial x}$ 是一个常数，可写成：

$$\frac{\partial p}{\partial x} = \text{常数} = -\frac{\Delta p}{l} \tag{b}$$

式中 Δp 为沿 x 方向长度为 l 的管段上的压强降落。因压强是沿水流方向下降的，故应在 Δp 前加一负号。

因为圆管中的流动是轴对称的，所以 $\dfrac{\partial^2 u_x}{\partial y^2}$ 与 $\dfrac{\partial^2 u_x}{\partial z^2}$ 相同，而且 y 和 z 都是沿半径方向的，故 y 和 z 可换成 r。而 u_x 与 x 无关，仅为 r 的函数，所以 u_x 对 r 的偏导数可以直接写成全导数

$$\frac{\partial^2 u_x}{\partial y^2} = \frac{\partial^2 u_x}{\partial z^2} = \frac{\partial^2 u_x}{\partial r^2} = \frac{\mathrm{d}^2 u_x}{\mathrm{d} r^2} \tag{c}$$

将式（b）及式（c）代入式（a）并整理可得：

$$\frac{\mathrm{d}^2 u_x}{\mathrm{d} r^2} = -\frac{\Delta p}{2 \mu l}$$

将上式积分

$$\frac{\mathrm{d} u_x}{\mathrm{d} r} = -\frac{\Delta p}{2 \mu l} r + C_1$$

利用轴心处的条件 $r=0$，$\dfrac{\mathrm{d} u_x}{\mathrm{d} r}=0$，得 $C_1=0$，因此

$$\frac{\mathrm{d} u_x}{\mathrm{d} r} = -\frac{\Delta p}{2 \mu l} r$$

再积分，得

$$u_x = -\frac{\Delta p}{4 \mu l} r^2 + C_2$$

利用管壁处的条件 $r=r_0$，$u_x=0$，得 $C_2=\dfrac{\Delta p}{4 \mu l} r_0^2$，因此

$$u_x = \frac{\Delta p}{4 \mu L}(r_0^2 - r^2)$$

即圆管层流过流断面上的流速是按抛物面的规律分布的。

4.2.4 实际流体运动微分方程的积分

在一定条件下，可以对实际液体运动微分方程（N-S方程）进行积分。

不可压缩均质流体运动微分方程，即 N-S 方程（4-17）：

$$\left. \begin{array}{l}
f_x - \dfrac{1}{\rho}\dfrac{\partial p}{\partial x} + \nu \nabla^2 u_x = \dfrac{\partial u_x}{\partial t} + u_x \dfrac{\partial u_x}{\partial x} + u_y \dfrac{\partial u_x}{\partial y} + u_z \dfrac{\partial u_x}{\partial z} \\[2mm]
f_y - \dfrac{1}{\rho}\dfrac{\partial p}{\partial y} + \nu \nabla^2 u_y = \dfrac{\partial u_y}{\partial t} + u_x \dfrac{\partial u_y}{\partial x} + u_y \dfrac{\partial u_y}{\partial y} + u_z \dfrac{\partial u_y}{\partial z} \\[2mm]
f_z - \dfrac{1}{\rho}\dfrac{\partial p}{\partial z} + \nu \nabla^2 u_z = \dfrac{\partial u_z}{\partial t} + u_x \dfrac{\partial u_z}{\partial x} + u_y \dfrac{\partial u_z}{\partial y} + u_z \dfrac{\partial u_z}{\partial z}
\end{array} \right\}$$

因流速 $u^2 = u_x^2 + u_y^2 + u_z^2$，由此可得

$$\frac{\partial}{\partial x}\left(\frac{u^2}{2}\right) = u_x\frac{\partial u_x}{\partial x} + u_y\frac{\partial u_y}{\partial x} + u_z\frac{\partial u_z}{\partial x}$$

将上式与 N-S 方程（4-17）的第一式相减，得

$$f_x - \frac{1}{\rho}\frac{\partial p}{\partial x} + \nu\nabla^2 u_x - \frac{\partial}{\partial x}\left(\frac{u^2}{2}\right) = \frac{\partial u_x}{\partial t} + u_z\left(\frac{\partial u_x}{\partial z} - \frac{\partial u_z}{\partial x}\right) - u_y\left(\frac{\partial u_y}{\partial x} - \frac{\partial u_x}{\partial y}\right)$$

将式（3-31）中 $\omega_z = \frac{1}{2}\left(\frac{\partial u_y}{\partial x} - \frac{\partial u_x}{\partial y}\right)$，$\omega_y = \frac{1}{2}\left(\frac{\partial u_x}{\partial z} - \frac{\partial u_z}{\partial x}\right)$ 代入上式，得

$$f_x - \frac{1}{\rho}\frac{\partial p}{\partial x} + \nu\nabla^2 u_x - \frac{\partial}{\partial x}\left(\frac{u^2}{2}\right) = \frac{\partial u_x}{\partial t} + 2(u_z\omega_y - u_y\omega_z)$$

将 N-S 方程（4-17）的第二式、第三式进行相同运算，经整理后，则 N-S 方程可写为：

$$\left.\begin{array}{l} f_x - \dfrac{1}{\rho}\dfrac{\partial p}{\partial x} + \nu\nabla^2 u_x - \dfrac{\partial}{\partial x}\left(\dfrac{u^2}{2}\right) - \dfrac{\partial u_x}{\partial t} = 2(u_z\omega_y - u_y\omega_z) \\[2mm] f_y - \dfrac{1}{\rho}\dfrac{\partial p}{\partial y} + \nu\nabla^2 u_y - \dfrac{\partial}{\partial y}\left(\dfrac{u^2}{2}\right) - \dfrac{\partial u_y}{\partial t} = 2(u_x\omega_z - u_z\omega_x) \\[2mm] f_z - \dfrac{1}{\rho}\dfrac{\partial p}{\partial z} + \nu\nabla^2 u_z - \dfrac{\partial}{\partial z}\left(\dfrac{u^2}{2}\right) - \dfrac{\partial u_z}{\partial t} = 2(u_y\omega_x - u_x\omega_y) \end{array}\right\} \qquad (4\text{-}18)$$

若作用在流体上的质量力是有势的，则势场中的力在 x、y、z 三个轴上分量可用力势函数 $W(x, y, z)$ 的相应坐标轴的偏导数来表示，参见式（2-8），即

$$f_x = \frac{\partial W}{\partial x}, f_y = \frac{\partial W}{\partial y}, f_z = \frac{\partial W}{\partial z}$$

对不可压缩的均质流体，ρ＝常数，将上述关系代入式（4-18），稍加整理，得

$$\left.\begin{array}{l} \dfrac{\partial}{\partial x}\left(W - \dfrac{p}{\rho} - \dfrac{u^2}{2}\right) + \nu\nabla^2 u_x - \dfrac{\partial u_x}{\partial t} = 2(u_z\omega_y - u_y\omega_z) \\[2mm] \dfrac{\partial}{\partial y}\left(W - \dfrac{p}{\rho} - \dfrac{u^2}{2}\right) + \nu\nabla^2 u_y - \dfrac{\partial u_y}{\partial t} = 2(u_z\omega_z - u_z\omega_x) \\[2mm] \dfrac{\partial}{\partial z}\left(W - \dfrac{p}{\rho} - \dfrac{u^2}{2}\right) + \nu\nabla^2 u_z - \dfrac{\partial u_z}{\partial t} = 2(u_y\omega_x - u_x\omega_y) \end{array}\right\} \qquad (4\text{-}19)$$

将式（4-19）沿流线积分。为此，将方程（4-19）的左端分别乘以 $\mathrm{d}x$、$\mathrm{d}y$、$\mathrm{d}z$，而在右端乘以和它们相等的值 $u_x\mathrm{d}t$、$u_y\mathrm{d}t$、$u_z\mathrm{d}t$，并把它们相加起来。很容易证明，等式右端的总和恰好等于零，因而得到

$$-\left(\frac{\partial u_x}{\partial t}\mathrm{d}x + \frac{\partial u_y}{\partial t}\mathrm{d}y + \frac{\partial u_z}{\partial t}\mathrm{d}z\right) + \frac{\partial}{\partial s}\left(W - \frac{p}{\rho} - \frac{u^2}{2}\right)\mathrm{d}s + \nu(\nabla^2 u_x\mathrm{d}x + \nabla^2 u_y\mathrm{d}y + \nabla^2 u_z\mathrm{d}z) = 0$$

$$(4\text{-}20)$$

式中，$\nu\nabla^2 u_x$、$\nu\nabla^2 u_y$ 和 $\nu\nabla^2 u_z$ 诸项是对液体单位质量而言的切应力在相应坐标轴上的投影，则 $\nu(\nabla^2 u_x\mathrm{d}x + \nabla^2 u_y\mathrm{d}y + \nabla^2 u_z\mathrm{d}z)$ 表示这些切应力在液体作微小位移中所做的功。

在黏性液体运动中，这些切应力的合力总是和液体流动的方向相反，并且总是表现为阻止液体运动的摩阻力。因此

$$\nu(\nabla^2 u_x \mathrm{d}x + \nabla^2 u_y \mathrm{d}y + \nabla^2 u_z \mathrm{d}z) = -\frac{\partial R_w}{\partial s}\mathrm{d}s$$

式中 R_w——对单位质量液体切应力（摩阻力）所做的功。

液体在运动过程中，要克服阻力，就有一部分机械能转变为热能。在水力学中，把这部分机械能称为能量损失。这是因为机械能转变为热能的过程，在流动过程中是不可逆的。

此外，因为

$$u_x = u\cos(\overset{\wedge}{ux}), u_y = u\cos(\overset{\wedge}{uy}), u_z = u\cos(\overset{\wedge}{uz})$$

$$\mathrm{d}x = \mathrm{d}s\cos(\overset{\wedge}{ux}), \mathrm{d}y = \mathrm{d}s\cos(\overset{\wedge}{uy}), \mathrm{d}z = \mathrm{d}s\cos(\overset{\wedge}{uz})$$

所以

$$\frac{\partial u_x}{\partial t}\mathrm{d}x + \frac{\partial u_y}{\partial t}\mathrm{d}y + \frac{\partial u_z}{\partial t}\mathrm{d}z = \frac{\partial u}{\partial t}\mathrm{d}s$$

因此，式（4-20）可写为：

$$\frac{\partial}{\partial s}\left(W - \frac{p}{\rho} - \frac{u^2}{2} - R_w\right)\mathrm{d}s - \frac{\partial u}{\partial t}\mathrm{d}s = 0 \tag{4-21}$$

若作用在流体上的质量力只有重力，即 $W = -gz$，将其代入上式，并用 g 除以等号两端各项，于是得

$$\frac{\partial}{\partial s}\left(z + \frac{p}{\rho g} + \frac{u^2}{2g} + \frac{R_w}{g}\right)\mathrm{d}s + \frac{1}{g}\frac{\partial u}{\partial t}\mathrm{d}s = 0 \tag{4-22}$$

式中 R_w/g 表示对单位质量液体切应力（摩阻力）所做的功，即单位质量液体在运动过程中为克服阻力所消耗的能量，用符号 h'_w 表示，即 $h'_w = R_w/g$。则式（4-22）可写为：

$$\frac{\partial}{\partial s}\left(z + \frac{p}{\rho g} + \frac{u^2}{2g} + h'_w\right)\mathrm{d}s + \frac{1}{g}\frac{\partial u}{\partial t}\mathrm{d}s = 0 \tag{4-23}$$

式（4-23）称为实际流体非恒定流的运动方程。

对于流线上任意两点，将式（4-23）沿流线积分，得

$$z_1 + \frac{p_1}{\rho g} + \frac{u_1^2}{2g} = z_2 + \frac{p_2}{\rho g} + \frac{u_2^2}{2g} + h'_w + h_i \tag{4-24}$$

式（4-24）即实际流体非恒定流动沿流线的能量方程。式中，h'_w 称为单位质量液体沿流线从 1 点到 2 点所损失的能量（或称水头损失）；$h_i = \frac{1}{g}\int_1^2 \frac{\partial u}{\partial t}\mathrm{d}s$ 称为惯性水头。

对于恒定流，$\frac{\partial u}{\partial t} = 0$，因此 $h_i = 0$，式（4-24）变为：

$$z_1+\frac{p_1}{\rho g}+\frac{u_1^2}{2g}=z_2+\frac{p_2}{\rho g}+\frac{u_2^2}{2g}+h'_\mathrm{w} \tag{4-25}$$

式（4-25）即实际流体恒定流的能量方程。

对于理想流体，水头损失 $h'_\mathrm{w}=0$，式（4-24）变为：

$$z_1+\frac{p_1}{\rho g}+\frac{u_1^2}{2g}=z_2+\frac{p_2}{\rho g}+\frac{u_2^2}{2g} \tag{4-26}$$

式（4-26）即理想流体恒定流的能量方程，亦即伯努利方程式（4-8）。

4.3　实际流体恒定总流能量方程

在实用上，所考虑的流动一般都是总流。要把能量方程用于解决实际问题，还必须将沿流线的能量方程对总流过流断面积分，从而推广为总流的能量方程式。

4.3.1　实际流体恒定总流能量方程的推导

由于流线是元流的极限情况，所以沿流线的实际流体能量方程可视为元流的能量方程。对于恒定流，式（4-25）为实际流体元流的伯努利能量方程，即

$$z_1+\frac{p_1}{\rho g}+\frac{u_1^2}{2g}=z_2+\frac{p_2}{\rho g}+\frac{u_2^2}{2g}+h'_\mathrm{w} \tag{4-27}$$

设元流流量为 $\mathrm{d}Q$，则单位时间通过元流过流断面的流体重量为 $\rho g\mathrm{d}Q$，将式（4-27）各项乘以 $\rho g\mathrm{d}Q$，并分别在总流的两个过流断面 A_1 及 A_2 上积分，得

$$\int_Q\left(z_1+\frac{p_1}{\rho g}\right)\rho g\,\mathrm{d}Q+\int_Q\frac{u_1^2}{2g}\rho g\,\mathrm{d}Q=\int_Q\left(z_2+\frac{p_2}{\rho g}\right)\rho g\,\mathrm{d}Q+\int_Q\frac{u_2^2}{2g}\rho g\,\mathrm{d}Q+\int_Q h'_\mathrm{w}\rho g\,\mathrm{d}Q \tag{4-28}$$

在上式中共含有三种类型积分，现分别讨论。

1. $\displaystyle\int_Q\left(z+\frac{p}{\rho g}\right)\rho g\,\mathrm{d}Q$

若所取的过流断面为渐变流，则断面上 $\left(z+\dfrac{p}{\rho g}\right)=$ 常数，因而积分是可能的，即

$$\int_Q\left(z+\frac{p}{\rho g}\right)\rho g\,\mathrm{d}Q=\left(z+\frac{p}{\rho g}\right)\rho g\int_Q\mathrm{d}Q=\left(z+\frac{p}{\rho g}\right)\rho gQ \tag{4-29}$$

2. $\displaystyle\int_Q\frac{u^2}{2g}\rho g\,\mathrm{d}Q$

因 $\mathrm{d}Q=u\mathrm{d}A$，故 $\displaystyle\int_Q\frac{u^2}{2g}\rho g\,\mathrm{d}Q=\int_A\rho g\frac{u^3}{2g}\mathrm{d}A=\frac{\rho g}{2g}\int_A u^3\,\mathrm{d}A$。它是每秒钟通过过流断面面积为 A 的流体动能的总和。若采用断面平均流速 v 来代替 u，由于 u 的立方和大于 v 的立方，即 $\displaystyle\int_A u^3\,\mathrm{d}A>\int_A v^3\,\mathrm{d}A$，故不能直接把动能积分符号内 u 换成 v，而需要乘以一个修正系数 α 才能使之相等，因此

$$\int_Q \frac{u^2}{2g} \rho g Q = \frac{\rho g}{2g} \int_A u^3 \mathrm{d}A = \frac{\rho g}{2g} \alpha v^3 A = \rho g Q \frac{\alpha v^2}{2g} \qquad (4\text{-}30)$$

$$\alpha = \frac{\int_A u^3 \mathrm{d}A}{v^3 A} \qquad (4\text{-}31)$$

式中，α 称为动能修正系数，其大小取决于过流断面上的流速分布情况，流速分布愈均匀，α 愈接近于 1；不均匀分布时，$\alpha > 1$；在渐变流时，一般 $\alpha = 1.05 \sim 1.1$。通常取 $\alpha \approx 1$。

3. $\int_Q h'_w \rho g \, \mathrm{d}Q$

假定各个元流单位重量流体所损失的能量 h'_w 都用某一个平均值 h_w 来代替，则有

$$\int_Q h'_w \rho g \, \mathrm{d}Q = \rho g h_w \int_Q \mathrm{d}Q = \rho g Q h_w \qquad (4\text{-}32)$$

把上述三类积分结果代入式（4-28），各项同除以 $\rho g Q$，则

$$z_1 + \frac{p_1}{\rho g} + \frac{\alpha_1 v_1^2}{2g} = z_2 + \frac{p_2}{\rho g} + \frac{\alpha_2 v_2^2}{2g} + h_w \qquad (4\text{-}33)$$

式（4-33）是不可压缩实际流体恒定总流的能量方程。式中，z_1、z_2 为 1、2 过流断面上选定点相对于选定基准面的高程；p_1、p_2 为相应断面选定点的压强，同时用相对压强或同时用绝对压强；v_1、v_2 为相应断面的平均流速；α_1、α_2 为相应断面的动能修正系数；h_w 为 1、2 两断面间的单位重量流体的能量损失（或称水头损失）。

能量损失一般分为沿流程均匀发生的损失（称为沿程能量损失）和因局部障碍（如弯头、闸阀等）引起的损失（称为局部能量损失）。两种能量损失均表示为速度头的倍数，具体计算将在第 5 章讨论。

式（4-33）中各项（除 h_w 外）的意义类似于伯努利方程式中的对应项，所不同的是方程中各项均指过流断面的平均值。恒定总流能量方程表明，总流各过流断面上单位流体所具有的总机械能平均值沿流程减小；各项能量之间可以相互转化。或者，总流各过流断面上平均总水头线沿流程下降，所下降的高度即为平均水头损失；各项水头之间可以相互转化。

4.3.2 恒定总流能量方程的应用条件及注意的问题

1. 应用条件

总流的能量方程是在一定条件下导出的，因此在应用时应注意其应用条件：

（1）流体运动是恒定流。

（2）流体是不可压缩均质流体。

（3）作用于流体上的质量力只有重力。

（4）所选取的两个过流断面应符合渐变流或均匀流条件，即符合断面上各点测压管水头等于常数的条件。但所取两断面之间的流体可以不是渐变流。但应当指出，在实际应用中，有时对不符合渐变流条件的过流断面也建立能量方程，这时要对该断面上的动水压强分布进行讨论。

（5）方程的推导中假定流量沿程不变，即在两个断面间没有流量汇入或分出。由于总流能量方程中每一项都是单位重量流体所具有的能量，因此，对于两断面间有流量汇入或分出的情况，可以分别对每支流动建立能量方程。

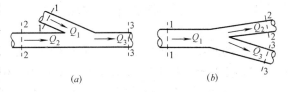

图 4-8　两断面间有流量汇入或分出的流动

对有流量汇入的情况（图 4-8a）：

1-1 断面和 3-3 断面间

$$z_1+\frac{p_1}{\rho g}+\frac{\alpha_1 v_1^2}{2g}=z_3+\frac{p_3}{\rho g}+\frac{\alpha_3 v_3^2}{2g}+h_{w1\text{-}3} \tag{4-34}$$

2-2 断面和 3-3 断面间

$$z_2+\frac{p_2}{\rho g}+\frac{\alpha_2 v_2^2}{2g}=z_3+\frac{p_3}{\rho g}+\frac{\alpha_3 v_3^2}{2g}+h_{w2\text{-}3} \tag{4-35}$$

对于有流量分出的情况（图 4-8b）：

1-1 断面和 2-2 断面间

$$z_1+\frac{p_1}{\rho g}+\frac{\alpha_1 v_1^2}{2g}=z_2+\frac{p_2}{\rho g}+\frac{\alpha_2 v_2^2}{2g}+h_{w1\text{-}2} \tag{4-36}$$

1-1 断面和 3-3 断面间

$$z_1+\frac{p_1}{\rho g}+\frac{\alpha_1 v_1^2}{2g}=z_3+\frac{p_3}{\rho g}+\frac{\alpha_3 v_3^2}{2g}+h_{w1\text{-}3} \tag{4-37}$$

可见，两断面间虽有分出或汇入流量，但写能量方程时，只考虑断面间各支流的能量损失，而不考虑分出流量的能量损失。

2. 应用时注意的问题

（1）选好过流断面。所取断面须符合渐变流或均匀流条件。

（2）基准面的选择。基准面可以任意选择，但在同一个能量方程中只能采用同一个基准面。基准面的选择要便于问题的求解，如以通过管道出口断面中心的平面作为基准面，则出口断面的 $z=0$，这样可以简化能量方程。

（3）能量方程中压强可以用相对压强，也可以用绝对压强，但对同一问题必须采用相同的标准。计算中通常采用相对压强。

（4）应尽量选择未知量较少的过流断面。例如水箱水面、管道出口等，因为这些地方相对压强等于零，可以简化能量方程。

（5）因渐变流同一过流断面上任何点的测压管水头 $\left(z+\frac{p}{\rho g}\right)$ 都相等，所以测压管水头可以选取过流断面上任意点来计算。对管道，一般选管轴中心点计算较为方便；对于明渠，一般选在自由表面上，此处相对压强为零，自由表面到基准面的高度就是测压管水头。

（6）动能修正系数 α。不同过流断面上的动能修正系数 α_1 与 α_2 严格来讲是不相等的，

95

且不等于 1，实用上对渐变流的多数情况可令 $\alpha_1 = \alpha_2 = 1$。对流速分布特别不均匀的流动，α 需根据具体情况确定。

（7）两断面间的水头损失 h_w 要正确计算，它应包括沿程水头损失和局部水头损失。而且，要注意水头损失项 h_w 在能量方程式中的位置，如流体从 1 断面流向 2 断面，则 h_w 应与 2 断面的量一起写在方程的一端；如流体反过来从 2 断面流向 1 断面，则 h_w 应与 1 断面的量一起写在方程的一端。

4.3.3　有能量输入或输出的能量方程

推导总流能量方程时没有考虑两断面间能量输入或输出情况。如果两断面间有能量输入或输出，则可以将输入的单位能量 H_i 或输出的单位能量 H_o 直接加到能量方程式中。

有能量输入时，方程为：

$$z_1 + \frac{p_1}{\rho g} + \frac{\alpha_1 v_1^2}{2g} + H_i = z_2 + \frac{p_2}{\rho g} + \frac{\alpha_2 v_2^2}{2g} + h_{w1\text{-}2} \qquad (4\text{-}38)$$

有能量输出时，方程为：

$$z_1 + \frac{p_1}{\rho g} + \frac{\alpha_1 v_1^2}{2g} = z_2 + \frac{p_2}{\rho g} + \frac{\alpha_2 v_2^2}{2g} + H_o + h_{w1\text{-}2} \qquad (4\text{-}39)$$

下面以水泵管路系统为例说明有能量输入的能量方程。

如图 4-9 所示为一水泵管路系统，通过水泵向水流提供能量把水扬到高处。断面 1-1 和 2-2 间的能量方程则为式（4-38）。H_i 是单位重量的水流通过水泵后增加的能量，称为管路所需要的水泵扬程。取低处水面为基准面，则能量方程（4-38）中 $z_1 + \dfrac{p_1}{\rho g} = 0$，$z_2 + \dfrac{p_2}{\rho g} = z$。相对于管路中的流速来说，$v_1$ 和 v_2 均较小，流速水头可以忽略，即 $\dfrac{\alpha_1 v_1^2}{2g} \approx \dfrac{\alpha_2 v_2^2}{2g} \approx 0$，则式（4-38）可写为：

$$H_i = z + h_{w1\text{-}2} \qquad (4\text{-}40)$$

式中　z——上下游水面高差，称为水泵的提水高度；

　　$h_{w1\text{-}2}$——整个管路中的水头损失，但不包括水泵内的水头损失。

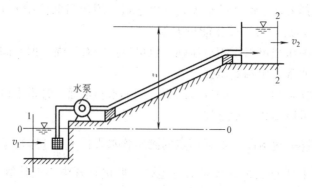

图 4-9　水泵管路系统

如水泵的抽水量为 Q，则单位时间内通过水泵的水流重量为 $\rho g Q$，所以，单位时间内水流从泵中获得总能量为 $\rho g Q H_i$。由于水泵本身的各种损失，如漏损、水头损失、机械摩擦损失等，所以水泵所做的功大于水流实际获得的能量。用一个小于 1 的水泵效率 η_p 来反映这些影响，则单位时间原动机给予水泵的功，即水泵的轴功率 N_p 为：

$$N_p = \frac{\rho g Q H_i}{\eta_p} \tag{4-41}$$

式中，ρ 的单位是 "kg/m³"，g 的单位 "m/s²"，Q 的单位是 "m³/s"，H_i 的单位是 "m"，N_p 的单位是 "N·m/s"，称为瓦（W）。

如图 4-10 所示为一水电站发电系统，应用能量方程时应考虑能量输出。

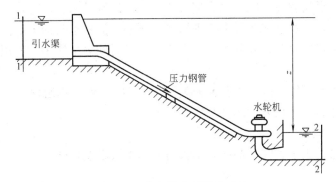

图 4-10　水电站有压管路系统

4.3.4　总水头线与测压管水头线

由于能量方程各项均是单位重量流体具有的各种机械能，都具有长度的量纲。因此可以用几何线段表示各物理量的大小，从而形象地反映总流沿程各断面上能量的变化规律。

总水头

$$H = z + \frac{p}{\rho g} + \frac{\alpha v^2}{2g} \tag{4-42}$$

测压管水头

$$H_p = z + \frac{p}{\rho g} \tag{4-43}$$

把各断面的总水头 H 和测压管水头 H_p 的数值，以它们距基准面的铅直距离，按一定比例在图中标出，各断面的总水头的端点沿流程的连线即为总水头线；各断面的测压管水

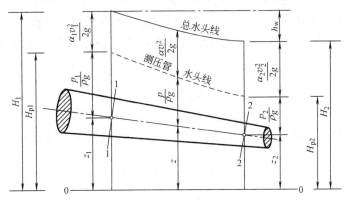

图 4-11　总水头线和测压管水头线

头的端点沿流程的连线即为测压管水头线（图 4-11）。

1. 总水头线的绘制

流体从 1 断面流向 2 断面时能量方程可写为：

$$H_1 = H_2 + h_{w1\text{-}2} \quad \text{或} \quad H_2 = H_1 - h_{w1\text{-}2} \tag{4-44}$$

即每一个断面的总水头是上游断面总水头减去两断面之间的水头损失。根据这个关系，从上游断面起，沿流向依次减去水头损失，求出各断面的总水头，一直到流动结束。由此可见，总水头线可以沿流程逐段减去水头损失绘出。在绘制总水头线时，要注意区分沿程水头损失和局部水头损失在总水头线上表现形式的不同。沿程水头损失沿流程均匀发生，表现为沿流程倾斜下降的直线；局部水头损失为局部障碍处集中作用，表现为在障碍处铅直下降的直线。

显然，对于理想流体，由于水头损失为零，故 $H_1 = H_2$，即总流中任何过流断面上总水头保持不变，即总水头线为一水平直线。

2. 测压管水头线的绘制

测压管水头又可表示为同一断面总水头与流速水头之差，即

$$H_p = H - \frac{\alpha v^2}{2g} \tag{4-45}$$

根据这个关系，从断面的总水头减去同一断面的流速水头，即得该断面的测压管水头。因此，测压管水头线可以根据总水头线逐断面减去流速水头绘出。

在河渠渐变流中，自由水面上的相对压强处处为零，因此其位置水头就等于断面上的测压管水头。所以，河渠中的水面线就是测压管水头线；而总水头线可以通过测压管水头线逐断面加上流速水头绘出，如图 4-12 所示。

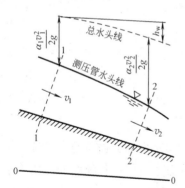

图 4-12 河渠渐变流的测压管水头线和总水头线

由能量方程的物理意义不难得出，实际流体总流的总水头线必定是一条逐渐下降的线（直线或曲线），因为总水头总是沿程减小的。而测压管水头线则可能是下降的线（直线或曲线），也可能是上升的线（直线或曲线），甚至可能是一条水平线，这要看总流的几何边界变化情况而具体分析。

总水头线沿流程的降低值与流程长度 l 之比，称为总水头线坡度，也称水力坡度，常以 J 表示。若总水头线为直线时：

$$J = \frac{H_1 - H_2}{l} = \frac{h_w}{l} \tag{4-46}$$

当总水头线为曲线时，其坡度为变值，在某一断面处坡度可表示为：

$$J = -\frac{dH}{dl} = -\frac{dh_w}{dl} \tag{4-47}$$

因总水头增量 dH 始终为负值，为使 J 为正值，上式中加 "一" 号。

总水头线坡度 J 表示单位流程上的水头损失。

总水头线和测压管水头线绘制实例，请见第 7 章图 7-7 和图 7-8。

4.3.5 恒定总流能量方程的应用

恒定总流能量方程是流体力学中的一个非常重要的方程，它与恒定总流的连续性方程联合运用，可以解决很多实际流动问题。下面通过举例说明如何应用总流能量方程解决工程中的实际流动问题。

文丘里（veturi）流量计是测量管道中流量的一种装置。它是由两段锥形管和一段较细的管相连接而组成（如图 4-13a）。前面部分称为收缩段，中间叫喉管，后面部分为扩散段。若欲测量某管通过的流量，则把文丘里流量计连接在管段当中，在管道和喉管上分别设置测压管（也可直接设置差压计），用以测得该两断面（图中的断面 1-1 和 2-2 符合渐变流条件）上测压管水头差 Δh。当已知测压管水头差 Δh 时，运用能量方程即可计算出通过管中的流量，下面分析其原理。

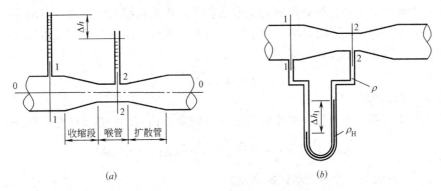

(a)　　　　　　　　　　(b)

图 4-13　文丘里流量计

假定管段水平放置，以管轴线为基准面，对安装测压管的断面 1-1 和 2-2 写总流的能量方程式：

$$z_1+\frac{p_1}{\rho g}+\frac{\alpha_1 v_1^2}{2g}=z_2+\frac{p_2}{\rho g}+\frac{\alpha_2 v_2^2}{2g}+h_{\mathrm{w}}$$

图 4-13（a）表明，$\left(z_1+\frac{p_1}{\rho g}\right)-\left(z_2+\frac{p_2}{\rho g}\right)=\Delta h$；设 $\alpha_1=\alpha_2=1$；因断面 1-1 和 2-2 相距很近，暂时不计水头损失，即 $h_{\mathrm{w}}=0$；此时能量方程变为：

$$\Delta h=\frac{v_2^2-v_1^2}{2g}$$

由连续性方程可得

$$\frac{v_1}{v_2}=\frac{A_2}{A_1}=\frac{d_2^2}{d_1^2}\quad \text{或}\quad v_2=v_1\left(\frac{d_1}{d_2}\right)^2$$

上式中 d_1、d_2 分别为断面 1-1 及 2-2 处管道的直径。把 v_2 与 v_1 的关系代入前式，可得

$$\Delta h=\frac{v_1^2}{2g}\left[\left(\frac{d_1}{d_2}\right)^4-1\right]\quad \text{或}\quad v_1=\sqrt{\frac{2g\Delta h}{\left(\frac{d_1}{d_2}\right)^4-1}}$$

因此，通过文丘里流量计的流量为：

$$Q = A_1 v_1 = \frac{\pi d_1^2}{4} \sqrt{\frac{2g\Delta h}{\left(\frac{d_1}{d_2}\right)^4 - 1}}$$

令

$$K = \frac{\pi d_1^2}{4} \sqrt{\frac{2g}{\left(\frac{d_1}{d_2}\right)^4 - 1}}$$

则

$$Q = K\sqrt{\Delta h} \qquad\qquad (4\text{-}48)$$

显然，当管道直径 d_1 及喉管直径 d_2 确定以后，K 为一定值，可以预先算出。由式(4-48)可见，只要测得管道断面与喉部断面的测压管水位差 Δh，即可求得流量 Q 值。

由于在上面的分析计算中，没有考虑水头损失，而水头损失将会使流量减小，因而实际流量比按式（4-48）算得的为小，对于这个误差一般也是用一个修正系数 μ（称为文丘里流量系数）来改正，则实际流量：

$$Q = \mu K\sqrt{\Delta h} \qquad\qquad (4\text{-}49)$$

流量系数 μ 一般约为 $0.97 \sim 0.99$。

如果文丘里流量计上直接安装水银差压计（如图 4-13b），由差压计原理可知

$$\left(z_1 + \frac{p_1}{\rho g}\right) - \left(z_2 + \frac{p_2}{\rho g}\right) = \frac{\rho_H - \rho}{\rho}\Delta h_1 = 12.6\Delta h_1$$

式中 Δh_1——水银差压计两支水银面高差。

此时文丘里流量计的流量为：

$$Q = \mu K\sqrt{12.6\Delta h_1} \qquad\qquad (4\text{-}50)$$

【例 4-3】 某水库的溢流坝如图 4-14 所示。已知坝下游河床高程为 105.0m，当水库水位为 120.0m 时（断面 1-1 处），坝趾处过水断面 2-2 的水深 $h_2 = 1.2$m。设溢流坝的水头损失 $h_{w1\text{-}2} = 0.1\dfrac{v_2^2}{2g}$，求断面 2-2 处的平均流速。忽略 1-1 断面流速水头。

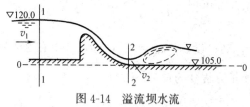

图 4-14 溢流坝水流

【解】 以下游河床为 0-0 基准面，列坝前渐变流断面 1-1 和在坝下游断面 2-2（此处流线较平直）间总流能量方程：

$$z_1 + \frac{p_1}{\rho g} + \frac{\alpha_1 v_1^2}{2g} = z_2 + \frac{p_2}{\rho g} + \frac{\alpha_2 v_2^2}{2g} + h_{w1-2}$$

因为渐变流断面上各点的 $(z + p/\rho g)$ 等于常数，可选断面上任一点来计算。为方便，选水面上一点，该点相对压强为零，即 $p_1 = p_2 = 0$。由于断面 1-1 处的速度较小可以忽略，故流速水头 $\dfrac{\alpha_1 v_1^2}{2g} \approx 0$。而 $z_1 = 120 - 105 = 15$m，$z_2 = h_2 = 1.2$m。取 $\alpha_1 = \alpha_2 = 1$，代入总流能量方程，得

$$15+0+0=1.2+0+\frac{v_2^2}{2g}+0.1\frac{v_2^2}{2g}$$

解得坝趾处的流速 $v_2=\sqrt{\dfrac{2g(15-1.2)}{1.1}}=15.68\text{m/s}$。

【例 4-4】 有一直径缓慢变化的锥形水管（如图 4-15），断面 1-1 处直径 $d_1=0.15\text{m}$，中心点 A 的相对压强为 7.2kN/m^2，断面 2-2 处直径 $d_2=0.3\text{m}$，中心点 B 的相对压强为 6.1kN/m^2，断面平均流速 $v_2=1.5\text{m/s}$，A、B 两点高差为 1m。试判别管中水流方向，并求 1-1、2-2 两断面间的水头损失。

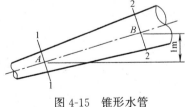

图 4-15　锥形水管

【解】 首先利用连续性方程求断面 1-1 的平均流速。因 $v_1A_1=v_2A_2$，故

$$v_1=\frac{A_2}{A_1}v_2=\left(\frac{d_2}{d_1}\right)^2 v_2=\left(\frac{0.30}{0.15}\right)^2 v_2=4v_2=6\text{m/s}$$

因水管直径变化缓慢，断面 1-1 及 2-2 水流可近似看作渐变流，以过 A 点水平面为基准面分别计算两断面的总能量。两断面的总水头分别为：

$$H_1=z_1+\frac{p_1}{\rho g}+\frac{\alpha_1 v_1^2}{2g}=0+\frac{7.2}{1\times 9.8}+\frac{6^2}{2\times 9.8}=2.57\text{m}$$

$$H_2=z_2+\frac{p_2}{\rho g}+\frac{\alpha_1 v_2^2}{2g}=1+\frac{6.1}{1\times 9.8}+\frac{1.5^2}{2\times 9.8}=1.74\text{m}$$

因 $H_1>H_2$，管中水流应从 A 流向 B。

水头损失为：

$$h_w=H_1-H_2=2.57-1.74=0.83\text{m}$$

【例 4-5】 如图 4-16 所示为测定水泵扬程的装置。已知水泵吸水管直径为 200mm，压水管直径为 150mm，测得流量为 $60l/s$，水泵进口真空表读数为 4m 水柱，水泵出口压力表读数为 2at（工程大气压）。两表连接的测压孔位置高差 $h=0.5\text{m}$。问此时水泵的扬程 H_i 为多少？

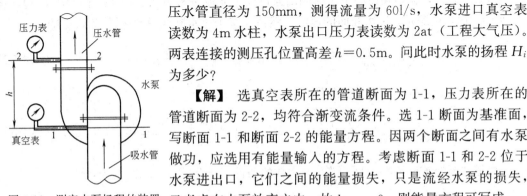

图 4-16　测定水泵扬程的装置

【解】 选真空表所在的管道断面为 1-1，压力表所在的管道断面为 2-2，均符合渐变流条件。选 1-1 断面为基准面，写断面 1-1 和断面 2-2 的能量方程。因两个断面之间有水泵做功，应选用有能量输入的方程。考虑断面 1-1 和 2-2 位于水泵进出口，它们之间的能量损失，只是流经水泵的损失，已考虑在水泵效率之内，故 $h_{w1-2}=0$，则能量方程可写成：

$$z_1+\frac{p_1}{\rho g}+\frac{\alpha_1 v_1^2}{2g}+H_i=z_2+\frac{p_2}{\rho g}+\frac{\alpha_2 v_2^2}{2g}$$

式中，$z_2 - z_1 = h = 0.5\text{m}$；$\dfrac{p_1}{\rho g} = -4\text{m}$；$p_2 = 2\text{at}$，即 $\dfrac{p_2}{\rho g} = 20\text{m}$；流速水头计算如下。令 $\alpha_1 = \alpha_2 = 1.0$，已知 $Q = 60\text{l/s} = 0.06\text{m}^3/\text{s}$，则

$$A_1 = \frac{1}{4}\pi d_1^2 = \frac{1}{4} \times 3.14 \times 0.2^2 = 0.0314\text{m}^2$$

$$v_1 = \frac{Q}{A} = \frac{0.06}{0.0314} = 1.91\text{m/s}$$

$$\frac{v_1^2}{2g} = \frac{1.91^2}{2 \times 9.8} = 0.186\text{m}$$

$$A_2 = \frac{1}{4}\pi d_2^2 = \frac{1}{4} \times 3.14 \times 0.15^2 = 0.0177\text{m}^2$$

$$v_2 = \frac{Q}{A_2} = \frac{0.06}{0.0177} = 3.39\text{m/s}$$

$$\frac{v_2^2}{2g} = \frac{3.39^2}{2 \times 9.8} = 0.586\text{m}$$

代入能量方程，得水泵扬程 $H_i = 24.9\text{m}$。

4.4　实际流体非恒定总流的能量方程

由于流线是元流的极限情况，所以式（4-23）对元流同样适用，即

$$\frac{\partial}{\partial s}\left(z + \frac{p}{\rho g} + \frac{u^2}{2g} + h_\text{w}'\right)\text{d}s + \frac{1}{g}\frac{\partial u}{\partial t}\text{d}s = 0 \tag{4-51}$$

把这个结果推广应用到总流上去，并取总流的讨论断面为"渐变流断面"，应用总流平均量的表示方法，引入动能修正系数 α 及动量修正系数 β，即可求得非恒定流的一般方程式。

将式（4-51）各项乘以在单位时间内通过任一元流过水断面 $\text{d}A$ 的液体重量 $\rho g\,\text{d}Q$，其中 $\text{d}Q = u\text{d}A$，u 是元流过水断面的速度，然后在整个过水断面 A 内积分此式，即

$$\int_A \frac{\partial}{\partial s}\left(z + \frac{p}{\rho g} + \frac{u^2}{2g} + h_\text{w}'\right)\rho g u\text{d}A\text{d}s + \int_A \frac{1}{g}\frac{\partial u}{\partial t}\rho g u\text{d}A\text{d}s = 0 \tag{4-52}$$

用 $\rho g Q$（$Q = Av$）除以上式各项得：

$$\frac{1}{Q}\int_A \frac{\partial}{\partial s}\left(z + \frac{p}{\rho g} + \frac{u^2}{2g} + h_\text{w}'\right)u\text{d}A\text{d}s + \frac{1}{gQ}\int_A \frac{\partial u}{\partial t}u\text{d}A\text{d}s = 0 \tag{4-53}$$

根据"渐变流断面"上 $\left(z + \dfrac{p}{\rho g}\right) =$ 常数的条件，于是式（4-53）变为：

$$\frac{1}{Q}\frac{\partial}{\partial s}\left(z + \frac{p}{\rho g}\right)\int_A u\text{d}A\text{d}s + \frac{1}{2gQ}\frac{\partial}{\partial s}\int_A u^3\text{d}A\text{d}s + \frac{1}{Q}\frac{\partial}{\partial s}\int_A h_\text{w}'u\text{d}A\text{d}s + \frac{1}{gQ}\frac{\partial}{\partial t}\int_A u^2\text{d}A\text{d}s = 0$$

$$\tag{4-54}$$

考虑到

$$\int_A u\,\mathrm{d}A = Av = Q$$

$$\int_A u^3\,\mathrm{d}A = \alpha v^3 A = \alpha v^2 Q \quad (\alpha\ \text{为动能修正系数})$$

$$\int_A u^2\,\mathrm{d}A = \beta v^2 A = \beta v Q \quad (\beta\ \text{为动量修正系数})$$

又 $h_w = \dfrac{1}{Q}\displaystyle\int_A h'_w u\,\mathrm{d}A$ 表示单位质量液体总流的平均能量损失。所以式（4-54）可写为：

$$\frac{\partial}{\partial s}\left(z + \frac{p}{\rho g} + \frac{\alpha v^2}{2g} + h_w\right)\mathrm{d}s + \frac{\beta}{g}\frac{\partial v}{\partial t}\mathrm{d}s = 0 \tag{4-55}$$

式（4-55）即不可压缩实际流体非恒定流总流的基本微分方程式。它是实际流体非恒定流总流的一般方程式，是解决明渠非恒定流问题的基本方程式，也是解决有压管路非恒定流问题的基本方程式。

在任意两断面 1-1 与 2-2（渐变流断面）积分此式，则有

$$z_1 + \frac{p_1}{\rho g} + \frac{\alpha_1 v_1^2}{2g} = z_2 + \frac{p_2}{\rho g} + \frac{\alpha_2 v_2^2}{2g} + h_{w_{1\text{-}2}} + h_i \tag{4-56}$$

$$h_{w_{1\text{-}2}} = \int_1^2 \frac{\partial h_w}{\partial s}\mathrm{d}s \tag{4-57}$$

$$h_i = \frac{\beta}{g}\int_1^2 \frac{\partial v}{\partial t}\mathrm{d}s \tag{4-58}$$

式中　$h_{w_{1\text{-}2}}$——单位质量液体在断面 1-1 及断面 2-2 之间的平均能量损失；

h_i——断面 1-1 及 2-2 流段中单位质量液体的动能随着时间的变化。也可以说，它是该单位质量液体由于克服惯性所应具有的能量，故又称其为惯性水头。

式（4-56）是实际流体非恒定流总流能量方程式。它和恒定总流能量方程式的区别，仅在于 h_i 一项，至于 z、$\dfrac{p}{\rho g}$、$\dfrac{\alpha v^2}{2g}$ 及 $h_{w_{1\text{-}2}}$ 诸项的物理意义和恒定总流能量方程式逐项相同。但应指出，在非恒定流中，各水力要素是随着时间而变化的。

应注意，惯性水头 h_i 和水头损失 $h_{w_{1\text{-}2}}$ 不同，$h_{w_{1\text{-}2}}$ 系克服阻力而消耗的能量（转化为热能），而 h_i 则是被水流所蕴藏而没有消耗的能量。当 $\dfrac{\partial v}{\partial t}$ 为正值时，即流速随着时间而增大，则 h_i 是负值。因此，h_i 是一可正可负的量。

4.5　实际流体恒定总流的动量方程

到目前为止，已经介绍了恒定总流的连续性方程和能量方程，它们对分析流体运动极为有用。但是，它们没有反映运动流体与边界上作用力之间的关系，分析运动流体对边界

上的作用力时无法应用；同时，对于水头损失难以确定但又不能忽略的流动问题，能量方程的应用亦将受到限制。为此，需要利用动量方程，该方程将运动流体与固体边界相互作用力直接同运动流体的动量变化联系起来，它的优点是不需要知道流动范围内部的流动情况，而只需要知道边界面上的流动状况。

应用动量方程计算运动流体对固体边界作用力的实例很多。例如，通过弯管的水流对弯管的作用力；水流对喷嘴的作用力；射流的冲击力；泄流时水流对闸或溢流坝的作用力等。

流体力学中的动量方程是动量守恒定律在流体运动中的具体表现，反映了流体在运动过程中动量的改变与作用力之间的关系。下面根据动量定律，建立流体运动的动量方程，并举例说明动量方程的应用。

4.5.1 恒定总流动量方程的推导

单位时间内物体的动量变化等于作用于该物体上外力的总和，这就是动量定律。动量等于物体的质量 M 乘以它的速度 $\vec{v}$，用 $\vec{K}$ 表示动量向量，即 $\vec{K}=M\vec{v}$。$\sum\vec{F}$ 表示作用于该物体上的各外力的合力向量。动量定律可写为：

$$\sum\vec{F}=\frac{\mathrm{d}\vec{K}}{\mathrm{d}t} \tag{4-59}$$

下面推导流体运动的动量方程，并限于恒定流情况。

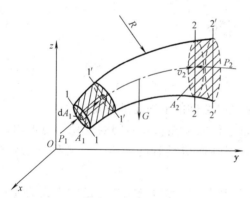

图 4-17　流段的动量变化和作用于其上的外力

在恒定总流中取出某一流段，两端过流断面为 1-1 和 2-2，如图 4-17 所示。以该流段为隔离体，分析它的动量变化和作用于其上的外力之间的关系。

1. 该流段的动量变化

经过微小时段 $\mathrm{d}t$，两个过流断面间流段由 1-2 位置移动到 $1'$-$2'$ 位置，在流动的同时，流段的动量发生改变。这个动量的改变应等于流段在 $1'$-$2'$ 位置和 1-2 位置所有的动量之差。然而，由于流动是不可压缩恒定流，故处于流段 $1'$-2 间的流体，其质量和流速均保持不变，即动量不变。所以，在 $\mathrm{d}t$ 时段内，所讨论流段动量的变化等于 2-$2'$ 段和 1-$1'$ 段流体动量之差。

1-$1'$ 段的动量 $\vec{K}_{1\text{-}1'}$ 可以用以下方法确定：

在断面 1-1 取一微小面积 $\mathrm{d}A_1$，其流速为 $\vec{u}_1$，则 1-$1'$ 段的长度为 $u_1\mathrm{d}t$。1-$1'$ 段微小体积的质量为 $\rho u_1\mathrm{d}t\mathrm{d}A_1$，动量为 $\rho u_1\mathrm{d}t\mathrm{d}A_1\vec{u}_1$。对整个 1-1 断面 A_1 积分，得 1-$1'$ 段的动量为：

$$\vec{K}_{1\text{-}1'} = \int_{A_1}\rho u_1\vec{u}_1\mathrm{d}t\mathrm{d}A_1 = \rho\mathrm{d}t\int_{A_1}u_1\vec{u}_1\mathrm{d}A_1 \tag{4-60}$$

因为断面上的流速分布一般是未知的，所以需用断面平均流速 $\vec{v}$ 代替 $\vec{u}_1$，所造成的误差以动量修正系数 β 来修正，则式（4-60）写为：

$$\vec{K}_{1-1'} = \rho \mathrm{d}t\beta_1 \vec{v}_1 \int_{A_1} u_1 \mathrm{d}A_1 = \rho \mathrm{d}t\beta_1 \vec{v}_1 Q \tag{4-61}$$

比较式（4-60）与式（4-61），为说明普遍意义，略去下标，得

$$\beta = \frac{\int_A \vec{u} u \mathrm{d}A}{\vec{v} Q} \tag{4-62}$$

若过流断面为渐变流，断面上点流速$\vec{u}$与断面平均流速$\vec{v}$基本平行，则式（4-62）写为：

$$\beta = \frac{\int_A u^2 \mathrm{d}A}{v^2 A} \tag{4-63}$$

动量修正系数β表示单位时间内通过断面的实际动量与单位时间内以相应的断面平均流速通过的动量的比值。在一般渐变流中，β值约为$1.02 \sim 1.05$。为方便计，通常取$\beta = 1.0$。

同理，2-2′流段的动量为：

$$\vec{K}_{2-2'} = \rho \mathrm{d}t\beta_2 \vec{v}_2 Q \tag{4-64}$$

则该流段的动量差为：

$$\vec{K}_{2-2'} - \vec{K}_{1-1'} = \rho Q(\beta_2 \vec{v}_2 - \beta_1 \vec{v}_1)\mathrm{d}t \tag{4-65}$$

2. 作用于该流段上的力

作用在断面 1-1 至断面 2-2 流段上的外力包括：上游流体作用于断面 1-1 上的动水压力$\vec{P}_1$；下游流体作用在断面 2-2 上的动水压力$\vec{P}_2$；重力$\vec{G}$；四周边界对这段流体的总作用力$\vec{R}$。所有这些外力的合力以$\sum \vec{F}$表示。

3. 动量方程

将以上分析结果代入式（4-59），则得恒定总流动量方程为：

$$\rho Q(\beta_2 \vec{v}_2 - \beta_1 \vec{v}_1) = \sum \vec{F} \tag{4-66}$$

式（4-66）左端代表单位时间内所研究流段通过下游断面流出的动量和通过上游断面流入的动量之差，右端则代表作用于总流流段上所有外力的代数和。

在直角坐标系中，恒定总流的动量方程式可以写成以下三个投影表达式：

$$\left. \begin{array}{l} \rho Q(\beta_2 v_{2x} - \beta_1 v_{1x}) = \sum F_x \\ \rho Q(\beta_2 v_{2y} - \beta_1 v_{1y}) = \sum F_y \\ \rho Q(\beta_2 v_{2z} - \beta_1 v_{1z}) = \sum F_z \end{array} \right\} \tag{4-67}$$

式中　v_{2x}、v_{2y}、v_{2z}——下游过流断面 2-2 的断面平均流速在三个坐标方向的投影；

v_{1x}、v_{1y}、v_{1z}——上游过流断面 1-1 的断面平均流速在三个坐标方向的投影；

$\sum F_x$、$\sum F_y$、$\sum F_z$——作用在 1-1 与 2-2 断面间流体上的所有外力在三个坐标方向的投影代数和。

4.5.2　应用动量方程的注意点及步骤

恒定总流动量方程是流体动力学中最重要的方程之一，应用较为广泛。应用时，除满足恒定流条件，还应注意以下几点：

（1）动量方程是矢量式，式中流速和作用力都是有方向的量。因此，首先要选定坐标轴并标明其正方向，然后把流速和作用力向该坐标轴投影。凡是和坐标轴指向一致的流速和作用力均为正值，反之为负值。坐标的选择以方便计算为宜。

（2）动量方程式的左端，是单位时间内所取流段的动量变化值，必须是流出的动量减去流进的动量，两者切不可颠倒。

（3）所选择的两个过流断面应符合渐变流条件，这样便于计算两端断面上的动水压力。因为渐变流断面上的动水压强可按静水压强公式计算。由于运动流体及固体边界均受当地大气压强的作用，压强一律采用相对压强。

（4）根据问题的要求，选定两个渐变流断面间的流体作为隔离体，作用在隔离体上的外力应包括：两断面上的流体压力、固体边界对流体的作用力以及流体本身的重力。

（5）当所求未知作用力的方向不能事先确定时，可任意假定一个方向，若计算结果其值为正，说明假定方向正确；若其值为负，说明与假定方向相反。

（6）动量方程只能求解一个未知数，若方程中未知数多于一个时，必须借助于能量方程或（和）连续性方程联合求解。

（7）虽然动量方程的推导是在无流量汇入与流出条件下进行的，但它可以应用于有流量汇入与流出的情况。

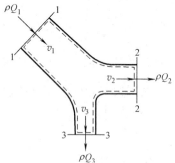

图 4-18　有流量汇入与流出的图示

如图 4-18 所示为一分叉管流，水平放置。当对叉管段流体应用动量方程时，可以把沿管壁以及上、下游过流断面所组成的封闭体作为控制体（图中虚线所示）。设 $\sum \vec{F}$ 为作用在分叉流段的外力，$\vec{v}_1$、$\vec{v}_2$、$\vec{v}_3$ 分别为三个断面上的平均流速，单位时间内该段总流的动量变化等于流出控制体的动量（$\rho Q_2 \beta_2 \vec{v}_2 + \rho Q_3 \beta_3 \vec{v}_3$）与流入控制体的动量 $\rho Q_1 \beta_1 \vec{v}_1$ 之差。则动量方程表为：

$$\rho Q_2 \beta_2 \vec{v}_2 + \rho Q_3 \beta_3 \vec{v}_3 - \rho Q_1 \beta_1 \vec{v}_1 = \sum \vec{F} \qquad (4-68)$$

用动量方程求解流体对固体边界的作用力时，以下步骤可供参考：

（1）分析流体运动，找出渐变流断面，围取控制体。建立坐标，规定正方向。

（2）分析作用在控制体上所有外力，并假设固体边界对流体作用力 $\vec{R}$ 的方向。

（3）建立动量方程。若动量方程中的未知数多于一个，则应联合能量方程式或（和）连续性方程，求解边界对流体的作用力 $\vec{R}$。

（4）根据作用力与反作用力大小相等、方向相反的原则，确定流体对固体边界的作用力 $\vec{R}'$。

4.5.3　恒定总流动量方程的应用

1. 水流对溢流坝面的水平总作用力

如图 4-19 所示的溢流坝，水流经坝体附近时，流线弯曲较剧烈，故坝面上动水压强分布不符合静水压强分布规律，不能按静水压强计算方法来确定坝面上的动水总压力。因此，需用动量方程求解。

（1）围取控制体，建立坐标

设河床断面为矩形，其宽度为 b，坝上游水深为 h_1，坝下游水深为 h_2。断面 1-1 和 2-2 符合渐变流条件，断面 1-1 的平均流速为 v_1，断面 2-2 的平均流速为 v_2。选取断面 1-1 与 2-2 及沿坝面（包括上下游部分河床边界）与水流自由表面所围成的空间（图中阴影部分所示）作为控制体。

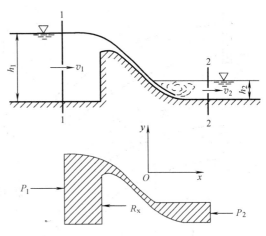

图 4-19　水流对溢流坝面的水平总作用力

若上、下游河床均为平底，断面 1-1 和 2-2 的流速与 x 轴方向平行，该两断面上水流仅有沿 x 方向的流动，应用动量方程式时只研究沿 x 轴方向的动量变化。

（2）分析作用于控制体上的外力

作用于控制体上的外力在 x 轴方向的投影，包括断面 1-1 上的动水压力 $P_1 = \dfrac{1}{2}\rho g b h_1^2$，断面 2-2 上的动水压力 $P_2 = \dfrac{1}{2}\rho g b h_2^2$，坝体对水流的反作用力（水平方向）$R_x$，$R_x$ 包含了水流与坝面的摩擦力在 x 方向的投影。流体的重力在 x 方向投影为零。则

$$\sum F_x = P_1 - P_2 - R_x = \frac{1}{2}\rho g b (h_1^2 - h_2^2) - R_x$$

（3）列动量方程，求解总作用力

动量方程

$$\rho Q(\beta_2 v_{2x} - \beta_1 v_{1x}) = \sum F_x$$

因 $v_{1x} = v_1 = \dfrac{Q}{bh_1}$，$v_{2x} = v_2 = \dfrac{Q}{bh_2}$，令 $\beta_1 = \beta_2 = \beta$，于是动量方程为：

$$\beta \rho Q^2 \left(\frac{1}{bh_2} - \frac{1}{bh_1}\right) = \frac{1}{2}\rho g b (h_1^2 - h_2^2) - R_x$$

由上式可解出

$$R_x = \frac{1}{2}b\left[\rho g h_1^2 - \rho g h_2^2 - \frac{2\beta \rho Q^2}{b^2}\left(\frac{1}{h_2} - \frac{1}{h_1}\right)\right]$$

因此，水流对坝体在水平方向的总作用力的大小与 R_x 相等，它包括了上游坝面和下游坝面水平作用力的总和，而方向与之相反。

2. 水流对弯管的作用力

如图 4-20 所示，转角为 α 的弯管，管轴线位于铅垂平面上。弯管两端过水断面面积分别为 A_1 和 A_2，断面平均流速为 v_1 和 v_2，断面形心点压强为 p_1 和 p_2，弯管内通过流量 Q，试分析水流对弯管的作用力。

弯管内的水流是急变流，不能用静水压强的计算方法求管内水流对管壁的作用力。因此，应用动量方程求解。

（1）围取控制体，建立坐标

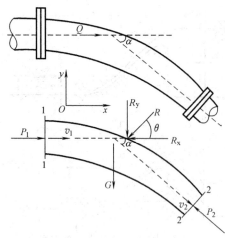

图 4-20 水流对弯管的作用力

在弯管进、出口水流为渐变流处，取断面 1-1 和 2-2，并取两断面间的总流作为控制体。选取坐标如图 4-20 所示。

（2）分析作用于控制体上的外力

作用在此水体上的外力包括：

两端断面上的动水压力。因 1、2 断面均是渐变流断面，动水压力分别为：

$$P_1 = p_1 A_1, P_2 = p_2 A_2$$

弯管对水流的反作用为 R。为计算方便，将其分解成 x 方向的 R_x 和 y 方向的 R_y，并假定其方向如图所示。

重力。因弯管的轴线是在铅垂面内，重力 G 应该考虑。$G = \rho g V$，V 为弯管控制体内水的体积。

（3）列动量方程，求解作用力

将所有的外力和流速在坐标轴上投影，令 $\beta_1 = \beta_2 = 1$，则 x 方向动量方程

$$\sum F_x = P_1 - P_2 \cos\alpha - R_x = \rho Q(v_2 \cos\alpha - v_1)$$

得

$$R_x = p_1 A_1 - p_2 A_2 \cos\alpha - \rho Q^2 \left(\frac{\cos\alpha}{A_2} - \frac{1}{A_1} \right)$$

y 方向动量方程

$$\sum F_y = P_2 \sin\alpha - R_y - G = \rho Q(-v_2 \sin\alpha - 0)$$

得

$$R_y = p_2 A_2 \sin\alpha + \frac{\rho Q^2 \sin\alpha}{A_2} - G$$

弯管对水流作用力的合力为：

$$R = \sqrt{R_x^2 + R_y^2}$$

R 与水平轴的夹角为：

$$\theta = \arctan \frac{R_y}{R_x}$$

水流对弯管的作用力大小与 R 相等，方向相反。

3. 射流冲击固定表面的作用力

如图 4-21 所示，水流从水平管道末端的喷嘴射出，垂直冲击在距离很近的一块平板上，水流随即在平板上向四周散开（转了 90°的方向）。射流流速为 v，射流流量为 Q。试分析射流冲击平板的作用力 R。

（1）围取控制体，建立坐标

取射流转向以前的断面 1-1 和水流完全转向以后的断面 2-2（注意断面 2-2 是一个圆筒面，它应截取全部散射的水流）之间的水流隔离体为对象进行研究。选取沿水平射流方向为 x 轴。

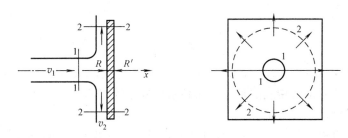

图 4-21　射流冲击平板的作用力

（2）分析作用于控制体的外力

由于射流四周及冲击转向后的水流表面都是大气压，即断面 1-1 和断面 2-2 上的压强都等于大气压强，则 $P_1=P_2=0$。流体重力沿铅直方向。设平板对水流的反作用力为 R'。

（3）列动量方程，求作用力

因平板对水流的反作用力为水平沿 x 轴向，写 x 方向的动量方程：

$$\rho Q(\beta_2 v_{2x}-\beta_1 v_{1x})=\sum F_x$$

即

$$\rho Q(0-v_1)=-R'$$

因断面 1-1 的速度 v_1 即为射流流速 v，所以

$$R'=\rho Q v$$

因此，射流对平板的冲击力 R 与 R' 大小相等，方向相反。

【例 4-6】　有一沿铅垂放置的弯管如图 4-22 所示，弯头转角为 90°，起始断面 1-1 与终止断面 2-2 间的轴线长度 l 为 3.14m，两断面中心高差 Δz 为 2m，已知断面 1-1 中心处动水压强 p_1 为 117.6kN/m²，两断面之间水头损失 h_w 为 0.1m，管径 d 为 0.2m。试求当管中通过流量 Q 为 0.06m³/s 时，水流对弯头的作用力。

【解】　（1）求管中流速

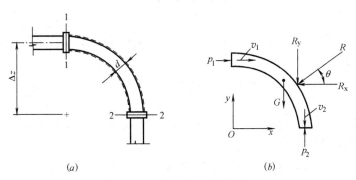

(a)　　　　　　　　　　　　　(b)

图 4-22　水流对弯头的作用力

$$v=\frac{Q}{A}=\frac{0.06}{\pi d^2/4}=\frac{0.06}{3.14\times 0.2^2/4}=1.91\text{m/s}$$

（2）求断面 2-2 中心处动水压强 p_2

以断面 2-2 为基准面，对断面 1-1 与 2-2 写能量方程

$$\Delta z+\frac{p_1}{\rho g}+\frac{\alpha v^2}{2g}=0+\frac{p_2}{\rho g}+\frac{\alpha v^2}{2g}+h_w$$

于是

$$\frac{p_2}{\rho g} = \Delta z + \frac{p_1}{\rho g} - h_w$$

将 $h_w = 0.1 \text{m}$，$p_1 = 117.6 \text{kN/m}^2$，$\Delta z = 2 \text{m}$ 代入上式，得 $p_2 = 136.2 \text{kN/m}^2$。

上述求出了所有即将用到的量。下面利用动量方程求解。

（3）围取控制体，建立坐标

以断面 1-1 和断面 2-2 之间的流体作为控制体，选定坐标方向，如图 4-22（b）所示。

（4）分析作用于控制体上的外力

针对控制体内的水体，分析受力。包括作用于断面 1-1 和 2-2 的动水压力、控制体内水体的重力、管壁对水体的作用力。

① 作用于断面 1-1 上动水压力

$$P_1 = p_1 \cdot \frac{\pi d^2}{4} = 117.6 \times \frac{3.14 \times (0.2)^2}{4} = 3.69 \text{kN}$$

② 作用于断面 2-2 上动水压力

$$P_2 = p_2 \cdot \frac{\pi d^2}{4} = 136.2 \times \frac{3.14 \times (0.2)^2}{4} = 4.28 \text{kN}$$

③ 弯头内水重

$$G = \rho g V = \rho g \cdot L \cdot \frac{\pi}{4} d^2 = 1 \times 9.8 \times 3.14 \times \frac{3.14}{4} \times 0.2^2 = 0.97 \text{kN}$$

④ 管壁对水体的作用力

设管壁对水体的作用力 R，在水平和铅垂方向的分力为 R_x 和 R_y。

（5）列动量方程，求作用力

对弯头内水流沿 x、y 方向分别写动量方程式。

沿 x 方向动量方程为：

$$\rho Q(0 - \beta v) = P_1 - R_x$$

得

$$R_x = P_1 + \beta \rho Q v = 3.69 + 1 \times 1 \times 0.06 \times 1.91 = 3.80 \text{kN}$$

沿 y 方向动量方程为：

$$\rho Q(-\beta v - 0) = P_2 - G - R_y$$

得

$$R_y = P_2 - G + \beta \rho Q v = 4.28 - 0.97 + 1 \times 1 \times 0.06 \times 1.91 = 3.42 \text{kN}$$

管壁对水流的总作用力

$$R = \sqrt{R_y^2 + R_x^2} = \sqrt{(3.80)^2 + (3.42)^2} = 5.11 \text{kN}$$

作用力 R 与水平轴 x 的夹角

$$\theta = \arctan\left(\frac{R_y}{R_x}\right) = 41.99°$$

水流对管壁的作用力与 R 大小相等，方向相反。

【例 4-7】 图 2-23 为水流从坝脚厂房顶上挑射鼻坎反弧段流过的情况。由于反弧的引导，水流从鼻坎射出时仰角 $\theta = 30°$（假定出流方向和鼻坎挑射角一致）。反弧半径 $r = 20 \text{m}$，坝顶单宽流量（每米宽度的流量）$q = 80 \text{m}^3/(\text{s} \cdot \text{m})$，反弧前的流速 $v_1 = 30 \text{m/s}$，射出流速

$v_2 = 29\text{m/s}$。求水流对鼻坎的作用力。

【解】 水流从坝面流下，经过反弧段转变方向，则动量发生变化。在此范围内，水流对边界的作用力可以用动量方程进行分析。

（1）围取控制体，建立坐标

取反弧进口断面 1-1 和出口断面 2-2 如图 4-23 所示。以两个断面之间的水流为隔离体，选 x 轴和 y 轴方向如图，并取坝顶 1m 宽的水流来进行分析。

（2）分析作用于控制体上的力

作用在这段水流上的外力主要有两端的动水压力 P_1 和 P_2，重力 G 以及鼻坎的反力 R'。忽略坝面阻力和空气阻力。

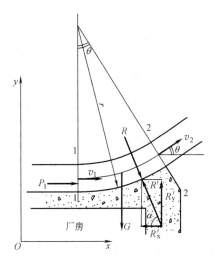

图 4-23 溢流面反弧段水流的作用力

① 断面 1-1 的动水压力

水深 $\qquad h_1 = \dfrac{q}{v_1} = 2.67\text{m}$

$$P_1 = \frac{1}{2}\rho g h_1^2 \cdot 1 = \frac{1}{2} \times 1000 \times 9.8 \times 2.67^2 \times 1 = 35\text{kN}$$

② 断面 2-2 的动水压力

因出口流入大气，可以认为断面 2-2 上的压强为大气压强，所以 $P_2 = 0$。

③ 断面 1-1 至断面 2-2 的水重

反弧段水流平均弧长 $s = 2\pi\left(r - \dfrac{h_1}{2}\right) \times \dfrac{30}{360} = 2 \times 3.14\left(20 - \dfrac{2.67}{2}\right) \times \dfrac{30}{360} = 9.77\text{m}$

则该段水重 G 近似为

$$G = \rho g s h_1 \times 1 = 1000 \times 9.8 \times 9.77 \times 2.67 \times 1 = 256\text{kN}$$

④ 鼻坎的反力

设鼻坎的反力 R'，将 R' 分成 R'_x 和 R'_y。

（3）列动量方程，求作用力

x 方向： $\qquad\qquad \rho Q(\beta_2 v_{2x} - \beta_1 v_{1x}) = P_1 - R'_x$

y 方向： $\qquad\qquad \rho Q(\beta_2 v_{2y} - \beta_1 v_{1y}) = R'_y - G$

依题意

$Q = q \times 1 = 80 \times 1 = 80\text{m}^3/\text{s}$；$v_1 = 30\text{m/s}$，$v_{1x} = v_1 = 30\text{m/s}$，$v_{1y} = 0$；$v_2 = 29\text{m/s}$，$v_{2x} = v_2\cos 30° = 25.1\text{m/s}$，$v_{2y} = v_2\sin 30° = 14.5\text{m/s}$。

代入动量方程，令 $\beta_1 = \beta_2 = 1.0$，则

$$R'_x = P_1 - \rho Q(v_{2x} - v_{1x}) = 35 - 1 \times 80 \times (25.1 - 30) = 427\text{kN}$$
$$R'_y = G + \rho Q(v_{2y} - v_{1y}) = 256 + 1 \times 80 \times (14.5 - 0) = 1416\text{kN}$$

所以鼻坎反力

$$R' = \sqrt{R'^2_x + R'^2_y} = \sqrt{427^2 + 1416^2} = 1479\text{kN}$$

R' 与水平轴 x 的夹角 α

$$\tan\alpha = \frac{R'_y}{R'_x} = \frac{1416}{427} = 3.32，\alpha = 73.3°$$

水流对鼻坎的作用力 R 与 R' 大小相等，方向相反。

本 章 小 结

1. 理想流体运动微分方程（欧拉运动微分方程）表达了流体质点运动和作用在它本身上的力之间的关系。在恒定、不可压缩、质量力只有重力条件下对其积分得到了伯努利方程式。伯努利方程式表明，单位重量流体所具有的位能 z、压能 $\frac{p}{\rho g}$ 和动能 $\frac{u^2}{2g}$ 之和沿同一条流线保持不变，且三者之间可以相互转化。$H_p = z + \frac{p}{\rho g}$ 称为测压管水头；$H = z + \frac{p}{\rho g} + \frac{u^2}{2g}$ 称为总水头。

2. 理想流体动水压强的特性与静水压强特性相同。

3. 因实际流体具有黏滞性，因而运动着的实际流体中不但有压应力，而且还有切应力。实际流体的运动微分方程（N-S 方程）是不可压缩均质流体的普遍方程。

4. 实际流体恒定总流的能量方程是水力学中一个非常重要的方程，它与总流连续性方程联合运用，可以解决许多实际流动问题。恒定总流能量方程反映了流体在流动过程中，断面上的平均位能、平均压能、平均动能和平均水头损失之间的能量转化与守恒关系。

应用时，要特别注意其应用条件。所选过流断面要符合渐变流条件，基准面的选择应方便计算。对恒定总流能量方程应通过例题的学习和习题的练习，深刻理解，熟悉掌握。

5. 实际流体非恒定流总流的基本微分方程式是实际流体非恒定流总流的一般方程式，既是解决明渠非恒定流问题的基本方程式，也是解决有压管路非恒定流问题的基本方程式。实际流体非恒定流总流能量方程式和实际流体恒定总流能量方程式的区别，仅在于惯性水头 h_i 一项。水力学中某些方程之间是相互联系的。

6. 实际流体恒定总流的动量方程将运动流体与固体边界相互作用力直接与运动流体的动量变化联系起来。应用时，要注意动量方程是一矢量方程，式中流速和作用力都是有方向的矢量。方程式中的动量变化必须是流出控制体的动量减去流进控制体的动量之差，两者切不可颠倒。应用动量方程时要注意其步骤：围取控制体、建立坐标；分析作用于控制体上的所有外力；建立动量方程。当动量方程中的未知数多于一个时，则应联合能量方程和连续性方程求解。

思 考 题

4-1 运动着的实际流体与理想流体的质点应力有什么区别？

4-2 N-S 方程表述了作用于流体质点上的哪些力之间的关系？

4-3 应用恒定总流能量方程时，为什么把过流断面选在渐变流段或均匀流段？

4-4 在写总流能量方程时，过流断面上的代表点、基准面是否可以任意选取？为什么？

4-5 关于水流流向问题有如下一些说法："水一定由高处向低处流"；"水是从压强大向压强小的地方流"；"水是从流速大的地方向流速小的地方流"。这些说法是否正确？为什么？如何正确描述？

4-6 总水头线和测压管水头线的沿程变化规律如何？均匀流的测压管水头线和总水头线的关系如何？明渠流的水面线和测压管水头线的关系如何？

4-7 用能量方程推导文丘里流量计的流量公式 $Q=\mu K\sqrt{\Delta h}$ 时，管道水平放置与倾斜放置其结果是否相同？

4-8 如图 4-24 所示的输水管道，水箱内水位保持不变，试问：

（1）A 点的压强能否比 B 点低？为什么？

（2）C 点的压强能否比 D 点低？为什么？

（3）E 点的压强能否比 F 点低？为什么？

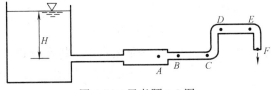

图 4-24 思考题 4-8 图

4-9 如图 4-25 所示，两个分叉管流，下面列出的两个动量方程是否正确？

对于图 4-25（a）： $\sum\vec{F}=\rho Q(\beta_2\vec{v}_2-\beta_1\vec{v}_1)$

对于图 4-25（b）： $\sum\vec{F}=\rho Q[(\beta_2\vec{v}_2+\beta_3\vec{v}_3)-\beta_1\vec{v}_1]$

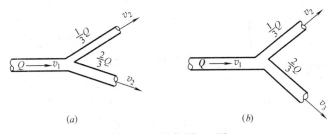

（a）   （b）

图 4-25 思考题 4-9 图

4-10 总流的动量方程为 $\rho Q(\beta_2\vec{v}_2-\beta_1\vec{v}_1)=\sum\vec{F}$，试问：

（1）$\sum\vec{F}$ 中包括哪些力？

（2）如果由动量方程求得的力为负值说明什么问题？

习 题

4-1 如图 4-26 所示，在一管路上测得过流断面 1-1 的测压管高度 $\dfrac{p_1}{\rho g}$ 为 1.5m，过流面积 A_1 为 0.05m²；过流断面 2-2 的面积 A_2 为 0.02m²；两断面间水头损失 h_w 为 $0.5\dfrac{v_1^2}{2g}$；管中流量 Q 为 20l/s；z_1 为 2.5m，z_2 为 2.0m。试求断面 2-2 的测压管高度 $\dfrac{p_2}{\rho g}$。（提示：注意流动方向）

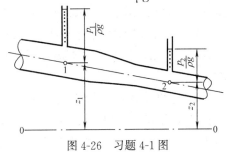

图 4-26 习题 4-1 图

4-2　如图 4-27 所示，从水面保持恒定不变的水池中引出一管路，水流在管路末端流入大气。管路由三段直径不等的管道组成，其过水面积分别是 $A_1 = 0.05m^2$，$A_2 = 0.03m^3$，$A_3 = 0.04m^2$。若水池容积很大，行近流速可以忽略（$v_0 \approx 0$）。当不计管路的水头损失时，（1）求出口流速 v_3 及流量 Q；（2）绘出管路的测压管水头线及总水头线。

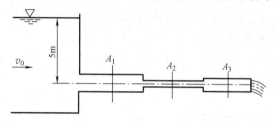

图 4-27　习题 4-2 图

4-3　在水塔引出的水管末端连接一个消防喷水枪，将水枪置于和水塔液面高差 H 为 10m 的地方，如图 4-28 所示。若水管及喷水枪系统的水头损失为 3m，试问喷水枪所喷出的水最高能达到的高度 h 为多少？（不计在空气中的能量损失）

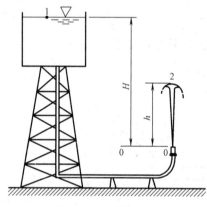

图 4-28　习题 4-3 图

4-4　如图 4-29 所示的一管路，A、B 两点的高差 $\Delta z = 1m$，点 A 处直径 $d_A = 0.25m$，压强 $p_A = 7.84 N/cm^2$，点 B 处直径 $d_B = 0.5m$，压强 $p_B = 4.9 N/cm^2$，断面平均流速 $v_B = 1.2m/s$。判断管中水流方向。

4-5　如图 4-30 所示平底渠道，断面为矩形，宽 $b = 1m$，渠底上升的坎高 $P = 0.5m$，坎前渐变流断面处水深 $h = 1.8m$，坎后水面跌落 $\Delta z = 0.3m$，坎顶水流为渐变流，忽略水头损失，求渠中流量 Q。

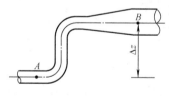

图 4-29　习题 4-4 图

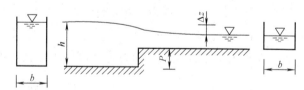

图 4-30　习题 4-5 图

4-6　如图 4-31 所示，在水平安装的文丘里流量计上，直接用水银压差计测出水管与喉部压差 Δh 为 20cm，已知水管直径 d_1 为 15cm，喉部直径 d_2 为 10cm，当不计水头损失时，求通过流量 Q。

4-7　为将水库中水引至堤外灌溉，安装了一根直径 d 为 15cm 的虹吸管（如图 4-32），当不计水头损失时，问通过虹吸管的流量 Q 为多少？

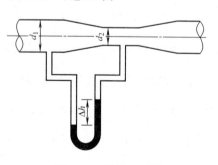

图 4-31　习题 4-6 图

在虹吸管顶部 s 点处的压强为多少？

4-8 水流通过如图4-33所示管路流入大气，已知：U 形测压管中水银柱高差 $\Delta h_{Hg}=0.2\text{m}$，$h_1=0.72\text{m}$ 水柱，管径 $d_1=0.1\text{m}$，管嘴出口直径 $d_2=0.05\text{m}$，不计管中水头损失。求管中流量 Q。

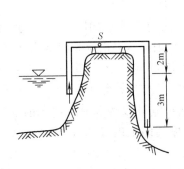

图 4-32　习题 4-7 图

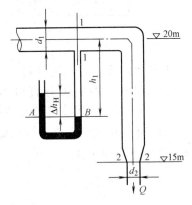

图 4-33　习题 4-8 图

4-9 如图4-34所示分叉管路，已知断面 1-1 的过水断面积 $A_1=0.1\text{m}^2$，高程 $z_1=75\text{m}$，流速 $v_1=3\text{m/s}$，压强 $p_1=98\text{kN/m}^2$；2-2 断面 $A_2=0.05\text{m}^2$，$z_2=72\text{m}$；3-3 断面 $A_3=0.08\text{m}^2$，$z_3=60\text{m}$，$p_3=196\text{kN/m}^2$；1-1 断面至 2-2 和 3-3 断面的水头损失分别为 3m 和 5m，试求：

(1) 2-2 断面和 3-3 断面处的流速 v_2 和 v_3；

(2) 2-2 断面处的压强 p_2。

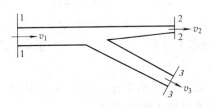

图 4-34　习题 4-9 图

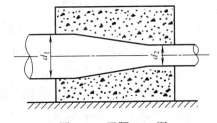

图 4-35　习题 4-10 图

4-10 如图4-35所示为嵌入支座内的一段输水管。管径 $d_1=1.5\text{m}$，$d_2=1\text{m}$，支座前断面的相对压强 $p_1=400\text{kN/m}^2$，管中通过流量 $Q=1.8\text{m}^3/\text{s}$。若不计水头损失，试求支座所受的轴向力。

4-11 如图4-36所示，水流由直径 d_A 为 20cm 的 A 管经一渐缩的弯管流入直径 d_B 为 15cm 的 B 管，管轴中心线在同一水平面内，A 管与 B 管之间的夹角 θ 为 60°。已知通过的流量 Q 为 0.1m^3/s，A 端中心处相对压强 p_A 为 120kN/m^2，若不计水头损失，求水流对弯管的作用力。

4-12 如图4-37所示，直径为 $d_1=700\text{mm}$ 的

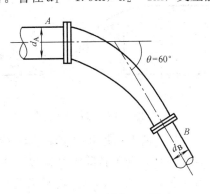

图 4-36　习题 4-11 图

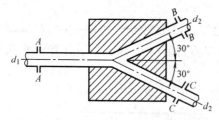

图 4-37 习题 4-12 图

管道在支承水平面上分支为 $d_2=500mm$ 的两支管，A-A 断面压强为 $70kN/m^2$，管道流量 $Q=0.6m^3/s$，两支管流量相等。不考虑螺栓连接的作用。（1）不计水头损失，求支墩所受水平推力。（2）水头损失为支管流速水头的 5 倍，求支墩所受水平推力。

4-13 一四通叉管（如图 4-38），其轴线均位于同一水平面，两端输入流量 $Q_1=0.2m^3/s$，$Q_3=0.1m^3/s$，相应断面动水压强 $p_1=20kPa$，$p_3=15kPa$，两侧叉管直接喷入大气，已知各管直径 $d_1=0.3m$，$d_3=0.2m$，$d_2=0.15m$，$\theta=30°$。试求交叉处水流对管壁的作用力。（忽略摩擦力不计）

4-14 如图 4-39 所示一平板闸门宽 b 为 2m，当通过流量 Q 为 $8m^3/s$ 时闸前水深 h 为 4m，闸孔后收缩断面水深 h_C 为 0.5m。求作用于平板闸门上的动水总压力。（不计摩擦力）

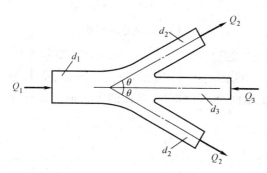

图 4-38 习题 4-13 图

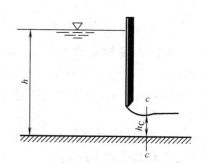

图 4-39 习题 4-14 图

4-15 如图 4-40 所示溢流坝，上游断面水深 $h_1=1.5m$，下游断面水深 $h_2=0.6m$，略去水头损失；求水流对 2m 坝宽（垂直纸面）的水平作用力。注：上、下游河床为平底，河床摩擦力不计，为方便计算取 $\rho=1000kg/m^3$，$g=9.8m/s^2$。

4-16 如图 4-41 所示为闸下底板上的消力墩，已知：跃前水深 $h'=0.6m$，流速 $v'=15m/s$，跃后水深 $h''=4m$，墩宽 $b=1.6m$。试求水流对消力墩的作用力。

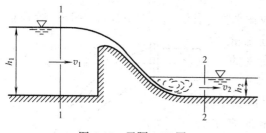

图 4-40 习题 4-15 图

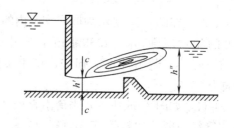

图 4-41 习题 4-16 图

4-17 两平行板间的层流运动（图 4-42），上、下两平行平板间充满了黏度为 μ 的不可压缩流体，两平板间距离为 $2h$。下板固定，上平板以速度 U 相对于下平板运动，并带动流体流动；取 x 轴方向与平板运动方向一致，y 轴垂直于平板，坐标原点位于两板中间。此时，水流速度只有 x 方向的分量 u_x，而且 $u_x=u_x(y)$，在其余两轴上的速度分量为零。试用纳维-斯托克斯方程求两平行板间的层流运动的流速表达式。

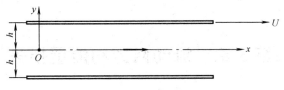

图 4-42　习题 4-17 图

第5章 流动阻力和能量损失

在第4章已经讨论了理想流体和实际流体的能量方程。因为实际流体具有黏滞性，在流动过程中会产生流动阻力，克服阻力要消耗一部分能量，转化为热能，即存在着能量损失。能量损失的多少可以用液柱高度表示，所以，能量损失亦称水头损失。对于实际流体，应用能量方程时，应事先确定水头损失。因此，必须弄清流动阻力和水头损失的规律，从而寻求出在各种具体情况下计算水头损失 h_w 的关系式或表达式。

水头损失与液体的物理特性和边界特征有密切关系，同时，水头损失的变化规律与液流形态密切相关。本章首先对这些基本问题进行讨论，进而介绍水头损失的变化规律及其计算方法。

5.1 液流形态及其判别标准

5.1.1 雷诺实验

1883 年英国物理学家雷诺（Reynolds）通过著名的雷诺实验，发现了流体运动有层流和紊流两种性质不同的液流形态，它们的内在结构有很大差别。

雷诺实验装置如图 5-1（a）所示，由恒定水位的水箱 A 引出光滑玻璃管 B。阀门 C 用来调节管 B 的流量。容器 D 内装有与实验水体密度相近的颜色水，经细管 E 流入管 B 中。阀门 F 用来控制颜色水的流动。在管 B 上游过流断面 1 处设有测压管 G，下游过流断面 2 处设有测压管 H。

试验时，轻轻开启阀门 C，管 B 内流速不要过大；再打开阀门 F，可以看到管 B 内颜色水形成一股纤细的直线流束，各流层间流体质点互不掺混，这种液流形态称为层流。颜

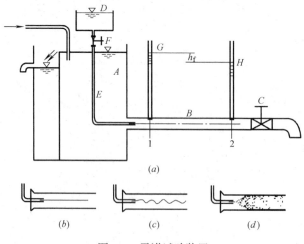

图 5-1 雷诺试验装置

色水的流动如图 5-1（b）所示。同时记录下管 B 的流量及 G 和 H 测压管读数。而后徐徐增加阀门 C 开度，使管中流速不断增加，当流速增加至某一值时，颜色水出现摆动，如图 5-1（c）所示。此时的流速被称为从层流向紊流过渡的上临界流速 v'_k；继续增加阀门 C 开度，则颜色水迅速与周围清水掺混，如图 5-1（d）所示。这时液体质点的运动轨迹是极不规则的，各流层间的流体质点相互剧烈掺混，这种液流形态称为紊流。以上现象为从层流过渡到紊流。

若管中水流已处于紊流状态，按相反顺序进行实验，即阀门 C 从大开度逐渐向小开度变化，使管中流速缓慢下降，流体由紊流运动转化为层流运动。由紊流转变为层流时的流速称为下临界流速 v_k。

现在列出断面 1 和 2 间的总流能量方程：

$$z_1 + \frac{p_1}{\rho g} + \frac{\alpha_1 v_1}{2g} = z_2 + \frac{p_2}{\rho g} + \frac{\alpha_2 v_2}{2g} + h_f$$

式中 h_f——沿程水头损失，因为管路为等直径圆管，$\frac{\alpha_1 v_1}{2g} = \frac{\alpha_2 v_2}{2g}$，则 $h_f = \left(z_1 + \frac{p_1}{\rho g}\right) - \left(z_2 + \frac{p_2}{\rho g}\right) = h_G - h_H$；$h_G$ 为 G 测压管水头，h_H 为 H 测压管水头。

实验是逐步进行的，整理管 B 中流速和 G、H 测压管水头的实验数据，即可以给出 h_f 和 v 的变化过程，在双对数坐标上点绘曲线，如图 5-2 所示。其中，FBC 表示流速由小向大变化时的试验曲线，CEF 表示流速由大向小变化时的试验曲线，其余部分表明，不管是从层流过渡到紊流还是从紊流过渡到层流其试验曲线是重合的。在层流状态，实验点形成斜线 AF 与横坐标轴呈 45°角，表明层流状态下，能量损失与流速的 1 次方成正比，即 $h_f \propto v$。当处在紊流状态时，实验点分布在斜率从 1.75～2.0 的曲线 CD 上，表明紊流形态下，能

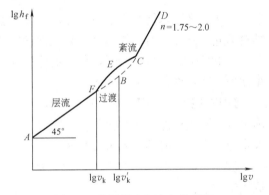

图 5-2　能量损失与流态关系图

量损失与流速的 1.75～2.0 次方成正比，即 $h_f \propto v^{1.75～2.0}$。在 F 与 C 之间液流形态不稳定，可能是层流（如 FBC 段）也可能是紊流（如 CEF 段），这要取决于流体原来所处的形态。但是在此阶段的层流是不稳定的，在有干扰的情况下，层流状态会遭到破坏，区间 FC 称为过渡区。

雷诺实验揭示了运动流体存在层流与紊流两种液流形态，对应不同液流形态，能量损失与流速间的变化规律不同，能量损失与液流形态密切相关。

5.1.2　液流形态的判别

雷诺及其以后的大量实验发现，受实验条件影响（如扰动量、管壁光滑程度、水流入口平顺程度等），从层流过渡到紊流时，上临界流速 v'_k 的大小变化较大，具有不确定性；从紊流过渡到层流时，下临界流速 v_k 的值相对比较稳定。对流速小于下临界流速 v_k 的层流遇扰动可能变为紊动，但解除扰动总能转变为层流；而对流速高于下临界流速 v_k 的层

流均属于不稳定层流,稍有扰动,即转变为紊流。在实际工程中流体运动受到扰动是不可避免的,通常把下临界流速 v_k 作为判断流态的流速界限。

实验还发现,管径、流体密度和流体动力黏滞系数不同,会得到不同的临界流速 v_k。所以采用管径 d、流体密度 ρ、动力黏滞系数 μ 和流速 v 组合的无量纲数,来区分液流形态。这个无量纲数称为雷诺数,用 Re 表示,其表达式为:

$$Re = \frac{\rho v d}{\mu} = \frac{v d}{\nu} \tag{5-1}$$

式(5-1)表明,雷诺数的大小与流速、特征长度管径及流体的运动黏滞系数 ν 有关。

对应于 $v = v_k$ 的雷诺数,称为临界雷诺数,表示为 Re_k。若实际雷诺数 Re 大于临界雷诺数 Re_k 为紊流;小于临界雷诺数 Re_k 为层流。

实验表明,对于牛顿流体,管流的临界雷诺数 Re_k 约为 2000～2300,即

$$Re_k = \frac{v_k d}{\nu} = 2000 \sim 2300 \tag{5-2}$$

对于明渠、天然河道及非圆管管道,其特征长度量为水力半径 R,临界雷诺数

$$Re_k = \frac{v_k R}{\nu} = 500 \sim 575 \tag{5-3}$$

雷诺数之所以能判别液流形态,是因为它反映了流体惯性力和黏滞力的对比关系。当黏滞力起主导作用时,扰动就受到黏性的阻滞而衰减,流体质点有序运动,流体呈层流状态。当惯性力起主导作用时,黏性的作用无法使扰动衰减下来,流体质点无序随机运动,流动失去稳定性,发展为紊流。

【例 5-1】 水温为 $T = 15℃$,管径为 20mm 的输水管,水流平均流速为 8.0cm/s,试确定管中水流形态;若水温不变,求水流形态转化时的临界流速?若水流平均流速不变,求水流形态转化时的临界水温是多少?

【解】 (1) 已知水温 $T = 15℃$,查表得水的运动黏滞系数 $\nu = 0.0114 \text{cm}^2/\text{s}$,求得水流雷诺数为:

$$Re = \frac{v d}{\nu} = \frac{8 \times 2}{0.0114} = 1403 < 2000$$

因此,水流为层流。

(2) 选取临界雷诺数 $v_k = 2000$,计算临界流速

$$v_k = \frac{Re_k \nu}{d} = \frac{2000 \times 0.0114}{2} = 11.4 \text{cm/s}$$

当若水温不变,v 增大到 11.4cm/s 以上时,水流形态由层流转变为紊流。

如果不改变 $v = 8.0 \text{cm/s}$,增加水温,使水的运动黏滞系数 ν 减小,水流形态同样可以由层流转变为紊流。选取临界雷诺数计算运动黏滞系数

$$\nu = \frac{v d}{Re_k} = \frac{8 \times 2}{2000} = 0.008 \text{cm}^2/\text{s}$$

查表得，当水温增大到 30℃ 以上时，$\nu = 0.008\text{cm}^2/\text{s}$，水流形态将由层流转变为紊流。所以 $t_c = 30℃$ 为其水流形态转化的临界水温。

5.2 能量损失的分类

由于流体具有黏滞性，流体内部剪切阻力作用会产生流动阻力；流体与固体边界相互作用也会产生流动阻力，造成能量损失（水头损失）。按固体边界沿流动方向的变化，可将水头损失分为沿程水头损失和局部水头损失两大类。

5.2.1 沿程阻力与沿程水头损失

在固体边界沿流程不变的均匀流中，只存在沿程剪切阻力（流体与边界、流体内部），这种阻力称为沿程阻力，克服沿程阻力引起的能量损失称为沿程水头损失，用 h_f 表示，其通用公式为

$$h_f = \lambda \frac{l}{4R} \frac{v^2}{2g} \tag{5-4}$$

式中　h_f——单位重量流体的沿程水头损失（m）；

$\quad\quad\lambda$——沿程阻力系数；

$\quad\quad l$——流程长度；

$\quad\quad R$——水力半径；

$\quad\quad v$——断面平均流速。

式（5-4）也称为达西（Darcy）公式。

这里介绍湿周和水力半径的概念。液流过流断面与固体边界接触的周界线叫作湿周，用 χ 表示。过流断面的面积 A 与湿周 χ 的比值称为水力半径，即 $R = A/\chi$。

5.2.2 局部阻力与局部水头损失

在固体边界形状或尺寸急剧变化的区域，流体内部的流速分布急剧变化，形成漩涡区，在局部区域出现集中的流动阻力，这种阻力称为局部阻力，克服局部阻力造成的能量损失称为局部水头损失，记为 h_j，如固体边界突然扩大、突然收缩、弯道、弯管、闸门或阀门处都会造成局部水头损失。局部水头损失的计算公式为：

$$h_j = \zeta \frac{v^2}{2g} \tag{5-5}$$

式中　h_j——单位重量流体的局部水头损失（m）；

$\quad\quad\zeta$——局部阻力系数。

总的能量损失是沿程水头损失和局部水头损失之和，表示为 $h_w = \Sigma h_f + \Sigma h_j$。沿程水头损失反映了流程的影响；局部水头损失反映了边界突变的影响。如图 5-3 所示的流动管道中，ab、bc、cd 管段存在沿程水头

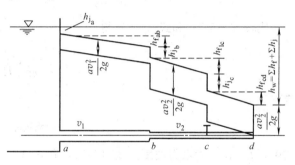

图 5-3　沿程水头损失和局部水头损失

损失，a 处存在进口突然收缩的局部水头损失，b 处存在管道突然收缩的局部水头损失，c 处存在阀门引起的局部水头损失。

5.3 均匀流基本方程

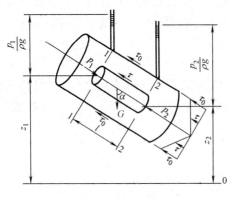

图 5-4 圆管均匀流动

图 5-4 所示为圆管均匀流动，确定基准面 0-0，对于两过流断面 1-1 和 2-2 列能量方程：

$$z_1 + \frac{p_1}{\rho g} + \frac{\alpha_1 v_1^2}{2g} = z_2 + \frac{p_2}{\rho g} + \frac{\alpha_2 v_2^2}{2g} + h_{w1-2}$$

(5-6)

根据均匀流定义有 $v_1 = v_2$，$\alpha_1 = \alpha_2$。在均匀流的情况下只存在沿程水头损失，$h_{w1-2} = h_f$。则由式（5-6）得：

$$h_f = \left(z_1 + \frac{p_1}{\rho g}\right) - \left(z_2 + \frac{p_2}{\rho g}\right)$$

(5-7)

式（5-7）表明，对于均匀流，两过流断面间的沿程水头损失等于两过流断面测压管水头差。

对断面 1-1 和 2-2 间整体流段进行受力分析，断面 1-1 上的动水压力为 $P_1 = p_1 A$，断面 2-2 上的动水压力为 $P_2 = p_2 A$，流段的重力沿管轴线（流向）的投影为 $G\cos\alpha$，流段表面的切向力为 $T = \tau_0 \chi l$。列出水流运动方向上诸力的平衡方程：

$$p_1 A - p_2 A + \rho g A l \cos\alpha - \tau_0 \chi l = 0$$

(5-8)

式中　A——过流断面面积；

　　　l——流段长；

　　　χ——湿周；

　　　τ_0——管壁上的切应力；

　　　α——倾角。

从几何关系得 $l\cos\alpha = z_1 - z_2$，用 $\rho g A$ 除以式（5-8），则

$$\left(z_1 + \frac{p_1}{\rho g}\right) - \left(z_2 + \frac{p_2}{\rho g}\right) = \frac{\tau_0}{\rho g} \cdot \frac{\chi}{A} \cdot l = \frac{\tau_0}{\rho g} \cdot \frac{l}{R}$$

(5-9)

比较式（5-7）和式（5-9）得

$$h_f = \frac{\tau_0}{\rho g} \cdot \frac{l}{R}$$

(5-10)

或

$$\tau_0 = \rho g R J$$

(5-11)

式中，$J = h_f/l$ 为水力坡度。式（5-10）和式（5-11）给出了沿程水头损失与切应力的关系，它是研究沿程水头损失的基本公式，或称均匀流基本方程。

在推导式（5-10）和式（5-11）时，考虑的是断面 1-1 和 2-2 间整体流段。如果只取流段内的一圆柱体为研究对象（图 5-4），作用于圆柱体表面上切应力为 τ，按上述方法，亦可得出

$$\tau = \rho g \frac{r}{2} J \tag{5-12}$$

由式（5-11）管壁上的切应力可表示为：

$$\tau_0 = \rho g \frac{r_0}{2} J \tag{5-13}$$

比较式（5-12）和式（5-13）得：

$$\frac{\tau}{\tau_0} = \frac{r}{r_0} \text{ 或 } \tau = \frac{\tau_0}{r_0} r \tag{5-14}$$

式（5-14）表明，对于圆管均匀流，过流断面上的切应力呈直线分布，管壁处的切应力最大，管轴线处的切应力为零。

对于无压均匀流，按上面的方法，列力的平衡方程，可得出与式（5-10）和式（5-11）相同的结果。所以式（5-10）和式（5-11）对有压流和无压流均适用。

对于水深为 h 的宽浅明渠均匀流，距渠底为 y 处的切应力 τ 的分布规律为：

$$\tau = \left(1 - \frac{y}{h}\right)\tau_0 \tag{5-15}$$

式（5-15）表明，宽浅明渠均匀流过流断面上切应力的分布仍为线性分布，水面上的切应力为零，渠底处为 τ_0。

欲应用上述公式求切应力 τ 或求沿程水头损失 h_f，必须知道 τ_0。根据试验研究结果，由量纲分析（推导详见第 6 章）可得

$$\tau_0 = \frac{\lambda}{8} \rho v^2 \tag{5-16}$$

将式（5-16）代入式（5-10），得

$$h_f = \lambda \frac{l}{4R} \frac{v^2}{2g}$$

即为式（5-4）。对于圆管，水力半径 $R = d/4$，故达西公式（5-4）也可写作：

$$h_f = \lambda \frac{l}{d} \frac{v^2}{2g} \tag{5-17}$$

【例 5-2】 输水管 $d = 250\text{mm}$，管长 $l = 200\text{m}$，测得管壁切应力 $\tau_0 = 40\text{N/m}^2$，试求：（1）在 200m 管长上的水头损失；（2）在圆管半径 $r = 100\text{mm}$ 处的切应力。

【解】 （1）由式（5-10）得

$$h_f = \frac{4\tau_0 l}{\rho g d} = \frac{4 \times 40 \times 200}{1000 \times 9.8 \times 0.25} = 13.1\text{m}$$

（2）由式（5-14）得

$$\tau = \tau_0 \frac{r}{r_0} = 40 \times \frac{100}{125} = 32 \text{N/m}^2$$

5.4 层 流 运 动

5.4.1 层流运动的流速分布

由均匀流基本方程建立沿程水头损失的计算公式，就必须研究切应力与速度之间的关系。对于层流，由牛顿内摩擦定律 $\tau = \mu \frac{\mathrm{d}u}{\mathrm{d}y}$，作 $y = r_0 - r$ 的变换（如图 5-5 所示，y 为某点距管壁的距离）得：

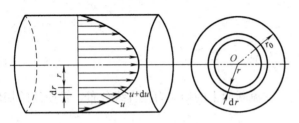

图 5-5 圆管中层流的流速分布

$$\tau = -\mu \frac{\mathrm{d}u}{\mathrm{d}r} \qquad (5\text{-}18)$$

将式（5-18）代入式（5-12），整理后得：

$$\mathrm{d}u = -\frac{\rho g J}{2\mu} r \mathrm{d}r$$

对上式积分得

$$u = -\frac{\rho g J}{4\mu} r^2 + C$$

由边界条件，当 $r = r_0$ 时，$u = 0$，得 $C = \frac{\rho g J}{4\mu} r_0^2$，则

$$u = \frac{\rho g J}{4\mu} (r_0^2 - r^2) \qquad (5\text{-}19)$$

式（5-19）表明，圆管中层流的流速分布为抛物线形分布（如图 5-5）。在管壁上，$r = r_0$，流速为零；当 $r = 0$ 时，轴线上流速取得最大值为：

$$u_{\max} = \frac{\rho g J}{4\mu} r_0^2 \qquad (5\text{-}20)$$

5.4.2 层流的沿程水头损失

圆管中层流的断面平均流速为：

$$v = \frac{Q}{A} = \frac{\int_A u \mathrm{d}A}{A} = \frac{\int_0^{r_0} u 2\pi r \mathrm{d}r}{A} = \frac{\rho g J}{8\mu} r_0^2 = \frac{\rho g J}{32\mu} d^2 = \frac{u_{\max}}{2} \qquad (5\text{-}21)$$

将式（5-21）整理，得到

$$J = \frac{32\mu v}{\rho g d^2} \quad \text{或} \quad h_f = \frac{32\mu v l}{\rho g d^2} \tag{5-22}$$

式（5-22）即为计算圆管层流沿程水头损失的公式，表明圆管层流的沿程水头损失与管流平均流速的一次方成正比，与雷诺实验完全一致。

如用达西公式 $h_f = \lambda \frac{l}{d} \frac{v^2}{2g}$ 的形式来表示，式（5-22）可写为：

$$h_f = \frac{64\mu}{\rho d v} \frac{l}{d} \frac{v^2}{2g}$$

因 $Re = \frac{\rho v d}{\mu}$，故有

$$\lambda = \frac{64}{Re} \tag{5-23}$$

式（5-23）表明圆管层流的阻力系数 λ 与 Re 成反比，与管壁粗糙程度无关。

【例 5-3】 管径为 100mm，$\nu = 0.18\text{cm}^2/\text{s}$ 和 $\rho = 0.85\text{g}/\text{cm}^3$ 的油在管内以平均流速 $v = 6.35\text{cm}/\text{s}$ 作层流运动，求管中心处的流速；沿程阻力系数 λ；每米管长的沿程水头损失及管壁的切应力 τ_0；$r = 2\text{cm}$ 处的流速。

【解】 （1）管中心流速为

$$u_{max} = 2v = 2 \times 6.35 = 12.7\text{cm}/\text{s}$$

（2）沿程阻力系数 λ

雷诺数：$Re = \frac{vd}{\nu} = \frac{10 \times 6.35}{0.18} = 353$

沿程阻力系数：$\lambda = \frac{64}{Re} = \frac{64}{353} = 0.181$

（3）每米管长的沿程损失

$$h_f = \lambda \frac{l}{d} \frac{v^2}{2g} = 0.181 \frac{1}{0.1} \times \frac{(0.0635)^2}{2 \times 9.8} = 0.00037\text{m} = 0.037\text{cm}$$

（4）管壁的切应力 τ_0

每米管长的沿程损失 $h_f = 0.00037\text{m}$，即水力坡度 $J = 0.00037$

管壁的切应力

$$\tau_0 = \rho g R J = \rho g J \frac{d}{4} = 0.85 \times 980 \times 0.00037 \times \frac{10}{4} = 0.771\text{g}/(\text{cm} \cdot \text{s}^2) = 0.0771\text{N}/\text{m}^2$$

（5）$r = 2\text{cm}$ 处的流速

当 $r = 2\text{cm}$ 时，由式（5-19）有

$$u = \frac{\rho g J}{4\mu}(r_0^2 - r^2) = \frac{\rho g J}{4\mu} r_0^2 \left(1 - \frac{r^2}{r_0^2}\right) = u_{max}\left(1 - \frac{r^2}{r_0^2}\right) = 12.7\left(1 - \frac{2^2}{5^2}\right) = 10.7\text{cm}/\text{s}$$

5.5 紊 流 运 动

5.5.1 紊流运动的分析方法

紊流运动与层流运动不同，紊流中流体质点的速度、压强等运动要素在空间和时间上

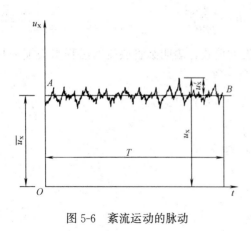

图 5-6 紊流运动的脉动

都具有随机性的脉动。如图 5-6 所示，在恒定均匀流流场中，采用激光测速仪测得质点通过某固定空间点 x 方向的瞬时流速对时间的曲线 $u_x(t)$，可以看出，流体质点的速度随时间变化，但在足够长的时段内，它始终在某一平均值不断跳动，这种跳动叫作脉动。上下跳动的值 u'_x 叫作脉动流速。图中直线 AB 即在 T 时段内，质点沿 x 方向的时均流速 $\overline{u_x}$，用数学关系式可表示为：

$$\overline{u_x} = \frac{1}{T} \int_T u_x(t) \mathrm{d}t \qquad (5\text{-}24)$$

显然，瞬时流速是由时均流速和脉动流速两部分组成，在三维空间中表示为：

$$\left. \begin{array}{l} u_x = \overline{u_x} + u'_x \\ u_y = \overline{u_y} + u'_y \\ u_z = \overline{u_z} + u'_z \end{array} \right\} \qquad (5\text{-}25)$$

由式（5-25）可知，瞬时流速与时均流速之差为脉动流速，对于 x 向，即

$$u'_x = u_x - \overline{u_x} \qquad (5\text{-}26)$$

现在讨论脉动流速的时均值，对式（5-26）进行时间平均

$$\overline{u'_x} = \frac{1}{T} \int_0^T u'_x \mathrm{d}t = \frac{1}{T} \int_0^T u_x \mathrm{d}t - \frac{1}{T} \int_0^T \overline{u_x} \mathrm{d}t$$

由式（5-24）知 $\frac{1}{T} \int_0^T u_x \mathrm{d}t = \overline{u_x}$，因 $\overline{u_x}$ 为常数，所以，$\frac{1}{T} \int_0^T \overline{u_x} \mathrm{d}t = \overline{u_x} \cdot \frac{1}{T} \int_0^t \mathrm{d}t = \overline{u_x}$，故上式可写为：

$$\overline{u'_x} = \frac{1}{T} \int_0^T u'_x \mathrm{d}t = \overline{u_x} - \overline{u_x} = 0 \qquad (5\text{-}27)$$

式（5-27）表明紊流运动脉动流速 u'_x 的时均值为 0，同理 $\overline{u'_y} = 0$，$\overline{u'_z} = 0$。如此得到分离时均流速和脉动流速的方法，被称为时均法。时均法是研究紊流运动和化简紊流瞬时运动方程的主要手段。同理，瞬时压强也可以表示为 $p = \overline{p} + p'$，性质与瞬时流速相同。只要时均流速和时均压强不随时间变化，可以按时均意义上的恒定流动处理。建立了时均的概念后，以前建立的恒定流与非恒定流、均匀流与非均匀流、流线与迹线等概念都适用，对于紊流只不过都具有了时均的含义。

5.5.2 紊流附加切应力

基于时均法的研究思路，紊流运动的瞬时切应力 τ 也可以表示为时均流速引起的黏性切应力 $\overline{\tau_1}$ 与脉动流速引起的附加切应力（惯性切应力）$\overline{\tau_2}$ 之和，即 $\overline{\tau} = \overline{\tau_1} + \overline{\tau_2}$。其中黏性切应力 $\overline{\tau_1}$ 由牛顿内摩擦定律确定。

$$\overline{\tau_1} = \mu \frac{\mathrm{d}\overline{u_x}}{\mathrm{d}y} \tag{5-28}$$

对于附加切应力可用普朗特动量传递学说来建立，这一学说认为流体质点在横向脉动过程中瞬时流速保持不变，其动量也保持不变，而到达新位置后，其动量突然改变为和新位置上流体质点相同的动量，这样，在流层之间就发生了质量交换，从而产生了动量的改变。由动量定理，这种流体质点动量的变化，在流层分界面上产生了附加切应力$\overline{\tau_2}$。

$$\overline{\tau_2} = -\overline{\rho u_x' u_y'} \tag{5-29}$$

现用动量方程说明式（5-29），图 5-7 为明渠二维均匀流中流体质点沿 y 向脉动示意图。

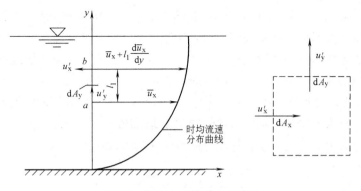

图 5-7　紊流中流体质点的脉动

在空间 a 点处，流体质点具有脉动流速 u_y'，在 $\mathrm{d}t$ 时段内，通过微小面积 $\mathrm{d}A_y$ 的脉动质量为：

$$\Delta m = \rho \mathrm{d}A_y u_y' \mathrm{d}t \tag{5-30}$$

处于 a 层的流体质点具有 x 向的瞬时流速 u_x，若运移过程中 u_x 保持不变，当它进入 b 层就显示出脉动流速 u_x'，脉动流速 u_x' 的大小等于 u_x 与原层流体质点的时均流速的差。这些流体质点到达 b 层的动量变化为：

$$\Delta m \cdot u_x' = \rho \mathrm{d}A_y u_y' u_x' \mathrm{d}t$$

此动量等于紊流附加切应力的冲量，即

$$\Delta T \cdot \mathrm{d}t = \rho \mathrm{d}A_y u_y' u_x' \mathrm{d}t$$

所以，紊流附加切应力 $\tau_2 = \dfrac{\Delta T}{\mathrm{d}A_y} = \rho u_y' u_x'$，取时均值得

$$\overline{\tau_2} = \rho \overline{u_x' u_y'} \tag{5-31}$$

现在取基元体（图 5-7），分析横向脉动流速 u_x' 和纵向脉动流速 u_y' 的关系。

根据连续性原理，在 $\mathrm{d}t$ 时段内，$\mathrm{d}A_x$ 面流入的质量为 $\rho \mathrm{d}A_x u_x' \mathrm{d}t$，则必有质量 $\rho \mathrm{d}A_y u_y' \mathrm{d}t$ 从 $\mathrm{d}A_y$ 面流出，即 $\rho \mathrm{d}A_x u_x' \mathrm{d}t + \rho \mathrm{d}A_y u_y' \mathrm{d}t = 0$，于是

$$u_x' = -\frac{\mathrm{d}A_y}{\mathrm{d}A_x} u_y' \tag{5-32}$$

由式（5-32）可知，横向脉动流速 u_x' 和纵向脉动流速 u_y' 成比例，$\mathrm{d}A_x$ 与 $\mathrm{d}A_y$ 为正值，因此，u_x' 与 u_y' 符号相反。为使紊流附加切应力以正值出现，在式（5-31）中加负号得：

$$\overline{\tau_2} = -\rho \, \overline{u_x' u_y'} \tag{5-33}$$

式（5-33）为用脉动流速表示的紊流附加切应力基本表达式。它表明附加切应力与黏性切应力不同，它与流体的黏性无直接关系，只与流体密度和脉动强度有关，是由流体微团惯性引起，因此又称 $\overline{\tau_2}$ 为惯性切应力或雷诺应力。

在紊流状态下，紊流切应力为黏性切应力与附加切应力之和，即

$$\tau = \mu \frac{\mathrm{d}\overline{u_x}}{\mathrm{d}y} + (-\rho \, \overline{u_x' u_y'}) \tag{5-34}$$

式（5-34）两部分切应力的大小与流动情况有关，雷诺数较小时，黏性占主导，前者占主要地位；雷诺数增大，脉动加剧，后者逐渐增大，充分紊流时前者可略去不计。

普兰特设想流体质点的紊流运动与气体分子运动相类似，即流体质点由某流速的流层脉动到另一流速的流层，也需运行一段与时均流速垂直的距离 l_1 后才与周围的质点发生动量交换，l_1 被称为混合长度（图 5-7）。由图 5-7 可知，处于 a 层的流体质点具有 x 向的时均流速 $\overline{u_x}$，当它进入 b 层就显示出脉动流速 u_x'，脉动流速 u_x' 的大小等于 a、b 两层流体质点时均流速的差有关，且与两层流体质点时均流速的差成比例，即

$$u_x' = \pm c_1 l_1 \frac{\mathrm{d}\overline{u_x}}{\mathrm{d}y}$$

由式（5-32）知：u_x' 和 u_y' 具有同一量级，且符号相反，故

$$u_y' = \mp c_2 l_1 \frac{\mathrm{d}\overline{u_x}}{\mathrm{d}y}$$

所以

$$\tau_2 = -\overline{\rho u_x' u_y'} = \rho c_1 c_2 (l_1)^2 \left(\frac{\mathrm{d}\overline{u_x}}{\mathrm{d}y}\right)^2$$

令 $c_1 c_2 l_1^2 = l^2$，得紊流附加切应力表达式为：

$$\tau_2 = \rho l^2 \left(\frac{\mathrm{d}\overline{u_x}}{\mathrm{d}y}\right)^2 \tag{5-35}$$

式（5-35）中 l 称为混合长度，它正比于质点到壁面的距离 y，即 $l = ky$，k 为一常数，称为卡门（Karman）通用常数，试验得出，$k \approx 0.4$。

为方便，以后时均值不再加上横杠，同时略去下标，则紊流切应力公式为：

$$\tau = \mu \frac{\mathrm{d}u}{\mathrm{d}y} + \rho l^2 \left(\frac{\mathrm{d}u}{\mathrm{d}y}\right)^2 \tag{5-36}$$

5.5.3 紊流黏性底层

由于流体具有黏滞性，有一极薄层的流体附着在固体边壁上，流速为零。在紧靠固体边界附近的地方，脉动流速很小，由式（5-36）可知，混合长度 l 很小时附加切应力很

小，黏性占主导地位，流速梯度却很大，其流态属于层流。在紧靠固体边界附近的这一薄层称为黏性底层。黏性底层以外为紊流核心，在黏性底层与紊流之间存在很薄的过渡层，因其意义不大，可不考虑（图5-8）。

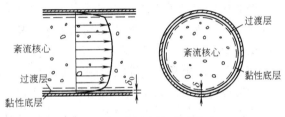

图 5-8　黏性底层与紊流核心

黏性底层的厚度 δ_0，可由层流流速分布和牛顿内摩擦定律及实验资料求得。由式（5-19）得知，当 $r \rightarrow r_0$ 时，则有

$$u = \frac{\rho g J}{4\mu}(r_0^2 - r^2) = \frac{\rho g J}{4\mu}(r_0 + r)(r_0 - r) \approx \frac{\rho g J}{2\mu} r_0 (r_0 - r)$$

令 $y = r_0 - r$，y 是某点到固体边界的距离，上式可写为：

$$u = \frac{\rho g J r_0}{2\mu} y \tag{5-37}$$

式（5-37）表明厚度很小的黏性底层中流速近似为直线分布。由牛顿内摩擦定律，固体边壁上的切应力为 $\tau_0 = \mu \dfrac{\mathrm{d}u}{\mathrm{d}y} \approx \mu \dfrac{u}{y}$，即

$$\frac{\tau_0}{\rho} = \nu \frac{u}{y}$$

由于 $\sqrt{\dfrac{\tau_0}{\rho}} = u_*$ 的量纲与速度的量纲相同，所以 u_* 被称为摩阻流速。则上式可写为：

$$\frac{u_* y}{\nu} = \frac{u}{u_*} \tag{5-38}$$

式中，$\dfrac{u_* y}{\nu}$ 为雷诺数，当 $y \rightarrow \delta_0$ 时，$\dfrac{u_* \delta_0}{\nu}$ 为临界雷诺数。由尼古兹试验资料，$\dfrac{u_* \delta_0}{\nu} = 11.6$，所以

$$\delta_0 = 11.6 \frac{\nu}{u_*} \tag{5-39}$$

因为 $\tau_0 = \dfrac{\lambda}{8} \rho v^2$，将其代入 $\sqrt{\dfrac{\tau_0}{\rho}} = u_*$，则得

$$u_* = \sqrt{\frac{\lambda}{8}} v \tag{5-40}$$

将式（5-40）代入式（5-39），得

$$\delta_0 = \frac{32.8d}{Re \sqrt{\lambda}} \tag{5-41}$$

式（5-41）即为黏性底层厚度的公式。

黏性底层的厚度虽很薄，一般仅有十分之几毫米，但它对水流阻力有重大影响。因为任何固体边界受加工条件和水流运动的影响，总会粗糙不平，粗糙表面平均凸起高度叫作绝对粗糙度Δ。

由式（5-41）可知，黏性底层的厚度δ与λ有关，即与液流形态有关。当Re较小时，黏性底层的厚度δ可以大于绝对粗糙度Δ若干倍，粗糙凸起高度完全被黏性底层掩盖，粗糙度对紊流不起作用，从水力学观点看，水流像在光滑面上运动一样，此种情况称为"水力光滑面"（图5-9a）。

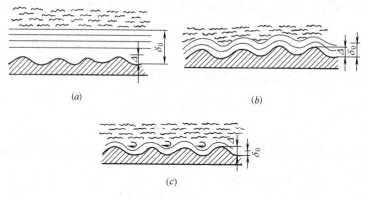

图 5-9　紊流的分区

反之，当Re较大时，黏性底层很薄，粗糙凸起高度几乎全部暴露，粗糙凸起高度对紊流有重大影响，当紊流流核绕过凸起高度时将形成小漩涡（图5-9c），从而加剧紊流的脉动作用，水流阻力增大，这种情况称为"水力粗糙面"。

介于二者之间，称为紊流过渡面。规定为：

水力光滑面：$\Delta < 0.3\delta_0$

过渡粗糙面：$0.3\delta_0 < \Delta < 6\delta_0$

水力粗糙面：$\Delta > 6\delta_0$

以上是紊流分区的一般方法，现仍在研究探讨中。所谓水力光滑、水力粗糙并非完全取决于固体边界的几何光滑或粗糙，而是取决于绝对粗糙度与黏性底层厚度二者的相对关系。

5.5.4　紊流速度分布

紊流过流断面上的流速分布是推导紊流的阻力系数计算公式的理论基础，现根据紊流混合长度理论推导紊流的流速分布。

由式（5-36）$\tau = \mu \dfrac{\mathrm{d}u}{\mathrm{d}y} + \rho l^2 \left(\dfrac{\mathrm{d}u}{\mathrm{d}y} \right)^2$知，当充分紊流、雷诺数足够大时，附加切应力占主导地位，黏性切应力可略去不计，则

$$\tau = \rho l^2 \left(\frac{\mathrm{d}u}{\mathrm{d}y} \right)^2 \tag{5-42}$$

又根据式（5-14）$\tau = \dfrac{\tau_0}{r_0} r$得

$$\tau = \tau_0 \left(1 - \frac{y}{r_0}\right) \tag{5-43}$$

由萨特克维奇整理尼古拉兹实验资料提出的公式，混合长度为：

$$l = ky\sqrt{1 - \frac{y}{r_0}} \tag{5-44}$$

于是，由式（5-44）、式（5-42）及式（5-43）得 $\tau_0 \left(1 - \frac{y}{r_0}\right) = \rho k^2 y^2 \left(1 - \frac{y}{r_0}\right)\left(\frac{du}{dy}\right)^2$，

经整理得 $du = \dfrac{u_*}{k} \dfrac{dy}{y}$，积分后得

$$u = \frac{u_*}{k} \ln y + c_1$$

将 $k = 0.4$ 代入上式，并利用换底公式，得

$$u = 5.75 u_* \lg y + c_1 \tag{5-45}$$

由式（5-45）表明，紊流过流断面上的流速分布是按对数规律分布的（图5-10）。因为紊流中由于流体质点相互掺混、碰撞，从而产生流体质点动量的传递，动量传递的结果，使得流体质点的动量趋于一致，从而使紊流流速分布均匀化了（图5-10），这也是在工程中动能修正系数 α、动量修正系数 β 取 1.0 的原因。显然，式（5-45）不符合 $y = 0$ 的边界条件及 $y = r_0$ 的零速度梯度条件，无法用边界条件确定待定常数 c_1，但式（5-45）变化趋势与大量实验结果

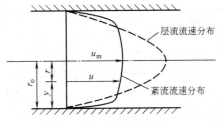

图 5-10 紊流流速分布

符合良好，说明混合长度理论是一个"半假设"的经验理论，对工程实践具有重要意义。

或由 $du = \dfrac{u_*}{k}\dfrac{dy}{y}$ 转换为 $\dfrac{du}{u_*} = \dfrac{1}{k}\dfrac{d\left(\frac{u_* y}{\nu}\right)}{\left(\frac{u_* y}{\nu}\right)}$，积分得

$$u = u_*\left[\frac{1}{k}\ln\left(\frac{u_* y}{\nu}\right) + c_2\right] \tag{5-46}$$

换成常用对数

$$u = u_*\left[\frac{2.3}{k}\lg\left(\frac{u_* y}{\nu}\right) + c_2\right] \tag{5-47}$$

根据尼古拉兹实验（5.6节）在人工加糙管中实验资料得出，水力光滑管和粗糙管流速分布公式：

（1）水力光滑管流速分布

根据尼古拉兹实验资料 $c_2 = 5.5$，卡门常数 $k = 0.4$，代入式（5-47）得：

$$\frac{u}{u_*} = 5.75\lg\left(\frac{u_* y}{\nu}\right) + 5.5 \tag{5-48}$$

将上式对整个圆管断面进行积分，可得相应断面平均流速公式：

$$\frac{v}{u_*}=5.75\lg\left(\frac{u_* r_0}{\nu}\right)+1.75 \tag{5-49}$$

（2）水力粗糙管流速分布公式

$$\frac{u}{u_*}=5.75\lg\left(\frac{y}{\Delta}\right)+8.5 \tag{5-50}$$

将上式对整个圆管断面进行积分，可得断面平均流速公式：

$$\frac{v}{u_*}=5.75\lg\left(\frac{y}{\Delta}\right)+4.75 \tag{5-51}$$

普兰特和卡门还根据实验资料提出了紊流流速分布的指数公式：

$$\frac{u}{u_{\max}}=\left(\frac{y}{r_0}\right)^{\frac{1}{n}} \tag{5-52}$$

式中 n——指数，它与雷诺数有关，见表 5-1。

该式适用范围 $4\times10^3 < Re < 3.2\times10^6$。

紊流流速分布的指数 表 5-1

Re	4.0×10^3	2.3×10^4	1.1×10^5	1.1×10^6	2.0×10^6	3.2×10^6
n	6.0	6.6	7.0	8.8	10	10

对于明渠水流，目前还缺乏系统的实验资料，由于均匀管流与二维明渠均匀流有一定相似性，故式（5-48）～式（5-52）也适用于二维明渠均匀紊流，式中 r_0 改为水深 h，而 y 为自渠底算起的垂向距离。

5.6 沿程阻力系数的变化规律

5.6.1 尼古拉兹实验

为了探索沿程阻力系数 λ 的变化规律，尼古拉兹于 1932～1933 年采用人工加糙的方法，将多种粒径的砂粒，分别粘贴在不同管径的管道内壁上，得到了 $\frac{\Delta}{d}=\frac{1}{1014}\sim\frac{1}{30}$ 六种不同的相对粗糙度的实验管道（如图 5-11），其中 Δ 为砂粒粒径，称为绝对粗糙度，Δ/d 称为相对粗糙度，d/Δ 称为相对光滑度。尼古拉兹实验在类似图 5-1 的装置中进行试验，量测不同流量时的断面平均流速 v、沿程水头损失 h_{f} 及水温。

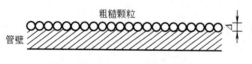

图 5-11 管壁的尼古拉兹粗糙度

根据 $Re=\dfrac{vd}{\nu}$ 和 $\lambda=\dfrac{d}{l}\dfrac{2g}{v^2}h_{\mathrm{f}}$ 两式，即可算出 Re 和 λ。把实验结果点绘在双对数坐标纸上，就得到图 5-12。根据 $Re\sim\lambda$ 的变化特征，图中曲线可分为以下五个区：

第 I 区为层流区。当 $Re < 2300$ 时，所有的实验点，不论其相对粗糙度如何，都集中在一根直线上，且 $\lambda=\dfrac{64}{Re}$，表明 λ 仅随 Re 变化，而与相对粗糙度 Δ/d 无关。因此，尼古

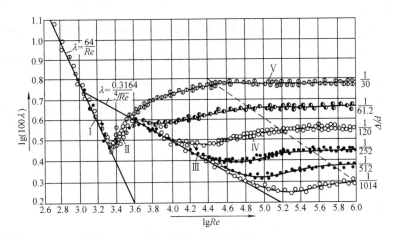

图 5-12　尼古拉兹实验曲线

拉兹实验证实了由理论分析得到的层流沿程水头损失计算公式。

第Ⅱ区为层流向紊流的过渡区。在 $2300<Re<4000$ 范围内，λ 随 Re 的增大而增大，而与相对粗糙度 Δ/d 无关。此区域雷诺数范围很窄，实用意义不大。

第Ⅲ区为水力光滑区，不同相对粗糙度的实验点，起初都集中在直线Ⅲ上。随着 Re 的加大，相对粗糙度较大的实验点，在较低的 Re 时就偏离了直线Ⅲ，而相对粗糙度较小的实验点，要在较大的 Re 时才偏离光滑区，即不同相对粗糙度的管道其水力光滑的区域不同。在水力光滑区，λ 只与 Re 有关，而与相对粗糙度 Δ/d 无关。

第Ⅳ区为过渡粗糙区。在直线Ⅲ与虚线之间的范围内，不同相对粗糙度的实验点各自分散成一条波状的曲线。说明，λ 既与 Re 有关，又与相对粗糙度 Δ/d 有关。

第Ⅴ区为粗糙区。为虚线以右的范围，不同相对粗糙度的实验点，分别落在与横坐标平行的直线上。说明，λ 只与相对粗糙度 Δ/d 有关，而与 Re 无关。在粗糙区 λ 为常数，由达西公式（5-4）可知，沿程水头损失与流速的平方成正比。因此，第Ⅴ区又称为阻力平方区。

沿程水头损失的阻力系数的变化规律可归纳如下：

1. 层流区　　　　　　　　$\lambda=f_1(Re)$

2. 过渡区　　　　　　　　$\lambda=f_2(Re)$

3. 水力光滑区　　　　　　$\lambda=f_3(Re)$

4. 过渡粗糙区

　　$\lambda=f_4(Re,\Delta/d)$

5. 粗糙区（阻力平方区）

　　$\lambda=f_5(\Delta/d)$

尼古拉兹实验虽然是在人工加糙的管道中完成的，但是，它全面揭示了不同流态下沿程阻力系数 λ 与雷诺数 Re 和相对粗糙度 Δ/d 的关系。从而说明，确定 λ 的各种经验公式和半经验公式在

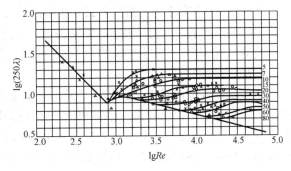

图 5-13　明渠中沿程阻力试验曲线

一定范围内适用。

1938 年蔡克斯达（Зегжда）在人工加糙的矩形明渠中进行了沿程阻力试验，得出了与尼古拉兹实验类似的试验曲线（见图 5-13），图中雷诺数 $Re=\dfrac{vR}{v}$，R 为水力半径。

5.6.2 人工加糙管的沿程阻力系数的半经验公式

综合尼古拉兹试验成果和普兰特理论，对紊流分区及沿程阻力系数的半经验公式分述如下：

1. 水力光滑区

当 $Re_*=\dfrac{\Delta \cdot u_*}{v}<3.5$，即 $\dfrac{\Delta}{\delta_0}<0.3$ 时，为光滑区。

（1）尼古拉兹光滑管公式

$$\frac{1}{\sqrt{\lambda}}=2\lg(Re\sqrt{\lambda})-0.8 \tag{5-53}$$

适用范围 $Re=5\times10^4 \sim 3\times10^6$。

（2）布劳修斯公式

$$\lambda=\frac{0.316}{Re^{1/4}} \tag{5-54}$$

适用条件：$4000<Re<10^5$。

2. 粗糙区

当 $Re_*>70$，即 $\dfrac{\Delta}{\delta_0}>6$ 时，为粗糙区，即阻力平方区。

$$\lambda=\frac{1}{\left[2\lg\left(\dfrac{r_0}{\Delta}\right)+1.74\right]^2} \tag{5-55}$$

此式为尼古拉兹粗糙管公式，适用范围：$Re>\dfrac{383}{\sqrt{\lambda}}\left(\dfrac{r_0}{\Delta}\right)$。

3. 过渡粗糙区

当 $3.5\leqslant Re_*\leqslant70$，即 $0.3\leqslant\dfrac{\Delta}{\delta_0}\leqslant6$ 时，为过渡粗糙区。

$$\frac{1}{\sqrt{\lambda}}=-2\lg\left(\frac{\Delta}{3.7d}+\frac{2.51}{Re\sqrt{\lambda}}\right) \tag{5-56}$$

式（5-56）是柯列勃洛克-怀特（Colebrook & White）提出的，其适用范围 $3000<Re<10^6$。

式（5-56）实际上为光滑区公式和粗糙区公式的结合。当 Re 值较小时，公式右边括号内第二项很大，第一项相对很小，可略去不计，这样，此式就接近光滑区公式（5-53）。反之，当值 Re 很大时，括号内第二项很小，可略去不计，此式就接近粗糙区公式（5-55）。

5.6.3 莫迪图

工业管道壁面的粗糙是凹凸不平的，它不像人工粗糙那样有明显的凸起高度。工业管道与人工加糙的管道沿程阻力系数相比，在光滑区和粗糙区它们的 λ 值试验结果相符。因此，式（5-53）和式（5-55）也可以用于工业管道。莫迪（moody）根据已有的研究成果以及通过柯列勃洛克-怀特公式计算，1944 年发表了他绘制的沿程阻力系数 λ 与雷诺数 Re 的关系曲线，通常称为莫迪图，如图 5-14 所示。

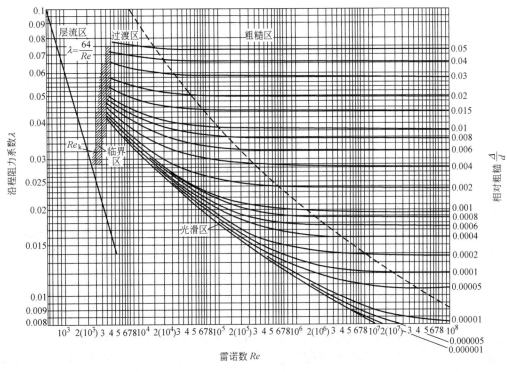

图 5-14 莫迪图

在水力学中，把人工粗糙作为度量管壁粗糙的基本标准，提出当量粗糙度的概念。所谓当量粗糙度，就是指通过工业管道在紊流粗糙区沿程水头损失实验，把实验结果与人工粗糙管实验结果比较，把 λ 值相等的同直径的砂粒粗糙度作为此类工业管道的当量粗糙度，仍以符号 Δ 来表示，各种壁面当量粗糙度 Δ 值见表 5-2。为了叙述方便，"当量"两字可省略。

各种壁面当量粗糙度表

表 5-2

壁 面 材 料	Δ(mm)	壁 面 材 料	Δ(mm)
铜管、玻璃管	0.0015~0.01	具有光滑接头钢模一般工艺混凝土管	0.1
有机玻璃管	0.0025	具有明显木模痕迹、明显磨蚀混凝土管	0.5
新钢管	0.025	具有光滑接头的金属板制成的管材	0.025
离心法涂釉钢管	0.025	金属镀锌的一般光洁度管材	0.15
轻度锈蚀钢管	0.25	金属镀锌的光滑光洁度管材	0.025
大量涂刷沥青、珐琅、焦油钢管	0.5	铸铁管	0.15
一般结垢水管	1.2	石棉水泥管	0.025
具有光滑接头新的光滑的混凝土管	0.025	光华内壁的柔性橡皮管	0.025
具有光滑接头钢模最佳工艺混凝土管	0.025		

图 5-15 为人工粗糙管和工业管道 λ 曲线的比较。图中实线 A 为人工加糙管道实验曲线，虚线 B 和 C 为工业管道实验曲线。由图 5-15 可见：

（1）在紊流光滑区，两种管道的实验曲线是重合的。由于工业管道的粗糙度不一致，在较小雷诺数时，就有一些较大的凸起暴露于紊流流核，使实际的 λ 曲线较早地脱离紊流光滑区。

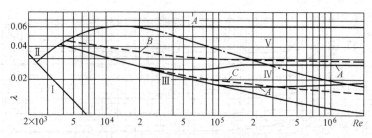

图 5-15　人工粗糙管和工业管道 λ 曲线的比较

（2）在过渡粗糙区，两种管道的实验曲线存在较大差异。当 Re 增加时，工业管道的阻力曲线平滑下降，而人工加糙管道的阻力曲线则有上升部分。这是由于人工管的粗糙是均匀的，随着 Re 的增大，黏性底层厚度减小，达到一定程度时，它们同时伸入紊流流核。使从光滑区到粗糙区的过渡比较突然。同时，暴露在紊流流核内的粗糙部分随着 Re 的增长而不断增大，因而过渡区阻力曲线变化剧烈，沿程损失急剧上升。而工业管道的粗糙是不均匀的，使这种过渡逐渐进行，因此，过渡区阻力曲线变化比较平缓。

（3）在粗糙区，两种管道的实验曲线都与横坐标轴平行。这一特征给出了将工业管道的不均匀粗糙换算为当量粗糙度的可能性。从而可以定量度量工业管道的粗糙度，并且也可以将人工管道在光滑区和粗糙区整理出来的有关公式直接应用于工业管道。

通过对尼古拉兹实验曲线与莫迪图比较，可将人工加糙管实验结果和工业管的莫迪图有机地联系起来。莫迪图可用来确定工业管道的沿程阻力系数 λ，其方法是，根据管材由表 5-2 查出其当量粗糙度 Δ 值，再计算出相对粗糙度 Δ/d 及雷诺数，据此在图 5-14 中查得 λ 值。

工程上也会用到非圆管道输送流体的情况，如通风管道等。应用上述公式时，只需把非圆管道换算为当量直径 d_e 就可以了，所有圆形管道的公式、图表仍然适用。当量直径 d_e 是指在圆管与非圆管水力半径相等的条件下，圆管的直径被定义为非圆管的当量直径。

【例 5-4】　某供水管道，输送水温 20℃，已知管内流速 $v=0.6 m/s$，管长 $l=100 m$ 直径 $d=50 mm$，管壁粗糙度 $\Delta=0.2 mm$，试求该管道的沿程水头损失。

【解】

（1）20℃水温时，水的运动黏滞系数为 $\nu=0.010 cm^2/s$

雷诺数
$$Re=\frac{vd}{\nu}=\frac{60\times5}{0.0101}=29703>2300 \quad （紊流）$$

用莫迪图查 λ 值，$\dfrac{\Delta}{d}=\dfrac{0.2}{50}=0.004$ 时，得 $\lambda=0.029$（对应粗糙区）

$$h_f=\lambda\frac{l}{d}\frac{v^2}{2g}=0.029\times\frac{100}{0.05}\times\frac{0.6^2}{2\times9.8}=1.065 m$$

（2）用经验公式（5-55）校核

$$\lambda=\frac{1}{\left[2lg\left(\dfrac{r_0}{\Delta}\right)+1.74\right]^2}=\frac{1}{\left[2lg\left(\dfrac{2.5}{0.02}\right)+1.74\right]^2}=0.0284$$

$$h_f=\lambda\frac{l}{d}\frac{v^2}{2g}=0.0284\times\frac{100}{0.05}\times\frac{0.6^2}{2\times9.8}=1.043 m$$

两结果相近，说明在充分紊流的粗糙区，半经验公式是适用的。

【例 5-5】 管径 $d=300$mm 的管道输水，相对粗糙度 $\Delta/d=0.002$，管中平均流速 3m/s，其运动黏滞系数 $\nu=10^{-6}$m^2/s，密度 $\rho=999.23$kg/m^3，试求：

(1) 管长 $l=300$m 的沿程水头损失 h_f；

(2) 边壁切应力 τ_0；

(3) 黏性底层厚度 δ；

(4) 距管壁 $y=50$mm 处的切应力。

【解】 (1) 求沿程水头损失 h_f

$$Re=\frac{\nu d}{\nu}=\frac{3\times0.3}{10^{-6}}=9\times10^5$$

由 Re 和 Δ/d 查莫迪图得 $\lambda=0.0238$，流动处于粗糙区。

$$h_f=\lambda\frac{l}{d}\frac{v^2}{2g}=0.0235\times\frac{300}{0.3}\times\frac{3^2}{2\times9.8}=10.8\text{m}$$

(2) 求管壁切应力 τ_0

水力坡度：$J=h_f/l=10.8/300=0.036$

由式（5-11）得：$\tau_0=\rho gRJ=999.23\times9.81\times\frac{0.3}{4}\times0.036=26.47\text{N/m}^2$

由式（5-16）得：$\tau_0=\lambda\frac{\rho v^2}{8}=0.0235\times\frac{999.23\times3^2}{8}=26.42\text{N/m}^2$

(3) 求层流底层厚度 δ

由式（5-41）

$$\delta=\frac{32.8d}{Re\sqrt{\lambda}}=\frac{32.8\times300}{9\times10^5\sqrt{0.0235}}=0.071\text{mm}$$

(4) 离管壁 $y=50$mm 处的切应力和流速

由式（5-15）$\tau=\frac{\tau_0}{r_0}r$

$$\tau=\tau_0\frac{r_0-y}{r_0}=26.42\times\frac{150-50}{150}=17.61\text{N/m}^2$$

5.7 沿程水头损失的经验公式——谢齐公式

对于天然河道，其表面粗糙度极其复杂，通常采用表征影响流动阻力的各种因素的综合系数 n，称为粗糙系数，简称糙率。

1775 年法国工程师谢齐（Chezy）根据明渠均匀流大量实测资料，提出了计算恒定均匀流的经验公式，称为谢齐公式。

$$v=C\sqrt{RJ} \tag{5-57}$$

式中　C——谢齐系数（m$^{1/2}$/s）；

　　　R——水力半径，（m）；

J——水力坡度。

其实，谢齐公式与达西公式是一致的。将 $\lambda=\dfrac{8g}{C^2}$ 代入达西公式就可得到谢齐公式。所以，谢齐公式既适用于明渠流也适用于管流。

谢齐公式是根据粗糙区的大量资料总结出来的，只适用于粗糙区。谢齐系数是反映沿程阻力变化规律的系数，常用的经验公式有：

（1）曼宁（Manning）公式

$$C=\frac{1}{n}R^{1/6} \tag{5-58}$$

式中　n——壁面粗糙系数（糙率），对于管道和明渠的 n 值见表 5-3。

粗糙系数（糙率）n　　　　　　　　表 5-3

分类项	壁　面　种　类	n	$\dfrac{1}{n}$
1	特别光滑的表面:涂有法郎质或釉质的表面	0.009	111.1
2	精细刨光的木板、纯水泥精致抹面、清洁(新的)瓦管	0.010	100.0
3	铺设、安装、接合良好的铸铁管、钢管	0.011	90.9
4	拼接良好的未刨木板、未显著生锈的熟铁管、清洁排水管、极好的混凝土面	0.012	83.3
5	优良砌石、极好砌砖体,正常排水管、略有积污的输水管	0.013	76.9
6	积污的输水管、排水管,一般情况的混凝土面,一般砖砌体	0.014	71.4
7	中等砖砌体、中等砌石面,积污很多的排水管	0.015	66.7
8	普通块石砌体,旧的(不规则)砖砌体,较粗糙的混凝土面,开凿极为良好的、光滑的崖面	0.017	58.8
9	覆盖有固定的厚淤泥层的渠道,在坚实黄土、细小砾石中附有整片薄淤泥的渠道(并无不良情况)	0.018	55.6
10	很粗糙的块石砌体,大块石干砌体,卵石砌面,岩石中开挖的清洁的渠道,在黄土、密实砾石、坚实泥土中附有薄淤泥层的渠道(情况正常)	0.020	50.0
11	尖角大块石铺筑,表面经过处理崖面渠槽,在黄土、砾石和泥土中附有非整片(有断裂)的薄淤泥层的渠道,养护条件中等以上的大型土渠	0.0225	44.4
12	养护条件中等的大型土渠和养护条件良好的小型土渠,极好条件的河道(河床顺直、水流顺畅、没有塌岸和深潭)	0.025	40.0
13	养护条件中等以下的大型土渠和养护条件中等的小型土渠	0.0275	36.4
14	条件较坏的渠道(部分渠底有杂草、卵石或砾石),杂草丛生;边坡局部塌陷,水流条件较好的河道	0.030	33.3
15	条件极坏的渠道(具有不规则断面、显著受石块和杂草淤阻),条件较好但有少许石子和杂草的河道	0.035	28.6
16	条件特别坏的渠道(有崩崖巨石,芦草丛生,很多深潭和塌坡),水草和石块数量多、深潭和浅滩为数不多的弯曲河道	0.040 以上	25.0 以下

（2）巴甫洛夫斯基（巴氏）公式

$$C=\frac{1}{n}R^y \tag{5-59}$$

其中，$y=2.5\sqrt{n}-0.13-0.75\sqrt{R}(\sqrt{n}-0.1)$，公式适用范围为 $0.1\mathrm{m}\leqslant R\leqslant 3.0\mathrm{m}$，0.011

$\leqslant n \leqslant 0.04$。

这里要注意，上述各公式中水力半径的单位均采用"m"。

【例5-6】 有一混凝土衬砌的等腰梯形渠道（图5-16），已知底宽 $b=10$m，水深 $h=3$m，渠道边坡为 $1:1$，水流为均匀流，流动处于紊流粗糙区。分别用曼宁公式和巴氏公式求谢齐系数 C。

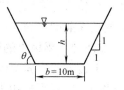

图5-16 等腰梯形渠道

【解】 梯形渠道的过流面积 $A=\dfrac{h}{2}[(2h+b)+b]=\dfrac{3}{2}[(2\times 3+10)+10]=39$m^2

湿周 $\chi=b+2\sqrt{h^2+h^2}=10+2\sqrt{3^2+3^2}=18.49$m

水力半径 $R=\dfrac{A}{\chi}=\dfrac{39}{18.49}=2.11$m

由表5-3查得混凝土衬砌面的糙率为 $n=0.014$

代入曼宁公式得 $C=\dfrac{1}{n}R^{1/6}=\dfrac{1}{0.014}2.11^{1/6}=80.89m^{1/2}/$s

代入巴氏公式的指数公式

$$y=2.5\sqrt{n}-0.13-0.75\sqrt{R}(\sqrt{n}-0.1)$$
$$=2.5\sqrt{0.014}-0.13-0.75\sqrt{2.11}(\sqrt{0.014}-0.1)=0.146$$

代入巴氏公式 $C=\dfrac{1}{n}R^y=\dfrac{1}{0.014}2.11^{0.146}=79.67m^{1/2}/$s。

用曼宁公式和巴氏公式求得的谢齐系数 C 基本相等。

5.8 边界层与边界层分离现象

5.8.1 边界层的基本概念

1904年德国科学家普朗特（Prandtl）提出了边界层的概念，认为黏性较小的流体，当其绕物体流动时，黏性的影响仅限于贴近物面的薄层中，而在这一薄层之外，黏性的影响可以忽略。这一薄层称为边界层。对任意曲面的绕流流场可分为边界层和外部势流区（如图5-17）。外部势流区速度梯度小，黏滞力可忽略不计，可作为无旋流动的理想流体处理；边界层内，速度由物面的零值沿物面外法线方向迅速增加至外部势流区速度，一般速度梯度很大，黏滞力不可忽略，是产生摩擦阻力的原因。尾流区（尾涡区）是边界层内的有旋流体，被带到物体后部形成的涡旋流动，涡旋流动使部分流体与物面脱离，减小了局部的流体压力，是导致压差阻力（或形状阻力）的主要原因。边界层的厚度，取决于惯

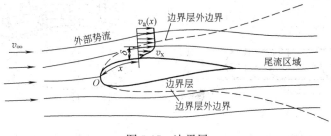

图5-17 边界层

性力与黏滞力之比，即取决于雷诺数，雷诺数越大，边界层越薄，但沿着流动方向边界层厚度是逐渐增加的。

5.8.2　平板上的边界层和曲面上的边界层分离现象

平板上的边界层内可出现层流边界层、紊流边界层、黏性底层和层流到紊流的过渡区（如图5-18）。层流边界层转化为紊流边界层的临界雷诺数为：

$$Re_c = \frac{u_0 x_c}{\nu} = 5 \times 10^5 \sim 3 \times 10^6 \qquad (5-60)$$

式中　u_0——势流区来流速度；

$\quad\quad x_c$——平板前缘至流态转捩点的距离；

$\quad\quad \nu$——流体运动黏滞系数。

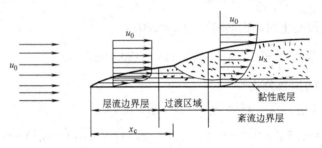

图 5-18　平板上的边界层

当 Re 较小时，不会出现紊流边界层；当 Re 较大时，层流边界层会转化为紊流边界层，但边界层与平板不会发生分离。显然，平板上的边界层只产生摩擦阻力。

长直管道中的边界层与平板上的边界层相似，只是其边界层的发展受到管径的限制。如图5-19（a）所示为管道中层流边界层自管端的发展过程，图5-19（b）为管道中紊流边界层自管端的发展过程，说明长直管道中只存在摩擦阻力。

在曲面上，当 Re 较小时，只存在层流边界层，沿曲面的摩擦阻力远大于由曲面凸起构成的形状阻力。当 Re 较大时，曲面上的层流边界层首先在曲面背流面上发展为紊流边界层，同时形成涡旋流动。随雷诺数增加，旋涡将脱离物面，构成尾流区。使迎流面与背流面形成压差阻力（如图5-20）。物体壁面所受的摩擦阻力是黏性直接作用的结果，所受的压差阻力（形状阻力）是黏性间接作用的结果。边界层分离点 S 称为转捩点。

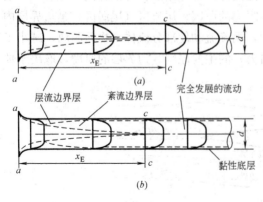

图 5-19　圆管内边界层

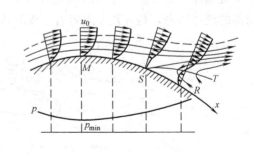

图 5-20　曲面上边界层

5.8.3 绕流运动

流体绕过物体流动所产生的绕流阻力可以分为摩擦阻力和压差阻力,对其形成的物理过程,可依据曲面上边界层发展理论来解释。

下面以圆柱绕流为例,描述圆柱绕流运动的流态变化规律,其中 $Re=\dfrac{u_0 d}{\nu}$,d 是圆柱体直径。

(1) $Re \leqslant 1$ 的范围内,流动如图 5-21 (a) 所示。边界层没有分离,其特点为圆柱表面上下前后流动对称且为层流状态。

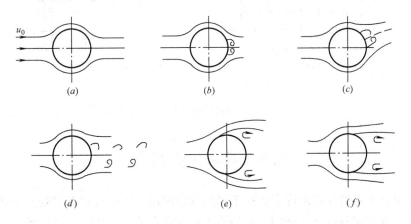

图 5-21 圆柱绕流流态

(2) 在 $3\sim5 < Re < 30\sim40$ 的范围内,流动如图 5-21 (b) 所示。其特点为圆柱背流面发生边界层分离且形成对称稳定旋涡(尾流)区。

(3) 在 $30\sim40 < Re < 60\sim90$ 的范围内,随着 Re 的增加,圆柱背流面分离区逐渐变宽,对称稳定旋涡区出现摆动,如图 5-21 (c) 所示。

(4) 在 $60\sim90 < Re < 1.5\times10^5$ 的范围内,圆柱背流面旋涡交替脱落,形成两排向下游运动的涡列,如图 5-21 (d) 所示。

(5) 在 $1.5\times10^5 < Re < 5\times10^5$ 的范围内,随着 Re 的增加,边界层分离点前移至圆柱迎流面,形成绕流的亚临界状态,如图 5-21 (e) 所示。

(6) 在 $Re > 5\times10^5$ 的范围内,随着 Re 的增加,分离点前的边界层由层流转变为紊流,紊流边界层的混合效应使分离点后移,尾涡区变窄如图 5-21 (f) 所示。

绕流阻力与流体动能成正比,绕流阻力计算公式为:

$$F_D = C_D A \frac{\rho u_0^2}{2} \tag{5-61}$$

式中 A——物体在来流方向上的投影面积;

C_D——绕流阻力系数,$C_D = f(Re)$。

圆柱绕流运动的阻力系数与雷诺数之间的关系如图 5-22 所示。

边界层理论揭示了流动阻力受流动形态和流动过程两方面影响的物理图案,为研究流动中能量损失奠定了理论基础。

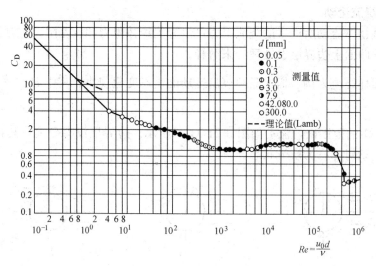

图 5-22　圆柱绕流阻力系数

5.9　局部水头损失

在实际工程上管道往往由许多管径不同的管段组成，连接形式有串联、并联，即使是等直径管道，也可能有弯管、阀门。在渠道中也常有弯道、渐变段、拦污栅等。在流体流经这些局部突变处时，水流内部的流速分布、压强会发生改变，即水流内部结构在发生改变，形成漩涡区，造成形状阻力（压差阻力），并伴随着能量损失。

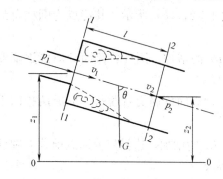

图 5-23　圆管突然扩大处的流动

局部阻力系数的计算应用理论求解相当困难，主要是水流条件复杂，固体边界上的动水压强不好确定，一般情况下通过实验确定。只有少数几种情况可以用理论作近似分析，下面以圆管突然扩大的局部水头损失为例予以介绍。

5.9.1　突然扩大处的局部水头损失

图 5-23 为圆管突然扩大处的流动，以 0-0 为基准面，取扩大前的 1-1 断面和扩大后流速分布已接近渐变流的 2-2 断面列能量方程，如忽略两断面间的沿程水头损失，则

$$z_1 + \frac{p_1}{\rho g} + \frac{a_1 v_1^2}{2g} = z_2 + \frac{p_2}{\rho g} + \frac{a_2 v_2^2}{2g} + h_j$$

$$h_j = \left(z_1 + \frac{p_1}{\rho g}\right) - \left(z_2 + \frac{p_2}{\rho g}\right) + \left(\frac{a_1 v_1^2}{2g} - \frac{a_2 v_2^2}{2g}\right) \tag{5-62}$$

再对断面 1-1、2-2 与管壁所包围的流体，列沿流向的动量方程：

$$\rho Q(\beta_2 v_2 - \beta_1 v_1) = \sum F \tag{5-63}$$

式中，$\sum F$ 为作用在 1-1、2-2 断面间流体上的全部轴向外力之和，其中包括：

（1）作用在 1-1 断面上的动水压力 P_1。应指出，1-1 断面的受压面积不是 A_1，而是

A_2。其中环形部分（A_2-A_1）位于旋涡区。实验表明，该环形面上的压强基本上等于 A_1 面上的压强 p_1，故 $P_1=p_1A_2$。

（2）在 2-2 断面上的动水压力，$P_2=p_2A_2$。

（3）重力在管轴上的投影 $G\cos\theta=\rho gA_2l\dfrac{z_1-z_2}{l}=\rho gA_2(z_1-z_2)$。

（4）管壁的摩擦阻力忽略不计。

将上面的数值代入动量方程式（5-63），得

$$\rho Q(\beta_2v_2-\beta_1v_1)=p_1A_2-p_2A_2+\rho gA_2(z_1-z_2)$$

将 $Q=v_2A_2$ 代入，化简后得：

$$\left(z_1+\frac{p_1}{\rho g}\right)-\left(z_2+\frac{p_2}{\rho g}\right)=\frac{v_2}{g}(\beta_2v_2-\beta_1v_1)\qquad(5\text{-}64)$$

将式（5-64）代入能量方程式（5-62），得

$$h_j=\frac{a_1v_1^2}{2g}-\frac{a_2v_2^2}{2g}+\frac{v_2}{g}(\beta_2v_2-\beta_1v_1)$$

近似取 $\alpha_1=\alpha_2=1$，$\beta_1=\beta_2=1$，则上式简化为：

$$h_j=\frac{(v_1-v_2)^2}{2g}\qquad(5\text{-}65)$$

式（5-65）表明，突然扩大处的局部水头损失等于以平均流速差计算的流速水头。把式（5-65）变换成以某一流速水头表示的局部水头损失，将连续性方程 $A_1v_1=A_2v_2$ 代入，则

$$\left.\begin{aligned}h_j&=\left(1-\frac{A_1}{A_2}\right)^2\frac{v_1^2}{2g}=\zeta_1\frac{v_1^2}{2g}\\h_j&=\left(\frac{A_2}{A_1}-1\right)^2\frac{v_2^2}{2g}=\zeta_2\frac{v_2^2}{2g}\end{aligned}\right\}\qquad(5\text{-}66)$$

突然扩大的局部阻力系数表示为：

$$\left.\begin{aligned}\zeta_1&=\left(1-\frac{A_1}{A_2}\right)^2\\\zeta_2&=\left(\frac{A_2}{A_1}-1\right)^2\end{aligned}\right\}\qquad(5\text{-}67)$$

突然扩大前后断面有不同的断面平均流速，因而，有相应的局部阻力系数。计算时选用的阻力系数必须与流速相对应。当流体从管道流入断面很大的水域时，$A_1/A_2\approx0$，$\zeta_1=1$。

应当指出，圆管突扩的局部水头损失是由理论推导得出的，在推导过程中用到了能量方程、动量方程和连续性方程。

5.9.2 局部阻力系数

构成局部阻力的边界条件可以有多种多样，局部水头损失通常需要通过实验数据或经验公式确定。工程上计算局部水头损失用流速水头的倍数来表示，即

$$h_j=\zeta\frac{v^2}{2g}\qquad(5\text{-}68)$$

可见，求 h_j 的问题就转变为求局部阻力系数 ζ 的问题，一般来说，ζ 值取决于流动的雷诺数及产生局部阻力处的几何形状。但由于局部阻碍处的流动受到很大干扰，很容易进入阻

力平方区，所以 ζ 值往往只决定于几何形状，而与 Re 数无关，也就是说，计算局部水头损失时一般无需判断流态。部分局部阻力系数列于表 5-4、表 5-5 和表 5-6。

管路局部阻力系数 ζ 值

表 5-4

管件名称	示意图	局部阻力系数					
折管		α	20°	40°	60°	80°	90°
		ζ	0.05	0.14	0.36	0.74	0.99
90°弯头（零件）		d(mm)	15	20	25	32	40	≥50
		ζ	2.0	2.0	1.5	1.5	1.0	1.0
90°弯头（煨弯）		d(mm)	15	20	25	32	40	≥50
		ζ	1.5	1.5	1.0	1.0	0.5	0.5
缓弯管（圆形或方形断面）		$\zeta=\left[0.131+0.1632\left(\dfrac{d}{R}\right)^{3.5}\right]\left(\dfrac{\theta}{90°}\right)^{1/2}$					
逐渐扩大		$\zeta_1=\dfrac{\lambda_1}{8\sin\frac{\theta}{2}}\left[1-\left(\dfrac{A_1}{A_2}\right)^2\right]+k\left(\tan\dfrac{\theta}{2}\right)^{1.25}\left(1-\dfrac{A_1}{A_2}\right)^2$ 当 $\theta=10°\sim40°$ 时,圆锥管 $k=4.8$；方锥管 $k=9.3$； 当 $\theta<10°$ 时，$k=0$					
逐渐收缩		$\zeta_2=\dfrac{\lambda_2}{8\sin\frac{\theta}{2}}\left[1-\left(\dfrac{A_2}{A_1}\right)^2\right]$,$(\theta<30°)$					
出口	 $h_j=\zeta_1\dfrac{v_1^2}{2g}$,流入水库 $\zeta_1=1$,流入明渠 ζ_1,取表中值	A_1/A_2	0.1	0.2	0.3	0.4	0.5
		ζ_1	0.81	0.64	0.49	0.36	0.25
		A_1/A_2	0.6	0.7	0.8	0.9	
		ζ_1	0.16	0.09	0.04	0.01	
进口	 喇叭口 $\zeta=0.01\sim0.05$　直角 $\zeta=0.5$　圆角 $\zeta=0.1$　切角 $\zeta=0.25$　内插 $\zeta=1.0$　斜角 $\zeta=0.5+0.3\cos\alpha+0.2\cos^2\alpha$						

明渠收缩、扩散局部阻力系数

表 5-5

名　称	示意图及计算公式	局部阻力系数	
渠道收缩	$h_j = \zeta\left(\dfrac{v_2^2}{2g} - \dfrac{v_1^2}{2g}\right)$	圆弧 $v_1 \rightarrow$ $v_2 \rightarrow$	突然收缩 $\zeta=0.20$
		扭曲面 $v_1 \rightarrow$ $v_2 \rightarrow$	逐渐收缩 $\zeta=0.10$
		直角 $v_1 \rightarrow$ $v_2 \rightarrow$	$\zeta=0.40$
		楔形 $v_1 \rightarrow$ $v_2 \rightarrow$	$\zeta=0.20$
渠道扩散	$h_j = \zeta\left(\dfrac{v_1^2}{2g} - \dfrac{v_2^2}{2g}\right)$	直角 $v_1 \rightarrow$ $v_2 \rightarrow$	$\zeta=0.75$
		圆弧	$\zeta=0.5$
		扭曲面 v_1 $v_2 \rightarrow$	$\zeta=0.3$
		楔形 $v_1 \rightarrow$ $v_2 \rightarrow$	$\zeta=0.5$

水工构件局部阻力系数

表 5-6

名　称	示意图及计算公式	局部阻力系数							
闸板式阀门	$h_j = \zeta\dfrac{v^2}{2g}$	a/d	0.2	0.4	0.5	0.6	0.7	0.8	1.0
		ζ	35.0	4.60	2.06	0.98	0.44	0.17	0.0
滤水阀（莲蓬头）	$h_j = \zeta\dfrac{v^2}{2g}$	无底阀	$\zeta=2\sim3$						
		有底阀　d(mm)	50	100	150	200	300	400	500
		ζ	10.0	7.0	6.0	5.2	3.7	3.1	2.5

名　称	示意图及计算公式	局部阻力系数			
蝶阀	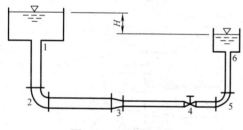全开 $h_j=\zeta\dfrac{v^2}{2g}$	a/d	0.1	0.15	0.20	0.25
		ζ	0.05～0.10	0.10～0.16	0.17～0.24	0.25～0.35
拦污栅	侧面　$h_j=\zeta\dfrac{v_1^2}{2g}$　正面　$\zeta=\beta\sin\theta\left(\dfrac{t}{b}\right)^{\frac{4}{3}}$	$\beta=1.6$　$\beta=1.77$　$\beta=2.34$　$\beta=1.73$				

【例 5-7】 两水箱通过两段不同直径的管道相连接（图 5-24），1～3 管段长 $l_1=10\mathrm{m}$，直径 $d_1=200\mathrm{mm}$，$\lambda_1=0.019$；3～6 管段长 $l_2=10\mathrm{m}$，$d_2=100\mathrm{mm}$，$\lambda_2=0.018$。管路中的局部阻力有：1 为管道进口；2 和 5 为 90°煨弯弯头；3 为渐缩管（$\theta=8°$）；4 为闸阀；6 为管道出口。若输送流量 $Q=20\mathrm{L/s}$，求水箱水面的高差 H 应为多少？

图 5-24　两水箱连接

【解】 两管段中的流速为：

$$v_1=\frac{4Q}{\pi d_1^2}=\frac{4\times20\times10^3}{3.14\times0.2^2}=0.64\mathrm{m/s}$$

$$v_2=v_1\left(\frac{d_1}{d_2}\right)^2=0.64\left(\frac{200}{100}\right)^2=2.56\mathrm{m/s}$$

速度水头为：

$$\frac{v_1^2}{2g}=\frac{0.64^2}{2\times9.8}=0.02\mathrm{m},\quad \frac{v_2^2}{2g}=\frac{2.56^2}{2\times9.8}=0.33\mathrm{m}$$

以右端水箱水面为基准面，列两水箱水面的能量方程，得：

$$H=(h_f+\textstyle\sum h_j)_{1\text{-}3}+(h_f+\sum h_j)_{3\text{-}6}$$

$$=\left(\lambda_1\frac{l_1}{d_1}+\zeta_1+\zeta_2\right)\frac{v_1^2}{2g}+\left(\lambda_2\frac{l_2}{d_2}+\zeta_3+\zeta_4+\zeta_5+\zeta_6\right)\frac{v_2^2}{2g}$$

由表 5-4 查得 $\zeta_1=0.5$，$\zeta_2=\zeta_5=0.5$，$\zeta_4=0.5$，$\zeta_6=1.0$；对逐渐收缩管道由表 5-4

第 6 栏得

$$\zeta_3 = \frac{\lambda_2}{8\sin\frac{\theta}{2}}\left[1-\left(\frac{A_2}{A_1}\right)^2\right] = \frac{0.018}{8\sin\frac{8}{2}}\left[1-\left(\frac{100}{200}\right)^4\right] = 0.030$$

将数据代入，得

$$H = \left(0.019\frac{10}{0.2}+0.5+0.5\right)0.02 + \left(0.018\frac{10}{0.1}+0.030+0.5+0.5+1.0\right)0.33$$

$$= 0.039 + 1.264 = 1.303\text{m}$$

所以，两水箱水面高差为 1.303m。

本 章 小 结

1. 流体运动存在两种形态——层流与紊流。层流的特征是，流体质点作规则运动，质点间互不掺混。而紊流，流体质点作不规则运动，质点间相互碰撞、掺混。

2. 层流和紊流用雷诺数判别。对管流 $Re = \dfrac{vd}{\nu}$，$Re < 2000$ 为层流，$Re > 2000$ 为紊流。

对于明渠 $Re = \dfrac{vR}{\nu}$，$Re < 500$ 为层流，$Re > 500$ 为紊流。

3. 水头损失（能量损失）分为两类：沿程水头损失和局部水头损失。总水头损失为沿程水头损失和局部水头损失之和。

4. 均匀流基本方程 $\tau_0 = \rho gRJ$，既适用有压管流也适用明渠水流。

5. 层流的断面流速分布为抛物线分布，对于管流流速最大值 u_{max} 出现在管轴线上，断面平均流速 $v = \dfrac{1}{2}u_{max}$。

6. 紊流运动要素随时间发生的波动，称为运动要素的脉动。瞬时运动要素的值可表示为时均值与脉动值之和，例如，瞬时流速表示为时均流速与脉动流速之和。

7. 紊流内部切应力与层流内部切应力不同，层流仅有黏性引起的切应力，而紊流内部切应力有两项组成：$\tau = \mu\dfrac{\mathrm{d}u}{\mathrm{d}y} + \rho l^2\left(\dfrac{\mathrm{d}u}{\mathrm{d}y}\right)^2$，前一项是黏性引起的，后一项是由脉动流速引起的。

8. 紊流断面流速分布为对数曲线分布，由于质点动量的传递，紊动使流速分布均匀。

9. 尼古拉兹试验全面揭示了沿程阻力系数的变化规律，发现了沿程阻力系数与雷诺数和相对粗糙度 Δ/d 的关系，层流 $\lambda = f_1(Re)$，水力过渡区 $\lambda = f_2(Re)$，水力光滑区 $\lambda = f_3(Re)$，过渡粗糙区 $\lambda = f_4\left(Re, \dfrac{\Delta}{d}\right)$，粗糙区 $\lambda = f_5\left(\dfrac{\Delta}{d}\right)$。沿程阻力系数 λ 可以用经验公式、莫迪图或查相关水力手册得到。

10. 沿程水头损失的计算公式为 $h_f = \lambda\dfrac{l}{4R}\dfrac{v^2}{2g}$（达西公式），应用时注意 λ 值对应于紊流分区。

11. 谢齐公式 $v = C\sqrt{RJ}$ 仅适用于粗糙区，谢齐系数 C 的单位是"$\mathrm{m}^{1/2}/\mathrm{s}$"，水力半径以米计，谢齐公式广泛应用于明渠均匀流的水力计算。

12. 局部水头损失计算公式为 $h_j = \zeta \dfrac{v^2}{2g}$，$\zeta$ 为局部阻力系数，ζ 的取值对应于流速水头。

<h2 style="text-align:center">思 考 题</h2>

5-1 能量损失有几种形式？产生能量损失的物理原因是什么？

5-2 雷诺数 Re 有什么物理意义？它为什么能判别流态？

5-3 当输水管直径一定时，随流量增大，雷诺数是增大还是减少？当输水管流量一定时，随管径加大，雷诺数是增大还是减少？

5-4 两个不同管径的管道，通过不同黏滞性的液体，它们的临界雷诺数是否相同？

5-5 紊流中瞬时流速、脉动流速、时均流速、断面平均流速怎么区分？

5-6 紊流中存在脉动现象，具有非恒定性质，但是又是恒定流，其中有无矛盾？为什么？

5-7 绝对粗糙度为一定值的管道，为什么当 Re 数较小时，可能是水力光滑管，而当数 Re 较大时又可能是水力粗糙管？是否壁面光滑的管一定是水力光滑管，壁面粗糙的一定是水力粗糙管，为什么？

5-8 简述尼古拉兹实验结果：层流、紊流各流区的 λ 与 Re 和 $\dfrac{\Delta}{d}$ 的关系。

5-9 有两根管道，直径 d、长度 l 和绝对粗糙度 Δ 均相同，一根输送水，另一根输送油，试问：（1）当两管道中液流的流速相等，其沿程水头损失 h_f 是否相等？
（2）两管道中液流的 Re 相等，其沿程水头损失 h_f 是否相等？

5-10 （1）在图 5-25（a）及图 5-25（b）中水流方向分别由小管到大管和由大管到小管，它们的局部水头损失是否相等？为什么？（2）图 5-25（c）和图 5-25（d）为两个突然扩大管，粗管直径均为 D，但两细管直径不相等，$d_A > d_B$，二者通过的流量 Q 相同，哪个局部水头损失大？为什么？

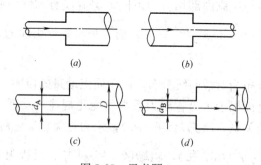

(a)　　　　　　　　(b)

(c)　　　　　　　　(d)

图 5-25　思考题 5-13

<h2 style="text-align:center">习 题</h2>

5-1 圆管直径 $d = 10\text{mm}$，管中水流流速 $v = 0.2\text{m/s}$，水温 $T = 10℃$，（1）判别其液流形态；（2）若流速与水温不变，管径改变为 30mm，管中水流形态又如何？（3）若流速与水温不变，管流由层流转变为紊流时，管直径为多大？

5-2 圆管直径 $d=100\text{mm}$，管中水流流速 $v=100\text{cm/s}$，水温 $T=10℃$，判别其液流形态，并求液流形态转变时的流速。

5-3 断面为矩形的排水沟，沟底宽 $b=20\text{cm}$，水深 $h=15\text{cm}$，流速 $v=0.15\text{m/s}$，水温 $T=15℃$，判别其液流形态。

5-4 某油管输送流量 $Q=5.67×10^{-3}\text{m}^3/\text{s}$ 的燃料油，其运动黏滞系数 $\nu=6.08×10^{-6}\text{m}^2/\text{s}$，试求：保持为层流状态的最大管径 d。

5-5 有一管道，已知：半径 $r_0=15\text{cm}$，层流时水力坡度 $J=0.15$，紊流时水力坡度 $J=0.2$，试求：（1）管壁处的切应力 τ_0；（2）离管轴 $r=10\text{cm}$ 处的切应力 τ。

5-6 有一圆管，在管内通过 $\nu=0.013\text{cm}^2/\text{s}$ 的水，测得通过的流量为 $Q=35\text{cm}^2/\text{s}$，在管长 15m 的管段上测得水头损失为 2cm，试求该圆管内径 d。

5-7 某管路直径 $d=200\text{mm}$，流量 $Q=0.094\text{m}^3/\text{s}$，水力坡度 $J=4.6\%$，求该管道的沿程阻力系数 λ 值。

5-8 做沿程水头损失实验的管道直径 $d=1.5\text{cm}$，量测段长度 $l=4\text{m}$，水温 $T=5℃$，试求：（1）当流量 $Q=0.03\text{L/S}$ 时，管中的液流形态；

（2）此时的沿程水头损失系数 λ；

（3）量测段沿程水头损失 h_f；

（4）为保持管中为层流，量测段的最大测压管水头差 $\dfrac{p_1-p_2}{\rho g}$。

5-9 有一直径 $d=200\text{mm}$ 的新的铸铁管，其当量粗糙度 $\Delta=0.35\text{mm}$，水温 $T=15℃$，试求：（1）维持水力光滑管水流的最大流量；（2）维持粗糙管水流的最小流量。

5-10 有一旧的生锈铸铁管路，直径 $d=300\text{mm}$，长度 $l=200\text{m}$，流量 $Q=0.25\text{m}^3/\text{s}$，当量粗糙度 $\Delta=0.6\text{mm}$，水温 $T=10℃$，试分别用公式法和查图法求沿程水头损失 h_f。

5-11 如图 5-26 所示，水从密闭水箱 A 沿垂直管路压送到上面的敞口水箱 B 中，已知 $d=25\text{mm}$，$l=3\text{m}$，$h=0.5\text{m}$，$Q=1.5\text{L/s}$，阀门 $\zeta=9.3$，壁面当量粗糙度 $\Delta=0.2\text{mm}$，流动处于粗糙区，$\lambda=0.11\left(\dfrac{\Delta}{d}\right)^{0.25}$，求压力表读数。

5-12 明渠中水流为均匀流，水力坡度 $J=0.0009$，明渠底宽为 $b=2\text{m}$，水深 $h=1\text{m}$，粗糙系数 $n=0.014$，计算明渠中通过的流量（分别用曼宁公式和巴氏公式计算）。

5-13 如图 5-27 所示，油在管路中以 $v=1\text{m/s}$ 的速度流动，油的密度 $\rho=920\text{kg/m}^3$，$l=3\text{m}$，$d=25\text{mm}$，水银压差计测得 $h=9\text{cm}$，试求：（1）油在管路中的液流形态；（2）油的运动黏滞系数；（3）若以相同的平均流速反向流动，压差计的读数有何变化？

5-14 如图 5-28 所示，水箱侧壁接出一根由两段不同管径所组成的管路。已知 $d_1=150\text{mm}$，$d_2=75\text{mm}$，$l=50\text{m}$，管道的当量粗糙度 $\Delta=0.6\text{mm}$，水温为 20℃。若管道的出口流速 $v_2=2\text{m/s}$，求（1）水位 H；（2）绘出总水头线和测压管水头线。

5-15 如图 5-29 所示的实验装置，用来测定管路的沿程阻力系数 λ 和当量粗糙度 Δ。已知管径 $d=200\text{mm}$，管长 $l=10\text{m}$，水温 $T=20℃$，测得流量 $Q=0.15\text{m}^3/\text{s}$，水银压差计读数 $h=0.1\text{m}$，试求：（1）沿程阻力系数；（2）管壁的当量粗糙度 Δ。

5-16 如图 5-30 所示 A、B、C 三个水箱，由两段钢管相连接，经过调节使管中产生恒定流动，已知：A、C 箱水面差 $H=10\text{m}$，A、B 水箱间管长 $l_1=50\text{m}$，B、C 水箱间管

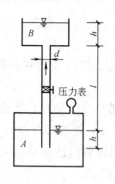

图 5-26 习题 5-11

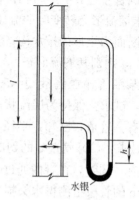

图 5-27 习题 5-13

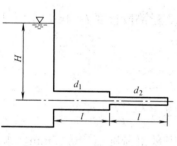

图 5-28 习题 5-14

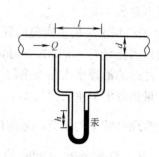

图 5-29 习题 5-15

长 $l_2=40$m，$d_1=250$mm，$d_2=200$mm，$\zeta_弯=0.25$，设流动在粗糙区，$\lambda=0.11\left(\dfrac{\Delta}{d}\right)^{0.25}$，管壁 $\Delta=0.2$mm，试求：（1）管中流量 Q；（2）h_1、h_2 的值。

5-17　如图 5-31 所示为某一水池，通过一根管径 $d=100$mm、管长 $l=800$m 的管道，恒定地放水。已知水池水面和管道出口高差 $H=20$m，管道上有两个弯头，每个弯头的局部阻力系数 $\xi=0.3$，管道进口是直角进口（$\zeta=0.5$）管道全长的沿程阻力系数 $\lambda=0.025$，试求通过管道的流量。

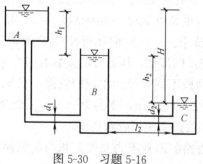

图 5-30 习题 5-16

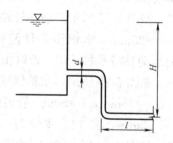

图 5-31 习题 5-17

5-18　为测定 90°弯头的局部阻力系数 ζ，可采用如图 5-32 所示的装置。已知 AB 段管长 $l=10$m，管径 $d=50$mm，$\lambda=0.03$。实测数据为：（1）AB 两断面测压管水头差 $\Delta h=0.629$m；（2）经 2min 流入量水箱的水量 0.329m³。求弯头的局部阻力系数 ξ。

5-19 一直立的突然扩大水管（如图5-33），已知 d_1＝150mm，d_2＝300mm，h＝1.5m，v_2＝3m/s，试确定水银比压计中的水银液面哪一侧较高？差值为多少？

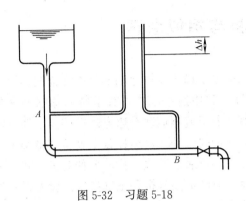

图 5-32 习题 5-18

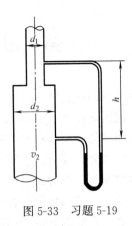

图 5-33 习题 5-19

第6章 量纲分析与相似原理

在流体运动学和流体动力学的章节里，我们推导了描述流体运动的基本方程式。研究流体运动的主要途径之一就是借助各种数学运算，利用这些基本方程求解未知的函数关系，这种方法即为绪论中提到的理论分析法。但是由于流体运动及边界条件的复杂性，使得某些导出的微分方程无法求解；对于一些极其复杂的流动，甚至连数学表达式也难于导出。在这种情况下，常常先要进行定性的理论分析，或通过试验，找出各种变量之间的内在的关系。此时，量纲分析与相似原理可以为我们提供定性分析和正确提出试验方案及处理数据的方法。在量纲分析和相似原理指导下的科学试验，不仅可以验证理论分析、弥补理论分析的不足，有时还可解决理论分析难于解决的问题。

本章主要介绍量纲分析方法、流动相似、相似准则以及模型设计。

6.1 量 纲 分 析

6.1.1 量纲和量纲一的量

在绪论中，已经谈到，每一个物理量都包括量的数值及量的种类（如长度、时间、质量……），而物理量的种类习惯上就称为量纲（或因次）。量纲就其基本性质而论，可以为分两类，即基本量纲与导出量纲。在水力学中，常用质量 M、长度 L 及时间 T 作为基本量纲（它们之间是彼此独立的），其他量的量纲则为导出量纲，它们都可以由这三种量纲以不同方式组合而成的。例如速度 v、运动黏滞系数 ν、流量 Q 等的量纲可以表示为 $dimv = LT^{-1}$；$dim\nu = L^2 T^{-1}$；$dimQ = L^3 T^{-1}$……表 6-1 列出了水力学中常见物理量的量纲。

量纲一的量即无量纲量，也称为纯数。例如，水力坡度 $J = h_w/l$，其量纲 $dimJ = L/L = 1$，就是一个量纲一的量，它反映流体的总水头沿程减少的情况，不论所选用的长度单位是米还是英尺，只要形成该水力坡度的条件不变，其值将不变。再例如，判断流动状态的雷诺数 $Re = \dfrac{vd}{\nu}$，其量纲 $dimRe = \dfrac{LT^{-1}L}{L^2 T^{-1}} = L^0 T^0 M^0 = 1$，故 Re 为量纲一的量。量纲一的量可以避免因选用的单位不同而引起数值不同，应用十分方便。

6.1.2 量纲和谐原理

大量事实证明，凡是正确反映客观规律的物理方程式，必然是一个齐次量纲式（即式中各项的量纲应是相同的），此即量纲和谐原理。

例如，连续方程 $v_1 A_1 = v_2 A_2$，方程中各项的量纲均为 $L^3 T^{-1}$；动量方程 $\rho Q(\beta_2 \vec{v}_2 - \beta_1 \vec{v}_1) = \sum \vec{F}$，方程中各项的量纲均为 LMT^{-2}；能量方程 $z_1 + \dfrac{p_1}{\rho g} + \dfrac{\alpha_1 v_1^2}{2g} = z_2 + \dfrac{p_2}{\rho g} + \dfrac{\alpha_2 v_2^2}{2g}$，方程中各项的量纲均为 L。

物 理 量		量纲(LTM 制)	单位(国际单位制 SI)
几何学的量	长度	L	m
	面积	L^2	m²
	体积	L^3	m³
	水头	L	m
	面积矩	L^4	m⁴
运动学的量	时间	T	s
	流速	LT^{-1}	ms⁻¹
	加速度	LT^{-2}	ms⁻²
	角速度	T^{-1}	s⁻¹
	流量	L^3T^{-1}	m³s⁻¹
	单宽流量	L^2T^{-1}	m²s⁻¹
	环量	L^2T^{-1}	m²s⁻¹
	流函数	L^2T^{-1}	m²s⁻¹
	速度势	L^2T^{-1}	m²s⁻¹
	运动黏度	L^2T^{-1}	m²s⁻¹
动力学的量	质量	M	kg
	力	MLT^{-2}	N
	密度	ML^{-3}	kgm⁻³
	动力黏度	$ML^{-1}T^{-1}$	Pa·s
	压强	$ML^{-1}T^{-1}$	Pa
	切应力	$ML^{-1}T^{-2}$	Pa
	弹性模量	$ML^{-1}T^{-2}$	Pa
	表面张力	MT^{-2}	Nm⁻¹
	动量	MLT^{-1}	kgms⁻¹
	功、能	ML^2T^{-2}	J=N·m
	功率	ML^2T^{-3}	W

利用量纲和谐原理可以检验某一物理方程式的正确性。当发现经验公式的量纲不一致时，必须根据量纲和谐原理，定出式中各项所采用的单位，在应用这类公式时要注意采用所规定的单位，不得更换。例如，水力学中仍普遍采用的谢齐—曼宁公式：

$$v = \frac{1}{n}R^{\frac{2}{3}}J^{\frac{1}{2}}$$

式中　v——平均流速，量纲为 LT^{-1}；

　　　R——水力半径，具有长度量纲 L；

　　　n——糙率；

　　　J——水力坡度。

上式右端 J 是无量纲的，数值"1"也不应有量纲，如果上式是和谐的，则糙率 n 必须具有 $TL^{-1/3}$ 的量纲，但表示壁面粗糙程度的 n 具有时间的量纲显然是不合理的。所以，谢齐-曼宁公式在量纲上是不和谐的。因此，在应用上述公式时，规定流速 v 的单位以 "ms⁻¹" 计，水力半径 R 的单位必须是 "m"。

6.1.3　π 定理

任一物理过程，不仅各物理量之间关系有规律性，而且这些物理量相应的量纲之间也存在规律性。利用量纲之间的规律性去推求各物理量之间的规律性的方法称为量纲分析法。π 定理是具有普遍性的量纲分析法，它首先由布金汉（Buckingham，1914）提出的，所以也叫布金汉定理。

π 定理可表述如下：任何一物理过程，包括 $k+1$ 个有量纲的物理量，如果选择其中 m 个作为基本物理量，那么该物理过程可以由 $[(k+1)-m]$ 个量纲一的量所组成的关系式来描述。

设某一物理过程含有 $k+1$ 个物理量（其中 1 个因变量 N，k 个自变量 N_1，N_2，N_3，…，N_k），其数学表达式可写为：

$$N = f(N_1, N_2, N_3, \cdots, N_k) \tag{6-1}$$

假设选用 N_1、N_2、N_3 三个物理量作为基本物理量（应分别为几何学的量、运动学的量和动力学的量），则其余物理量 N，N_4，…，N_k 的量纲均可用该三个物理量的量纲来表示，其相应的量纲一的量为 π，π_4，…，π_k，那么该物理过程可由量纲一的量所组成的关系式来描述：

$$\pi = f(\pi_4, \pi_5, \pi_6, \cdots, \pi_k) \tag{6-2}$$

$$\pi = \frac{N}{N_1^x N_2^y N_3^z} \tag{6-3a}$$

$$\pi_k = \frac{N_k}{N_1^{x_k} N_2^{y_k} N_3^{z_k}} \tag{6-3b}$$

其中 x、y、z 以及 x_k、y_k、z_k 可由分子与分母的量纲相等来确定。

利用 π 定理，可以推求某一物理过程的函数关系。但应当指出，不要误认为可以把 π 定理作为万能工具，通过推导演算即可找到表达任何物理过程的方程式。恰恰相反，π 定理的应用，必须依赖于通过理论分析或实验研究对所研究的物理过程的深入了解，正确地确定影响该物理过程的主要物理量。否则，即使量纲分析本身完全正确，也可能导致错误结论。

【例 6-1】 已知有压管流两断面的压强差 Δp 受下列因素影响：断面平均流速 v、圆管直径 d、运动黏滞系数 ν、管道长度 l、管壁面粗糙度 Δ 及液体密度 ρ。试用 π 定理推求压强差 Δp 的表达式。

【解】 依题意，可写成如下的函数关系：

$$\Delta p = f(v、d、\rho、\nu、l、\Delta)$$

今选 v、d、ρ 作为基本物理量，则由式（6-3）得：

$$\pi = \frac{\Delta p}{v^x d^y \rho^z} = \frac{ML^{-1}T^{-2}}{(LT^{-1})^x (L)^y (ML^{-3})^z}$$

上式等号右边分子分母的量纲应相等，则

$$dim \Delta p = dim \ (v^x d^y \rho^z)$$

即

$$ML^{-1}T^{-2} = (LT^{-1})^x (L)^y (ML^{-3})^z$$

由量纲和谐原理，对于 M，$1 = z$；

对于 T，$-2 = -x$，解出 $x = 2$；

对于 L，$-1 = x + y - 3z$，解出 $y = 0$。

则 $\pi = \dfrac{\Delta p}{\rho v^2}$。

同理，

$$\pi_4 = \frac{\nu}{v^{x_4} d^{y_4} \rho^{z_4}}$$

$$dim\,\nu = dim(v^{x_4} d^{y_4} \rho^{z_4})$$

$$L^2 T^{-1} = (LT^{-1})^{x_4}(L)^{y_4}(ML^{-3})^{z_4}$$

解出，$x_4 = 1$，$y_4 = 1$，$z_4 = 0$，所以，$\pi_4 = \dfrac{\nu}{vd}$。

同理可解出，$\pi_5 = \dfrac{1}{d}$；$\pi_6 = \dfrac{\Delta}{d}$。

根据式（6-2），上述物理过程可表示为：

$$\frac{\Delta p}{\rho v^2} = f\left(\frac{\nu}{vd},\ \frac{l}{d},\ \frac{\Delta}{d}\right)$$

大量实验表明，压强损失与管长 l 成正比，与管径 d 成反比，而 $\dfrac{\nu}{vd} = \dfrac{1}{Re}$，$Re$ 为雷诺数。所以上式可写为：

$$\frac{\Delta p}{\rho v^2} = f_1\left(Re,\ \frac{\Delta}{d}\right)\frac{l}{d} \quad 或 \quad \frac{\Delta p}{\rho g} = f_2\left(Re,\ \frac{\Delta}{d}\right)\frac{l}{d}\frac{v^2}{2g}$$

令 $f_2\left(Re,\ \dfrac{\Delta}{d}\right) = \lambda$，上式可写为

$$\frac{\Delta p}{\rho g} = \lambda\frac{l}{d}\frac{v^2}{2g}$$

如以水头损失 h_f 表示，则上式可写为：

$$h_f = \lambda\frac{l}{d}\frac{v^2}{2g} \tag{6-4}$$

上式即熟知的达西（Darcy）公式，其中 λ 称为沿程阻力系数，与 Re、$\dfrac{\Delta}{d}$ 有关。

【例 6-2】 试验研究表明，壁面切应力 τ_0 与下列各因素有关：断面平均流速 v、水力半径 R、液体密度 ρ、液体的动力黏滞系数 μ 及壁面粗糙度 Δ。试用 π 定理推求 τ_0 的表达式。

【解】 依题意，可写成如下的函数关系：

$$\tau_0 = f(R,\ v,\ \rho,\ \mu,\ \Delta)$$

今选择 ρ、v、R 三个物理量作为基本物理量，由式（6-3）可得

$$\pi = \frac{\tau_0}{\rho^x v^y R^z}$$

上式等号右边分子分母的量纲应相等，则

$$dim\,\tau_0 = dim(\rho^x v^y R^z)$$

即

$$ML^{-1}T^{-2} = (ML^{-3})^x(LT^{-1})^y L^z$$

上式等号两边相同量纲的指数应相等

对 M 来说	$1=x$
对 L 来说	$-1=-3x+y+z$
对 T 来说	$-2=-y$

解方程组，得

$$\begin{cases} x=1 \\ y=2 \\ z=0 \end{cases}$$

代入 π 的表达式，得

$$\pi=\frac{\tau_0}{\rho v^2}$$

用同样方法可求得

$$\pi_4=\frac{\mu}{\rho v R}=\frac{\nu}{v R}=\frac{1}{Re}$$

$$\pi_5=\frac{\Delta}{R}$$

式中 $Re=\dfrac{vR}{\nu}$ 称为雷诺数。将所求得的 π、π_4、π_5 代入式（6-2），得

$$\frac{\tau_0}{\rho v^2}=f\left(\frac{1}{Re},\ \frac{\Delta}{R}\right) \quad 或 \quad \tau_0=f\left(\frac{1}{Re},\ \frac{\Delta}{R}\right)\rho v^2$$

令 $\lambda=8f\left(\dfrac{1}{Re},\ \dfrac{\Delta}{R}\right)$，则

$$\tau_0=\frac{\lambda}{8}\rho v^2 \tag{6-5}$$

式中 λ 为沿程阻力系数，与 Re、$\dfrac{\Delta}{R}$ 有关。

6.2 流动相似的概念

模型试验方法是研究流体运动的重要手段之一。水力模型试验的实质，就是针对要研究的水流现象，按工程设计（原型）制作成模型（一般是缩小），然后进行试验研究，模拟水流现象，解决工程实际问题。如何制作一个模型，在试验中做到模型与原型的水流现象相似，如何将模型中的试验成果应用到原型中去，均须借助于相似理论。

要做到模型与原型的水流现象相似，并且把模型试验结果应用于原型，则模型与原型须做到几何相似、运动相似及动力相似，初始条件及边界条件亦应相似。在下面的叙述中，原型中的物理量注以下标 p，模型中的物理量注以下标 m。

6.2.1 几何相似

几何相似是指原型和模型的线性变量间存在着固定的比例关系，即对应的线性长度的比值相等。设 l_p 为原型的线性长度，l_m 为模型的线性长度，则长度比尺（或线性比尺或几何比尺）为：

$$\lambda_l=\frac{l_p}{l_m} \tag{6-6}$$

由此可推导出面积比尺和体积比尺，即

$$\lambda_A = \frac{A_p}{A_m} = \frac{l_p^2}{l_m^2} = \lambda_l^2 \tag{6-7}$$

$$\lambda_V = \frac{V_p}{V_m} = \frac{l_p^3}{l_m^3} = \lambda_l^3 \tag{6-8}$$

6.2.2　运动相似

运动相似是指原型和模型两个流动中的相应质点，沿着几何相似的轨迹运动，而且运动相应线段的相应时间比值相等。或者说，当两个流动的速度场（或加速度场）几何相似，则两个流动就运动相似。因此，时间比尺、速度比尺、加速度比尺可分别表示为：

$$\lambda_t = \frac{t_p}{t_m} \tag{6-9}$$

$$\lambda_u = \frac{u_p}{u_m} = \frac{l_p/t_p}{l_m/t_m} = \frac{\lambda_l}{\lambda_t} \tag{6-10}$$

$$\lambda_a = \frac{a_p}{a_m} = \frac{u_p/t_p}{u_m/t_m} = \frac{\lambda_u}{\lambda_t} = \frac{\lambda_l}{\lambda_t^2} \tag{6-11}$$

6.2.3　动力相似

动力相似是指原型和模型中相应点处流体质点所受的同名力的方向相同且具有同一比值。

当动力相似时，模型与原型相应点处质点的同名力 F（如重力 G、黏滞力 T、压力 P、表面张力 S、弹性力 E、惯性力 I）的比值相等，则力的比尺可表示为：

$$\lambda_F = \frac{F_p}{F_m} = \frac{G_p}{G_m} = \frac{T_p}{T_m} = \frac{P_p}{P_m} = \frac{S_p}{S_m} = \frac{E_p}{E_m} = \frac{I_p}{I_m} \tag{6-12}$$

或

$$\lambda_F = \lambda_G = \lambda_T = \lambda_P = \lambda_S = \lambda_E = \lambda_I \tag{6-13}$$

以上三种相似是模型和原型两流动保持完全相似的重要特征。几何相似是运动相似和动力相似的前提，动力相似是决定模型和原型流动相似的主导因素，运动相似是几何相似和动力相似的具体表现。

6.2.4　初始条件和边界条件的相似

任何流动过程的发展都受到初始状态的影响。如初始时刻的流速、加速度、密度、温度等运动要素是否随时间变化对其后的流动过程起重要作用，因此要使模型与原型中的流动相似，应使其初始状态的运动要素相似。在非恒定流中，必须保证流动各运动要素初始条件的相似；在恒定流中，初始条件则失去意义。

边界条件同样是影响流动过程的重要因素。边界条件是指模型和原型中对应的边界的性质相同、几何尺度成比例。如原型中是固体壁面，则模型中对应的部分也应是固体壁面；原型中是自由液面，则模型中对应部分也应是自由液面。

6.3　相似准则

6.3.1　一般相似准则

对于相似流动，各比尺（λ_l、λ_t、λ_u…）的选择并不是任意的，它们之间是有着一定的关系，可以通过牛顿相似定律表述。

作用于流体中任一质点上诸力的合力可以用质量和加速度的乘积来表示，即牛顿第二定律 $F=ma$。于是，力的比尺可表示为：

$$\lambda_F = \frac{F_p}{F_m} = \frac{(ma)_p}{(ma_m)} = \frac{(\rho V a)_p}{(\rho V a)_m} = \lambda_\rho \lambda_l^3 \lambda_l \lambda_t^{-2} = \lambda_\rho \lambda_l^2 \lambda_u^2$$

或写为：

$$\frac{\lambda_F}{\lambda_\rho \lambda_l^2 \lambda_u^2} = 1 \tag{6-14}$$

式（6-14）也可改写为：

$$\frac{F_p}{\rho_p l_p^2 u_p^2} = \frac{F_m}{\rho_m l_m^2 u_m^2} \tag{6-15}$$

式中，$\frac{F}{\rho l^2 u^2}$ 为量纲一的量（无量纲纯数），称为牛顿数（或牛顿相似准数），以 Ne 表示。

式（6-15）表明，两流动的动力相似，归结为牛顿数相等，即

$$(Ne)_p = (Ne)_m \tag{6-16}$$

上式称为牛顿相似准则，它是流动相似的一般准则。

自然界的水流运动一般都受到多种力的作用（如重力、黏滞力……），但在不同的流动现象中，这些力的影响程度有所不同。要使流动完全满足牛顿相似准则，就要求作用在相应点上各种同名力具有同一力的比尺。但由于各种力的性质不同，影响它们的因素不同，实际上很难做到这一点。在某一具体流动中占主导地位的力往往只有一种，因此在模型试验中只要让这种力满足相似条件即可。这种相似虽然是近似的，但实践证明，结果是令人满意的。下面分别介绍只考虑一种主要作用力的相似准则。

6.3.2 重力相似准则（弗劳德准则）

当作用在流体上的外力主要为重力时，只要将重力代替牛顿相似准则中的 F，就可求出只有重力作用下的流动相似准则。重力 $G=mg=\rho g V$，作用于模型和原型的两流动相应质点的重力成比例，则

$$\lambda_G = \frac{G_p}{G_m} = \frac{m_p g_p}{m_m g_m} = \frac{\rho_p l_p^3 g_p}{\rho_m l_m^3 g_m} = \lambda_\rho \lambda_l^3 \lambda_g$$

根据式（6-13）$\lambda_F = \lambda_G$ 和式（6-14），有

$$\lambda_\rho \lambda_l^3 \lambda_g = \lambda_\rho \lambda_l^2 \lambda_u^2$$

即

$$\frac{\lambda_u^2}{\lambda_g \lambda_l} = 1 \tag{6-17}$$

或

$$\frac{u_p^2}{g_p l_p} = \frac{u_m^2}{g_m l_m}$$

开方后有

$$\frac{u_p}{\sqrt{g_p l_p}} = \frac{u_m}{\sqrt{g_m l_m}} \tag{6-18}$$

式中，$\frac{u}{\sqrt{gl}}$ 为量纲一的量，称为弗劳德数，以 Fr 表示，即

$$Fr = \frac{u}{\sqrt{gl}}$$

所以，式（6-18）可写为

$$(Fr)_p = (Fr)_m \qquad\qquad (6-19)$$

式（6-19）表明，在重力作用下的相似系统，其弗劳德数应该是相等的，称为重力相似准则，或称弗劳德准则。

6.3.3 黏滞力相似准则（雷诺准则）

当作用力主要为黏滞力时，则作用于模型和原型的两流动相应的黏滞力成一固定比例，根据牛顿内摩擦定律，黏滞力 $T = \mu A \dfrac{\mathrm{d}u}{\mathrm{d}y}$，又 $\mu = \rho v$，则

$$\lambda_T = \frac{T_p}{T_m} = \lambda_\rho \lambda_v \lambda_l^2 \lambda_u \lambda_l^{-1} = \lambda_\rho \lambda_v \lambda_l \lambda_u$$

根据式（6-13）$\lambda_F = \lambda_T$ 和式（6-14），则 $\lambda_\rho \lambda_v \lambda_l \lambda_u = \lambda_\rho \lambda_l^2 \lambda_u^2$，即

$$\frac{\lambda_u \lambda_l}{\lambda_v} = 1 \qquad\qquad (6-20)$$

或写成

$$\frac{u_p l_p}{v_p} = \frac{u_m l_m}{v_m}$$

式中，$\dfrac{ul}{v}$ 为量纲一的量，称为雷诺数，以 Re 表示，即

$$(Re)_p = (Re)_m \qquad\qquad (6-21)$$

式（6-21）表明，在单一黏滞力作用下的相似系统，其雷诺数应该相等，称为黏滞力相似准则，或称雷诺准则。

6.3.4 欧拉准则

当作用力主要为压力时，作用于模型和原型的相应质点上的动水压力成一固定比例。压力 $P = pA$，p 为压强，A 为面积。所以

$$\lambda_P = \frac{p_p A_p}{p_m A_m} = \lambda_p \lambda_L^2$$

根据式（6-13）$\lambda_F = \lambda_P$ 和式（6-14），则 $\lambda_p \lambda_L^2 = \lambda_\rho \lambda_l^2 \lambda_u^2$，即

$$\frac{\lambda_p}{\lambda_u^2 \lambda_\rho} = 1 \qquad\qquad (6-22)$$

或写成

$$\frac{p_p}{u_p^2 \rho_p} = \frac{p_m}{u_m^2 \rho_m}$$

式中，$\dfrac{p}{u^2 \rho} = Eu$，为欧拉数，则

$$(Eu)_p = (Eu)_m \qquad\qquad (6-23)$$

式（6-23）表明，在单一动水压力作用下的相似系统，其欧拉数应该是相等的，称为欧拉准则。

6.3.5 表面张力相似准则

当作用力主要为表面张力时，根据表面张力 $S = \sigma l$，则力比尺写为：

$$\lambda_S = \lambda_\sigma \lambda_l$$

根据式（6-13）$\lambda_F = \lambda_S$ 和式（6-14），则 $\lambda_\sigma \lambda_l = \lambda_\rho \lambda_l^2 \lambda_u^2$，即

$$\frac{\lambda_\rho \lambda_l \lambda_u^2}{\lambda_\sigma} = 1 \tag{6-24}$$

或写为

$$\frac{\rho_p l_p u_p^2}{\sigma_p} = \frac{\rho_m l_m u_m^2}{\sigma_m}$$

式中，韦伯数 $We = \dfrac{\rho l u^2}{\sigma}$，所以

$$(We)_p = (We)_m \tag{6-25}$$

式（6-25）表明，在单一表面张力作用下的相似系统，其韦伯数相等，称为韦伯准则。

6.3.6　弹性力相似准则

当作用主要为弹性力时，因弹性力 E 可表示为 $E = Kl^2$，K 为体积弹性系数，则有

$$\lambda_E = \lambda_K \lambda_l^2$$

根据式（6-13）$\lambda_F = \lambda_E$ 和式（6-14），则 $\lambda_K \lambda_l^2 = \lambda_\rho \lambda_l^2 \lambda_u^2$，即

$$\frac{\lambda_\rho \lambda_u^2}{\lambda_K} = 1$$

或写成

$$\frac{\rho_p u_p^2}{K_p} = \frac{\rho_m u_m^2}{K_m}$$

式中，柯西数 $Ca = \dfrac{\rho u^2}{K}$，所以

$$(Ca)_p = (Ca)_m \tag{6-26}$$

式（6-26）表明，在单一弹性力作用下的相似系统，其柯西数应该相等，称为柯西准则。

6.4　模　型　设　计

在进行水力模型试验之前，应首先依据相似理论进行模型设计，计算模型各种比尺。当长度比尺 λ_l 确定后，根据占主导地位的作用力去选择相应的相似准则，确定模型中各物理量的比尺。例如，当重力为主时，选择弗劳德准则设计模型；当黏滞力为主时，选择雷诺准则设计模型。

6.4.1　重力起主导作用的水力模型

对于重力起主导作用的流动，应保证模型和原型的弗劳德数相等，即按弗劳德相似准则设计模型。由式（6-17）

$$\frac{\lambda_u^2}{\lambda_g \lambda_l} = 1$$

可得出流速比尺

$$\lambda_u = \sqrt{\lambda_g \lambda_l}$$

通常 $\lambda_g = 1$，所以

$$\lambda_u = \lambda_l^{1/2} \tag{6-27}$$

流量比尺

$$\lambda_Q = \lambda_A \lambda_u = \lambda_l^2 \lambda_l^{1/2} = \lambda_l^{5/2} \qquad (6\text{-}28)$$

时间比尺

$$\lambda_t = \lambda_l / \lambda_u = \lambda_l / \lambda_l^{1/2} = \lambda_l^{1/2} \qquad (6\text{-}29)$$

力的比尺

$$\lambda_F = \lambda_\rho \lambda_l^2 \lambda_u^2 = \lambda_\rho \lambda_l^2 \ (\lambda_l^{1/2})^2 = \lambda_\rho \lambda_l^3 \qquad (6\text{-}30)$$

当模型和原型的流体相同时，$\lambda_\rho = 1$，则上式为 $\lambda_F = \lambda_l^3$。

其他量的比尺列于表 6-2。

【例 6-3】 某溢流坝的最大下泄流量为 $1000\text{m}^3/\text{s}$，选定模型长度比尺 $\lambda_l = 60$。求模型中最大流量？如在模型中测得坝上水头 H_m 为 8cm，测得模型坝趾处收缩断面流速 v_m 为 1m/s，求原型坝上水头和收缩断面流速各为多少？

【解】 为了使模型水流能与原型水流相似，首先必须做到几何相似。由于溢流现象中起主导作用的是重力，其他作用力如黏滞力和表面张力等均可忽略，必须满足重力相似准则。

根据重力相似准则，流量比尺为：

$$\lambda_Q = \lambda_l^{5/2} = 60^{5/2} = 27900$$

则模型中流量

$$Q_m = \frac{Q_p}{\lambda_Q} = \frac{1000}{27900} = 0.0358\text{m}^3/\text{s}$$

因为长度比尺 $\lambda_l = \dfrac{H_p}{H_m}$，所以原型坝上水头为：

$$H_p = H_m \lambda_l = 8 \times 60 = 480\text{cm} = 4.8\text{m}$$

流速比尺为 $\lambda_v = \lambda_l^{1/2} = 7.75$，则收缩断面处原型流速为

$$v_p = v_m \lambda_v = 1 \times 7.75 = 7.75\text{m}/\text{s}$$

6.4.2 黏滞力起主导作用的水力模型

对于黏滞力起主导作用的流动，应保证模型和原型的雷诺数相等，即按雷诺相似准则设计模型。由式（6-20）

$$\frac{\lambda_u \lambda_l}{\lambda_\nu} = 1$$

可得流速比尺为：

$$\lambda_u = \lambda_\nu \lambda_l^{-1} \qquad (6\text{-}31)$$

流量比尺、时间比尺和力的比尺分别为：

$$\lambda_Q = \lambda_\nu \lambda_l \qquad (6\text{-}32)$$
$$\lambda_t = \lambda_l^2 \lambda_\nu^{-1} \qquad (6\text{-}33)$$
$$\lambda_F = \lambda_\rho \lambda_\nu^2 \qquad (6\text{-}34)$$

若试验时模型中采用与原型相同介质，$\lambda_\nu = 1$，$\lambda_\rho = 1$，则

$$\lambda_u = \lambda_l^{-1}, \ \lambda_Q = \lambda_l, \ \lambda_t = \lambda_l^2, \ \lambda_F = 1, \ \cdots\cdots$$

其他量的比尺列于表 6-2。

各相似准则的模型比尺关系 $(\lambda_\rho=1,\ \lambda_\nu=1)$ 表 6-2

名　称	比　　尺			
	弗劳德准则 （重力）	雷诺准则 （黏滞力）	韦伯准则 （表面张力）	柯西准则 （弹性力）
线性比尺 λ_L	λ_l	λ_l	λ_l	λ_l
面积比尺 λ_A	λ_l^2	λ_l^2	λ_l^2	λ_l^2
体积比尺 λ_V	λ_l^3	λ_l^3	λ_l^3	λ_l^3
流速比尺 λ_v	$\lambda_l^{1/2}$	λ_l^{-1}	$\lambda_\sigma^{1/2}\lambda_l^{-1/2}$	$\lambda_K^{1/2}$
流量比尺 λ_Q	$\lambda_l^{5/2}$	λ_l	$\lambda_\sigma^{1/2}\lambda_l^{2/3}$	$\lambda_K^{1/2}\lambda_l^2$
时间比尺 λ_t	$\lambda_l^{1/2}$	λ_l^2	$\lambda_\sigma^{1/2}\lambda_l^{2/3}$	$\lambda_K^{-1/2}\lambda_l$
力的比尺 λ_F	λ_l^3	$\lambda_l^0=1$	$\lambda_\sigma\lambda_l$	$\lambda_K\lambda_l^2$
压强比尺 λ_p	λ_l	λ_l^{-2}	$\lambda_\sigma\lambda_l^{-1}$	λ_K
功的比尺 λ_W	λ_l^4	λ_l	$\lambda_\sigma\lambda_l^2$	$\lambda_K\lambda_l^3$
功率比尺 λ_N	$\lambda_l^{3.5}$	λ_l^{-1}	$\lambda_\sigma^{3/2}\lambda_l^{1/2}$	$\lambda_K^{3/2}\lambda_l^2$

6.4.3　同时考虑重力和黏滞力的水流模型

对于重力和黏滞力同时起主要作用的水流，若保证模型和原型中的重力和黏滞力同时相似，应同时满足弗劳德准则和雷诺准则。

由弗劳德准则，重力作用要求流速比尺 $\lambda_u=\lambda_l^{1/2}$；由雷诺准则，黏滞力作用要求流速比尺 $\lambda_u=\lambda_\nu\lambda_l^{-1}$。重力和黏滞力同时作用，上述流速比尺必须同时成立，则有

$$\lambda_l^{1/2}=\lambda_\nu\lambda_l^{-1}$$

或写为

$$\lambda_\nu=\lambda_l^{1.5} \quad \text{或} \quad \nu_m=\frac{\nu_p}{\lambda_l^{1.5}} \tag{6-35}$$

上式表明，要实现重力与黏滞力同时相似，则要求模型中液体的运动黏滞系数 ν_m 要缩小到原型运动黏滞系数 ν_p 的 $\lambda_l^{1.5}$ 倍，这显然是难于实现或很不经济的。若模型与原型为同一介质，即 $\lambda_\nu=1$，只有当 $\lambda_l=1$ 时式（6-33）才能满足，即为原型。因此，一般说来，同时满足上述两个相似准则的模型，是不易做到的。

但在水流处于紊流阻力平方区时，情况则有所不同。我们知道，雷诺数 Re 是判别流动形态的标准，Re 不同，流动形态就不同。不同的流动形态，黏滞力对流动阻力的影响是不同的。当 Re 超过某一数值以后进入紊流阻力平方区，阻力系数就不再随 Re 而变化。也就是在一定的 Re 范围内，阻力的大小与 Re 无关，这个流动范围称为自模区。在这种情况下，只要维持模型水流处于阻力平方区，就只须保持重力相似（Fr 数相等），即可获得相似的水流。

许多实际流动通常处于自模区，在这个区的阻力相似就不必要求 Re 的相等。明渠流动大都属于自模区，因此河流模型都按佛劳德准则设计，同时只要求模型中的水流进入自模区，不要求 Re 的相等。

6.4.4　模型设计应注意的问题

在进行水力模型试验时，首先确定该水力现象中起主要作用的力，进而选定相似准则。选择模型长度比尺时，除了应当考虑研究周期、经费、占用场地面积、实验室所能提

供的流量及量测技术精度等方面外，还应注意以下事项：

（1）流态相似。大多数水工建筑物模型试验、波浪模型试验及河工模型试验中均采用弗劳德准数。当按弗劳德准则设计模型时，模型长度比尺的选择要确保模型中水流的流态与原型中流态相似，否则就不能达到水流相似的目的。

（2）糙率相似。在水工建筑物水力模型试验的许多情况中（例如研究溢流坝的流量系数、上下游水流的衔接形式等），由于结构物纵向长度较短（高溢流坝除外），局部阻力起主导作用，保证模型的几何相似即可近似达到阻力相似（因紊流中局部阻力仅与几何形状有关）。此外，在港工模型试验中，由于在波浪运动中黏滞力的影响较小，常可不加以考虑。故在以上所提到的情况中，重力占有主要的作用。因此，流动相似的决定准数为 Fr，按弗劳德准则设计的模型可以不必严格考虑粗糙方面的相似，对水力模型试验的结果不致产生太大的影响。

但是在河工模型、高坝溢流及船闸输水廊道等的试验中，则必须考虑沿程阻力的影响，即在模型中应当保证粗糙方面的相似。

欲实现水流的阻力相似，须使模型与原型中的水流阻力系数相等。在紊流中的阻力系数，根据曼宁公式

$$C = \frac{1}{n} R^{1/6}$$

即

$$\lambda_C = \lambda_n^{-1} \lambda_R^{1/6}$$

对正态模型（即水平比尺与垂向比尺相同），$\lambda_R = \lambda_l$，则上式变为：

$$\lambda_C = \lambda_n^{-1} \lambda_l^{1/6}$$

若保证相似，则 $\lambda_C = 1$，故

$$\lambda_n = \lambda_l^{1/6} \tag{6-36a}$$

或

$$n_m = \frac{n_p}{\lambda_l^{1/6}} \tag{6-36b}$$

式（6-36）说明，欲使模型与原型粗糙方面保持相似，则模型糙率 n_m 应较原型糙率 n_p 缩小 $\lambda_l^{1/6}$。例如，原型混凝土溢流道表面糙率 $n_p = 0.012$，若模型长度比尺 $\lambda_l = 40$ 时，糙率比尺 $\lambda_n = \lambda_l^{1/6} = 1.85$，则模型溢流道表面糙率 $n_m = 0.0065$，有机玻璃糙率约为 0.008，因此可采用有机玻璃制作模型溢流道。

（3）对主导作用力为重力的流动，采用按弗劳德准则设计模型，忽略黏性力。但实际上黏性力确实存在，它对试验结果有一定影响，故在模型设计时必须考虑。一般要求模型中雷诺数达到某一定值，以保证模型中液流在阻力平方区把黏性力的影响限制在可忽略的范围，这也是模型几何比尺选择的限制条件。

（4）对模型中最小水深还有一些限制条件，如模型水深 $h_m > 0.05\text{m}$，否则应考虑表面张力的影响。

（5）试验时，应遵守相关的模型试验规范。

下面举例说明模型设计及应注意的问题。

【例6-4】 桥的过流能力水力模型试验。

（1）工程资料：现状河道，平均河宽 $B_p=169.7$m，平均水深 $h_p=4.1$m，流量 $Q_p=1600$m³/s，河堤比现状水深高0.5m，拟在河中央修一桥墩，桥墩长 $l_p=24$m，桥墩宽 $b_p=4.3$m，桥墩面及桥下混凝土的粗糙系数 $n_p=0.014$。

（2）试验内容：验证过流能力。

（3）实验室条件：场地足够大，供水能力为 $Q=0.17$m³/s。

【解】 （1）模型相似准则及几何比尺的确定

桥下过流时水流有自由表面，是重力流，采用重力相似准则设计模型。因为场地足够大，初拟几何比尺 $\lambda_l=40$，计算其他量比尺。

流速比尺 $\qquad\qquad\qquad \lambda_v=\lambda_l^{1/2}=40^{1/2}=6.32$

流量比尺 $\qquad\qquad\qquad \lambda_Q=\lambda_l^{2.5}=10119.29$

糙率比尺 $\qquad\qquad\qquad \lambda_n=\lambda_l^{1/6}=1.85$

校核实验室供水能力：$Q_m=\dfrac{Q_p}{\lambda_Q}=\dfrac{1600}{10119.29}=0.158$m³/s$<Q=0.17$m³/s，满足供水能力。

校核粗糙系数的相似性：模型粗糙系数 $n_m=n_p/\lambda_n=0.014/1.85=0.0076$，有机玻璃 $n=0.008$，用有机玻璃可以做到糙率相似。

（2）验算水流流态

原型中流速 $\qquad\qquad v_p=\dfrac{Q_p}{B_p h_p}=\dfrac{1600}{169.7\times4.1}=2.30$m/s

模型中流速 $\qquad\qquad v_m=\dfrac{v_p}{\lambda_v}=\dfrac{2.30}{6.32}=0.36$m/s

原型水力半径 $\qquad R_p=\dfrac{A_p}{x_p}=\dfrac{B_p\cdot h_p}{B_p+2h_p}=\dfrac{169.7\times4.1}{169.7+2\times4.1}=3.926$m

模型水力半径 $\qquad R_m=\dfrac{R_p}{\lambda_l}=\dfrac{3.926}{40}=0.098$m

水温取20℃，$\nu=0.0101$cm²/s，则模型水流雷诺数为：

$$Re_m=\dfrac{v_m R_m}{\nu}=\dfrac{0.36\times10^2\times0.098\times10^2}{0.0101}=3.6\times10^4$$

模型水流在阻力平方区。

（3）模型设计与制作

确定几何比尺 $\lambda_l=40$，由几何比尺计算其他几何量：

模型桥墩长 $\qquad\qquad l_m=\dfrac{l_p}{\lambda_l}=\dfrac{24}{40}=0.60$m

模型桥墩宽 $\qquad\qquad b_m=\dfrac{b_p}{\lambda_l}=\dfrac{4.3}{40}=0.11$m

模型桥墩间距 $\qquad\qquad B_m=\dfrac{B_p}{\lambda_l}=2.25$m

按上述尺寸，材料用有机玻璃，按图加工模型。

（4）试验与试验报告

测量模型流量 Q_m 及桥前壅水深度 h_m，并换算到原型，分析试验结果，撰写试验报告。

本 章 小 结

1. 在水力学中，一般以质量 M、长度 L 及时间 T 作为基本量纲，其他物理量的量纲均可由基本量纲的组合来表示。凡是正确反映客观规律的物理方程式，必然是一个齐次量纲式，此即量纲和谐原理。

2. 量纲分析方法是基于量纲和谐原则建立的，π 定理是常用的量纲分析方法。在应用 π 定理时，所选的三个基本物理量应分属于几何学的量、运动学的量和动力学的量。

3. 要做到模型与原型的水流现象相似，模型与原型须做到几何相似、运动相似及动力相似，初始条件及边界条件亦应相似。几何相似是运动相似和动力相似的前提，运动相似是几何相似和动力相似的具体表现，动力相似是决定流动相似的主导因素。

4. 流动相似的一般准则为牛顿相似准则。水流运动一般同时受多种力的作用，但在不同的流动现象中，这些力的影响程度有所不同，故在某一具体流动中应保证主导作用力的相似，而略去居次要地位力的相似。针对不同的主导作用力，有不同的相似准则。水力模型常用的相似准则为重力相似准则（弗劳德准则）。

5. 在进行水力模型设计时，应首先确定该水力现象中起主要作用的力，进而选定相似准则，当模型几何比尺确定后，可得出各物理量的模型比尺。同时，注意模型与原型的流态相似、糙率相似等。

思 考 题

6-1 作为一个正确反映客观规律的物理方程式，在量纲上有何要求？

6-2 在应用 π 定理时如何选择基本物理量？

6-3 什么是 π 定理？π 定理有何用途？

6-4 解释流动相似的概念。

6-5 在什么情况下采用弗劳德准则设计模型？写出其流速比尺、流量比尺、时间比尺与长度比尺的关系。

6-6 原型和模型中采用同一种液体，能否同时满足重力相似和黏性力相似？

习 题

6-1 以 LMT 为基本量纲，推出密度 ρ、动力黏滞系数 μ、运动黏滞系数 ν、表面张力系数 σ、体积压缩系数 β 的量纲。

6-2 试分析欧拉平衡微分方程 $f_x - \dfrac{1}{\rho}\dfrac{\partial p}{\partial x} = 0$ 是否符合量纲和谐原理？

6-3 已知通过薄壁矩形堰的流量 Q 与堰口宽度 b、堰上水头 H、密度 ρ、重力加速度 g、动力黏滞系数 μ、表面张力系数 σ 等有关。试用 π 定理推求薄壁矩形堰的流量公式。

6-4 已知物体在液体中所受阻力 F 与液体密度 ρ、液体动力黏滞系数 μ、物体的运动速度 u 及物体的大小（用线性长度 l）有关。试用 π 定理推物体运动时所受阻力 F 的计算公式。

6-5 弧形闸门闸下出流，重力为流动的主要作用力。今采用长度比尺 $\lambda_l = 20$ 的模型来研究，试求：

（1）原型闸门前水深 $H_p = 8m$，模型中相应水深为多少？

（2）模型中测得的收缩断面平均流速 $v_m = 2.3m/s$，流量 $Q_m = 45L/s$，则原型中相应流速和流量各为多少？

第7章 孔口、管嘴和有压管流

前面几章介绍了流体运动学、流体动力学以及流动阻力和能量损失的基本内容，探讨了水流运动的规律。从本章开始，将工程上的水流现象归纳为各种类型进行介绍。

在容器壁上开孔，水经孔口流出的水流现象称之为孔口出流。在孔口上接一个 3～4 倍孔径的短管，水经过短管并在其出口断面形成满管出流的水力现象称之为管嘴出流。在实际工程中，常用管道输送液体，如自来水管、输油管、水工建筑物的输水廊道、管道等则属于有压管流。

本章的任务是，根据流体运动的基本规律，分析孔口出流、管嘴出流、有压管流的水力特征，研究其水力计算的基本问题及其工程应用。

7.1 薄壁孔口恒定出流

7.1.1 孔口出流的分类

根据孔口出流的水力特征，可以把孔口出流分为以下几种类型：

1. 薄壁孔口出流与厚壁孔口出流

按孔壁厚度对出流的影响，分为薄壁孔口出流和厚壁孔口出流。若孔口有锐缘，流经孔口的流体与孔口周界只有线的接触，孔壁厚度对水流没有影响，称为薄壁孔口出流。若流经孔口的流体与孔壁接触的是面而不是线，孔壁厚度促使流体先收缩后扩张，称为厚壁孔口出流。当孔壁厚度达到孔径或孔口高度的 3～4 倍时，出流充满孔壁的全部边界，则为管嘴出流（后面 7.2 节介绍）。

2. 孔口自由出流与淹没出流

如图 7-1 所示，孔口流出的水体直接进入大气中称为孔口自由出流；如孔口淹没在下游水面以下，孔口流出的水体进入另一部分水体（图 7-2），则称为孔口淹没出流。

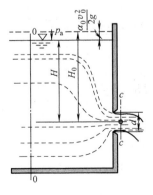

图 7-1　孔口自由出流

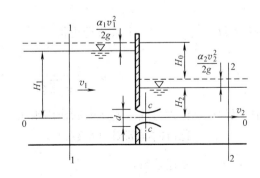

图 7-2　孔口淹没出流

3. 小孔口出流与大孔口出流

一般说来，孔口的上、下缘在上游水面下的淹没深度有所不同，如果孔口形心的淹没深度 H 远远大于孔口的直径 d（或高度 e），则可认为孔口断面上各点的作用水头相等，而忽略其差异。故此，按 H/d 的比值将孔口分为小孔口与大孔口。

若 $H/d \geqslant 10$，定义为小孔口，认为孔口断面上各点的作用水头相等。若 $H/d < 10$ 则称为大孔口（如闸孔），孔口断面上高程不同的点的作用水头有差别。

4. 孔口恒定出流与非恒定出流

如图 7-1 所示，水箱内的水能及时得到补充，其水面不变，此为孔口恒定出流；若水箱内的水面随时间变化（升高或降低），孔口的流量亦随时间变化，称为孔口非恒定出流，或称孔口变水头出流。

7.1.2 薄壁小孔口恒定自由出流

如图 7-1 所示，开敞水箱边壁上开一孔口，孔口锐缘，水箱水位不变，$H/d \geqslant 10$，形成薄壁小孔口恒定自由出流。水箱中水流流线自上游从各个方向趋近孔口，由于水流运动的惯性，流线呈连续、光滑、弯曲形状，在经过孔口后继续收缩，在距孔口约 $d/2$ 处收缩完毕，而后扩散，$c\text{-}c$ 断面称为收缩断面，该断面上流线近似是平行的（图 7-3）。设孔口的断面面积为 A，收缩断面的面积为 A_c，令 $A_c/A = \varepsilon$，ε 称为收缩系数。

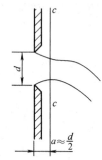

图 7-3 孔口收缩断面

对于图 7-1，取孔口形心的水平面为基准面，取水箱内符合渐变流条件的断面 0-0 和收缩断面 $c\text{-}c$，列能量方程：

$$H + \frac{p_a}{\rho g} + \frac{\alpha_0 v_0^2}{2g} = 0 + \frac{p_c}{\rho g} + \frac{\alpha_c v_c^2}{2g} + h_w$$

水箱内的水头损失很小，可略去不计，故 h_w 仅为水流经孔口处的局部损失，即

$$h_w = h_j = \zeta_0 \frac{\alpha_c v_c^2}{2g}$$

对于小孔口自由出流，断面 $c\text{-}c$ 上压强 $p_c = p_a$，于是能量方程写为：

$$H + \frac{\alpha_0 v_0^2}{2g} = (\alpha_c + \zeta_0) \frac{v_c^2}{2g}$$

令 $H_0 = H + \dfrac{\alpha_0 v_0^2}{2g}$，代入上式整理可得

$$v_c = \frac{1}{\sqrt{\alpha_c + \zeta_0}} \sqrt{2gH_0} = \varphi \sqrt{2gH_0} \tag{7-1}$$

式中　H_0——包含行近流速在内的作用水头（全水头）；

　　　ζ_0——孔口的局部阻力系数；

　　　φ——流速系数，$\varphi = \dfrac{1}{\sqrt{\alpha_c + \zeta_0}}$。

一般情况下，$\alpha_c = 1.0$，对于圆形孔口，由实验测得流速系数 $\varphi = 0.97 \sim 0.98$，因此，

可计算出孔口的局部阻力系数 $\zeta_0 = \dfrac{1}{\varphi^2} - 1 = 0.04 \sim 0.06$。

孔口出流的流量为：

$$Q = A_c v_c = A \varepsilon \varphi \sqrt{2gH_0} = \mu A \sqrt{2gH_0} \tag{7-2}$$

式中 $\mu = \varepsilon \varphi$，$\mu$ 为孔口的流量系数，对于薄壁小孔口，孔口收缩系数 $\varepsilon = 0.62 \sim 0.63$，流量系数 $\mu = 0.60 \sim 0.62$。

若水箱水体很大，$v_0 \approx 0$，$H_0 \approx H$，式（7-2）可写为：

$$Q = \mu A \sqrt{2gH} \tag{7-3}$$

式（7-2）和式（7-3）为薄壁小孔口恒定自由出流的计算公式。

7.1.3　薄壁小孔口流量系数的影响因素

通过以上公式的推导可知，流量系数 μ 的大小取决于局部阻力系数 ζ_0 和收缩系数 ε。局部阻力系数和收缩系数与雷诺数和边界条件有关，工程上经常遇到的孔口出流，一般流速较大，即雷诺数 Re 足够大，可认为在阻力平方区，局部阻力系数与 Re 无关，视为常数，因此可以认为 μ 只受边界条件的影响。

孔口的形状可以是圆形、方形、三角形等。实验发现，不同形状孔口的流量系数差别不大。

孔口边界条件指孔口所在壁面上的位置，如图 7-4 所示，当孔口边界不与相邻侧壁（底）重合时，此种孔口成为全部收缩孔口。若孔口全部边界与相邻侧壁（底）的距离大于孔口尺寸的 3 倍（$l > 3a$，$l > 3b$）时，孔口周边流线都有收缩，叫作完善收缩孔口（图 7-4 中 1）；当孔口与相邻侧壁（图 7-4 中 2）不满足上述条件为不完善收缩孔口。当孔口与相邻侧（底）壁重合时叫作部分收缩孔口（图 7-4 中 3、4）。不完善收缩孔口、部分收缩孔口的流量系数大于完善收缩孔口的流量系数，可查水力计算手册或按经验公式估算。

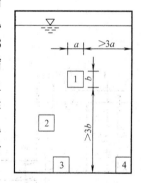

图 7-4　孔口的位置

7.1.4　薄壁小孔口恒定淹没出流

如图 7-2 所示，孔口淹没在下游水面以下，孔口流出的水体直接进入另一部分水体，则称为孔口淹没出流。与小孔口自由出流相同，由于惯性作用，水流经孔口，流线也会收缩，而后扩散。以孔口形心点所在的水平面为基准面，列 1-1 和 2-2 断面的能量方程（图 7-2）：

$$H_1 + \frac{p_1}{\rho g} + \frac{\alpha_1 v_1^2}{2g} = H_2 + \frac{p_2}{\rho g} + \frac{\alpha_2 v_2^2}{2g} + \zeta_0 \frac{v_c^2}{2g} + \zeta_{se} \frac{v_c^2}{2g}$$

令 $H_{01} = H_1 + \dfrac{\alpha_1 v_1^2}{2g}$，$H_{02} = H_2 + \dfrac{\alpha_2 v_2^2}{2g}$，则 $H_0 = H_{01} - H_{02}$。H_0 称为孔口作用水头。

上式可写为：

$$H_0 = (\zeta_0 + \zeta_{se}) \frac{v_c^2}{2g}$$

式中 ζ_0——孔口处局部阻力系数；

ζ_{se}——从孔口收缩断面扩大到 2-2 断面（图 7-2）的突然扩大局部阻力系数，由式（5-67）可知，$A_2 \gg A_c$，则 $\zeta_{se} = 1.0$。

整理上式得：

$$v_c = \frac{1}{\sqrt{1+\zeta_0}}\sqrt{2gH_0} = \varphi\sqrt{2gH_0} \qquad (7\text{-}4)$$

流量

$$Q = v_c A_c = \varphi \varepsilon A\sqrt{2gH_0} = \mu A\sqrt{2gH_0} \qquad (7\text{-}5)$$

当上、下游水体较大时，$v_1 \approx v_2 \approx 0$，$H_0 \approx H$，$H$ 即上下游水位差。式（7-5）可写成：

$$Q = \mu A\sqrt{2gH} \qquad (7\text{-}6)$$

这里需要指出的是，比较式（7-3）与式（7-6）可知，自由出流与淹没出流的流量公式形式上相同，流量系数相等，这是因为自由出流时出口保留一个流速水头，$\alpha_c = 1.0$；淹没出流时这个流速水头在水流突然扩大时损失掉了，$\zeta_{se} = 1.0$。不同的是，作用水头的算法不同，对于忽略上下游水域的行近流速的情况，自由出流其作用水头为孔口形心点的淹没深度 H，而淹没出流其作用水头为两水面高差。

7.2 管嘴恒定出流

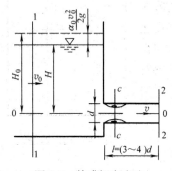

图 7-5 管嘴恒定出流

7.2.1 圆柱形外延管嘴恒定出流

在孔口断面处接出一根与孔口直径相同、其长度 $l = (3\sim4)d$ 的短管，则构成圆柱形外延管嘴（图7-5）。当水流进入管嘴后也形成收缩断面，在 $c\text{-}c$ 断面出水流与边壁脱离，形成旋涡区，而后扩散形成满管流，直接流入大气中，称为管嘴自由出流。下面讨论圆柱形外延管嘴自由出流的流量计算。

取管中心线所在的水平面为基准面，列 1-1 至 2-2 断面的能量方程（图7-5）：

$$H + \frac{\alpha_0 v_0^2}{2g} = \frac{\alpha v^2}{2g} + h_w$$

$$h_w = \zeta_n \frac{v^2}{2g}$$

式中 h_w——管嘴的水头损失，可忽略其沿程水头损失，仅为进口和收缩断面后的突然放大所造成的局部损失；

ζ_n——管嘴局部阻力系数。

令 $H_0 = H + \dfrac{\alpha_0 v_0^2}{2g}$，则上式写为

$$H_0 = (\alpha + \zeta_n)\frac{v^2}{2g}$$

整理可得

$$v = \frac{1}{\sqrt{\alpha + \zeta_n}}\sqrt{2gH_0} = \varphi_n\sqrt{2gH_0} \tag{7-7}$$

管嘴流量

$$Q = \varphi_n A\sqrt{2gH_0} = \mu_n A\sqrt{2gH_0} \tag{7-8}$$

式中 $\varphi_n = \dfrac{1}{\sqrt{\alpha + \zeta_n}}$ 为管嘴流速系数，μ_n 为管嘴流量系数。这里 $\mu_n = \varphi_n$。

对于管嘴局部阻力系数 ζ_n，由第 5 章可知，直角进口 $\zeta_n = 0.5$，所以

管嘴流速系数 $\qquad\qquad \varphi_n = \dfrac{1}{\sqrt{\alpha + \zeta_n}} = \dfrac{1}{\sqrt{1 + 0.5}} = 0.82$

管嘴流量系数 $\qquad\qquad\qquad \mu_n = \varphi_n = 0.82$

比较式（7-8）与式（7-3）可知，管嘴出流与孔口出流的流量公式形式相同，但 $\mu_n = 1.32\mu$，即相同的管（孔）径，作用水头相等，管嘴出流的流量是孔口出流流量的 1.32 倍。管嘴出流的流量要大于孔口出流，管嘴常用做泄水设施。

为什么接管嘴后局部阻力增加了，而流量却增大呢？这是因为在收缩断面处存在真空，与孔口出流比较，对 c-c 断面而言，管嘴出流实际上提高了作用水头。

7.2.2 圆柱形外延管嘴的真空压强

求解 c-c 断面真空压强，由图 7-5 可知，可列 1-1 断面和 c-c 断面或 c-c 断面至 2-2 断面间的能量方程。以管中心线所在的水平面为基准面，对 c-c 断面至 2-2 断面列能量方程：

$$\frac{p_c}{\rho g} + \frac{\alpha_c v_c^2}{2g} = \frac{p_a}{\rho g} + \frac{\alpha v^2}{2g} + h_j$$

$$h_j = \zeta_{se}\frac{v^2}{2g} = \left(\frac{A}{A_c} - 1\right)^2\frac{v^2}{2g} = \left(\frac{1}{\varepsilon} - 1\right)^2\frac{v^2}{2g}$$

式中 h_j——收缩断面向满管流扩大的局部水头损失；$\varepsilon = A_c/A$ 为收缩系数。

由式（7-7），$\dfrac{v^2}{2g} = \varphi_n^2 H_0$，因 $A_c v_c = A v$，$v_c = \dfrac{1}{\varepsilon}v$，则 $\dfrac{\alpha v_c^2}{2g} = \dfrac{\alpha_c}{\varepsilon^2}\dfrac{v^2}{2g}$，故上式可写为：

$$\frac{p_c}{\rho g} = \frac{p_a}{\rho g} - \left[\frac{\alpha_c}{\varepsilon^2} - \alpha - \left(\frac{1}{\varepsilon} - 1\right)^2\right]\varphi_n^2 H_0$$

取 $\alpha_c = \alpha = 1$，$\varepsilon = 0.64$，$\varphi_n = 0.82$ 代入上式得：

$$\frac{p_c}{\rho g} = \frac{p_a}{\rho g} - 0.75H_0$$

圆柱形外延管嘴收缩断面的真空压强：

$$\frac{p_k}{\rho g} = \frac{p_a - p_c}{\rho g} = 0.75H_0 \tag{7-9}$$

式（7-9）表明，圆柱形外延管嘴的真空压强可达作用水头的 75%，相当于作用水头增加

了 0.75 倍，这就是同等条件下管嘴比孔口出流流量增大的原因。

7.2.3 圆柱形外延管嘴的工作条件

从以上分析可知，作用水头愈大，收缩断面处的真空压强愈大。然而，当流体内部压强低于饱和蒸汽压时（水在 $15 \sim 25\,℃$ 饱和蒸汽压为 $-8 \sim -7\text{m}$ 水柱），将发生气化（空化）现象。再则，收缩断面处的真空压强过大时，管嘴也会吸入空气，破坏原有真空压强，失去流动的稳定性，故此，管嘴正常出流对作用水头有一定限制，即

$$[H_0] \leqslant \frac{7}{0.75} = 9\text{m}（水柱）$$

另外，短管的长度也有要求，其长度太短，管嘴出口不能形成满管流，其流态如同孔口，流量不会增加；其长度过大，则会增加水流阻力，降低流量。因此，圆柱形外延管嘴的工作条件是：

（1）作用水头：$H_0 \leqslant 9\text{m}$（水柱）

（2）管嘴长度：$l = (3 \sim 4)d$

7.2.4 其他形式的管嘴

在实际工程上，管嘴也分为自由出流与淹没出流，其计算方法与孔口出流相同，这里不做介绍。由于使用的目的、要求不同，管嘴的形式各异，其流量计算公式相同。现将几种常用的管嘴介绍列于表 7-1。

几种常用的管嘴特征值　　　　　　　　　　　　　表 7-1

管　嘴　形　式		流速系数 φ	流量系数 μ	备　　　注
	圆柱形 外管嘴 $l = (3-4)d$	0.82	0.82	作用水头小于 $8 \sim 9\text{m}$（水柱）
	圆柱形 内管嘴 $l < (3-4)d$ $l > (3-4)d$	0.97 0.71	0.51 0.71	作用水头小于 $8 \sim 9\text{m}$（水柱）
	圆锥形 收缩管嘴 $\theta = 13°24'$	0.945	0.945	μ 与 θ 有关，$\theta = 13°24'$ 时，μ 最大，此管最为较大流速的密实射流。常用于救火水龙头、射流泵、水轮喷嘴、喷射器、蒸汽射流泵等
	圆锥形 扩散管嘴 $\theta = 5° \sim 7°$	$0.45 \sim 0.50$	$0.45 \sim 0.50$	这种管嘴由于收缩断面后的扩大损失，流速系数小于孔口，但出口面积大，故流量大于孔口。当要求大流量而不希望流速大时，可采用。如射流泵、喷射器、水轮机尾水管等

管 嘴 形 式	流速系数 φ	流量系数 μ	备 注
流线型 管嘴	0.97~0.98	0.97~0.98	按孔口出流边缘轮廓设计管嘴形状,由于此种管嘴外形的复杂性,在工程上常采用圆弧代替,如大坝底孔

7.3 孔口 (管嘴) 的变水头出流

对于孔口 (管嘴) 出流,若容器中水面随时间变化 (上升或下降),孔口 (管嘴) 的流量也随时间变化,这种情况称之为变水头出流。变水头出流实质是非恒定流,工程上一般水体很大,水位变化缓慢,在微小时段内为可视为恒定流,即认为水位恒定,可以用恒定流公式计算流量,把非恒定流转化为恒定流处理。如沉淀池放空、船坞船闸灌泄水、水库流量调节等。

如图 7-6 所示的孔口出流,水箱中不再补水,为孔口变水头出流,设水箱水面表面积为 Ω,初始时刻孔口淹没深度为 H_1。下面介绍求解水位降至孔口淹没深度为 H_2 或水箱放空的时间。

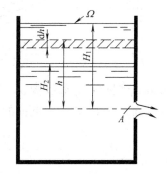

图 7-6 孔口变水头出流

设在某时刻,孔口的水头为 h,经过 $\mathrm{d}t$ 时段,则孔口流出的水体为 $Q\mathrm{d}t = \mu A \sqrt{2gh}\,\mathrm{d}t$,同时,水箱内水面下降了 $\mathrm{d}h$,水箱内水体增量为 $\mathrm{d}V = -\Omega\mathrm{d}h$,水箱内流出的水体也就是水箱内水体减少的体积,所以

$$-\Omega\mathrm{d}h = \mu A \sqrt{2gh}\,\mathrm{d}t$$

于是

$$\mathrm{d}t = -\frac{\Omega}{\mu A \sqrt{2g}} \cdot \frac{\mathrm{d}h}{\sqrt{h}}$$

对上式积分,则可得出水面降至某水位所需时间为:

$$t = \int_{H_1}^{H_2} -\frac{\Omega}{\mu A \sqrt{2g}} \cdot \frac{\mathrm{d}h}{\sqrt{h}} = \frac{2\Omega}{\mu A \sqrt{2g}}(\sqrt{H_1} - \sqrt{H_2}) \tag{7-10}$$

若泄空时定为 $H_2 = 0$,泄空时间为:

$$t = \frac{2\Omega \sqrt{H_1}}{\mu A \sqrt{2g}} = \frac{2\Omega H_1}{\mu A \sqrt{2gH_1}} = \frac{2V}{Q_{\max}} \tag{7-11}$$

式中 V——水箱泄空时排出的水体;

$Q_{\max}$——孔口初始最大流量。

从式 (7-11) 可以看出,水箱泄空所需时间是在水位为 H_1 恒定流情况下流出相同水体所需时间的 2 倍。

7.4　短管的水力计算

在工程上通常用管道输送流体，流体充满管道，无自由液面，管道内压强一般不等于大气压强，故称为有压管流。为了水力计算方便，把管路分为长管与短管。所谓短管是指管路的水头损失中，局部水头损失与沿程水头损失以及流速水头都占有相当比重，进行水力计算时都不可忽略的管路，如水泵的吸水管、虹吸管、倒虹吸管、输水廊道等。长管是指管路的水头损失中，沿程水头损失占绝对比重，进行水力计算时可略去局部水头损失和流速水头的管路，如给水管路等。

短管的水力计算有自由出流与淹没出流之分。本节讨论的水力计算在恒定流范畴以内。

7.4.1　短管自由出流

如图 7-7 所示，水箱内水面恒定，水经过管路直接流入大气，即短管恒定自由出流。管长为 l，管径为 d，具有两个弯头和一个阀门。以管道出口中心所在的水平面为基准面，列 1-1 和 2-2 断面的能量方程，有

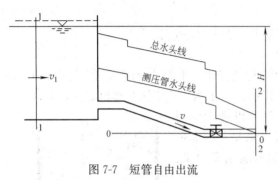

图 7-7　短管自由出流

$$H+\frac{p_{\mathrm{a}}}{\rho g}+\frac{\alpha_1 v_1^2}{2g}=0+\frac{p_{\mathrm{a}}}{\rho g}+\frac{\alpha_2 v_2^2}{2g}+h_{\mathrm{w}}$$

$$h_{\mathrm{w}}=h_{\mathrm{f}}+\sum h_j=\lambda\frac{l}{d}\frac{v^2}{2g}+\sum\zeta\frac{v^2}{2g} \tag{7-12}$$

式中　p_{a}——大气压强；

$\quad\quad h_{\mathrm{w}}$——沿程水头损失与局部水头损失之总和；

$\quad\quad \sum\zeta$——局部阻力系数之和，本例中包含局部阻力系数有 ζ_1（进口）、$2\zeta_2$（两个弯头）及 ζ_3（阀门），即 $\sum\zeta=\zeta_1+2\zeta_2+\zeta_3$。

令 $H_0=H+\dfrac{\alpha_1 v_1^2}{2g}$，代入上式得

$$H_0=\left(\alpha+\lambda\frac{l}{d}+\sum\zeta\right)\frac{v^2}{2g} \tag{7-13}$$

取 $\alpha=1.0$，管出口流速为：

$$v=\frac{1}{\sqrt{1+\lambda\dfrac{l}{d}+\sum\zeta}}\sqrt{2gH_0}$$

流量为

$$Q=\frac{A}{\sqrt{1+\lambda\dfrac{l}{d}+\sum\zeta}}\sqrt{2gH_0}=\mu_{\mathrm{c}}A\sqrt{2gH_0} \tag{7-14}$$

式中　μ_c——管路流量系数，$\mu_c = \dfrac{1}{\sqrt{1+\lambda\dfrac{l}{d}+\sum\zeta}}$。

7.4.2　短管淹没出流

图 7-8 为短管淹没出流，取下游水面为基准面，列过断面 1-1 至 2-2 间的能量方程，有

$$H+\frac{p_a}{\rho g}+\frac{\alpha_1 v_1^2}{2g}=0+\frac{p_a}{\rho g}+\frac{\alpha_2 v_2^2}{2g}+h_w$$

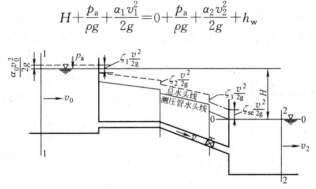

图 7-8　短管淹没出流

令 $H_0=H+\dfrac{\alpha_1 v_1^2}{2g}$，考虑到下游水域较大，$A_2 \gg A$，可认为 $v_2 \approx 0$，故上式可写为：

$$H_0 = h_w$$

式中　h_w——沿程水头损失与局部水头损失之和，本例中局部水头损失包含有进口、一个弯头、一个阀门及出口的局部水头损失，即

$$h_w = h_f + \sum h_j = \lambda\frac{l}{d}\frac{v^2}{2g}+\sum\zeta\frac{v^2}{2g}$$

代入上式得：$H_0 = \left(\lambda\dfrac{l}{d}+\sum\zeta\right)\dfrac{v^2}{2g}$，

所以管中流速

$$v=\frac{1}{\sqrt{\lambda\dfrac{l}{d}+\sum\zeta}}\sqrt{2gH_0} \tag{7-15}$$

管中流量

$$Q=\frac{A}{\sqrt{\lambda\dfrac{l}{d}+\sum\zeta}}\sqrt{2gH_0}=\mu_c A\sqrt{2gH_0} \tag{7-16}$$

式中　μ_c——管路流量系数，$\mu_c=\dfrac{1}{\sqrt{\lambda\dfrac{l}{d}+\sum\zeta}}$。

若上游水体较大，$v_1 \approx 0$，也可以用 H 代替 H_0。

比较式（7-14）、式（7-16）发现，两公式形式相同，若管路系统一样，作用水头相同，自由出流与淹没出流的管路流量系数也是相同的。这是因为，虽然淹没出流中少一个

$\alpha=1.0$ 系数，但多一个 ζ_{se} 出口局部阻力系数，而 $A_2 \gg A$，故 $\zeta_{se}=1.0$。不同的是，作用水头的计算不一样，对于忽略上、下游水域行近流速的情况，自由出流其作用水头为管中心点与上游水面的高差的 H，而淹没出流其作用水头为上下游两水面高差 H。

7.4.3 短管水力计算类型

在实际工程中，短管水力计算主要有三种类型：

(1) 已知作用水头、管的长度、管径、管材以及管路布置（局部阻力），确定流量。

(2) 已知流量、管的长度、管径、管材以及管路布置（局部阻力），确定作用水头。

(3) 已知作用水头、流量、管的长度、管材以及管路布置（局部阻力），确定管径。

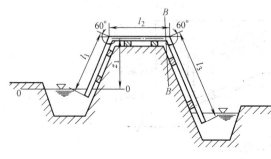

图 7-9　虹吸管

求解上述问题，可直接用前面推导的公式，也可列能量方程求解，关键是合理选择局部阻力系数。举例如下：

1. 虹吸管的水力计算

虹吸管是跨越高地的一种输水管路 (图 7-9)，其工作原理是：管道的进、出口均淹没在水下，在顶部装有真空泵，工作时先开启真空泵抽气，管内形成负压，水则沿管道徐徐上升，当确定管道内无空气时，关闭真空泵，水在重力作用下从管道流出，此时管道内仍为负压，在两侧水位差和大气压的作用下，水通过管道连续流出，这种管道叫作虹吸管。

虹吸管的水力计算主要有：过流能力（流量）、最大真空压强。因为虹吸管内的真空压强有一定限制，一般不超过 $7 \sim 8m$（水柱），超过此值，管内的水会发生气化，破坏水流的连续性，甚至发生气蚀，造成管道破坏。这就要调整安装高度或加大局部阻力，保证工程安全。

【例 7-1】　如图 7-9 所示，虹吸管跨越高地引水，上、下游水域宽阔，若上、下游水位差 $H=2.0m$，管长 $l_1=7m$，$l_2=5m$，$l_3=20m$，管径 $d=0.25m$，选用铸铁管，粗糙系数 0.011，局部水头损失系数为：弯头 $\zeta_1=\zeta_2=0.3$，进口 $\zeta_e=4.0$，出口 $\zeta_{se}=1.0$，虹吸管顶部管中心线与上游水面高差 $z_1=5.0m$，试求：(1) 虹吸管流量；(2) 虹吸管最大真空压强；(3) 若允许真空压强 $[h_V] \leqslant 7.0m$（水柱），安装高度是否合理？

【解】　(1) 求虹吸管流量

依题意，该虹吸管属短管淹没出流。

因上、下游水域宽阔，故不计行近流速，则作用水头即为上、下游水头差，即

$$H_0=H=2.0m$$

按淹没出流流量公式，有

$$Q=\mu_c A \sqrt{2gH}$$

式中，流量系数 $\mu_c=\dfrac{1}{\sqrt{\sum \lambda \dfrac{l}{d}+\sum \zeta}}$。

对于给定管壁粗糙系数的情况，可通过计算谢才系数 C，进而得到沿程阻力系数 λ，有

$$C=\frac{1}{n}R^{\frac{1}{6}}=\frac{1}{0.011}\left(\frac{0.25}{4}\right)^{\frac{1}{6}}=57.27 \mathrm{m}^{\frac{1}{2}}\mathrm{s}$$

$$\lambda = \frac{8g}{C^2} = 0.0239$$

局部阻力系数 $\sum\zeta = \zeta_e + \zeta_1 + \zeta_2 + \zeta_{se} = 4.0 + 0.3 + 0.3 + 1.0 = 5.6$。

代入流量系数公式，得到

$$\mu_c = \frac{1}{\sqrt{\sum\lambda\frac{l}{d} + \sum\zeta}} = \frac{1}{\sqrt{0.0239\frac{7+5+20}{0.25} + 5.6}} = 0.340$$

代入流量公式，得

$$Q = \mu_c A\sqrt{2gH} = 0.340 \times \frac{\pi\,0.25^2}{4}\sqrt{2\times9.81\times2.0} = 0.104\,\text{m}^3/\text{s}$$

或者，通过列上、下游水域断面的能量方程进行求解。

（2）虹吸管最大真空压强

由上面计算结果，管中流速：

$$v = \frac{Q}{A} = \frac{4Q}{\pi d^2} = \frac{4\times0.104}{3.14\times0.25^2} = 2.12\,\text{m/s}$$

最大真空压强出现在管道最高和管段最长的位置，以上游水面为基准面，列上游断面和 B-B 断面间的能量方程，有

$$0 + 0 + 0 = z_1 + \frac{p_B}{\rho g} + \frac{\alpha v^2}{2g} + h_w$$

$$\frac{p_B}{\rho g} = -z_1 - \frac{\alpha v^2}{2g} - \left(\lambda\frac{l_1 + l_2}{d} + \zeta_e + \zeta_1\right)\frac{\alpha v^2}{2g}$$

$$= -5.0 - \left[1 + 0.0239\frac{7+5}{0.25} + 4.0 + 0.3\right]\frac{2.12^2}{2\times9.81} = -6.48\,\text{m}$$

最大真空压强 $h_V = 6.48\,\text{m}$

（3）判断安装高度合理性

因为 $h_V = 6.48\,\text{m} < [h_V] = 7.0\,\text{m}$，所以安装高度合理。

2. 离心水泵的水力计算

建筑工程中常用的水泵为离心式水泵，如图 7-10 所示为一单机离心水泵的构件简图。离心水泵由蜗壳、工作轮、泵轴、电机、吸水管、压水管等组成。

水泵的进水阀（莲蓬头）起拦污作用并带有底阀，工作前先充水，水面淹没蜗壳，然后启动电机，工作轮高速运转，叶槽内的水在离心力的作用下甩出蜗壳，进入压水管，将机械能转化为压能，把水送到水箱（水池、水塔）。水泵工作时，水泵进口及吸水管会产生真空，在大气压作用下水则顺进水阀进入吸水管，连续供水。水泵进口处的真空压强有一定限制，由厂家提供，一般允许吸水真空压强为 $[h_V]\leqslant4\sim7\,\text{m}$（水柱），真空压强大于该值，水则发生气化，破坏水

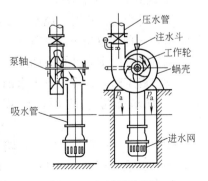

图 7-10 离心泵示意图

流的连续性，甚至发生气蚀。离心水泵的水力计算主要有：

（1）流量（校核供水能力，选择水泵型号）。

（2）扬程，扬程可表示为：

$$H = z_g + h_w \qquad\qquad (7-17)$$

式中　H——总扬程；

$\qquad z_g$——提升水的几何高度；

$\qquad h_w$——管路系统的水头损失。

（3）水泵的安装高度（控制真空压强在允许范围）。

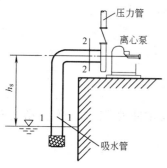

图 7-11　离心水泵吸水管

【例 7-2】　如图 7-11 所示离心水泵，抽水流量 $Q=0.02\text{m}^3/\text{s}$，吸水管为铸铁管，管长 $l=8\text{m}$，管径 $d=0.1\text{m}$，沿程阻力系数 $\lambda=0.032$，进水阀局部阻力系数 $\zeta_e=6.0$，弯头局部阻力系数 $\zeta=0.53$，允许吸水真空压强为 $[h_V]=7\text{m}$（水柱），安装高度 $h_s=3.0\text{m}$，试校核水泵的安装是否合理？最大安装高度是多少？

【解】　（1）管中流速

$$v = \frac{4Q}{\pi d^2} = \frac{4 \times 0.02}{3.14 \times 0.1^2} = 2.548\text{m/s}$$

（2）以 1-1 断面为基准面，列断面 1-1～2-2 的能量方程，忽略行近流速

$$0 + 0 + 0 = h_s + \frac{p_2}{\rho g} + \frac{\alpha v^2}{2g} + h_w$$

$$\frac{p_2}{\rho g} = -\left[h_s + \left(\alpha + \lambda \frac{l}{d} + \zeta_e + \zeta \right) \frac{v^2}{2g} \right] = -3 - \left(1 + 0.032\frac{8}{0.1} + 6 + 0.53 \right)\frac{2.548^2}{2 \times 9.81} = 6.34\text{m}$$

允许吸水真空压强为 $[h_V]=7\text{m}$（水柱），安装高度 $h_s=3.0\text{m}$，是合理的，偏于安全。

（3）最大安装高度

由上面能量方程，有

$$h_{smax} = [h_V] - \left(\alpha + \lambda \frac{l}{d} + \zeta_e + \zeta \right)\frac{v^2}{2g} = 7 - \left(1 + 0.032\frac{8}{0.1} + 6 + 0.53 \right)\frac{2.548^2}{2 \times 9.81} = 3.66\text{m}$$

3. 倒虹吸管的水力计算

当路基横跨河道时，路基下要铺设过流管道；或输水管道横穿河道，也要在河道下铺设管道，这种管道叫作倒虹吸管，如图 7-12 所示。

倒虹吸管的水力计算有两类：一是当管径、管材确定时，计算上下游水面差；二是上、下游水面差确定时，计算（设计）管径。

【例 7-3】　如图 7-12 所示，路基下铺设一条圆形涵管，管长 $l=30\text{m}$，工程上水流一般为紊流粗糙区，混凝土管沿程阻力系数

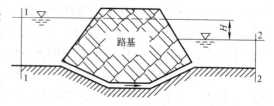

图 7-12　倒虹吸管

$\lambda=0.032$，上、下游水为差 $H=0.6\text{m}$，局部损失系数为 $\zeta_{进}=0.5$，$\zeta_{弯}=0.3$，出口 $\zeta_{se}=1.0$，若过流流量为 $Q=2\text{m}^3/\text{s}$，试确定管径。

【解】 以下游水面为基准面，列 1-1～2-2 断面间的能量方程，略去上、下游水域的行近流速

$$H+\frac{p_a}{\rho g}+0=0+\frac{p_a}{\rho g}+0+h_w$$

$$H=h_w=\left(\lambda\frac{l}{d}+\zeta_{进}+2\zeta_{弯}+\zeta_{se}\right)\left(\frac{4Q}{\pi d^2}\right)^2\frac{1}{2g}$$

代入数据　$0.6=\left(0.032\frac{30}{d}+0.5+2\times0.5+1.0\right)\left(\frac{4\times2}{3.14d^2}\right)^2\frac{1}{2\times9.81}$

整理得：$0.6d^5-0.8275d-0.318=0$

试算得：$d=1.16\text{m}$，取标准管径 $d=1.20\text{m}$。

7.5　长管的水力计算

长管一般管路布置比较复杂，按组合情况分为：简单管路、串联管路、并联管路、管网等类型。本节讨论的水力计算在恒定流范畴以内。

7.5.1　简单管路

管径、流量不变的管道称为简单管路。如图 7-13 所示，由水箱引出一条长度为 l，直径为 d 的管道，管道出口距水面高差为 H，其水力计算分析如下：

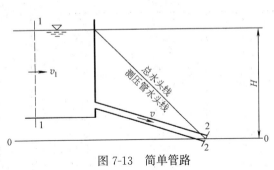

图 7-13　简单管路

由于长管的水力计算略去局部损失、流速水头，水面至管道出口的连线即总水头线，也是测压管水头线。以管道出口断面形心点所在的水平面为基准面，列断面 1-1～2-2 间的能量方程：

$$H+\frac{p_a}{\rho g}+\frac{\alpha_1 v_1^2}{2g}=0+\frac{p_a}{\rho g}+\frac{\alpha_2 v_2^2}{2g}+h_w$$

略去局部水头损及流速水头，上式化简为：

$$H=h_f \tag{7-18}$$

式（7-18）表明，在进行长管水力计算时，作用水头完全用来克服沿程水头损失。长管水力计算也分为三种类型，即确定流量、作用水头、管径。本书仅介绍比阻法。

式（7-18）可写为：$H=h_f=\lambda\frac{l}{d}\frac{v^2}{2g}$（达西公式）

将 $v=\frac{4Q}{\pi d^2}$ 代入得：$H=\frac{8\lambda}{g\pi^2 d^5}lQ^2$

令 $S_0=\frac{8\lambda}{g\pi^2 d^5}$ $\tag{7-19}$

上式可写为：

$$H = S_0 l Q^2 \qquad (7-20)$$

式（7-20）为简单管路的计算公式，S_0 称为比阻（s^2/m^6），它是管道单位长度上通过单位流量时所需水头。从式（7-19）可知，比阻的值取决于管径及沿程阻力系数 λ，而沿程阻力系数 λ 与流态流区有关，故此，比阻的取值也与流态流区有关。对于紊流粗糙区，仅介绍常用的两种计算方法：

（1）按曼宁公式求比阻

对于圆管

$$S_0 = \frac{10.3 n^2}{d^{5.33}} \qquad (7-21)$$

式（7-21）是把 $R = \dfrac{d}{4}$、$C = \dfrac{1}{n} R^{1/6}$（曼宁公式）代入 $\lambda = \dfrac{8g}{C^2}$，再代入式（7-19）得出的，应用时要注意，水流必须处于紊流粗糙区。该式也适用于非圆管管道的水力计算，只需换成当量直径 d_e 即可。比阻的值也可查表 7-2。

管道比阻 S_0 值（s^2/m^6）

表 7-2

管道直径 d(mm)	S_0值(Q 以"m^3/s"计)				
	曼宁公式			巴甫洛夫斯基公式	
	$n=0.012$	$n=0.013$	$n=0.014$	$n=0.012$	$n=0.013$
100	319.00	375.0	434.0	319.20	387.0
150	36.70	43.0	49.9	36.72	44.40
200	7.92	9.30	10.8	7.92	9.55
250	2.41	2.83	3.28	2.41	2.90
300	0.911	1.07	1.24	0.911	1.093
350	0.401	0.471	0.545	0.400	0.481
400	0.196	0.230	0.267	0.196	0.235
450	0.105	0.123	0.143	0.1045	0.1253
500	0.0598	0.0702	0.0815	0.0597	0.0714
600	0.0226	0.0265	0.0307	0.0226	0.027
700	0.00993	0.0117	0.0135	0.00993	0.0118
800	0.00487	0.00573	0.00663	0.00487	0.00581
900	0.00260	0.00305	0.00354	0.00260	0.00309
1000	0.00148	0.00174	0.00201	0.00148	0.00176

（2）按舍维列夫公式求比阻

对于旧钢管、旧铸铁管，λ 值采用舍维列夫公式计算，代入式（7-19），对于紊流粗糙区（阻力平方区）（$v \geqslant 1.2 \mathrm{m/s}$）：

$$S_0 = \frac{0.001736}{d^{5.3}} \qquad (7-22)$$

对于紊流过渡粗糙区（$v < 1.2 \mathrm{m/s}$）：

$$S_0' = k S_0 = 0.852 \left(1 + \frac{0.867}{v}\right)^{0.3} \left(\frac{0.001736}{d^{5.3}}\right) \qquad (7-23)$$

式中　k——修正系数，$k=0.852\left(1+\dfrac{0.867}{v}\right)^{0.3}$。

表 7-3 给出了水温在 10℃时，不同流速下的修正系数 k 值，供水力计算时采用。

旧钢管、旧铸铁管比阻的修正系数　　　　　表 7-3

$v(\mathrm{m \cdot s^{-1}})$	0.20	0.25	0.30	0.35	0.40	0.45	0.50	0.55	0.60	0.65	0.70	0.75	0.80	0.85	0.90	1.00	1.10	$\geqslant 1.20$
k	1.41	1.33	1.28	1.24	1.20	1.175	1.15	1.13	1.115	1.10	1.085	1.07	1.06	1.05	1.04	1.03	1.015	1.00

对于式（7-18）也可写为另外的形式。根据第 5 章的讨论，将 $\lambda=\dfrac{8g}{C^2}$ 代入达西公式 $h_{\mathrm{f}}=\lambda\dfrac{l}{d}\dfrac{v^2}{2g}$，则

$$H=h_{\mathrm{f}}=\frac{8g}{C^2}\frac{l}{d}\frac{v^2}{2g}=\frac{8gl}{C^2 4R}\frac{Q^2}{2gA^2}=\frac{Q^2}{A^2 C^2 R}l$$

令 $K=AC\sqrt{R}$，则

$$H=\frac{Q^2}{K^2}l \tag{7-24}$$

式中　K——流量模数，具有流量的量纲，与比阻的关系是 $K^2=\dfrac{1}{S_0}$。

式（7-24）既适用于管路计算，也可用于明渠均匀流的水力计算。

7.5.2　串联管路的水力计算

由于供水管路沿程有流量分出，管径也会有变化，由管径不同的多条管段首尾顺次连接组成的管路叫作串联管路（图 7-14），不同管径管段的连接处叫作节点。串联管路各段的管径、流量、流速均不相同，所以应分段计算其沿程水头损失。

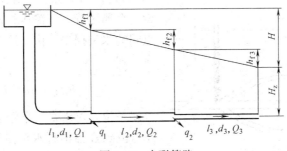

图 7-14　串联管路

计算原则：

（1）节点流量，若流进为正，流出为负，满足连续性方程：

$$\sum_{i=1}^{n}Q_i=0 \tag{7-25}$$

（2）总的水头损失为各段水头损失之和，即

$$H=\sum h_{\mathrm{f}}=h_{\mathrm{f1}}+h_{\mathrm{f2}}+h_{\mathrm{f3}}+\cdots+h_{\mathrm{f}n} \tag{7-26}$$

举例如下：

【例 7-4】 如图 7-14 所示，由 3 条管段组成的供水系统，已知 $l_1=500m$，$d_1=400mm$；$l_2=450m$，$d_2=350mm$；$l_3=350m$，$d_3=300mm$。管道为铸铁管，$n=0.012$，$Q_3=0.1m^3/s$，转输流量 $q_1=0.05m^3/s$，$q_2=0.05m^3/s$。管路水平布置，管道末端高程 $\triangledown=0.0m$，服务水头（剩余水头）$H_z=10.0m$，求水塔水面的高度。

【解】 （1）求各管段流量、流速

流量：$Q_2=Q_3+q_2=0.10+0.05=0.15m^3/s$

$Q_1=Q_2+q_1=0.15+0.05=0.20m^3/s$

流速：$v_1=1.59m/s$，$v_2=1.56m/s$，$v_3=1.42m/s$。

（2）求各管段的比阻

查表 7-2 得，$S_{01}=0.196s^2/m^6$，$S_{02}=0.401s^2/m^6$，$S_{03}=0.911s^2/m^6$。

（3）求总的水头损失

$$\sum h_f=S_{01}l_1Q_1^2+S_{02}l_2Q_2^2+S_{03}l_3Q_3^2$$

$$=0.196\times500\times0.20^2+0.401\times450\times0.15^2+0.911\times350\times0.10^2$$

$$=3.92+4.06+3.19=11.17m$$

（4）求水塔水面高

$$\sum h_f+H_z=11.17+10=21.17m$$

7.5.3 并联管路的水力计算

串联管路的特点是节省管材，但供水的可靠性低，若某条管段出现问题，则不能正常供水。为了提高供水的可靠性，可在节点处并联几条管道，组成并联管路，如图 7-15 所示。

如图 7-15 所示，假定在 A、B 两点分别设一个测压管，其测压管水头差 h_{fAB} 为 AB 两点间的水头损失，由于这三条管道具有公共节点，即

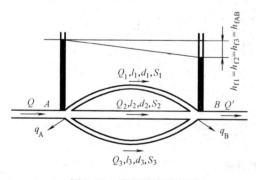

图 7-15　并联管路示意图

$$h_{fAB}=h_{f1}=h_{f2}=h_{f3} \tag{7-27}$$

也就是说，对于每一条管道，单位重量流体从 A 点流到 B 点沿程水头损失是相同的。并联管段一般按长管计算，每条管段均为简单管路，用比阻法表示为：

$$S_{01}l_1Q_1^2=S_{02}l_2Q_2^2=S_{03}l_3Q_3^2 \tag{7-28}$$

一般情况下，并联管段管长、管径、管材不同，各管中的流量也不相同，各管段流量分配满足节点流量平衡条件，流进节点的流量等于由该节点流出的流量。总流量为各管流量之和，即

$$Q=\sum_{i=1}^{n}Q_i \tag{7-29}$$

如图 7-15 所示管路，对于 A 点：

$$Q=Q_1+Q_2+Q_3+q_A \tag{7-30}$$

实质是，并联管路的水力计算满足能量方程和连续性方程的条件，式（7-28）和式（7-30）联立可求解管道中的流量分配。

需要指出的是，式（7-27）表示的是单位重量流体从 A 点流到 B 点沿任何一条管道造成的沿程水头损失相同，并不意味着各管道上总的能量损失相等，总的能量损失与通过的流量有关。

【例 7-5】 如图 7-16 所示，三条并联的铸铁管道，已知总流量 $Q=0.25\mathrm{m}^3/\mathrm{s}$，管道粗糙系数 $n=0.012$，管长及管径如下：$l_1=300\mathrm{m}$，$d_1=200\mathrm{mm}$；$l_2=200\mathrm{m}$，$d_2=150\mathrm{mm}$；$l_3=350\mathrm{m}$，$d_3=250\mathrm{mm}$。求各管中流量及水头损失。

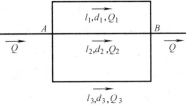

图 7-16 并联管路供水

【解】 （1）求管道比阻

将数据代入以下公式求解比阻：$C=\dfrac{1}{n}R^{1/6}$；

$\lambda=\dfrac{8g}{C^2}$；$S_0=\dfrac{8\lambda}{g\pi^2 d^5}$。或查表 7-2。

$S_{01}=7.92\mathrm{s}^2/\mathrm{m}^6$，$S_{02}=36.7\mathrm{s}^2/\mathrm{m}^6$，$S_{03}=2.41\mathrm{s}^2/\mathrm{m}^6$

（2）计算流量

由式（7-28），$S_{01}l_1Q_1^2=S_{02}l_2Q_2^2=S_{03}l_3Q_3^2$

$$7.92\times300\times Q_1^2=36.7\times200\times Q_2^2=2.41\times350\times Q_3^2$$

$$2.376Q_1^2=7.34Q_2^2=0.8435Q_3^2$$

则 $\quad Q_1=0.596Q_3$，$Q_2=0.339Q_3$

由式（7-29），$Q=Q_1+Q_2+Q_3$

$$0.25=0.596Q_3+0.339Q_3+Q_3$$

解之得：$Q_3=0.129\mathrm{m}^3/\mathrm{s}$

$\qquad Q_2=0.0434\mathrm{m}^3/\mathrm{s}$

$\qquad Q_1=0.0769\mathrm{m}^3/\mathrm{s}$

（3）计算水头损失

由于 $v_1=\dfrac{4Q_1}{\pi d_1^2}=\dfrac{4\times0.0769}{3.14\times0.2^2}=2.45\mathrm{m/s}$

$$h_{f1}=h_{f2}=h_{f3}=7.92\times300\times0.0769^2=14.05\mathrm{m}$$

7.5.4 分叉管路的水力计算

工程上常常遇到分叉管路布置，如水电站引水系统中，往往由一根总管从压力前池引水，分为几条支管，每条支管连接一台水轮机。

图 7-17 是一分叉管路，总管从水池引水，在 B 点分叉，水从 C、D 点流入大气。C 点的作用水头为 H_1，D 点的作用水头为 H_2，各管流量为 Q、Q_1、Q_2。按长管计算，AB、BC、BD 各段水头损失为 h_f、h_{f1}、h_{f2}，管道 ABC 可视为串联管路，管道 ABD 亦同，即

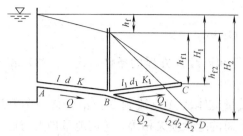

$$H_1 = S_0 l Q^2 + S_{01} l_1 Q_1^2 \qquad (7\text{-}31)$$

$$H_2 = S_0 l Q^2 + S_{02} l_2 Q_2^2 \qquad (7\text{-}32)$$

根据连续性条件

$$Q = Q_1 + Q_2 \qquad (7\text{-}33)$$

从式（7-31）和式（7-32）解出 Q_1 和 Q_2 代入式（7-33）得：

图 7-17　分叉管路

$$Q = \sqrt{(H_1 - S_0 l Q^2)/S_{01} l_1} + \sqrt{(H_2 - S_0 l Q^2)/S_{02} l_2} \qquad (7\text{-}34)$$

求出 Q 后，代入式（7-31）和式（7-32）解出 Q_1 和 Q_2。

【例 7-6】 如图 7-17 所示分叉管路，已知管道糙率 $n=0.012$，作用水头 $H_1=12\mathrm{m}$，$H_2=15\mathrm{m}$；管长及管径分别为：$l=300\mathrm{m}$，$d=400\mathrm{mm}$；$l_1=600\mathrm{m}$，$d_1=300\mathrm{mm}$；$l_2=800\mathrm{m}$，$d_2=350\mathrm{mm}$。求各管的流量。

【解】 （1）求各管的比阻

查表 7-2 得：$S_0=0.196\mathrm{s^2/m^6}$，$S_{01}=0.911\mathrm{s^2/m^6}$，$S_{02}=0.401\mathrm{s^2/m^6}$

（2）求各管流量，由式（7-31）、式（7-32）得

$$Q_1 = \sqrt{(H_1 - S_0 l Q^2)/S_{01} l_1} = \sqrt{(12 - 0.196 \times 300 Q^2)/0.911 \times 600} = \sqrt{0.02195 - 0.1076 Q^2}$$

$$Q_2 = \sqrt{(H_2 - S_0 l Q^2)/S_{02} l_2} = \sqrt{(15 - 0.196 \times 300 Q^2)/0.401 \times 800} = \sqrt{0.04676 - 0.1833 Q^2}$$

$$Q = Q_1 + Q_2 = \sqrt{0.02195 - 0.1076 Q^2} + \sqrt{0.04676 - 0.1833 Q^2}$$

试算得：$Q=0.29\mathrm{m^3/s}$，再代入前式得：

$$Q_1 = 0.113\mathrm{m^3/s}$$

$$Q_2 = 0.177\mathrm{m^3/s}$$

7.5.5　沿程均匀泄流管路的水力计算

前面讨论的管道流量在某一段范围内沿程不变，流量集中在管段端点泄出，这种流量称为通过流量（转输流量）。在工程中还会遇到从侧面连续泄流的管路，如人工降雨的管路、沉淀池中的冲洗管、冷却塔的配水管、船闸灌水廊道等。这种管路除通过流量外，在管道侧面还连续向外泄出流量 q，这种流量称为途泄流量（沿线流量），单位"$\mathrm{m^3/(m \cdot s)}$"。其中最简单的情况是，单位长度上的流量相等，这种管路称为沿程均匀泄流管路，如图 7-18 所示。

管路 AB 长度为 l，作用水头为 H，管路出口的通过流量为 Q，单位长度上的途泄流量为 q，在 M 点过流断面处，流量为 $Q_M = Q + (l-x)q$，由于流量沿程变化，此水流为变量流。在 $\mathrm{d}x$ 微分段内，可视为通过流量 Q_x 不变，作均匀流处理。于是，$\mathrm{d}x$ 段的沿程水头损失为：

$$\mathrm{d}h_f = S_0 [Q + (l-x)q]^2 \mathrm{d}x$$

沿管长积分，可得全管路的沿程水头损失：

184

$$H = h_{fAB} = \int_0^l S_0 [Q + (l-x)q]^2 \, dx = S_0 l \left(Q^2 + Qql + \frac{1}{3} q^2 l^2 \right)$$

可近似地写为：

$$h_{fAB} = S_0 l (Q + 0.55ql)^2 = S_0 l Q_r^2 \tag{7-35}$$

式中 Q_r——折算流量，$Q_r = Q + 0.55ql$。

从式（7-35）可知，当通过流量 $Q = 0$ 时，沿程均匀泄流管路的水头损失为：

$$H = h_{fAB} = S_0 l Q_r^2 = \frac{1}{3} S_0 l (ql)^2 \tag{7-36}$$

式（7-36）表明，长度、管径相等的管路，当通过同样的流量时，沿程均匀泄流管路的水头损失是流量集中在管路末端出流的水头损失的 1/3。

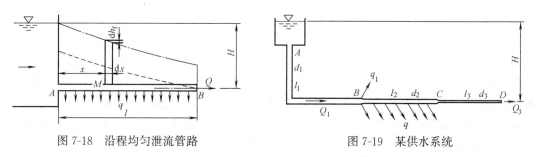

图 7-18 沿程均匀泄流管路   图 7-19 某供水系统

【例 7-7】 如图 7-19 所示为由水塔供水的管路，有三段铸铁管段组成，其中第二段为沿程均匀泄流管段，已知铸铁管糙率 $n = 0.012$，管长和管径分别为：$l_1 = 450$m，$d_1 = 250$mm；$l_2 = 200$m，$d_2 = 200$mm；$l_3 = 300$m，$d_3 = 150$mm。节点 B 转输流量 $q_1 = 0.015$m³/s，途泄流量 $q = 0.0001$m³/(m·s)，管路末端流量 $Q_3 = 0.02$m³/s。求水塔高度 H。

【解】 （1）计算各管流量
$$Q_1 = Q_3 + q_1 + ql_2 = 0.02 + 0.015 + 0.0001 \times 200 = 0.055 \text{m}^3/\text{s}$$
第二管道为沿程均匀泄流管段，按折算流量计算：
$$Q_2 = Q_3 + 0.55ql_2 = 0.02 + 0.55 \times 0.0001 \times 200 = 0.031 \text{m}^3/\text{s}$$
（2）求各管的比阻
查表 7-2 得：$S_{01} = 2.41$s²/m⁶，$S_{02} = 7.92$s²/m⁶，$S_{03} = 36.7$s²/m⁶
（3）计算水塔高度

$$\begin{aligned}
H &= h_{f1} + h_{f2} + h_{f3} \\
&= 2.41 \times 450 \times 0.055^2 + 7.92 \times 200 \times 0.031^2 + 36.7 \times 300 \times 0.02^2 \\
&= 3.28 + 1.52 + 4.40 = 9.20 \text{m}
\end{aligned}$$

7.6 有压管路中的水击

水电站水轮机开启或关闭过程中，压力钢管中的水流属非恒定流。本节仅讨论有压管中一种重要的水流现象——水击（水锤）。

在前面各章的讨论中，均把流体看作是不可压缩的，但在水击发生时，必须考虑流体的可压缩性，同时还要考虑管壁的弹性变形，因为水的可压缩性和管壁的弹性均对水击压强和水击波的传播速度有重要影响。

7.6.1 水击现象

1. 水击现象

在有压管路中，由于外界原因（如阀门突然关闭、水泵突然停机、水电站水轮机增甩负荷等）使管中的水流发生突然变化，从而引起压强急剧升高或降低的交替变化，压强升高（降低）时，可使管道的压强为正常工作时的几十倍甚至几百倍，这种交替变化的压强使得管壁、阀门等部件就像受到锤击一样，此种现象被称为水击。

水击发生时往往引起管道系统强烈振动，甚至管道开焊、爆裂、阀门破坏等事故，在工程上必须十分注意。

2. 水击产生的原因

如图 7-20 所示为长度为 l、管径 d 与壁厚 δ 沿程不变的简单管道。管道的 M 点与水池相接，管道末端 N 点设一阀门，为使问题简化，在讨论中，略去沿程水头损失及流速水头，恒定流时测压管水头线与静水头线重合，设管中压强为 p_0，断面平均流速为 v_0。若阀门突然关闭，紧靠阀门处的那一层水会突然停止流动，流速由 v_0 瞬间变为 0。由动量定理可知，动量的变化是由外力促成的，所以，管中动量的改变必然伴随着管中压强的急剧变化。紧靠阀门的这一层水的压强会突然升至 $p_0 + \Delta p$，升高的压强 Δp 则称为水击压强。

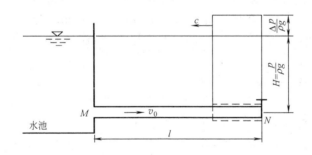

图 7-20　水击现象示意图

假定水和管道都是刚体，当阀门突然关闭时，整个管道中水的流速会立刻变为 0，整个管道的压强会升至无穷大。而实际上，水具有可压缩性（弹性），管壁具有弹性，在关门的瞬间（完全关闭要有一定时间），由于水击压强的作用，仅仅是紧靠阀门的这一层水先被压缩，管壁膨胀，由于产生这种变形，管中的水就不会在同一时刻全部停止运动。而是第一层水先停止流动，压强增加 Δp，随后与之相接的第二层水及其后续各层相继逐层停止流动，同时压强逐层升高，以弹性波的形式由阀门迅速传到管道进口，此时，整个管道的压强都增击了 Δp。这种水击产生的弹性波称为水击波。

综上所述，水击产生的原因是，存在引起管道水流速度突然改变的外部条件，水流本身具有惯性和可压缩性的内在因素。

3. 水击的传播过程

水击波的传播速度很快，相当于水中声波的传播速度，所以水击的发生及传播过程是在瞬间完成的，为了讨论问题方便，把它分为几个阶段。水击传播过程的第一周期如图7-21所示。

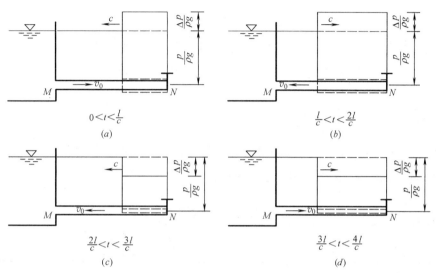

图 7-21 水击的传播过程图

第一阶段：如上所述，当阀门关闭时，水击波自阀门向管道进口传播，传播方向与来流方向相反，称之为增压逆波。当 $t = \dfrac{l}{c}$ 这一瞬间，全管道流体处于被压缩状态，$0 < t \leqslant \dfrac{l}{c}$ 为第一阶段（图7-21a）。

第二阶段：由于上游水库（水池）面积很大，水位基本不变，管内压强 $(p_0 + \Delta p)$ 大于水库（水池）静压 (p_0)，在此压差的作用下（管道储存的弹性能开始释放），管道内的水开始以 $(0 - v_0)$ 的速度向水库流动，开始了第二阶段。此过程为增速减压，水和管道恢复原状，水击波自进口逐层向阀门传播，层层解压，水击波传播方向与恒定流时方向相同，故称为降压顺波。在 $t = \dfrac{2l}{c}$ 时，全管道流体和管道恢复原状，$\dfrac{l}{c} < t \leqslant \dfrac{2l}{c}$ 称为第二阶段。$t = \dfrac{2l}{c}$ 是水击波由阀门至水库来回所需时间，在水击计算中称为相长，以 T 表示，即 $T = \dfrac{2l}{c}$（图7-21b）。

第三阶段：由于惯性作用，当水击波传播到阀门时，水流运动并不会停止，继续以反向流速 $-v_0$ 运动，由于阀门关闭，无流体补充，此时阀门处这一层流体流速由 $-v_0$ 变为 0，从而引起压强又降低 Δp，并使流体膨胀，密度减小，管壁收缩。水击波自阀门逐层向进口传播，层层降压，这一阶段中的水击波称为降压逆波。在 $t = \dfrac{3l}{c}$ 时，全管道流体膨胀，管道收缩，$\dfrac{2l}{c} < t \leqslant \dfrac{3l}{c}$ 称为第三阶段（图7-21c）。

第四阶段：在 $t=\dfrac{3l}{c}$ 瞬间，仍存在压差 Δp，水流运动还不会停止，水又以速度 v_0 向阀门流动，水击波自进口逐层向阀门传播，层层解压，从而使水的密度和管道恢复原状。这一阶段中的水击波称为增压顺波。在 $t=\dfrac{4l}{c}$ 时，全管道流体和管道恢复原状，$\dfrac{3l}{c}<t\leqslant\dfrac{4l}{c}$ 称为第四阶段（图 7-21d）。

在 $t>\dfrac{4l}{c}$ 以后，由于阀门仍处于关闭状态，流动受阻，其条件和水击开始的第一阶段一样，水击现象将重复上述四个阶段，周期循环。实际上，由于流动阻力存在，水击波是逐渐衰减的。

从阀门关闭 $t=0$ 算起，到 $t=\dfrac{2l}{c}$ 时，叫作第一相，由 $t=\dfrac{2l}{c}$ 至 $t=\dfrac{4l}{c}$ 称为第二相。经过两个相长，全管内压强、流速、流体和管壁都恢复到水击发生时的状态，所以，把 $t=0$ 至 $t=\dfrac{4l}{c}$ 称为一个周期。水击过程的运动特征见表 7-4。

水击过程的运动特征　　　　　　　　　　　　　　　　表 7-4

过　程	时　段	流速变化	流动方向	压强变化	水击波的传播方向	运动特征	流体状态
增压逆波	$0<t<\dfrac{l}{c}$	$v_0\to0$	$M\to N$	增高 Δp	$N\to M$	减速增压	压　缩
减压顺波	$\dfrac{l}{c}<t<\dfrac{2l}{c}$	$0\to-v_0$	$N\to M$	恢复原状	$M\to N$	增速减压	恢复原状
减压逆波	$\dfrac{2l}{c}<t<\dfrac{3l}{c}$	$-v_0\to0$	$N\to M$	降低 Δp	$N\to M$	减速减压	膨　胀
增压顺波	$\dfrac{3l}{c}<t<\dfrac{4l}{c}$	$0\to v_0$	$M\to N$	恢复原状	$M\to N$	增速增压	恢复原状

4. 直接水击与间接水击

前面的分析中，认为阀门是瞬时关闭的，这是为了分析问题方便而做出的一种假定，事实上，阀门总是逐渐关闭的，要有一定的时间才完成。关闭阀门的时间用 T_s 表示。

从图 7-22 可以看出，若阀门关闭时间 $T_s=0$ 在水击发生的第一阶段，全管道的压强增加 $\dfrac{\Delta p}{\rho g}$，如图 7-22（a）所示；若阀门关闭时间 $\dfrac{l}{c}<T_s<\dfrac{2l}{c}$，第一阶段水击波的反射波已从管道进口传播回来，与第二阶段的水击波叠加，如图 7-22（b）所示；若阀门关闭时间 $T_s=\dfrac{2l}{c}$，第二阶段的水击波传播回来，阀门恰好关闭，水击波叠加的结果如图 7-22（c）所示；以上三种情况任何一种都会造成阀门处产生最大水击压强。

若阀门关闭时间大于一个相长，即 $T_s>\dfrac{2l}{c}$，第二阶段的水击波传播回来，阀门还未关闭水击波叠加的结果如图 7-22（d）所示，阀门处的水击压强为 $\dfrac{\Delta p'}{\rho g}$，小于最大的水击压强 $\dfrac{\Delta p}{\rho g}$。

通过以上分析可知，只要阀门关闭时间 $T_s<\dfrac{2l}{c}$，对阀门处来说，产生的水击压强和

$T_s=0$ 的情况是一样的，都达到水击压强最大值。因此把阀门关闭时间 $T_s<\dfrac{2l}{c}$ 产生的水击称为直接水击。

若阀门关闭时间 $T_s>\dfrac{2l}{c}$，阀门处产生的水击压强要小于直接水击产生的水击压强，故把关闭时间 $T_s>\dfrac{2l}{c}$ 产生的水击叫作间接水击。

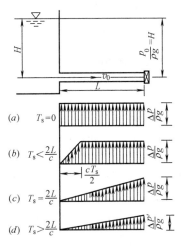

图 7-22　水击压强图

5. 水击波的传播速度

当水击发生时，流体被压缩，管壁膨胀，考虑水的可压缩性和管壁的弹性变形，应用质量守恒原理可以推导出水击波传播速度 c。（推导从略）

$$c=\frac{c_0}{\sqrt{1+\dfrac{E_0}{E}\dfrac{D}{\delta}}} \tag{7-37}$$

式中　c_0——声波在水中的传播速度，在水温 10℃ 左右，压强为 $1\sim25$ 个大气压时，$c_0=1435\mathrm{m/s}$；

　　　　E_0——水的弹性模量（体积弹性系数），一般取 $E_0=2.04\times10^5\,\mathrm{N/cm^2}$；

　　　　E——管壁的弹性模量（应用时查相关资料）；

　　　　D——管的直径；

　　　　δ——管的壁厚。

例如，一般钢管弹性模量为 $2.06\times10^7\,\mathrm{N/cm^2}$，$E_0/E\approx0.01$，$D/\delta=100$，代入式 (7-37) 得 $c\approx1000\mathrm{m/s}$，可见水击波的传播速度之快。

式（7-37）只能用于薄壁均匀圆管，当管道不是圆管或管壁不均匀（如钢筋混凝土或各种衬砌隧洞等）时，其水击波传播速度的计算公式，可查阅相关资料。

7.6.2　水击压强的计算

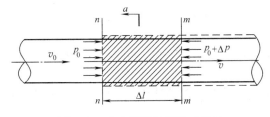

图 7-23　水击压强计算公式推导

水击发生时，管道中为非恒定流，不能直接用恒定流的动量方程推导，现采用动量定理推导水击压强的计算公式。如图 7-23 所示，取 Δl 管段为研究对象，Δl 两端为 m-m，n-n 断面，设原先速度为 v_0，密度为 ρ，压强 p_0，管面积为 A。水击发生后，经 Δt 时段，水击波以速度 c 从 m-m 断面传播到 n-n 断面，此时，此流段内的水体速度变为 v，压强变为 $p_0+\Delta p$，密度变为 $\rho+\Delta\rho$，管面积变为 $A+\Delta A$。Δt 时段内沿管轴方向的动量变化为：

$$(\rho+\Delta\rho)(A+\Delta A)v\Delta l-\rho Av_0\Delta l$$

略去二阶微量，且 $\Delta l=c\Delta t$，得

$$\rho A(v-v_0)c\Delta t \tag{7-38}$$

在 Δt 时段内，外力（两端面压力差）在管轴方向的冲量为：

$$[p_0(A+\Delta A)-(p_0+\Delta p)(A+\Delta A)]\Delta t$$

略去二阶微量，并考虑到，$p_0\Delta A$ 远比 ΔpA 小得多，略去 $p_0\Delta A$ 得：

$$-\Delta pA\Delta t \tag{7-39}$$

根据动量定理，Δt 时段内动量的变化，等于所受外力在同一时段内的冲量，由式（7-38）、式（7-39）得：

$$\rho A(v-v_0)c\Delta t=-\Delta pA\Delta t$$

于是

$$\Delta p=\rho c(v_0-v) \tag{7-40}$$

或写为：

$$\Delta H=\frac{\Delta p}{\rho g}=\frac{c}{g}(v_0-v) \tag{7-41}$$

当阀门瞬间完全关闭，$v=0$，则水击压强的计算公式为：

$$\Delta p=\rho cv_0 \tag{7-42}$$

或

$$\Delta H=\frac{cv_0}{g} \tag{7-43}$$

式（7-40）、式（7-41）称为儒可夫斯基（Жуковкий）公式，可计算阀门突然关闭或突然开启时的水击压强。

例如，一般引水钢管内水击波传播速度为 $c\approx1000\text{m/s}$，设管道恒定流时流速 $v=5\text{m/s}$，阀门突然关闭，应用式（7-43）计算：

$$\Delta H=\frac{1000\times5}{9.8}\approx500\text{m（水柱）}$$

这相当于管道内压强突然增加了 50 个大气压，可见其破坏力如此之大，若设计时未考虑水击问题，其后果严重。

对于间接水击，由于存在正水击波和反射波的相互作用，计算比较复杂，间接水击压强可近似用下式计算：

$$\Delta p=\rho cv_0\frac{T}{T_s} \quad \text{或} \quad \Delta H=\frac{cv_0}{g}\cdot\frac{T}{T_s}=\frac{v_0}{g}\cdot\frac{2l}{T_s} \tag{7-44}$$

应当指出，对于复杂的水击问题的求解，通常求解水击基本微分方程组，包括水击的运动方程和水击的连续方程，其求解方法比较复杂，这里不予以介绍。

7.6.3　水击危害的预防措施

通过以上讨论可知，水击压强能量巨大，虽然水击的传播过程有能量损失，水击压强衰减迅速，只是在水击发生的初始瞬间，也足以造成严重破坏，因此必须采取有效措施。

1. 停泵水击

离心水泵因误操作或突然停电，会造成水泵突然停止，水沿管路倒流，底阀突然关闭，产生水击，这种水击称为停泵水击。

停泵水击也会造成严重损失，应严格按操作规程操作，即在需要停泵之前，先关闭出口阀门，实行闭阀停止。为防止突然断电造成事故，可在压水管安装水击消除阀或回止阀。离心水泵在正常运行和正常停泵时，管路系统不会发生水击。

2. 水电站压力管道水击

当水电站增负荷（开机）或甩负荷（关机），会发生水击。从上面分析和式（7-44）可知，间接水击可大大消弱水击压强。若在压力管道适当部位，修建调压室（如图7-24），当水轮机开启或关闭时，由于压强的变化，一部分水会流入（出）调压室，惯性能得以释放，相当于缩短了水击波的传播长度，可减小水击压强及缩小水击的影响范围。

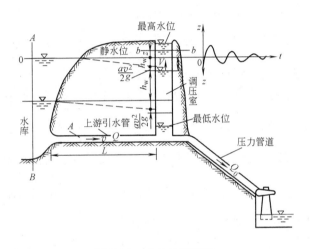

图 7-24 水电站调压室

本 章 小 结

本章讨论了孔口出流、管嘴出流和有压管流，其水力计算的核心是能量方程的应用。由于水流阻力问题的复杂性，一些参数，如：流速系数 φ、流量系数 μ、局部阻力系数 ζ 等，通常是用经验公式或实验方法确定，重点要掌握这些参数的影响因素；在水力计算时往往做出一些假定或规定，在学习时要善于总结。

1. 孔口出流在实际工程上有广泛的应用，如闸孔出流、沉淀池泄水、船坞、船闸的灌泄水、船坞灌水等等。

2. 孔口出流分为自由出流与淹没出流，要注意其流态及流速系数 φ、流量系数 μ 的区别，公式的应用条件。

3. 管嘴出流在实际工程上的应用也相当广泛，如大坝导流底孔、涵管泄流、消防水龙头、水电站尾水管等，要注意区别不同管嘴出流的水力特征。

4. 管嘴出流与孔口出流的最大区别在于，在作用水头、孔径等相同的情况下，管嘴出流的流量要大于孔口出流的流量，这是因为管嘴出流其出口被流体充满，进口收缩断面处形成了真空（负压），实际是提高了作用水头的缘故。

5. 根据水流特征和空化空蚀原理，管嘴工作条件有一定限制：①管长为直径的 $3\sim4$ 倍，即 $l=(3\sim4)d$，管嘴短了，管嘴出口不能被流体充满，收缩断面处不能形成真空；管嘴长了会增加沿程阻力，降低流量。②对水而言，作用水头小于 9m 水柱。

6. 对于有压管流，为了简化计算，分为长管和短管，若沿程水头损失、局部水头损失、流速水头各占相当比重，在进行水力计算时三项都必须考虑，这种管路叫"短管"；若在管路中沿程水头损失占绝对比重，局部水头损失、流速水头在进行水力计算时略去不计，这种管路叫"长管"。

7. 短管水力计算公式 $Q=\mu_c A\sqrt{2gH_0}$，式中 μ_c 为管路流量系数，对于自由出流 $\mu_c=\dfrac{1}{\sqrt{1+\lambda\dfrac{l}{d}+\sum\zeta}}$；对于淹没出流 $\mu_c=\dfrac{1}{\sqrt{\lambda\dfrac{l}{d}+\sum\zeta}}$；$H_0$ 为全水头，对于自由出流和淹没出流，在进行水力计算时，要注意作用水头的区别。

8. 简单管路水力计算公式 $H=S_0 lQ^2$ 或 $H=\dfrac{Q^2}{K^2}l$，式中 S_0 为比阻，$S_0=\dfrac{8\lambda}{g\pi^2 d^5}$，$K$ 为流量模数，$K=AC\sqrt{R}$，简单管路水力计算公式是进行长管水力计算的基础。

9. 串联管路是由多条管径不同的管段依次连接组成，其总水头损失为各段水头损失之和。即 $H=\sum\limits_{i=1}^{n}h_{fi}=\sum\limits_{i=1}^{n}S_{0i}l_i Q_i^2$ 或 $H=\sum\limits_{i=1}^{n}h_{fi}=\sum\limits_{i=1}^{n}\dfrac{Q_i^2}{K_i^2}l_i$。

10. 并联管路是由两条或多条管径不同的管段并接组成，它们有公共节点，节点流量满足连续性方程，即 $\sum\limits_{i=1}^{n}Q_i=0$，其含义是流入的流量等于流出的流量。两节点间的水头损失对于每条管道其值相等，即 $h_{f1}=h_{f2}=h_{f3}\cdots=h_{fn}$。

11. 沿程均匀泄流管路，其水头损失的水力计算，可以用折算流量 Q_r 代替途泄流量，折算流量 $Q_r=Q+0.55ql$，若管道末端转输流量 $Q=0$ 时，均匀泄流管段总的水头损失 $H=h_{fAB}=S_0 lQ_r^2=\dfrac{1}{3}S_0 l(ql)^2$。

12. 在有压管路中，由于外界原因使管中的水流发生突然变化，从而引起压强急剧升高或降低的交替变化，这种特殊的水力种现象被称为水击。

13. 水击波传播速度用 c 表示，$c=\dfrac{c_0}{\sqrt{1+\dfrac{E_0}{E}\dfrac{D}{\delta}}}$。水击波传播时间为 t，$t=\dfrac{2l}{c}$ 为一个相长，从 $t=0$ 至 $t=\dfrac{4l}{c}$ 称为一个周期。

14. 根据阀门（水轮机导叶）关闭时间，分为直接水击与间接水击，关闭阀门的时间用 T_s 表示，若阀门关闭时间 $T_s<\dfrac{2l}{c}$，产生的水击称为直接水击。若阀门关闭时间 $T_s>\dfrac{2l}{c}$，产生的水击叫作间接水击。

15. 直接水击压强可用 $\Delta p=\rho cv_0$ 或 $\Delta H=\dfrac{cv_0}{g}$ 计算；间接水击，由于存在正水击波和

反射波的相互作用，计算比较复杂，间接水击压强可近似用 $\Delta p = \rho c v_0 \dfrac{T}{T_s}$ 或 $\Delta H = \dfrac{v_0}{g}\dfrac{2l}{T_s}$ 计算。

16. 水击危害的预防措施有：对于停泵水击，要严格操作规程，为防止突然断电造成事故，可在压水管安装水击消除阀或回止阀；对于水电站压力管道水击，可在压力管道适当部位修建调压室，可大大消弱水击的危害。

思 考 题

7-1 在水箱侧壁的同一高程，设置孔径相同的一个孔口与一个外延管嘴，二者哪个流量大？为什么？

7-2 在壁厚为 0.8m，水面以下 3.0m 处开设孔径分别为 $d_1 = 0.4\text{m}$，$d_2 = 0.2\text{m}$ 的两个孔，试问，计算其泄水流量时，用何种方法及计算公式？

7-3 为什么总水头线沿程不可以上升？在什么情况下短管的测压管水头线会沿程上升？

7-4 如图 7-25 所示的等厚隔墙上设两条管材、管径相同的短管，上游水位不变。试比较：当下游水位为 ∇_A、∇_B、∇_C 时，两管流量的大小。

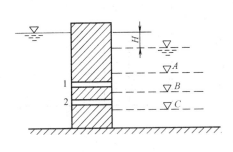

图 7-25　思考题 7-5 图

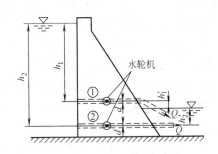

图 7-26　思考题 7-6 图

7-5 如图 7-26 所示为坝内式水电站，图中①、②为两个设计方案，若两方案的管径、管材及水轮机型号相同，试问：

① 两方案中水轮机的有效水头是否相同？为什么？

② 两方案中水轮机前后相应点的压强是否相同？

7-6 如图 7-27 所示的分叉管路，若管 A、管 B 的流量为 Q_1、Q_2。若把管 B 接长（图中虚线所示），试问，在其他条件不变的情况下，两管流量是否变化？为什么？

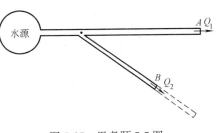

图 7-27　思考题 7-7 图

7-7 什么叫间接水击？为什么直接水击压强比间接水击压强大？

7-8 水击波的传播速度与哪些因素有关？

7-9 避免水击危害的措施有哪些？

习　题

7-1　如图 7-28 所示，水流由水箱 A 经孔口流入水箱 B，孔口直径 $d=10\text{cm}$，已知 $H=3.0\text{m}$，水箱 A 水面相对压强 $p=3\text{kPa}$，孔口流量系数 $\mu=0.62$，试计算通过孔口的流量。

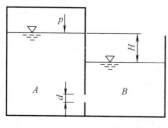

图 7-28　习题 7-1 图

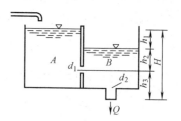

图 7-29　习题 7-2 图

7-2　如图 7-29 所示，水箱分为 A、B 两室，隔墙上设一孔口，$d_1=5\text{cm}$，B 室底部有一圆柱形外延管嘴，$d_2=4\text{cm}$。已知 $H=3.5\text{m}$，$h_3=0.8\text{m}$，试求，在水流恒定时：

（1）$h_1=?$，$h_2=?$　　（2）流量 $Q=?$

7-3　如图 7-30 所示，水箱侧壁的同一垂线上开两个孔径相同的薄壁孔口，上孔口距水面的距离为 a，下孔口距地面的距离为 c，试证明两孔口的水股落在地面同一点。

7-4　如图 7-31 所示，密闭容器侧壁上有一薄壁孔口，$d=2\text{cm}$，孔口中心距水面 $H=2\text{m}$，试比较下列三种情况时，（1）水面压强 $p_0=p_a$；（2）水面压强 $p_0=0.95p_a$；（3）水面压强 $p_0=1.05p_a$，孔口的流量。

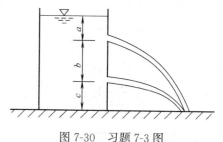

图 7-30　习题 7-3 图

7-5　如图 7-32 所示，两水池用虹吸管连通，上、下游水位差 $H=2\text{m}$，管长 $l_1=2\text{m}$，$l_2=6\text{m}$，$l_3=3\text{m}$，管径 $d=200\text{mm}$，上游水面至顶部管中心线 $Z=1.0\text{m}$，沿程损失系数 $\lambda_1=\lambda_2=\lambda_3=0.025$，进口拦污栅局部损失系数 $\zeta_1=6.0$，一个弯头损失系数 $\zeta_2=2.0$。

（1）求虹吸管的过流流量？　　（2）压强最低点的位置及其真空值？

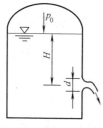

图 7-31　习题 7-4 图

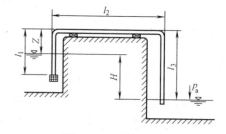

图 7-32　习题 7-5 图

7-6　如图 7-33 所示为直径为 d，管长为 $2l$ 的管路，若在其中点并联接出管径管材相同，管长为 l 的管道（虚线所示）。假定上下游水位不变，试问，并联后流量增加了多少？

7-7　如图 7-34 所示为一串联管路，已知上、下游水深 H_1、H_2，管长 $l_1=l_2=l_3=l$，

194

管径 $d_1 = 1.5d_3$，$d_2 = 2d_3$，沿程损失系数 $\lambda_1 = \lambda_2 = \lambda_3 = \lambda$，试推导该管路的流量表达式。

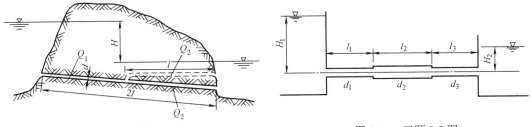

图 7-33　习题 7-6 图　　　　　　　图 7-34　习题 7-7 图

7-8　一水泵向两水池供水（如图 7-35），管长及管径分别为，$l_1 = 200\text{m}$，$d_1 = 0.25\text{m}$；$l_2 = 200\text{m}$，$d_2 = 0.20\text{m}$；$l_3 = 150\text{m}$，$d_3 = 0.15\text{m}$，已知供水管为铸铁管（$n = 0.012$），$Z_A = 15\text{m}$，$Z_B = 10\text{m}$，A 池的供水流量 $Q_2 = 0.12\text{m}^3/\text{s}$，求 B 池的供水量 Q_3 及水泵的出口压强各是多少？（提示：按长管计算，y 为该节点的虚拟测压管水头）

7-9　如图 7-36 所示，有一铸铁管路 $ABCD$，$l_{AB} = l_{BC} = l_{CD} = 500\text{m}$，$d_{AB} = d_{BC} = d_{CD} = 250\text{mm}$；转输流量 $Q_B = 20\text{L/s}$，$Q_C = 45\text{L/s}$，$Q_D = 50\text{L/s}$；BC 段为均匀途泄管路总泄量为 30L/s，CD 段亦为均匀途泄管路总泄量为 40L/s，求水池中水头 H。

7-10　某输水钢管，管长 500m，直径 $d = 200\text{mm}$，管壁厚 $\delta = 10\text{mm}$，管中恒定流时流速 $v_0 = 2.0\text{m/s}$，试问若末端阀门突然关闭，最大水击压强为多少？若关闭阀门的时间 $T_s = 2.0\text{s}$，最大水击压强又为多少？（水的弹性模量 $E_0 = 2.04 \times 10^5 \text{N/cm}^2$，钢管弹性模量为 $E = 2.06 \times 10^7 \text{N/cm}^2$，声波在水中的传播速度 $c_0 = 1435\text{m/s}$）

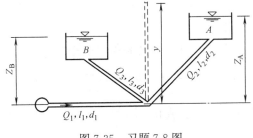

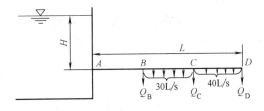

图 7-35　习题 7-8 图　　　　　　　图 7-36　习题 7-9 图

第 8 章　明渠恒定流

明渠是指人工修建的渠道或自然形成的河道。明渠流具自由表面，自由表面上各点压强均为大气压强，相对压强为零，故又称为无压流。天然河道、输水渠道、无压隧洞、渡槽、涵洞中的水流都属明渠水流。

当明渠中水流的运动要素不随时间变化时，称其为明渠恒定流，否则称为明渠非恒定流。在明渠恒定流中，如果水流运动要素不随流程变化，称为明渠恒定均匀流，否则称为明渠恒定非均匀流。在明渠非均匀流中，若流线接近于相互平行的直线，称为渐变流，否则称为急变流。

本章仅限于明渠恒定流，首先讨论明渠恒定均匀流，而后讨论明渠恒定非均匀流。重点研究明渠恒定均匀流的基本特征、输水能力的计算；明渠恒定非均匀流渐变流的基本方程、水深沿程变化规律、水面线变化规律及其计算。

8.1　明渠的类型

明渠的断面形状、尺寸以及底坡的变化对明渠水流运动有十分重要的影响，通常把明渠分为以下类型。

8.1.1　顺坡、平坡和逆坡渠道

明渠的底为一斜面，在纵剖面上，渠底为一长斜线，其纵向的倾斜程度称为底坡，用符号 i 表示。i 的大小用底坡线与水平面夹角的正弦表示，即 $i = \sin\theta = \dfrac{\Delta z}{l}$，$\theta$ 为渠底坡线与水平面的夹角。通常土渠的底坡 i 不大，即 θ 很小，故常用 $i \approx \dfrac{\Delta z}{l_x} = \tan\theta$，式中 l_x 为渠底坡线的水平投影长度，如图 8-1（a）所示。

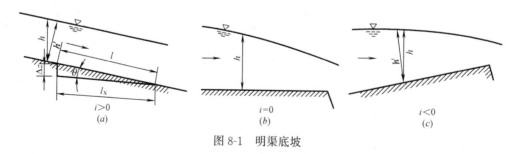

图 8-1　明渠底坡

当渠底沿程为降低时，称为顺坡渠道，即 $i>0$，如图 8-1（a）所示；当渠底水平时，称为平坡渠道，即 $i=0$，如图 8-1（b）所示；当渠底沿程升高时，称为逆坡渠道，即 $i<0$，如图 8-1（c）所示。

应当指出，明渠水流的水深应在垂直于底坡线的过流断面上量取 h'，对于底坡较小

的渠道，水流的水深可近似取其铅垂方向 h，如图 8-1（a）、（c）所示。当 $i \leqslant 0.1$（$\theta \leqslant 6°$）时，水深的误差均小于 1%。本章仅讨论底坡较小的渠道，对于底坡较大的渠道，其误差明显，应引起注意。

8.1.2　棱柱形渠道与非棱柱形渠道

按纵向几何条件，凡断面形状、尺寸及底坡沿程不变的长直渠道，称为棱柱形渠道。否则，称为非棱柱形渠道。棱柱形渠道的过流断面面积仅随水深变化，即 $A = f(h)$，而非棱柱形渠道上过流断面面积，不仅随水深改变，而且沿流程改变，即 $A = f(h, s)$。断面规则的人工渠道、渡槽、涵洞是典型的棱柱形渠道。对于断面形状尺寸变化不大的顺直河段，在进行水力计算时往往按棱柱形渠道处理。

8.1.3　明渠的横断面

人工明渠的横断面通常是对称的几何形状，常见的有矩形、梯形、圆形、半圆形，若横断面为梯形称之为梯形断面渠道，其他以此类推。其水力要素如图 8-2 所示，图中 b 为底宽，h 为水深，B 为水面宽度。

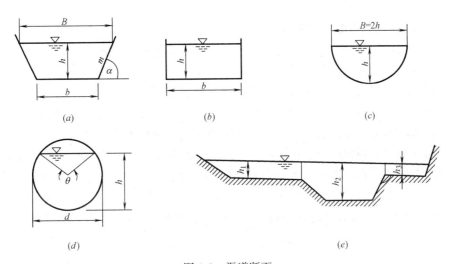

图 8-2　渠道断面

对于梯形断面渠道，工程中应用最广，其过水断面的水力要素的关系如下：

水面宽度：

$$B = b + 2mh \tag{8-1}$$

过水断面面积：

$$A = (b + mh)h \tag{8-2}$$

湿周：

$$\chi = b + 2h\sqrt{1 + m^2} \tag{8-3}$$

水力半径：

$$R = \frac{A}{\chi} = \frac{(b + mh)h}{b + 2h\sqrt{1 + m^2}} \tag{8-4}$$

式中 m——梯形渠道两侧边坡的斜倾程度，称为边坡系数，$m=\cot\alpha$，m 的大小根据土的种类或护面材料以及维护情况确定，见表 8-1。

边 坡 系 数 表 表 8-1

土 的 种 类	边坡系数 m	土 的 种 类	边坡系数 m
粉砂	3.0～3.5	砾石、砂砾土、砌石	1.25～1.5
沙壤土	2.0～2.5	风化岩	0.25～0.5
密实砂壤土、黄土、黏壤土	1.25～1.5	未风化岩石	0～0.25

矩形断面渠道通常是在岩石上开凿或两侧用条石砌成，或是混凝土渠道。圆形断面通常是指无压隧洞、涵洞或排水管道。另外，天然河道断面一般是不规则的，可近似用图 8-2（e）表示，称为复式断面渠道。

8.2 明渠均匀流的特征及形成条件

8.2.1 明渠均匀流的水力特征

明渠均匀流的流线是与底坡平行的一簇平行直线，故有以下水力特征：

（1）过流断面面积、水深沿程不变。

（2）过流断面平均流速、过流断面上流速分布沿程不变。

（3）底坡线、总能头线、水面线三线平行，即 $i=J=J_p$，如图 8-3 所示。

（4）水体的重力沿水流方向的分力等于阻碍水流运动的摩阻力。

对于第（4）水力特征，现证明如下，由于明渠均匀流是等速、等深直线流动，水体没有加速度，所以，作用在水体上的力是平衡的，如图 8-4 所示，取 1-1 和 2-2 断面间的水体作为研究对象，作用于水体的力有：1-1 断面上的动水压力 P_1、2-2 断面上的动水压力 P_2、水体重力沿水流方向的分力 $G\sin\theta$ 以及摩阻力 F，根据力的平衡原理有：

$$P_1+G\sin\theta-P_2-F=0 \tag{8-5}$$

因为明渠均匀流水深沿程不变，其过水断面上的动水压强又符合静水压分布规律，所以 $P_1=P_2$，又因为二力方向相反，互相抵消，故式（8-5）为：

$$G\sin\theta=F \tag{8-6}$$

式（8-6）表明，明渠均匀流中阻碍水流运动的摩阻力与水体重力沿水流方向的分力相平衡。

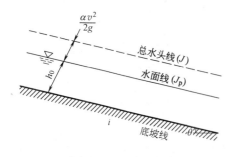

图 8-3 均匀流特征

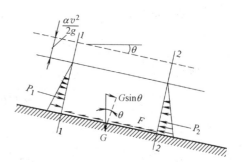

图 8-4 均匀流水体受力分析

8.2.2　明渠均匀流形成的条件

根据明渠均匀流的水力特征，不难得出其形成的条件：

（1）明渠中水流必须是恒定流。若为非恒定流，水面波动，流线不可能为平行直线，必然形成非均匀流。

（2）渠道必须是长直棱柱形渠道，糙率 n 沿程不变，且无闸、坝、桥、涵等水工建筑物。

（3）明渠中的流量沿程不变，即无支流汇入或流出。

（4）渠道必须是顺坡，即 $i>0$。否则，水体重力沿水流方向的分力不等于摩阻力。

实际工程中的渠道很难严格满足上述条件，而且渠道一般建有水工建筑物。因此，明渠水流多为非均匀流。但是，对于顺直的棱柱形渠道，只要有足够的长度，在离开进口或出口，或离开建筑物一定距离后，总是有形成均匀流的趋势，在实际工程中可按均匀流处理。人工明渠一般都顺直，基本上可满足均匀流形成的条件。对于天然河道，由于其断面形状、尺寸、坡度、粗糙系数一般沿程是变化的，所以形成生非均匀流。对于较为顺直、整齐的河段也常按均匀流进行近似计算。

8.3　明渠均匀流基本公式

工程上明渠水流一般都属于紊流粗糙区。其水力计算公式为：

$$Q=Av=\text{const} \tag{8-7}$$

$$v=C\sqrt{RJ} \tag{8-8}$$

式（8-7）是连续性方程，流量为常数；式（8-8）为明渠均匀流基本公式，亦称谢齐（Chezy）公式，C 为谢齐系数。由于明渠均匀流中，水力坡度 J 与底坡 i 相等，所以式（8-8）可改写为：

$$v=C\sqrt{Ri} \tag{8-9}$$

将式（8-9）代入式（8-7）得

$$Q=AC\sqrt{Ri} \tag{8-10}$$

或写为

$$Q=K\sqrt{i} \tag{8-11}$$

式中，$K=AC\sqrt{R}$，称为明渠水流的流量模数，单位（m^3/s）与流量相同，它综合反映明渠的断面形状尺寸和糙率对过流能力的影响。

在明渠均匀流情况下，渠中水深定义为正常水深，用 h_0 表示，相应的过流断面面积为 A_0，水力半径为 R_0，谢齐系数为 C_0，流量模数为 K_0，加脚注 0 是为了与明渠非均匀流中的水力要素相区别。通常谈到某一渠道的输水能力时，指的是在一定正常水深时通过的流量。

谢齐系数 C 与明渠的断面形状、尺寸、糙率 n 有关，即 $C=f(R, n)$，通常采用曼宁

（Manning）公式和巴甫洛夫斯基（Павловский）公式。

曼宁公式：

$$C=\frac{1}{n}R^{1/6} \tag{8-12}$$

曼宁公式在明渠和管道中均可应用，在 $n<0.020$ 及 $R<0.5m$ 范围内较好，水流应处于紊流粗糙区。

巴甫洛夫斯基公式：

$$C=\frac{1}{n}R^{y} \tag{8-13}$$

式中 $y=2.5\sqrt{n}-0.13-0.75\sqrt{R}(\sqrt{n}-0.1)$，指数 y 亦可用近似公式确定，当 $R<1m$ 时，$y=1.5\sqrt{n}$；当 $R>1m$ 时，$y=1.3\sqrt{n}$。巴氏公式适用范围：$0.1m<R<3.0m$，管道、明渠中均可采用，水流应在粗糙区。

这里特别指出，由式（8-12）和式（8-13）可知，水力半径 R 对谢齐系数 C 影响要比糙率 n 对 C 的影响小得多（n 在分母，且 $n\ll1.0$），所以在设计渠道的断面尺寸，计算明渠输水能力时，正确地选用合适的 n 值就显得十分重要。若 n 值估计小了，即运行时的水流阻力也估计小了，而实际水流阻力要大，这样流量就达不到设计要求，或造成渠道水流漫溢或泥沙淤积。反之，设计断面尺寸偏大会造成建设费用的浪费，还可能因实际流速过大而引起渠道冲刷。

8.4 水力最优断面及允许流速

8.4.1 水力最优断面

从明渠均匀流的计算公式可知，明渠的输水能力取决于明渠断面的形状、尺寸、底坡和粗糙系数的大小。在设计渠道时，底坡一般依地形条件，粗糙系数取决于渠道的土质、护面材料及维护情况。当 i、n 和 A 一定的前提下，渠道输水能力最大的那种断面形状称为水力最优断面。

把曼宁公式代入式（8-10）得：

$$Q=Av=AC\sqrt{Ri}=\frac{1}{n}AR^{2/3}i^{1/2}=\frac{1}{n}\frac{A^{5/3}i^{1/2}}{\chi^{2/3}}$$

上式表明，当 i、n 和 A 一定时，湿周 χ 越小，其过水能力越大。不难想象，当面积 A 一定时，边界最小的几何图形是圆形，即湿周最小。对于明渠，半圆形断面是水力最优的。但是，半圆形断面，不易施工，仅在混凝土制作的渡槽等水工建筑物中使用。一般明渠为梯形断面，那么梯形断面有无水力最优的条件呢？

梯形断面的面积大小由底宽 b、水深 h 及边坡系数 m 决定，边坡系数取决于边坡稳定和施工条件，在已确定边坡系数的前提下，面积 $A=(b+mh)h$，则底宽：

$$b=\frac{A}{h}-mh \tag{8-14}$$

将式（8-14）代入湿周 $\chi=b+2h\sqrt{1+m^2}$，得：

$$\chi=\frac{A}{h}-mh+2h\sqrt{1+m^2} \tag{8-15}$$

根据水力最优断面的定义，若面积一定，则湿周应最小。对式（8-15）求导，解出极小值，即水力最优断面的条件。

$$\frac{\mathrm{d}\chi}{\mathrm{d}h}=-\frac{A}{h^2}-m+2\sqrt{1+m^2} \tag{8-16}$$

再求二阶导数得 $\dfrac{\mathrm{d}^2\chi}{\mathrm{d}h^2}=2\dfrac{A}{h^3}>0$，二阶导数大于零，这说明湿周存在极小值。

令

$$-\frac{A}{h^2}-m+2\sqrt{1+m^2}=0 \tag{8-17}$$

把 $A=(b+mh)h$ 代入式（8-17），整理可得

$$\beta_h=(b/h)_h=2(\sqrt{1+m^2}-m) \tag{8-18}$$

式中 b/h 称之为宽深比，加脚注 h 表示水力最优断面时的宽深比。β_h 是水力最优宽深比的符号，β_h 仅仅为边坡系数 m 的函数，也就是说，若 m 值确定后，按式（8-18）计算可得出宽深比的值，按此值设计的渠道断面是水力最优断面。

矩形断面是梯形断面的一个特例，即 $m=0$，其水力最优的宽深比为 $\beta_h=(b/h)_h=2$，说明矩形渠道水力最优断面的底宽应是水深的 2 倍，即 $b=\frac{1}{2}h$，同时 $R=\frac{1}{2}h$。

在一般土渠中，边坡系数 m 一般大于 1，按式（8-18）解出的 β_h 都小于 1（见表8-2），即梯形渠道的水力最优断面是窄深型的。按水力最优断面设计的渠道工程量虽小，但不便于施工和维护。所以水力最优不一定是工程上最优的，一般来讲，对于小型土渠可采用水力最优断面，因为它施工容易，维护相对简便，费用不高；无衬护的大中型渠道一般不用水力最优断面。实际工程中必须按工程造价、施工技术、输水要求及维护等诸方面条件综合比较，选定技术先进、经济合理的断面。

水力最优断面的宽深比　　　　表 8-2

$m=c\tan\alpha$	1.00	1.25	1.50	1.75	2.00	3.00
$\beta_h=\left(\dfrac{b}{h}\right)_h$	0.83	0.79	0.61	0.53	0.47	0.32

综上所述，水力最优断面是从水力学原理提出的，对明渠断面形状的确定，要依据工程实际进行分析。

8.4.2　允许流速

对于设计合理的渠道，除考虑过流能力和工程造价等因素外，还应保证渠道不被冲刷或淤积。因此设计流速不应大于允许流速 v'，否则渠道将被冲刷。v' 指渠道免遭冲刷的最大允许流速，简称不冲流速。相反渠道中的流速也不要过小，否则悬浮的固体颗粒下沉造

成淤积，或滋生杂草，v''指渠道免遭淤积的最小允许流速，简称不淤流速。

渠道的不冲流速的确定，取决于土质、渠道有无衬砌及衬砌的材料。设计时可参考表8-3、表8-4、表8-5或查有关水力手册。不淤流速的大小还与水流条件与挟沙特性等因素有关，设计时可查有关手册。

坚硬岩石和人工护面渠道的不冲允许流速 表8-3

岩石或护面种类 $v'(m/s)$	流量(m^3/s)		
	<1	1~10	>10
软质沉积岩(泥灰岩、页岩、软砾岩)	2.5	3.0	3.5
中等硬质沉积岩(致密砾岩、多孔石灰岩、层状石灰岩、白云石灰岩、灰质砂岩)	3.5	4.25	5.0
硬质水成岩(白云砂岩、硬质石灰岩)	5.0	6.0	7.0
结晶岩、火成岩	8.0	9.0	10.0
单层块石铺砌	2.5	3.5	4.0
双层块石铺砌	3.5	4.5	5.0
混凝土护面(水流中不含砂和砾石)	6.0	8.0	10.0

黏性土质渠道的不冲允许流速 表8-4

土质	不冲流速(m/s)	说　明
轻壤土	0.6~0.8	(1)均质黏性土质渠道中各种土质的干重度为1300~1700kN/m^3。
中壤土	0.65~0.85	(2)表中所列为水力半径$R=1.0m$的情况,如$R \neq 1.0m$时,则应将表中数值乘以R^a才得相应的不冲允许流速值,对于砂、砂石、卵石、疏松的壤土、黏土$a = \frac{1}{4} \sim \frac{1}{3}$;对于密实的壤土黏土$a = \frac{1}{5} \sim \frac{1}{4}$
重壤土	0.70~1.0	
黏土	0.75~0.95	

无黏性均质土质渠道的不冲允许流速 表8-5

土质	粒径(mm)	不冲流速(m/s)	土质	粒径(mm)	不冲流速(m/s)	说　明
细砂	0.05~0.25	0.17~0.40	中砾石	5.0~10.0	0.65~1.20	表中流速与水深有关,应用时查相关手册
中砂	0.25~1.0	0.27~0.7	粗砾石	10.0~20.0	0.80~1.40	
粗砂	1.0~2.5	0.46~0.8	小卵石	20.0~40.0	0.95~1.80	
细砾石	2.5~5.0	0.53~0.95	中卵石	40.0~60.0	1.20~2.20	

注：表8-3，表8-4，表8-5引自陕西水利电力厅勘测设计院陕西省灌溉渠系设计规范和编写说明，1965年7月。

8.5 明渠均匀流水力计算

输水工程中应用最广泛的是梯形断面渠道，现以梯形断面渠道为例，讨论明渠均匀流水力计算。

对于梯形断面，各水力要素的关系可表述为：$Q = AC\sqrt{Ri} = f(m, b, h, n, i)$，此式中有6个变量，一般情况下，边坡系数$m$、粗糙系数$n$可根据土质条件确定，其余4个变量再按工程条件预先确定3个变量，然后求解另一个变量。

8.5.1 校核渠道的输水能力

此类问题大多数是对已建工程进行校核性水力计算。已知渠道的断面尺寸、底坡、粗糙系，求通过流量或断面平均流速。因为 6 个变量中有 5 个已知，即 m、b、h、i、n 确定，仅流量未知，可用式（8-10）$Q=AC\sqrt{Ri}$，直接求解流量，在计算时，A 以平方米计，χ 以米计。

8.5.2　确定渠道的底坡

此类问题相当于根据水文资料和地质条件确定了设计流量、断面形状、尺寸、粗糙系数 n 及边坡系数 m，即 6 个变量中有 5 个已知。设计渠道的底坡 i，可以利用式（8-11）求解，即

$$i=\frac{Q^2}{K^2} \tag{8-19}$$

8.5.3　确定渠道断面尺寸

若根据水文资料及地质条件已确定流量、底坡、边坡系数、粗糙系数，即 4 个变量已知，可能有多组解（h，b）满足方程式 $Q=f(m,h,b,i,n)$，一般要根据工程条件先确定 b 或 h，求解 h 或 b。

（1）确定渠道的水深

若已确定渠道的底宽 b，将 $A=(b+mh)h$，$\chi=b+2h\sqrt{1+m^2}$，$R=A/\chi$，$C=\frac{1}{n}R^{1/6}$ 代入 $Q=AC\sqrt{Ri}$，整理可得 $Q=\frac{1}{n}\frac{[(b+mh)h]^{5/3}i^{1/2}}{(b+2h\sqrt{1+m^2})^{2/3}}$，这是一个关于未知量 h 的高次方程，求解十分困难，可以用试算—图解法，即，先假定水深 h 一系列值，代入上式求出流量 Q，然后绘制 h-Q 的关系曲线，根据已知流量，在曲线上查出所要求的值（参见例 8-1）。也可以用图解法求解，附录 B（制表原理略）为梯形断面和矩形断面渠道水深求解图，横坐标为 $\frac{b^{2.67}}{nK}$，纵坐标为 $\frac{h}{b}$，图中曲线对应边坡系数 m。根据已知条件计算出 $\frac{b^{2.67}}{nK}$ 的值，向上作垂线与 m 所对应的曲线相交，而后作水平线，与纵坐标相交得 $\frac{h}{b}$ 的值，解出 h，参见例 8-1。

（2）确定渠道的底宽

已知渠道的设计流量 Q、水深 h、底坡 i、粗糙系数 n，求底宽 b。此类问题与水深求解的方法类似，也采用试算—图解法。不同的是假定底宽 b 的一系列值，求出各物理量，绘制 b-Q 关系曲线图，根据已知流量在曲线上查找对应的底宽 b。也可以用图解法求解，附录 C 为底宽求解图，方法与求水深相同。

【例 8-1】　某输水渠道，梯形断面，土质为沙壤土，底宽 $b=2\mathrm{m}$，通过流量 $0.8\mathrm{m}^3/\mathrm{s}$，岸边有杂草，粗糙系数 $n=0.027$，底坡 $i=0.0012$，求正常水深 h_0 是多少？

【解】　（1）用试算—图解法，查表 8-1 得 $m=2.2$。设一系列水深，列下表计算：

h （m）	$A=(b+mh)h$ （m²）	$\chi=b+2h\sqrt{1+m^2}$ （m）	$R=\dfrac{A}{\chi}$ （m）	$C=\dfrac{1}{n}R^{1/6}$ （m$^{1/2}$/s）	$Q=AC\sqrt{Ri}$ （m³/s）
0.3	0.789	3.450	0.231	29.01	0.385
0.4	1.152	3.934	0.293	30.18	0.652
0.5	1.55	4.417	0.351	31.11	0.99

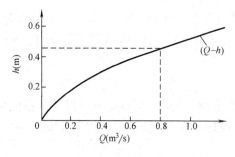

图 8-5　水深与流量关系图

由上表数据绘 Q-h 的关系曲线，根据已知流量在图 8-5 中求出正常水深 $h_0=0.45$m。

（2）图解法：

$$K=\frac{Q}{\sqrt{i}}=\frac{0.8}{\sqrt{0.0012}}=23.09$$

$$\frac{b^{2.67}}{nK}=\frac{2^{2.67}}{0.027\times23.09}=10.2$$

由附录 B 在横轴上找到 10.2，向上作垂线与 $m=2.2$ 的曲线相交，而后作水平线交纵坐标得 $h/b=0.22$，则 $h=0.22b=0.22\times2=0.44$m。

两种方法计算结果基本相同。

【例 8-2】　有一梯形断面小型渠道，土质为沙壤土，边坡系数 $m=2.0$，粗糙系数 $n=0.025$，流量 $Q=2.5$m³/s，底坡 $i=0.0016$。试确定渠道的断面底宽 b 和水深 h，并校核是否满足不冲刷条件？是否需要衬护？

【解】　因为是小型渠道，可用水力最优断面条件求解。

宽深比：$\beta_\mathrm{h}=\left(\frac{b}{h}\right)_\mathrm{h}=2(\sqrt{1+m^2}-m)=2(\sqrt{1+2^2}-2)=0.472$

则 $b=0.472h$

断面面积：$A=(b+mh)h=(0.472h+2h)h=2.472h^2$

湿周：$\chi=b+2h\sqrt{1+m^2}=0.472h+2h\sqrt{1+2^2}=4.944h$

水力半径：$R=0.5h$

所以　$Q=AC\sqrt{Ri}=A\frac{1}{n}R^{1/6}R^{1/2}i^{1/2}$

$$=\frac{A}{n}R^{2/3}i^{1/2}=\frac{2.472h^2}{0.025}(0.5h)^{2/3}(0.0016)^{1/2}=2.492h^{8/3}$$

水深：$h=\left(\frac{Q}{2.492}\right)^{3/8}=\left(\frac{2.5}{2.492}\right)^{3/8}=1.00$m

所以，底宽 $b=0.472h=0.472\times1.0=0.472$m

校核流速：$v=C\sqrt{Ri}=\frac{1}{n}R^{2/3}i^{1/2}=\frac{1}{0.025}(0.50)^{2/3}0.0016^{1/2}=1.01$m/s

由表 8-4 可知，$v'=0.7$m/s（取中值），显然 $v>v'$，所以不满足不冲流速条件，该渠道需要衬护。若用单层块石铺砌，允许流速可提高到 3.5m/s。若衬护则重新确定边坡系数，再按水力最优断面设计断面尺寸。

对于渠道断面形状、尺寸的确定，小型渠道或有衬砌的渠道，可按水力最优断面设计，或是按技术要求先给定宽深比 β，补充这一条件后，也可用解析的方法求解底宽 b 或水深 h，对于大、中型渠道的设计，则通过经济比较，有通航条件的渠道按通航的要求设计。

8.6 管道无压流的水力计算

如图 8-2（d）所示，排水管渠、涵管，在不满流时，有自由液面，也属明渠水流，θ 为充满角，水深与管径的比值称为充满度，用 α 表示，$\alpha=h/d$，通常排水管道、涵管采用圆形断面，一方面考虑了水力最优的条件，同时还考虑到施工方便，若流量较大时从结构的角度考虑采用城门洞形断面。本节仅分析讨论圆形断面管道、涵管。

8.6.1 管道无压流的水流特征

如上所述，管道不满流也属明渠水流，若管道有足够长，管径不变，底坡不变，流量恒定，也产生均匀流，具有明渠均匀流的特征，此外，它还具有另外一种特征，即在未达到满管流之前流量达到最大值，流速也达到最大值。

现在引入 Q_0 和 v_0 与 Q 和 v 进行比较。Q_0 和 v_0 分别是满流时的流量、流速，Q 和 v 是不满流时的流量和流速。不同的充满度对应一个流量和流速，采用无纲量的结合量，表示充满度与流量、流速的关系，如图 8-6 所示。

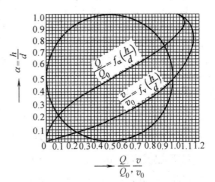

图 8-6 管道满流与不满流关系

从图 8-6 可知，当 $\alpha = \dfrac{h}{d} = 0.95$ 时，$\dfrac{Q}{Q_0} = 1.075$，即 Q 达到最大值，是满流的 1.075 倍。当 $\dfrac{h}{d} = 0.81$ 时，$v/v_0 = 1.16$，v 达到最大值。这是因为在水深超过半径后，过水断面的面积随水深增长缓慢，而湿周相对增加要快些，即当 $\alpha = 0.81$ 时水力半径 R 达到最大值，其后 R 相对减小，所以流速达到最大值。当 $\alpha > 0.81$ 后，A 继续增大，由 $Q = Av$ 可知，流量还在增加，当 $\alpha = 0.95$ 时流量达到最大，当超过 $\alpha > 0.95$ 后，随着水力半径 R 的减小，流速也变小，而流量也相对变小了。

8.6.2 管道无压流的水力计算

1. 不满流时水力要素计算公式

断面面积：

$$A = \frac{d^2}{8}(\theta - \sin\theta) \tag{8-20}$$

式中，θ 以弧度计。

湿周：

$$\chi = \frac{d}{2}\theta \tag{8-21}$$

水力半径：

$$R = \frac{d}{4}\left(1 - \frac{\sin\theta}{\theta}\right) \tag{8-22}$$

充满度：

$$\alpha = \frac{h}{d} = \sin^2 \frac{\theta}{4} \tag{8-23}$$

为了避免上式的繁杂计算，可以用查表的方法计算，列于表 8-6。

不同充满度的圆形管道的水力要素（d 以"m"计）　　表 8-6

充满度 α	过水断面面积 $A(m^2)$	水力半径 $R(m)$	充满度 α	过水断面面积 $A(m^2)$	水力半径 $R(m)$
0.05	$0.0147d^2$	$0.0326d$	0.55	$0.4422d^2$	$0.2649d$
0.10	$0.0400d^2$	$0.0635d$	0.60	$0.4920d^2$	$0.2776d$
0.15	$0.0739d^2$	$0.0929d$	0.65	$0.5404d^2$	$0.2881d$
0.20	$0.1118d^2$	$0.1206d$	0.70	$0.5872d^2$	$0.2962d$
0.25	$0.1535d^2$	$0.1466d$	0.75	$0.6319d^2$	$0.3017d$
0.30	$0.1982d^2$	$0.1709d$	0.80	$0.6736d^2$	$0.3042d$
0.35	$0.2450d^2$	$0.1935d$	0.85	$0.7115d^2$	$0.3033d$
0.40	$0.2934d^2$	$0.2142d$	0.90	$0.7445d^2$	$0.2980d$
0.45	$0.3428d^2$	$0.2331d$	0.95	$0.7707d^2$	$0.2865d$
0.50	$0.3927d^2$	$0.2500d$	1.00	$0.7854d^2$	$0.2500d$

2. 管道无压流的水力计算的类型

(1) 已知 α、d、i、n 求 Q；

(2) 已知 Q、α、d、n 求 i；

(3) 已知 Q、h、i、n 求 d。

进行上述水力计算，仍应用 $Q = AC\sqrt{Ri}$，$Q = \dfrac{A}{n}R^{2/3}i^{1/2}$ 公式，设计管径、底坡时，还要根据《室外排水设计规范》GB 50014—2006 进行。

8.7 明渠恒定非均匀流水流特征

人工渠道或天然河道中的水流，绝大多数为非均匀流，这是因为天然河道中不存在棱柱形渠道，即使人工渠道其断面形状、尺寸可能改变，底坡也可能改变，就是长直棱柱形渠道上也往往建有闸、涵等水工建筑物，故一般明渠很难满足均匀流的形成条件。

明渠恒定非均匀流重点研究内容是：明渠恒定非均匀流的水力要素（重点是水深）的变化规律及其水力计算，确定水面线形式及其位置，以便确定明渠的边墙高度和建筑物（闸、坝、桥、涵）前的壅水深度及回水淹没的范围。

8.7.1 明渠非均匀流水力特征

如图 8-7 所示，与明渠均匀流相比，明渠非均匀流有以下特征：

(1) 断面平均流速、水深沿程改变，即 $h = f(s)$　$A = f(h, s)$；

(2) 水力坡度 J、水面线 J_p、底坡 i 三者

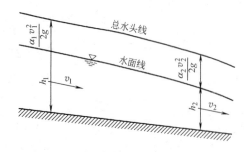

图 8-7　明渠非均匀流

不再相等，即底坡线、水面线、总水头线不再平行。

8.7.2 急流、缓流、临界流

明渠水流具有自由液面与大气相接触，它与有压流不同，分为三种形态：急流、缓流、临界流。通过下面的实例可明确认识这三种形态。假定将小石子投向湖水中，小石子会激起微小的干扰波，以小石子落点为中心向四周传播，干扰波传播如图 8-8（a）所示。其传播速度用 C 表示（简称波速）。$C=\sqrt{gh_{\mathrm{m}}}$，式中 h_{m} 为平均水深。若把小石子投向渠道水流中，干扰波传播如图 8-8（b）、（c）、（d）所示。

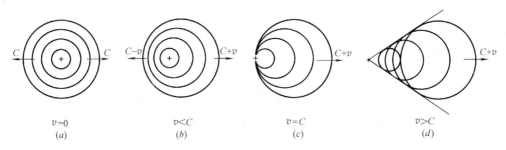

| $v=0$ | $v<C$ | $v=C$ | $v>C$ |
| (a) | (b) | (c) | (d) |

图 8-8 干扰波传播示意图

图 8-8（c）所表示的是水流流速等于波速 C，只能向下游传播，向上游传播速度 $C-v=0$，这种水流称为临界流；如图 8-8（b）所示，渠道中水流流速小于波速 C，干扰波向下游传播的速度为 $v+C$，向上游传播速度为 $C-v>0$，这种水流称为缓流；如图 8-8（d）所示，渠道中水流流速大于波速 C，干扰波不能向上游传播，向上传播的速度为 $C-v<0$，向下游传播速度为 $C+v$。这种水流称为急流。根据以上定义，缓流、急流、临界流就有了判别标准。

当 $v<C$ 时，为缓流，干扰波向上游传播；

$v=C$ 时，为临界流，干扰波不能向上游传播；

$v>C$ 时，为急流，干扰波不能向上游传播。

对于临界流 $v=C=\sqrt{gh_{\mathrm{m}}}$，可以改写为无量纲数，用 Fr 表示，称为弗劳德（Froude）数，即 $Fr=\dfrac{v}{\sqrt{gh_{\mathrm{m}}}}=1$，$Fr$ 就成为急流、缓流的另一个判别标准。

即 $Fr<1$ 为缓流，$Fr=1$ 为临界流，$Fr>1$ 为急流。

8.8 断面单位能量与临界水深

8.8.1 断面单位能量（断面比能）

如图 8-9 所示，明渠渐变流的过水断面上，以 0-0 为基准面，其单位重量液体总的机械能为：

$$E=z+\frac{p}{\rho g}+\frac{\alpha v^2}{2g}=z_0+h\cos\theta+\frac{\alpha v^2}{2g} \tag{8-24}$$

式中 θ——明渠底面与水平面的夹角。

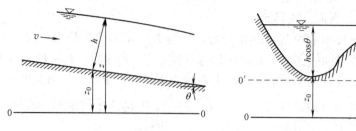

图 8-9 断面单位能量

在实际工程中 θ 较小，可近似认为 $\cos\theta\approx1$，所以式（8-24）可改写为：

$$E=z_0+h+\frac{\alpha v^2}{2g} \tag{8-25}$$

如果把基准面选在渠底的位置上，那么，过水断面上单位重量液体具有的总机械能，叫作断面单位能量（亦称断面比能），以 E_s 表示，则

$$E_s=E-z_0=h+\frac{\alpha v^2}{2g} \tag{8-26}$$

或写成

$$E_s=h+\frac{\alpha Q^2}{2gA^2} \tag{8-27}$$

为什么要引入断面单位能量的概念呢？由第 5 章可知，因为流体具有黏滞性，流体在流动时产生流动阻力，造成沿程水头损失，单位重量流体总的机械能沿程减少，即 $dE/ds<0$。断面单位能量则不同，断面单位能量 E_s 沿程可大、可小或沿程不变，即 $dE_s/ds>0$，$dE_s/ds<0$，$dE_s/ds=0$（均匀流），这是因为基准面选在明渠底部，基准面是变化的。既然 E_s 沿程改变，也就是说，E_s 是水深 h 和流程 s 的连续函数，即 $E_s=f(h,s)$。若为棱柱形渠道，则 E_s 仅仅是水深 h 的连续函数，研究断面单位能量沿程变化，则可分析水面曲线的变化规律。

8.8.2　断面单位能量（比能函数）图示

对于梯形断面棱柱形渠道，由式（8-27）知，$E_s=h+\frac{\alpha Q^2}{2gA^2}$，因为 $A=(b+mh)h$，在 Q、b、m 一定时，$A=f(h)$，所以 $E_s=f(h)$，由式（8-27）可知：当 $h\to0$ 时，$A\to0$，$\frac{\alpha Q^2}{2gA^2}\to\infty$，所以 $E_s\to\infty$；当 $h\to\infty$ 时，$A\to\infty$，$\frac{\alpha Q^2}{2gA^2}\to0$，因此 $E_s\to\infty$。

以 E_s 为横坐标，h 为纵坐标，根据以上讨论，可知绘出断面单位能量曲线，亦称比能函数曲线，如图 8-10 所示。

曲线上端与以坐标轴呈 $45°$ 角的直线渐近，下端与横轴为渐近线，该曲线有极小值，对应 K 点，断面单位能量最小，K 点把曲线分为上、下两半支，上支断面单位能量随水深增加而增加，即 $dE_s/dh>0$；下支断面单位能量随水深减小而增大，即 $dE_s/dh<0$，将式（8-27）对 h 求导：

$$\frac{dE_s}{dh} = \frac{d}{dh}\left(h + \frac{\alpha Q^2}{2gA^2}\right) = 1 - \frac{\alpha Q^2}{gA^3}\frac{dA}{dh} \tag{8-28}$$

式中，$\dfrac{dA}{dh} = B$，B 为过水断面的水面宽度，如图 8-11 所示，则

$$\frac{dE_s}{dh} = 1 - \frac{\alpha Q^2 B}{gA^3} = 1 - \frac{\alpha v^2}{gA/B} = 1 - \frac{\alpha v^2}{gh_m} \tag{8-29}$$

取 $\alpha = 1.0$，式（8-29）可写为：

$$\frac{dE_s}{dh} = 1 - Fr^2 \tag{8-30}$$

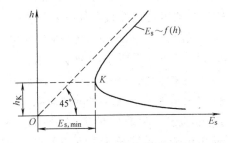

图 8-10　断面单位能量图示

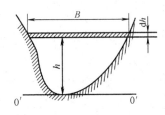

图 8-11　水面宽度示意图

分析式（8-30）可知，对于缓流，$Fr < 1$，所以 $dE_s/dh > 0$，相当于上半支，所以上支为缓流；对于急流 $Fr > 1$，则 $\dfrac{dE_s}{dh} < 0$，对应下半支，所以下半支为急流；对于临界流 $Fr = 1$，则 $\dfrac{dE_s}{dh} = 0$，对应为 K 点，所以 K 点为急流、缓流的分界点。

8.8.3　临界水深

从以上分析可知，K 点对应临界流，是断面单位能量最小值所对应的水深，称为临界水深，用 h_K 表示。满足临界水深的条件是 $\dfrac{dE_s}{dh} = 0$，由式（8-27）得

$$\frac{dE_s}{dh} = 1 - \frac{\alpha Q^2 B}{gA^3} = 0$$

把临界流对应的水力要素均加脚标 K，则有

$$\frac{\alpha Q^2}{g} = \frac{A_K^3}{B_K} \tag{8-31}$$

式（8-31）为临界流方程式，若给定流量和过水断面的形状、尺寸，可以求解临界水深。

1. 矩形断面渠道临界水深的计算

将 $B_K = b$，$A_K = bh_K$，代入式（8-31），则有 $\dfrac{\alpha Q^2}{g} = \dfrac{(bh_K)^3}{B_K} = b^2 h_K^3$，所以

$$h_K = \sqrt[3]{\frac{\alpha Q^2}{gb^2}} \tag{8-32}$$

或改为

$$h_K = \sqrt[3]{\dfrac{\alpha q^2}{g}} \qquad\qquad (8\text{-}33)$$

式中　q——单宽流量，即过水断面上单位宽度上通过的流量。

2. 梯形断面渠道临界水深的计算

梯形断面渠道 $A=(b+mh)h$，对于临界流方程式（8-31），A_K^3/B_K 是水深 h 的隐函数，直接求解十分困难，故通常用试算图解法。其方法如下：对于给定的断面形状和尺寸以及边坡系数 m，假设一系列值，依次计算出相对应的过水断面面积 A，水面宽度 B，计算 A^3/B。横轴表示 A^3/B 值，纵轴为水深 h，A^3/B 与 h 值可连成曲线，如图 8-12 所示。由临界流方程可知，$\alpha Q^2/g$ 的值所对应的点 K 即为临界流，K 点对应的水深为临界水深 h_K。

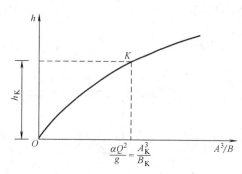

图 8-12　临界水深求解图

以上这种方法，不仅适用于梯形断面渠道，同时也适用于各种类型的断面渠道。

综上所述，断面单位能量最小值 K 点，把断面单位能量曲线分为上支与下支，上支为缓流，下支为急流，K 点所对应的水深为临界水深，临界水深是可以计算的。那么，临界水深 h_K 又成为一个判别急流、缓流的标准，即

$h>h_K$ 为缓流；$h=h_K$ 为临界流；$h<h_K$ 为急流。

【例 8-3】　长直的矩形断面渠道，通过流量 $Q=1.5\mathrm{m^3/s}$，底宽 $b=2.5\mathrm{m}$，底坡 $i=0.003$，渠道用混凝土制成，输水时形成均匀流。问该水流是急流还是缓流？

【解】　根据已知条件求正常水深 h_0，查第 5 章表 5-3 得 $n=0.014$：

$$K=\frac{Q}{\sqrt{i}}=\frac{1.5}{\sqrt{0.003}}=27.39\mathrm{m^3/s}$$

$$\frac{b^{2.67}}{nK}=\frac{2.5^{2.67}}{0.014\times27.39}=30.11$$

查附录 C 得：$h_0/b=0.145$，$h_0=0.145\times2.5=0.363\mathrm{m}$

由式（8-33）：$h_K=\sqrt[3]{\dfrac{Q^2}{gb^2}}=\sqrt[3]{\dfrac{1.5^2}{9.8\times2.5^2}}=0.332\mathrm{m}$

因为 $h_0=0.363\mathrm{m}>h_K=0.332\mathrm{m}$，所以该水流为缓流。

8.9　临界底坡、缓坡、陡坡

8.9.1　临界底坡

如果断面形状、尺寸一定的水槽，底坡 $i>0$，流量恒定，水流为均匀流，具有一定的正常水深 h_0。若改变底坡的大小，但底坡总大于 0，那么，在每种情况下得到一个正常水深。根据水深和断面单位能量的变化，可以绘制与图 8-10 相类似的曲线，断面单位能

量的最小值对应的水流是临界流，水深为 h_K，相应的底坡称为临界底坡，记做 i_K。相比之下，$i<i_K$ 对应的是缓流，此底坡称为缓坡；$i>i_K$ 对应为急流，此底坡称为陡坡。也就是说陡坡上形成急流，缓坡上的水流是缓流。请注意一点，临界底坡 i_K 的值是在流量、渠道断面形状尺寸一定的前提下确定的。当流量、断面尺寸有一个量改变了，临界底坡的大小即改变。

综上所述，临界底坡 i_K 也是急流、缓流、临界流的判别标准。

$i>i_K$ 为急流，$i=i_K$ 为临界流，$i<i_K$ 为缓流。

8.9.2 临界底坡的计算

临界底坡上形成的均匀流，要满足临界流方程式（8-31），即 $\dfrac{\alpha Q^2}{g}=\dfrac{A_K^3}{B_K}$，同时也满足均匀流基本公式 $Q=A_K C_K \sqrt{R_K i_K}$，联立上面二式可以解出：

$$i_K=\frac{Q^2}{A_K^2 C_K^2 R_K} \tag{8-34}$$

$$i_K=\frac{g\chi_K}{\alpha C_K^2 B_K} \tag{8-35}$$

式中，C_K、R_K、B_K 分别为渠道的临界水深所对应的谢齐系数、水力半径、水面宽度。由式（8-34）、式（8-35）可知，临界底坡的大小仅与流量、断面形状、尺寸、粗糙系数有关，而与底坡 i 无关。因此，临界底坡也可认为是一个计算值，是一个标准，在实际工程中 i_K 并不一定出现。

【例8-4】 梯形断面渠道，已知流量 $Q=5\mathrm{m}^3/\mathrm{s}$，底宽 $b=2\mathrm{m}$，边坡系数 $m=1.5$，粗糙系数 $n=0.014$，底坡 $i=0.001$，求此流量断面形状尺寸下的临界底坡 i_K，并判断该渠道是缓坡渠道还是陡坡渠道？

【解】 首先求出临界水深，由式（8-31）可知，A_K、B_K 都为 m、h 的隐函数，直接求解困难，用试算——图解法求解。方法是，设水深为一系列值，计算 A、B、$\dfrac{A^3}{B}$，列表如下：

h(m)	$A=(b+mh)h$	$B=b+2mh$	A^3/B
0.4	1.04	3.2	0.352
0.6	1.74	3.8	1.386
0.8	2.56	4.4	3.813

根据上表计算的值可绘制出图8-13曲线。

计算 $\alpha Q^2/g=1\times5^2/9.8=2.55$，查图8-13

曲线得 $h_K=0.71\mathrm{m}$。

$$A_K=(b+mh_K)h_K=(2+1.5\times0.71)\times0.71=2.18\mathrm{m}^2$$

$$B_K=b+2mh_K=2+2\times1.5\times0.71=4.13\mathrm{m}$$

$$\chi_K=b+2h_K\sqrt{1+m^2}=2+2\times0.71\sqrt{1+1.5^2}=4.56\mathrm{m}$$

$$R_K=\frac{A_K}{\chi_K}=0.478$$

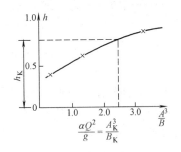

图8-13 临界水深试算图解图

$$C_K = \frac{1}{n} R_K^{1/6} = \frac{1}{0.014} 0.478^{1/6} = 63.16 \text{m}^{1/2}/\text{s}$$

$$i_K = \frac{g A_K}{\alpha C_K^2 R_K B_K} = \frac{9.8 \times 2.18}{63.16^2 \times 0.478 \times 4.13} = 0.003$$

因为 $i = 0.001 < i_K = 0.003$，所以该明渠水流为缓流，是缓坡渠道。

8.10　水跃与跌水

8.10.1　跌水

在上游缓坡渠道和下游陡坡渠道的相接处或缓坡渠道的末端有一跌坎，可以出现水面急剧降落，这种从缓流到急流过渡的局部水力现象，叫作跌水（亦称水跌），如图 8-14 所示。

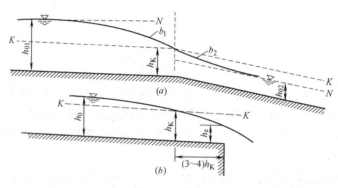

图 8-14　跌水

从图 8-14 可以看出，底坡变大或下游有跌坎，阻力减小，在重力作用下水流加速运动，实验证明，矩形断面渠道 $0.67 < h_e/h_K < 0.73$；水深为 h_K 的断面距跌坎的距离约为（3～4）h_K。对于缓坡与陡坡相接的渠道，如图 8-14（a）所示，水面曲线上游趋近于均匀流水深 h_{01}，而下游趋近于均匀流水深 h_{02}，在两底坡相接处水深为临界水深 h_K。

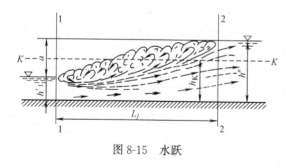

图 8-15　水跃

8.10.2　水跃

明渠中的水流由急流状态过渡到缓流状态时，水流的自由表面会突然跃起，并且在表面形成旋滚，这种现象叫作水跃。在闸、坝以及陡槽等泄水建筑物下游，常有此水力现象。如图 8-15 所示由于形成表面旋滚，其底部为主流，水流紊动，流体质点互相碰撞，掺混强烈。旋滚与主流间质量不断交换，致使水跃段内有较大的能量损失，故此，常常用水跃消除泄水建筑物下游高速水流的巨大能量。

表面旋滚起点的过流断面 1-1（或水面开始上升处的过流断面）称为跃前断面，该断面处的水深 h' 叫跃前水深。表面旋滚末端的过流断面 2-2 称为跃后断面，该断面的水深 h''

叫跃后水深。跃后水深与跃前水深之差，即 $h''-h'=a$，称为跃高。跃前断面至跃后断面的水平距离称为跃长 L_j。

水跃有三种类型：

（1）波状水跃：水面发生波动，跃前、跃后水深相差很小，表面不形成旋滚，呈波状，跃前断面 $Fr_1=1.0\sim1.7$，如图 8-16（a）所示。

（2）弱水跃：水面发生一系列小的旋滚，跃后水面比较平滑，跃前跃后水深相差不大的水跃，$Fr_1=1.7\sim2.5$，如图 8-16（b）所示。

（3）稳定水跃（完整水跃）：跃前、跃后水深相差明显，$Fr_1=4.5\sim9$，表面旋滚明显，如图 8-16（c）所示。

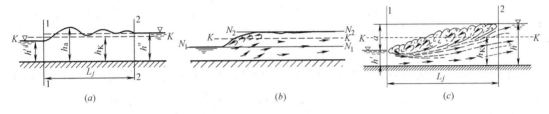

图 8-16　水跃的三种类型

8.10.3　水跃方程

现以平坡渠道上的完整水跃为例（图 8-17），建立水跃方程。因为水跃区内部水流十分紊乱，其阻力分布规律尚不清楚，不宜用能量方程。因为动量方程不涉及能量损失，可利用动量方程推导。渠道为棱柱形梯形断面，跃前水深为 h'，跃后水深为 h''，假设：

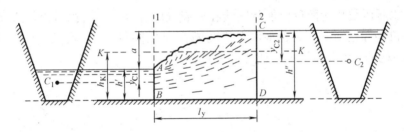

图 8-17　平坡渠道完整水跃

（1）水跃区内渠壁、底的摩阻力不大，略去不计。

（2）水跃区的前后两断面 1-1 及 2-2 为渐变流断面，作用在两断面上的动水压强符合静水压强分布规律。

（3）动量修正系数 $\beta_1=\beta_2=1.0$。

取 $ABCD$ 水跃段为控制体，设沿水流方向为正。分析其受外力，断面 1-1 作用有动水压力 $P_1=\rho g y_{c1} A_1$，断面 2-2 作用有 $P_2=\rho g y_{c2} A_2$，y_c 为断面形心点淹没水深。重力沿水流方向分力为 0。沿流动方向列出动量方程：

$$\rho Q(v_2-v_1)=\rho g y_{c1} A_1-\rho g y_{c2} A_2 \tag{8-36}$$

由连续性方程，$v_1=Q/A_1$　$v_2=Q/A_2$，代入上式得：

$$\frac{Q^2}{gA_1}+A_1 y_{c1}=\frac{Q^2}{gA_2}+A_2 y_{c2} \tag{8-37}$$

213

上式为棱柱体水平明渠水跃方程。当流量、断面形状、尺寸一定时，跃前、跃后断面面积 A 和形心点位置坐标仅为水深 h 的函数，故方程式（8-37）的左右两边都是水深 h 的函数，称为水跃函数，用符号 $\theta(h)$ 表示，即

$$\theta(h) = \frac{Q^2}{gA} + Ay_c \tag{8-38}$$

于是式（8-37）可写为：

$$\theta(h') = \theta(h'') \tag{8-39}$$

式中，h' 与 h'' 为共轭水深，即水跃的跃前水深 h' 的函数值等于跃后水深 h'' 的函数值。式（8-37）和式（8-39）为棱柱形平坡渠道的水跃方程，也适用于底坡很小的顺坡渠道中的水跃。

8.10.4 水跃函数图示

水跃函数 $\theta(h)$ 是水深的函数，当流量、断面形状尺寸一定时，给定 h，即可求出 A 和 y_c，由式（8-37）可知：当 $h \to 0$，$A \to 0$，则 $\theta(h) = \frac{\beta Q^2}{gA} + Ay_c \to \infty$；当 $h \to \infty$，$A \to \infty$，则 $\theta(h) = \frac{\beta Q^2}{gA} + Ay_c \to \infty$，由于 $\theta(h)$ 是水深的连续函数，绘出其函数图形，如图 8-18（a）所示。当水跃形成时，$\theta(h') = \theta(h'')$，在 $\theta(h) \sim h$ 的曲线上，A 点对应跃前水深 h'，B 点对应跃后水深 h''，AB 两点的高差为跃高。

$$a = h'' - h'$$

如果把水跃函数和断面单位能量图绘在一起（图 8-18b），可以看出，跃前水深 h' 对应的断面单位能量为 E_{s1}，跃后水深对应的断面单位能量 E_{s2}，显然，$E_{s1} > E_{s2}$，差值 ΔE_s 为水跃消耗的能量，水跃的消能效果是明显的。

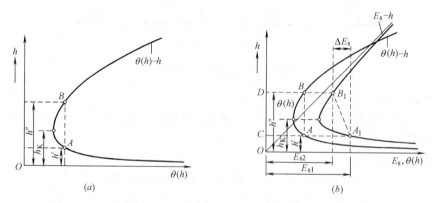

图 8-18　水跃函数与比能函数图示

8.10.5 共轭水深的计算

在工程上，往往要求解跃前水深 h' 或跃后水深 h''，即共轭水深的计算。

1. 共轭水深的一般解法

对于梯形断面渠道 $A = f(h)$，$y_c = f(h)$，因此，式（8-37）是一个复杂函数，不易直

接求解，可采用下述方法求解——试算图解法。这种方法对其他断面形状的明渠也适用。

一般情况下，已知一个共轭水深 h'（或 h''）求解另一个共轭水深 h''（或 h'）。若已知 h'，即对 h'' 先假定一系列值，应用式（8-38）计算出一系列 $\theta(h'')$，以 $\theta(h)$ 为横坐标，以 h 为纵坐标，即可绘出 $\theta(h)$-h 关系曲线，应用式（8-38）计算出水跃函数值 $\theta(h')$；因为 $\theta(h')=\theta(h'')$，由水跃函数值 $\theta(h')$ 可得到水跃函数值 $\theta(h'')$，其对应的 h'' 值即所求。

【例 8-5】 一梯形棱柱形渠道，$i=0$，建有一座水闸，设平板闸门，已知流量 $Q=5.6\text{m}^3/\text{s}$，底宽 $b=2.0\text{m}$，边坡系数 $m=1.2$，闸孔出流收缩断面水深 $h_c=h'=0.4\text{m}$，跃后水深 h'' 应为多少？

【解】 （1）计算水跃函数 $\theta(h')$ 值

跃前断面：$A_1=(b+mh')h'=(2+1.2\times0.4)0.4=0.99\text{m}^2$

$$y_{c1}=\frac{h'}{6}\cdot\frac{3b+2mb}{b+mh'}=\frac{0.4}{6}\cdot\frac{3\times2+2\times1.2\times2}{2+1.2\times0.4}=0.29\text{m}$$

$$\theta(h')=\frac{Q^2}{gA_1}+A_1y_{c1}=\frac{5.6^2}{9.81\times0.99}+0.99\times0.29=3.51\text{m}^3$$

（2）列表计算 $\theta(h'')$

h'' (m)	A_2 (m²)	$y_{c2}=\frac{h''}{6}\cdot\frac{3b+2mb}{b+mh''}$ (m)	Ay_{c2} (m³)	$\frac{Q^2}{gA_2}$ (m³)	$\theta(h'')$ (m³)
0.80	2.37	0.49	1.15	1.35	2.50
1.00	3.20	0.563	1.80	1.00	2.80
1.20	4.13	0.61	2.51	0.77	3.28
1.40	5.15	0.66	3.42	0.62	4.04

（3）绘图

由上面数值可绘出图 8-19，由 $\theta(h')=\theta(h'')$ 得跃后水深 $h''=1.26\text{m}$。

共轭水深的计算还可用图解法求解（这里不做介绍），必要时也可查有关资料或手册。

2. 矩形断面棱柱形渠道共轭水深的解法

对于矩形断面棱柱形渠道，$A=bh$，$y_c=\dfrac{h}{2}$，$q=$

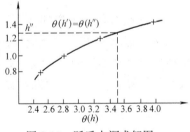

图 8-19 跃后水深求解图

Q/b（单宽流量），其水跃函数

$$\theta(h)=\frac{Q^2}{gA}+y_cA=\frac{b^2q^2}{gbh}+\frac{h}{2}bh=b\left(\frac{q^2}{gh}+\frac{h^2}{2}\right)$$

因为 $\theta(h')=\theta(h'')$，所以该式可写为 $\dfrac{q^2}{gh'}+\dfrac{h'^2}{2}=\dfrac{q^2}{gh''}+\dfrac{h''^2}{2}$

整理可得：$h'^2h''+h'h''^2-2\dfrac{q^2}{g}=0$

解得：
$$h' = \frac{h''}{2}\left[\sqrt{1+8\frac{q^2}{gh''^3}}-1\right]$$
$$h'' = \frac{h'}{2}\left[\sqrt{1+8\frac{q^2}{gh'^3}}-1\right] \Bigg\}\qquad(8\text{-}40)$$

因 $F_r^2 = \dfrac{v^2}{gh} = \dfrac{q^2}{gh^3}$，所以式（8-40）可改写为：

$$h' = \frac{h''}{2}\left[\sqrt{1+8F_{r_2}^2}-1\right]$$
$$h'' = \frac{h'}{2}\left[\sqrt{1+8F_{r_1}^2}-1\right]\Bigg\}\qquad(8\text{-}41)$$

8.10.6 水跃的能量损失与水跃长度

1. 水跃能量损失的原因

如图 8-20 所示，在水跃段 L_j，最大流速靠近底部，流速分布变化大，造成附加切应力，水面旋滚区激烈紊动，质点碰撞、掺混，同时与表面空气摩擦也造成能量损失，E_j表示水跃段能量损失，这是主要的。在跃后段 L_{jj}，其断面流速梯度也较大，紊流强度仍很大，也会造成能量损失 E_{jj}。能量损失主要集中在水跃段。

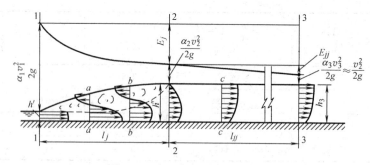

图 8-20　水跃长度及跃后段长度

2. 水跃段能量损失的计算

从图 8-18 可知，水跃能量损失 ΔE_s 与跃高 $a = (h''-h')$ 有关，应用能量方程可以导出棱柱形水平渠道的水跃段能量损失的表达式。工程上，水跃多发生在棱柱形、矩形断面水平段渠道中。对于矩形断面渠道水跃段能量损失可用式（8-42）计算（推导从略）：

$$\Delta E_s = \frac{(h''-h')^3}{4h'h''}\qquad(8\text{-}42)$$

式（8-42）表明，跃高越大，造成的能量消耗越大，消能率越大，故在工程上往往用强水跃消能。

3. 水跃长度的计算

从图 8-20 可知，由于水跃形成后，渠道底部流速很大，会对渠道造成冲刷，故需要加固，加固的长短直接关系到经费的投入，所以水跃的跃长及跃后段的长度需要计算。

由于水跃运动形式的复杂，目前水跃长度的计算仍采用经验公式，对于矩形渠道：

$$L_j = 4.5h''\qquad(8\text{-}43)$$

或

$$L_j = \frac{1}{2}(4.5h'' + 5a) \qquad (8\text{-}44)$$

式中　a——跃高。

跃后段长度可用下式计算：

$$L_{jj} = (2.5 \sim 3.0)L_j \qquad (8\text{-}45)$$

水跃长度公式的另一种形式为：

$$L_j = C(h'' - h') \qquad (8\text{-}46)$$

式中　C——经验系数，斯未顿那（smetana）取 $C=6.0$，欧勒佛托斯基（Elevatorski）取 $C=6.9$。实际上，系数 C 与 Fr_1 有关，吴持恭曾根据其试验资料整理，在 $Fr_1 = 2.15 \sim 7.45$ 时，有

$$C = 10/Fr_1^{0.32} \qquad (8\text{-}47)$$

以上公式仅适用于底坡较小的渠道，在工程上用来初步估算水跃长度，对于大中型工程，水跃长度要通过水工模型试验确定。对于其他断面渠道中水跃长度的计算公式，参考相关手册。

8.10.7　水跃发生的位置

因为水跃发生时，其水力条件及边界条件不同，水跃发生的位置也不一样，有三种形式。水跃发生的位置要通过计算来确定，本书仅作定性分析。

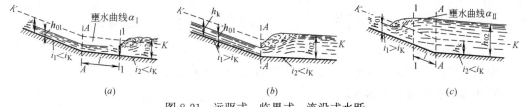

(a) $\qquad\qquad\qquad$ (b) $\qquad\qquad\qquad$ (c)

图 8-21　远驱式、临界式、淹没式水跃

从图 8-21 可知，当跃前水深 h' 与跃后水深 h'' 共轭时，即发生水跃，称为临界式水跃，如图 8-21（b）所示；若 h' 与 h'' 不共轭，下游水深大于跃前水深所要求的跃后水深 h''，即 $h_t > h''$，即下游断面单位能量大于跃后断面单位能量，所以水跃将被推向上游，淹没了两渠道相接的断面，称为淹没式水跃，如图 8-21（c）所示；若 $h_t < h''$，即下游断面单位能量小于跃后断面单位能量，水跃会向下游推进，待新的 h' 与 h'' 共轭时，水面跃起形成水跃，称为远驱式水跃，如图 8-21（a）所示。

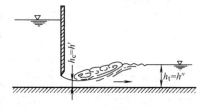

图 8-22　闸孔出流

【例 8-6】　如图 8-22 所示一水闸，矩形渠道，底宽 $b=7\text{m}$，过闸流量 $Q=24\text{m}^3/\text{s}$，若已知闸孔出流的收缩断面水深 $h_c = 0.37\text{m}$，问恰好发生临界式水跃时，下游渠道的水深 h_t 是多少？

【解】　若恰好发生临界式水跃，则 $h' = h_c = 0.37\text{m}$，$h'' = h_t$

$$v_1 = \frac{Q}{A_1} = \frac{24}{7 \times 0.37} = 9.27 \text{m/s}$$

$$Fr_1 = \frac{v_1^2}{gh'} = \frac{9.27^2}{9.81 \times 0.37} = 23.67$$

所以，$h'' = \frac{h'}{2}(\sqrt{1+8Fr_1}-1) = \frac{0.37}{2}(\sqrt{1+8 \times 23.67}-1) = 2.37 \text{m}$

即当下游水深 $h_t = 2.37$m 时，闸下发生临界式水跃。

【例 8-7】 有两段长直棱柱形渠道，断面为矩形，混凝土制作，底宽 $b_1 = b_2 = 2.0$m，通过流量为 $Q = 2.4 \text{m}^3/\text{s}$，已知前段渠道正常水深为 $h_0 = 0.30$m，后段渠道的正常水深为 $h_0 = 0.70$m，试判断：是否出现水跃？若出现水跃，判断水跃的形式。

【解】 （1）求临界水深

$$q = Q/b = 2.4/2 = 1.2 \text{m}^2/\text{s}$$

$$h_k = \sqrt[3]{\frac{q^2}{g}} = \sqrt[3]{\frac{1.2^2}{9.8}} = 0.53 \text{m}$$

（2）判断渠道上的流态

因为 $h_{01} = 0.3 \text{m} < h_k = 0.53 \text{m}$，上游为急流；$h_{02} = 0.7 \text{m} > h_k = 0.53 \text{m}$，下游为缓流。所以，从急流过渡到缓流发生水跃。

（3）求共轭水深

$$v_1 = Q/bh_{01} = \frac{2.4}{2 \times 0.3} = 4.0 \text{m/s}$$

$$Fr_1 = \frac{v_1^2}{gh_{01}} = \frac{4.0^2}{9.8 \times 0.30} = 5.44$$

$$h'' = \frac{h'}{2}[\sqrt{1+8Fr}-1] = \frac{0.3}{2}[\sqrt{1+8 \times 5.44}-1] = 0.85 \text{m}$$

（4）水跃形式

因为，$h'' = 0.85 \text{m} > h_{02} = 0.7$m，所以出现远驱式水跃。

8.10.8 扩散渠道中的水跃

在实际工程中，如陡槽、水闸等水工建筑物常借助一段矩形水平扩散段与下游渠道（河槽）连接，利用水跃消能。实验表明，只有当扩散角 $\theta \leqslant 7°$ 时，水跃处于垂直于水流轴线的位置，不发生水流与边界的脱离。若扩散角较大（$\theta > 7°$）时，则水跃在平面上呈弧形，甚至形成折冲水流，如图 8-23 所示。

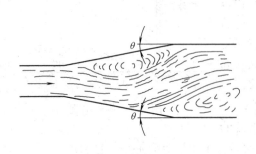

图 8-23　扩散角较大时的水跃

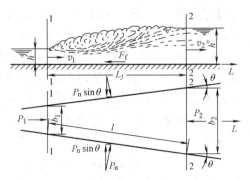

图 8-24　扩散角较小时的水跃

1. 扩散角较小的矩形平底扩散渠道的水跃方程

如图 8-24 所示，因扩散角较小，可近似用平面 1-1 和 2-2 表示水跃前后的两个弧形断面，略去摩阻力，只计动水压力，沿水流方向，写出以 1-1、2-2 断面和扩散斜壁所包围的流段的动量方程：

$$\rho Q(\beta_2' v_2 - \beta_1' v_1) = P_1 - P_2 + 2P_n \sin\theta \qquad (8\text{-}48)$$

式中 P_n——侧壁反力，$2P_n\sin\theta$ 是侧壁反力在水流轴线方向的分量投影的总和。

P_1、P_2 为 1-1 断面和 2-2 断面上的动水总压力，设水跃前后两断面压强分布符合静水压强分布规律，所以

$$P_1 = \frac{\rho g}{2} h'^2 b_1 \qquad (8\text{-}49)$$

$$P_2 = \frac{\rho g}{2} h''^2 b_2 \qquad (8\text{-}50)$$

对于侧壁反力，由于水深不均匀及水流掺气等因素不易确定，侧壁反力 P_n 尚无精确的理论公式求解，对于重要工程应进行模型试验解决，一般情况下可按简化的水流图示进行计算（图 8-25）。水面线 CGD 可近似的用直线 CD 表示，于是水跃在侧壁上的投影为梯形 $ABCD$，用梯形代替实际的投影面略小一些，而用水的密度代替掺气水流的密度，则密度大了一些，两者一增一减，其结果侧壁反力 P_n 值的误差并不大，侧壁反力 P_n 可用下式计算：

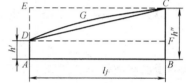

图 8-25 侧壁反力计算简图

$$P_n = \frac{\rho g}{4}(h'^2 + h''^2)l, \quad \text{式中，} l = \frac{b_2 - b_1}{2\sin\theta}, \quad \text{其中 } b_1、b_2 \text{ 为跃前、跃后断面的底宽。}$$

$$2P_n\sin\theta = \frac{\rho g}{4}(h'^2 + h''^2)(b_2 - b_1) \qquad (8\text{-}51)$$

将式（8-49）、式（8-50）、式（8-51）代入式（8-48），整理化简可得：

$$\frac{4\beta' Q^2}{g b_2 h''} + (b_1 + b_2)h''^2 = \frac{4\beta' Q^2}{g b_1 h'} + (b_1 + b_2)h'^2 \qquad (8\text{-}52)$$

式（8-52）为矩形水平扩散渠道的水跃方程，若已知前水深 h' 或跃后水深 h''，通过试算可求解跃后水深 h'' 或跃前水深 h'。

2. 扩散渠道水跃长度的计算

扩散渠道水跃长度 l_j 还有待于进一步研究，目前有很多经验公式可作粗略的计算，下面的经验公式是陕西水科所根据模型试验资料得出的：

$$l_j = 0.077h'(\cot\theta\sqrt{Fr_1})^{1.5} \qquad (8\text{-}53)$$

式中 Fr_1——跃前断面的弗劳德数（$Fr_1 = 12.25 \sim 42.25$）。

8.11 明渠恒定非均匀渐变流微分方程

如图 8-26 所示，取明渠恒定非均匀渐变流中一微分段 ds，1-1 断面水深为 h，渠底高程为 z_0，断面平均流速为 v；2-2 断面水深为 $h+dh$，渠底高程为 z_0+dz_0，断面平均流速

为 $v + \mathrm{d}v$。

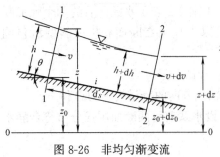

图 8-26 非均匀渐变流

对此微分段，列 1-1 断面和 2-2 断面的能量方程：

$$z_0 + h\cos\theta + \frac{\alpha_1 v^2}{2g} = (z_0 + \mathrm{d}z_0) + (h + \mathrm{d}h)\cos\theta +$$

$$\frac{\alpha_2 (v + \mathrm{d}v)^2}{2g} + \mathrm{d}h_j + \mathrm{d}h_\mathrm{f} \qquad (8\text{-}54)$$

令 $\alpha_1 = \alpha_2 = \alpha$，而

$$\frac{\alpha(v + \mathrm{d}v)^2}{2g} = \frac{\alpha(v^2 + 2v\mathrm{d}v + \mathrm{d}v^2)}{2g} \approx$$

$$\frac{\alpha(v^2 + 2v\mathrm{d}v)}{2g} = \frac{\alpha v^2}{2g} + \mathrm{d}\left(\frac{\alpha v^2}{2g}\right)$$

式中 $\mathrm{d}h_\mathrm{f}$——沿程水头损失；

$\mathrm{d}h_j$——局部水头损失，$\mathrm{d}h_j = \zeta\mathrm{d}\left(\dfrac{v^2}{2g}\right)$。

因为 $z_0 - i\mathrm{d}s = z_0 + \mathrm{d}z_0$，则 $\mathrm{d}z_0 = -i\mathrm{d}s$，式（8-54）可写为：

$$-i\mathrm{d}s + \mathrm{d}h\cos\theta + (\alpha + \zeta)\mathrm{d}\left(\frac{v^2}{2g}\right) + \mathrm{d}h_\mathrm{f} = 0 \qquad (8\text{-}55)$$

若明渠的底坡较小（$i < 0.1$），$\theta < 6°$，取 $\cos\theta \approx 1.0$，即水深可取其铅垂方向。式（8-55）可简化为：

$$-i\mathrm{d}s + \mathrm{d}h + \mathrm{d}\left(\frac{(\alpha + \zeta)v^2}{2g}\right) + \mathrm{d}h_\mathrm{f} = 0 \qquad (8\text{-}56)$$

用 $\mathrm{d}s$ 除以式（8-56）得：

$$\frac{\mathrm{d}h}{\mathrm{d}s} + (\alpha + \zeta)\frac{\mathrm{d}}{\mathrm{d}s}\left(\frac{v^2}{2g}\right) = i - \frac{\mathrm{d}h_\mathrm{f}}{\mathrm{d}s} \qquad (8\text{-}57)$$

$$\frac{\mathrm{d}}{\mathrm{d}s}\left(\frac{v^2}{2g}\right) = \frac{\mathrm{d}}{\mathrm{d}s}\left(\frac{Q^2}{2gA^2}\right) = -\frac{Q^2}{gA^3}\frac{\mathrm{d}A}{\mathrm{d}s} = -\frac{Q^2}{gA^3}\left(\frac{\partial A}{\partial h}\frac{\mathrm{d}h}{\mathrm{d}s} + \frac{\partial A}{\partial s}\right) = -\frac{Q^2}{gA^3}\left(B\frac{\mathrm{d}h}{\mathrm{d}s} + \frac{\partial A}{\partial s}\right)$$

$$(8\text{-}58)$$

一般情况下，非棱柱体明渠 $A = f(h, s)$，即 A 是 h、s 的函数，故对面积 A 求导，先对水深 h 求导，再对 s 求导，$\dfrac{\partial A}{\partial h} = B$，$B$ 是水面宽度（见图 8-11）。对于棱柱形渠道，$A = f(h)$ 即 A 仅是水深 h 的函数，即 $\dfrac{\partial A}{\partial s} = 0$，则式（8-58）为：

$$\frac{\mathrm{d}}{\mathrm{d}s}\left(\frac{v^2}{2g}\right) = -\frac{Q^2 B}{gA^3}\frac{\mathrm{d}h}{\mathrm{d}s} \qquad (8\text{-}59)$$

对微分段水头损失按均匀流处理，则有

$$\frac{\mathrm{d}h_\mathrm{f}}{\mathrm{d}s} = J = \frac{Q^2}{K^2} = \frac{Q^2}{A^2 C^2 R} \qquad (8\text{-}60)$$

将式（8-59）、式（8-60）代入式（8-57），并考虑局部阻力系数 $\zeta = 0$，整理得：

$$\frac{\mathrm{d}h}{\mathrm{d}s} = \frac{i - \dfrac{Q^2}{K^2}}{1 - \dfrac{\alpha Q^2 B}{gA^3}} \qquad (8\text{-}61)$$

式（8-61）为底坡较小的棱柱体明渠恒定非均匀渐变流微分方程，反映明渠渐变流水面线的变化规律，对其积分可以计算水面线。

对于天然河道，因为河道高程多变，用水位的变化反映明渠恒定非均匀渐变流的水面线的变化规律更为方便。下面建立用水位沿流程变化来表示的非均匀渐变流微分方程。

由图 8-26 可知，水流中某点水位 z，可表示为 $z = z_0 + h\cos\theta$，因而

$$dz = dz_0 + dh\cos\theta$$

又因为，$z_0 - ids = z_0 + dz_0$，即 $dz_0 = -ids$，所以，

$$dz = -ids + dh\cos\theta$$

$$dh\cos\theta = dz + ids \tag{8-62}$$

将式（8-62）代入式（8-55），并除以 ds 得：

$$\frac{dz}{dh} + (\alpha + \zeta)\frac{d}{ds}\left(\frac{v^2}{2g}\right) + \frac{dh_f}{ds} = 0 \tag{8-63a}$$

$$\frac{dz}{dh} + (\alpha + \zeta)\frac{d}{ds}\left(\frac{v^2}{2g}\right) + \frac{Q^2}{K^2} = 0 \tag{8-63b}$$

式（8-63）即为用水位沿流程变化来表示的明渠恒定非均匀渐变流微分方程。

8.12 明渠非均匀流水面曲线变化规律及其定性分析

对于长直棱柱形渠道，因底坡改变或建有水工建筑物（闸、坝、涵等）将形成非均匀渐变流，局部范围可能出现急变流，如图 8-27 所示。为定量计算做准备，应依具体条件先对水面曲线的变化规律进行定性分析。

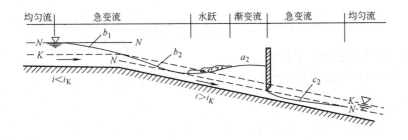

图 8-27　明渠非均匀流水面曲线

对于 $i > 0$ 的长直棱柱形渠道，在 Q、b、m、i、n 给定后，可能出现均匀流，其基本公式为

$$Q = A_0 C_0 \sqrt{R_0 i} = K_0 \sqrt{i} = f(h_0) \tag{8-64}$$

式中，加脚标 0 是为了与非均匀流中的水力要素相区别。现在把 $Q = K_0\sqrt{i}$ 引入渐变流微分方程（8-61）得：

$$\frac{\mathrm{d}h}{\mathrm{d}s}=\frac{i-\dfrac{Q^2}{K^2}}{1-\dfrac{\alpha Q^2 B}{gA^3}}=\frac{i-\dfrac{K_0^2 i}{K^2}}{1-\dfrac{\alpha Q^2 B}{gA^3}}=\frac{i\left(1-\dfrac{K_0^2}{K^2}\right)}{1-\dfrac{\alpha Q^2 B}{gA^3}} \tag{8-65}$$

式（8-65）分母 $1-\dfrac{\alpha Q^2 B}{gA^3}=1-\dfrac{\alpha Q^2}{gA^2}\dfrac{1}{\dfrac{A}{B}}=1-\dfrac{\alpha v^2}{gh_{\mathrm{m}}}=1-Fr^2$，代入式（8-65）得

$$\frac{\mathrm{d}h}{\mathrm{d}s}=i\,\frac{1-\left(\dfrac{K_0}{K}\right)^2}{1-Fr^2} \tag{8-66}$$

式中　K_0——发生均匀流时，正常水深 h_0 对应的流量模数；

$\qquad$ K——发生非均匀流时，水深 h 对应的流量模数；

$\qquad$ Fr——发生非均匀流时的弗劳德数。

8.12.1　水面曲线分区

为了便于分析水面曲线变化规律，可以把水流分为三个区域，如图 8-28 所示，N-N 线（均匀流水面线）、K-K 线（临界流水面线）、底坡线把水流分为 a 区、b 区、c 区。N-N 与 K-K 线以上为 a 区，N-N 与 K-K 线之间为 b 区。N-N 与 K-K 线以下为 c 区。下面借助式（8-66），根据底坡的情况进行分类分析，探讨水面曲线变化规律。

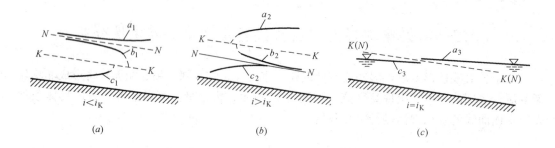

$\qquad\qquad$（a）$\qquad\qquad\qquad\qquad\qquad$（b）$\qquad\qquad\qquad\qquad\qquad$（c）

图 8-28　水面曲线分区及变化规律

8.12.2　缓坡渠道上水面曲线

如图 8-28（a）所示，缓坡渠道，即 $i<i_{\mathrm{K}}$，分为三个区。

（1）发生在 a 区

上游：$h\to h_0$ 则 $K\to K_0$，对于式（8-66），分子 $1-\left(\dfrac{K_0}{K}\right)^2\to 0$，所以 $\dfrac{\mathrm{d}h}{\mathrm{d}s}\to 0$。所以水面曲线在上游无限远的地方趋近 N-N 线。

下游：$h\to\infty$，$K\to\infty$，式（8-66）分子 $1-\left(\dfrac{K_0}{K}\right)^2\to 1$；又因为 $h\to\infty$，则 $A\to\infty$，流速 $v\to 0$，$Fr\to 0$，即式（8-66）分母 $1-Fr^2\to 1$，所以 $\dfrac{\mathrm{d}h}{\mathrm{d}s}\to i$，由图 8-29 可知，$\dfrac{\mathrm{d}h}{\mathrm{d}s}=\sin\theta=i$，即下游水面趋于水平

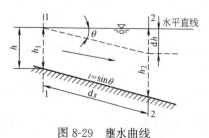

图 8-29　壅水曲线

面，由于水深沿程升高称为 a_1 型壅水曲线（见图 8-28a）。

（2）发生在 b 区

上游：$h{\to}h_0$ 则 $K{\to}K_0$。式（8-66）分子 $1-\left(\dfrac{K_0}{K}\right)^2{\to}0$，即 $\dfrac{\mathrm{d}h}{\mathrm{d}s}{\to}0$，故上游水面曲线与 N-N 线渐近。

下游：$h{\to}h_K$，则 $Fr{\to}1$，式（8-66）分母趋近于 0，而 K 为定值，由式（8-66）可知 $1-\left(\dfrac{K_0}{K}\right)^2{\ne}1$，所以 $\dfrac{\mathrm{d}h}{\mathrm{d}s}{\to}-\infty$，水面曲线与 K-K 线有垂直的趋势，即水面曲线与 K-K 线正交。由于此时水流属急变流，客观上并不正交，故用虚线表示。因为水深是沿程下降的，所以叫作 b_1 型降水曲线（见图 8-28a）。

（3）发生在 c 区

上游：为特定水深（如闸孔出流、坝下水流等），下游水深 $h{\to}h_K$，与发生在 b 区的分析类似，由式（8-66）可知，$\dfrac{\mathrm{d}h}{\mathrm{d}s}{\to}+\infty$ 即与 K-K 线正交。因为水深是沿程增加，所以叫作 c_1 型壅水曲线（见图 8-28a）。

下面将各种曲线类型列表，并用实例加以说明，见表 8-7，对于陡坡、临界底坡、平坡、逆坡道上水面曲线变化规律，读者自行分析，这里强调指出的是，对于临界底坡水面曲线变化规律的分析，由于 N-N 与 K-K 线重合，故仅有 a、c 二区，式（8-66）不再适用，可参考有关书籍分析，在此不做介绍。还有，对于平坡、逆坡渠道，不可能形成均匀流，故不存在 N-N 线。若有想象中的均匀流，将发生在无穷远的上方，故仅有 b、c 两区，不存在 a 区。

8.12.3　水面曲线变化的基本规律

通过以上分析可知，在缓坡渠道上有 a_1、b_1、c_1 三种水面曲线类型；在陡坡渠道上也同样有 a_2、b_2、c_2 三种水面曲线类型；在临界底坡渠道上有 a_3、c_3 两种水面曲线类型，没有 b 型曲线；在平坡、逆坡渠道上各有 b 型与 c 型两种水面曲线类型，没有 a 型曲线，共计 12 种类型，重点掌握缓坡、陡坡渠道上的 6 种类型，水面曲线有以下基本的变化规律：

（1）所有 a 型 c 型曲线都是壅水曲线，即 $\dfrac{\mathrm{d}h}{\mathrm{d}s}{>}0$，水深沿程增大。

（2）所有的 b 型曲线都应是降水曲线，即 $\dfrac{\mathrm{d}h}{\mathrm{d}s}{<}0$，水深沿程减小。

（3）a_1 与 a_2、c_1 与 c_2 同是壅水曲线，b_1 与 b_2 同为降水曲线，但曲线的凸凹性不同，例如 a_1 为凹型，a_2 为凸型，其他以此类推，在绘图与计算时注意。

（4）除 $i{=}i_k$ 的渠道外，当 $h{\to}h_0$ 时，$\dfrac{\mathrm{d}h}{\mathrm{d}s}{\to}0$，即水面曲线以 N-N 线渐近；$h{\to}\infty$ 时，$\dfrac{\mathrm{d}h}{\mathrm{d}s}{\to}i$，即以水平面渐近。

（5）除 $i{=}i_k$ 的渠道外，当 $h{\to}h_k$ 时，$\dfrac{\mathrm{d}h}{\mathrm{d}s}{\to}\pm\infty$，即与 K-K 线正交。

8.12.4　定性绘制水面曲线的方法步骤

进行棱柱形渠道水面曲线的定性分析，除了用非均匀渐变流微分方程分析外，也可以通过其变化规律的物理含义分析，见表 8-7，方法步骤如下：

底　坡	水面曲线类型	工 程 实 例
缓坡 $i<i_K$	$i<i_K$　$h_0>h_K$　水平线 N　a_1　N h_0　b_1 K　h_K　K c_1 $i<i_K$	N　a_1　N K　K $i<i_K$ N　b_1　N K　K $i<i_K$ N　N K　c_1　K $i<i_K$
陡坡 $i>i_K$	$i>i_K$　$h_0<h_K$ a_2 K　K N　b_2　N c_2　h_K　h_0 $i>i_K$	K　a_2 N　K N $i>i_K$ N_1　K　N_1 N_2　b_2 $i_1<i_K$　K $i_2>i_K$　N_2 K N c_2　K $i=0$　h_c　N　$i>i_K$
临界底坡 $i=i_K$	$i=i_K$　$h_0=h_{K1}$ K N　a_3 c_3　K $i=i_K$　N	K　a_3 N c_3　K $i=i_K$　N
平坡 $i=0$	$i=0$ b_0 K　K c_0 $i=0$	b_0 K　c_0　K $i=0$
逆坡 $i<0$	$i<0$ b' K　K c' $i<0$	b' K　c''　K $i<0$

（1）根据已知底坡或水深，按均匀流条件，判断急流、缓流，确定 N-N 线与 K-K 线。

（2）视底坡改变或水工建筑物的影响，分析水流加速还是减速，判断水面曲线是壅水曲线还是降水曲线。水流受阻、水流减速运动、水深变大，为壅水曲线，反之为降水曲线。

（3）把底坡改变或水工建筑物的影响视为干扰，确定对上游的影响。若上游急流，这个干扰形成的波不向上游传播，上游水面为均匀流，水面线不变；若为缓流，干扰波向上游传播，上游水面曲线变化。

（4）从急流到缓流出现水跃，从缓流到急流发生跌水。

8.12.5 棱柱形渠道上底坡改变时水面曲线的衔接

对于长直棱柱形渠道，因底坡改变，组成变坡渠道，其水面曲线的衔接特征如下：

（1）从缓流过渡到缓流

如图 8-30（a）所示，$i_1 > i_2$（即 $h_{01} < h_{02}$），由于底坡变缓，水流受阻，则发生壅水曲线，因为是缓流，底坡改变产生的干扰波向上游传播，所以水面曲线的变化在上游，在无穷远处 $\dfrac{dh}{ds} \to 0$，以 N-N 线渐近，为 a_1 型壅水曲线。图 8-30（b）所示，$i_1 < i_2$（即 $h_{01} > h_{02}$），底坡变陡，水流加速，故产生降水曲线，对于缓流干扰波向上游传播，在无穷远处以 N-N 线为渐近线，为 b_1 型降水曲线。

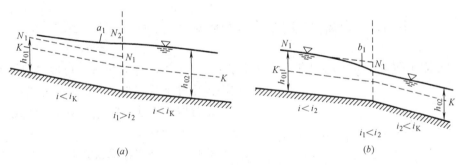

图 8-30 从缓流到缓流的水面曲线衔接

（2）从急流过渡到急流

如图 8-31（a）所示，$i_1 > i_2$，$h_{01} < h_{02}$，因底坡变缓，水流减速，出现壅水曲线，又因为是急流，干扰波不向上游传播，上游的渠道水面线不变，下游在无穷远处与 N-N 线

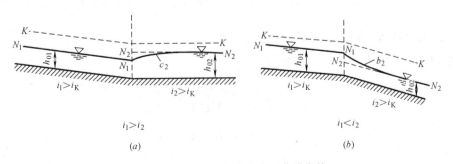

图 8-31 从急流到急流的水面曲线衔接

渐近。为 c_2 型壅水曲线。如图 8-31（b）所示，$i_1 < i_2$，$h_{01} > h_{02}$，同理，干扰波不向上游传播，上游水面线不变，因底坡变陡，水流加速，下游在无穷远处与 N-N 线渐近为 b_2 型降水曲线。

（3）从缓流过渡到急流

如图 8-32（a）所示，$i_1 < i_k$，$i_2 > i_k$，$h_{01} > h_{02}$，底坡变陡水流加速，故出现降水曲线，上游为缓流，干扰波向上游传播，所以上游渠道水面线变化，在上游无穷远处与 N-N 线渐近，下游经过 K-K 线，下游渠道的下游在无穷远处与 N-N 线渐近，为跌水现象。

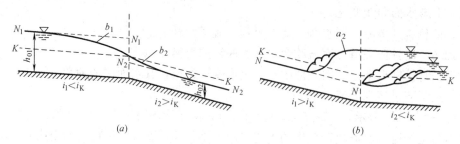

图 8-32　从缓流到急流、从急流到缓流的水面曲线衔接

（4）从急流过渡到缓流

从急流到缓流出现水跃现象，因为是定性分析，不能确定 h_{01} 与 h_{02} 是否为共轭关系，故可能出现三种衔接方式，如图 8-32（b）所示，分析方法见 8.10 节。

8.13　明渠恒定非均匀渐变流水面曲线计算

前面建立了明渠恒定非均匀渐变流微分方程（8-61），对其积分，可以得到解析解，但因为积分十分困难，只能是近似求解。本章仅介绍分段求和法。将式（8-61）变成有限差分式，进行计算。

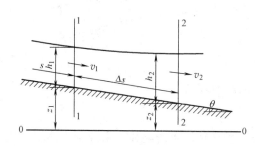

图 8-33　壅水曲线

8.13.1　基本计算公式

对于底坡不大的棱柱形明渠，以壅水曲线为例，如图 8-33 所示，取 Δs 流段，列断面 1-1～2-2 的能量方程：

$$z_1 + h_1 + \frac{\alpha v_1^2}{2g} = z_2 + h_2 + \frac{\alpha v_2^2}{2g} + \Delta h_f \qquad (8\text{-}67)$$

式中，Δh_f 为沿程水头损失，略去了局部水头损失。

因为是渐变流，对 Δh_f 近似按均匀流处理：

$$\frac{\Delta h_f}{\Delta s} = \bar{J} = \frac{Q^2}{\overline{K}^2} = \frac{Q^2}{\overline{A}^2 \overline{C}^2 \overline{R}} = \frac{\overline{v^2}}{\overline{C}^2 \overline{R}} \qquad (8\text{-}68)$$

式中 $\bar{v} = (v_1 + v_2)/2$；$\overline{C} = (C_1 + C_2)/2$；$\overline{R} = (R_1 + R_2)/2$

$$z_1 - z_2 = i \Delta s \qquad (8\text{-}69)$$

将式 (8-68)、式 (8-69) 代入式 (8-67) 得:

$$\left(h_2+\frac{\alpha v_2^2}{2g}\right)-\left(h_1+\frac{\alpha v_1^2}{2g}\right)=(i-\overline{J})\Delta s$$

即

$$\left(h_2+\frac{\alpha_2 v_2^2}{2g}\right)-\left(h_1+\frac{\alpha_1 v_1^2}{2g}\right)=E_{s2}-E_{s1}=\Delta E_s=(i-\overline{J})\Delta s$$

所以,

$$\Delta s=\frac{\Delta E_s}{i-\overline{J}} \tag{8-70}$$

式中 Δs——所取流段长度,两过水断面的间距;

ΔE_s——所取流段断面单位能量的增量;

i——渠道的底坡;

$\overline{J}$——所取流段两段断面间的平均水力坡度。

式 (8-70) 为分段求和法的计算公式,由已知水深为起始断面,设第一断面水深,通过上式计算出 Δs,然后再设第二断面水深,以此类推,进行计算,分段越小,精度越高。此方法计算虽然复杂,若用计算机编程运算,则极为方便,且精度也高。

8.13.2 分段求和法计算步骤

分段求和法计算时,有两点特别注意:第一,把已知水深的断面为起始断面,第二,ΔE_s 永远是 $E_{s下游}-E_{s上游}$,不可颠倒。其方法步骤以例题说明。

【例 8-8】 一长直棱柱形明渠,梯形断面,$b=2.0\text{m}$,$m=1.5$,$n=0.014$,$i=0.001$,下游为一排水闸,当排水闸通过流量 $Q=5.0\text{m}^3/\text{s}$ 时,闸前水深 $h=2.0\text{m}$,试计算水面曲线并绘图。

【解】 (1) 首先判断该渠道水流是缓流还是急流及水面曲线的类型

本题条件与例 8-4 相同,例 8-4 已计算出 $h_k=0.71\text{m}$,并判断出为缓流。由于下游建有排水闸,水流受阻,所以水面曲线应为 a 型壅水曲线,下游为闸前水深,上游渐近于 N-N 线。

(2) 计算均匀流水深 h_0

$$K=\frac{Q}{\sqrt{i}}=5/\sqrt{0.001}=158.1\text{m}^3/\text{s} \qquad \frac{b^{2.67}}{nK}=\frac{2^{2.67}}{0.014\times 158.1}=2.88$$

查附录 B,得 $h_0/b=0.462$。所以,$h_0=0.462b=0.462\times 2=0.924\text{m}$。

(3) 计算水面线

上述分析表明,该水面曲线为 a 型壅水曲线。上游渐近于 N-N 线,计算时上游水深取略大于正常水深 h_0,例如 $h=1.01h_0$,即 $h=1.01h_0=1.01\times 0.924=0.933\text{m}$。下游为闸前水深 $h_1=2.0\text{m}$,为已知的起始断面水深。

以闸前断面为起始断面,向上游求水面曲线。已知起始断面水深 $h_1=2.0\text{m}$,设第 2 个断面水深 h_2 为 1.8m,计算 Δs:

$$A_1=(b+mh_1)h_1=(2+1.5\times 2.0)\times 2=10.0\text{m}^2$$

$$A_2=(b+mh_2)h_2=(2+1.5\times 1.8)1.8=8.46\text{m}^2$$

$$\chi_1=b+2h_1\sqrt{1+m^2}=2+2\cdot 2\cdot \sqrt{1+1.5^2}=9.21\text{m}$$

$$\chi_2=b+2h_2\sqrt{1+m^2}=2+2\cdot 1.8\cdot \sqrt{1+1.5^2}=8.49\text{m}$$

$$R_1 = A_1/\chi_1 = 10/9.21 = 1.09\text{m}$$

$$R_2 = A_2/\chi_2 = 8.46/8.49 = 1.0\text{m}$$

$$\overline{R} = (R_1 + R_2)/2 = (1.09 + 1)/2 = 1.05\text{m}$$

$$C_1 = \frac{1}{n}R_1^{1/6} = \frac{1}{0.014}1.09^{1/6} = 72.46\text{m}^{1/2}/\text{s}$$

$$C_2 = \frac{1}{n}R_2^{1/6} = \frac{1}{0.014}1^{1/6} = 71.43\text{m}^{1/2}/\text{s}$$

$$\overline{C} = (C_1 + C_2)/2 = (72.46 + 71.43)/2 = 71.95\text{m}^{1/2}/\text{s}$$

$$v_1 = Q/A_1 = 5/10 = 0.5\text{m/s}$$

$$v_2 = Q/A_2 = 5/8.46 = 0.59\text{m/s}$$

$$\overline{v} = (v_1 + v_2)/2 = (0.5 + 0.59)/2 = 0.55\text{m/s}$$

$$\overline{J} = \frac{\overline{v}^2}{\overline{C}^2\overline{R}} = \frac{0.55^2}{71.95^2 \times 1.05} = 5.57 \times 10^{-5}$$

$$\Delta E_s = \left(h_1 + \frac{v_1^2}{2g}\right) - \left(h_2 + \frac{v_2^2}{2g}\right) = \left(2 + \frac{0.5^2}{2 \times 9.8}\right) - \left(1.8 + \frac{0.59^2}{2 \times 9.8}\right) = 0.19\text{m}$$

$$\Delta s = \frac{\Delta E_s}{i - \overline{J}} = \frac{0.19}{0.001 - 0.0000557} = 201.06\text{m}$$

其余各断面水深计算相同，列表进行计算。

断面	h (m)	A (m²)	v (m/s)	$\overline{v}$ (m/s)	$E_s = h + \frac{v^2}{2g}$ (m)	ΔE_s (m)	χ (m)	R (m)	$\overline{R}$ (m)	C (m$^{1/2}$/s)	$\overline{C}$ (m)	$\overline{J} = \frac{\overline{v}^2}{\overline{C}^2\overline{R}}$ ×10⁴	$i - \overline{J}$ ×10⁴	$\Delta s = \frac{\Delta E_s}{i - \overline{J}}$ (m)	$s = \sum \Delta s$
1	2.0	10	0.50	0.55	2.01	0.19	9.21	1.09	1.05	72.46	71.95	0.55	9.45	201	0
2	1.8	8.46	0.59	0.65	1.82	0.19	8.49	1.00	0.96	71.43	70.87	0.88	9.12	208	201
3	1.6	7.04	0.71	0.79	1.63	0.19	7.77	0.91	0.87	70.31	69.71	1.48	8.52	223	409
4	1.4	5.74	0.87	0.99	1.44	0.18	7.04	0.82	0.77	69.10	68.36	2.72	7.28	247	632
5	1.2	4.56	1.10	1.34	1.26	0.20	6.33	0.72	0.66	67.62	66.52	6.15	3.85	519	879
6	0.933	3.17	1.58		1.06		5.36	0.59		65.42					1398

依据上表数据画出水面曲线，如图 8-34 所示。

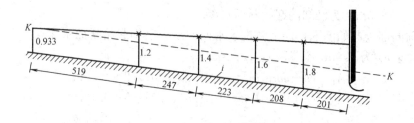

图 8-34　闸前壅水水面曲线

8.14 天然河道水面曲线的计算

天然河道的过水断面一般极不规则，粗糙系数、底坡沿流程都有改变，可视为非棱柱形明渠。在河道中修建桥梁、闸、坝等建筑物时，必然会遇到建筑物建成后所引起的有关水面曲线的一些问题，如堤岸的设计高度、壅水的淹没范围等。

在天然河道中，估算建筑物建成后新的水面曲线最大的困难，在于天然河道中水力要素变化急剧，因而不得不采用某种平均值作为计算的依据。人们对水情的观察，首先关注的是水位，因此研究河道水面曲线时，主要研究水位的变化，这样天然河道水面曲线的计算便自成系统。虽然它与人工渠道水面曲线的计算不同，但无本质的区别。

天然河道水面曲线的计算方法很多，第一类是前面介绍的分段求和法；第二类是将不规则的天然河道，人为地简化为具有平均底坡的棱柱形渠道，以此代替天然河道水面曲线的计算。第一类在工程上比较常用，本节仅介绍天然河道水面曲线计算中的分段求和法。

8.14.1 天然河道分段的原则

为了正确反映河道的实际情况，提高计算精度，对天然河道分段遵循以下原则：

(1) 每个计算流段内，过水断面形状、尺寸、粗糙系数及底坡变化不要太大。

(2) 在一个计算流段内，上、下游水位差不要太大，平原河流一般 Δz 取 $0.2 \sim 1.0\text{m}$，山区河流一般 Δz 取 $1.0 \sim 3.0\text{m}$。

(3) 计算流段内不要有支流汇入或流出。若有支流存在，必须把支流放在计算流段的起始端或末端，对汇入的支流一般放在流段的起始端，对流出的支流一般放在流段的末端。由于支流的汇入或流出，对流量要进行修正，正确估计流入量或流出量。

(4) 平原河道流段可以划分得长一些，山区河道流段要划分得短一些。

关于河道的局部水头损失，逐渐收缩的河段局部水头损失很小，一般忽略不计；对扩散的河段，水头损失系数 ζ 可取（$-0.3 \sim -1.0$），视扩散角的大小而定。视扩散角（指两岸的交角）的大小而定，扩散角较小者可取 -0.3，突然扩散可取 -1。因为河道非均匀流的局部水头损失表达为 $dh_f = \zeta d\left(\dfrac{v^2}{2g}\right)$，对于扩散河段，因为 $d\left(\dfrac{v^2}{2g}\right)$ 为负值，必须使水头损失系数 ζ 为负值，才能保证局部水头损失是正值。

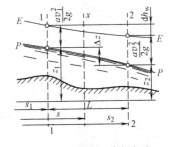

图 8-35　天然河道渐变流

8.14.2 天然河道水面线的水力计算公式

天然河道水面线的水力计算，首先把河道划分为若干计算流段，用水位变化来代替水深变化进行计算，如图 8-35 所示。

将计算流段局部水头损失系数 ζ 用其平均值 $\bar{\zeta}$ 表示，式（8-63）可改写为：

$$-\frac{dz}{ds} = (\alpha + \bar{\zeta})\frac{d}{ds}\left(\frac{v^2}{2g}\right) + \frac{dh_f}{ds} \tag{8-71}$$

式（8-71）为天然河道恒定非均匀渐变流微分方程。将式（8-71）改写为有限差分式为：

$$-\frac{\Delta z}{\Delta s} = (\alpha + \bar{\zeta})\frac{\Delta\left(\frac{v^2}{2g}\right)}{\Delta s} + \frac{\Delta h_f}{\Delta s} \tag{8-72}$$

或

$$-\Delta z = (\alpha + \bar{\zeta})\Delta\left(\frac{v^2}{2g}\right) + \Delta h_{\mathrm{f}} \tag{8-73}$$

式中 $\Delta z = z_{\mathrm{d}} - z_{\mathrm{u}}$，$z_{\mathrm{d}}$ 为下游断面水位，z_{u} 为上游断面水位，式（8-73）可以写为：

$$z_{\mathrm{u}} - z_{\mathrm{d}} = (\alpha + \bar{\zeta})\left(\frac{v_{\mathrm{d}}^2 - v_{\mathrm{u}}^2}{2g}\right) + \bar{J}\Delta s \tag{8-74}$$

将式（8-74）写成上、下游两个断面的函数式，得

$$z_{\mathrm{u}} + (\alpha + \bar{\zeta})\frac{v_{\mathrm{u}}^2}{2g} = z_{\mathrm{d}} + (\alpha + \bar{\zeta})\frac{v_{\mathrm{d}}^2}{2g} + \frac{Q^2}{\bar{K}^2}\cdot\Delta s \tag{8-75}$$

或写成

$$z_{\mathrm{u}} + (\alpha + \bar{\zeta})\frac{Q^2}{2gA_{\mathrm{u}}^2} - \frac{\Delta s}{2}\frac{Q^2}{\bar{K}^2} = z_{\mathrm{d}} + (\alpha + \bar{\zeta})\frac{Q^2}{2gA_{\mathrm{d}}^2} + \frac{\Delta s}{2}\frac{Q^2}{\bar{K}^2} \tag{8-76}$$

即

$$f(z_{\mathrm{u}}) = \phi(z_{\mathrm{d}})$$

式中 $\bar{J}$——计算流段内平均水力坡度，$\bar{J} = \dfrac{Q^2}{\bar{K}^2}$；

$\bar{K}$——计算流段内平均流量模数，$\bar{K} = \bar{A}\,\bar{C}\sqrt{\bar{R}}$；

$\bar{\zeta}$——计算流段内局部水头损失系数的平均值。加脚注 u、d 分别表示流段上、下游断面水力要素。

式（8-75）、式（8-76）即天然河道水面曲线分段计算的基本公式。

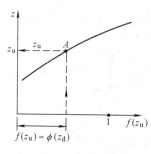

图 8-36　天然河道
水力计算图

8.14.3　天然河道的水面曲线的水力计算步骤

（1）首先划分流段，若下游断面的水位 z_{d} 已知，按式（8-76）计算出函数 $\phi(z_{\mathrm{d}})$ 的值。（若上游断面水位 z_{u} 已知，其方法相同）

（2）假定几个上游断面水位 z_{u}，按式（8-76）计算出一系列 $f(z_{\mathrm{u}})$ 函数值，绘出 $z_{\mathrm{u}} \sim f(z_{\mathrm{u}})$ 关系曲线，如图 8-36 所示，在图中的横坐标上找出 $f(z_{\mathrm{u}}) = \phi(z_{\mathrm{d}})$ 点，向上作垂线交曲线于 A 点，A 点的纵坐标值即所求的上游断面水位 z_{u}。

（3）以求得的此上游断面水位 z_{u} 作为下一个计算流段下游水位 z_{d}，重复第二步骤，依次计算上游断面水位，得出河道的水面曲线。

本 章 小 结

明渠水流是无压流（重力流）。对于长直棱柱形渠道，n 不变，底坡 i 不变，流量不变的情况下形成均匀流。均匀流主要特征是：底坡线、水面线、总水头线三线平行，即 $i = J = J_{\mathrm{p}}$，流线相互平行，水深 h、过水断面面积 A、断面平均流速沿程不变。均匀流是非均匀流的特例，对于人工渠道，顺直河道可近似做均匀流处理。

在工程中绝大多数明渠水流为非均匀流，即使长直人工渠道，因底坡改变或建有水工

建筑物，如闸、坝、桥、涵洞时，不可能形成均匀流，水面线、底坡线、总水头线不再平行，水面线变为水面曲线。水面曲线的变化规律及其计算很重要，是工程设计主要依据，直接关系到工程的可行性与造价。

1. 明渠恒定均匀流基本公式 $v=C\sqrt{Ri}$ 或 $Q=AC\sqrt{Ri}=K\sqrt{i}$，K 为流量模数，$K=AC\sqrt{R}$。计算时，水力要素的单位以米计。

2. 明渠水流形态分成三种，急流、缓流、临界流。干扰波波速 $c=\sqrt{gh_m}$ 可作为判别标准，$v=c$ 为临界流，$v<c$ 为缓流，$v>c$ 为急流，它还有其他判别标准，列于表 8-8。

水流形态的判别标准   表 8-8

水流形态	判 别 标 准			
	干扰波波速 $c=\sqrt{gh_m}$	$Fr=\dfrac{v}{\sqrt{gh_m}}$	临界水深 h_K	临界底坡 i_K
缓流	$v<c$	$Fr<1$	$h>h_K$	$i<i_K$
临界流	$v=c$	$Fr=1$	$h=h_K$	$i=i_K$
急流	$v>c$	$Fr>1$	$h<h_K$	$i>i_K$

3. 断面单位能量。断面单位能量（断面比能）$E_s=h+\dfrac{\alpha v^2}{2g}$，是指所讨论的过水断面以渠底为基准面，单位重量液体所具有的能量。它与某过水断面总的机械能 E 不同，E 是相对一个固定的基准面计算的。断面单位能量函数曲线表明，断面单位能量有极小值，它对应的是临界流（临界水深 h_K），K 点把曲线分为二支，上支为缓流（$h>h_K$），下支为急流（$h<h_K$）。总机械能沿程有能量损失，所以 $\dfrac{dE}{ds}$ 恒小于 0，而断面单位能量沿程可大可小，即 $\dfrac{dE_s}{ds}=0$（均匀流），$\dfrac{dE}{ds}>0$（储能流），$\dfrac{dE_s}{ds}<0$（减能流）。

4. 水跃与跌水。从缓流过渡到急流形成跌水。从急流过渡到缓流出现水跃。水跃方程，表达了跃前水深 h' 和跃后水深 h'' 的关系。因为水跃出现时，$\theta(h')=\theta(h'')$，所以 h' 与 h'' 被称为是共轭水深，二者是相互依存的。图 8-18 为水跃函数与比能函数图示，通过对跃前水深 h' 具有的断面单位能量与跃后水深 h'' 所具有的断面单位能量比较，可知，水跃有明显的消能效果，$\Delta E_s=(h''-h')^3/4h'h''$。

按水跃发生的位置，分为临界式水跃、远驱式水跃和淹没式水跃。若 h'' 等于下游水深 h_t，形成临界式水跃；若 h'' 大于下游水深 h_t，则跃后断面单位能量大于下游断面单位能量，水跃下驱，形成远驱式水跃；若 h'' 小于下游水深 h_t，形成淹没式水跃。

5. 水面曲线定性分析。明渠棱柱形渠道水面曲线：缓坡渠道上有 a_1、b_1、c_1 三种曲线；陡坡渠道上有 a_2、b_2、c_2 三种曲线；临界底坡、平坡、逆坡分别各有两种曲线 a_3、c_3、b_0、c_0、b'、c'；总共十二种曲线。这十二种曲线，通过渐变流微分方程及物理含义可以对其进行定性分析，正常水深的水面线（N-N 线），临界流水深的水面线（K-K 线）及底坡线把水域分成三个区域，N-N 线 K-K 线以上为 a 区；N-N 线与 K-K 线之间为 b 区；N-N 线与 K-K 线以下为 c 区，其变化规律归纳如下：

（1）所有 a 型 c 型水面曲线均为壅水曲线，所有 b 型曲线都为降水曲线。

（2）若水深与均匀流水深 h_0 渐近，水面线与 N-N 线相切。

（3）若水深趋近临界水深 h_K，水面曲线与 K-K 线正交（发生跌水、水跃）。

（4）若水深趋于无限大时，壅水曲线趋于水平（闸、坝、桥、涵前水深）。

（5）从急流到缓流出现水跃，从缓流到急流出现跌水。

6. 水面曲线的计算，用分段求和法，通过公式 $\Delta s = \dfrac{\Delta E_s}{i-J}$ 进行计算，ΔE_s 永远是 $E_{s下游} - E_{s上游}$，不可颠倒。

7. 天然河道中水力要素变化急剧，因而不得不采用某种平均值作为计算的依据。在水力计算中首先关注的是水位，因此研究河道水面曲线时，主要研究水位的变化，这样天然河道水面曲线的计算便自成系统。虽然它与人工渠道水面曲线的计算不同，但无本质的区别。天然河道水面曲线计算常用的也是分段求和法，要注意天然河道分段原则及步骤。

思 考 题

8-1 明渠均匀流水力特征是什么？明渠均匀流形成应具有什么条件？

8-2 明渠恒定非均匀流水力特征是什么？明渠恒定非均匀流形成应具有什么条件？

8-3 水力最优断面含义是什么？是否在设计渠道时一定采用水力最优断面，为什么？

8-4 急流、缓流、临界流是如何区分的？判别标准是什么？

8-5 断面单位能量 E_s 与单位重量流体总的机械能有何区别？在讨论非均匀流时，为什么引入断面单位能量这个概念？

8-6 在分析水面曲线时，往往绘出 K-K 线，一条渠道分为两段，前后两段渠道断面相同，但底坡不同，K-K 线的高度（即 h_k）是否相同？为什么？

8-7 若两段断面形状尺寸相同的长直棱柱形渠道，试分析下列情况下，其正常水深哪个大？

① $i_1 > i_2$，m、b、n 相等，Q 不变。

② $n_1 < n_2$，m、b、i 相等，Q 不变。

③ $b_1 > b_2$，m、n、i 相等，Q 不变。

8-8 试分析下列明渠流的说法是否正确？

（1）均匀流一定是恒定流。　　　　（2）测压管水头线（水面线）沿程不可能上升。

（3）临界流一定是均匀流。　　　　（4）水面线与总能水头可以重合。

8-9 在什么情况下会出现水跃现象？水跃有几种形式？

8-10 何谓完整水跃？工程上常用何种水跃消能？

8-11 水跃共轭水深的含义是什么？

8-12 在实验室长水槽中做实验，水槽中设有实用断面堰，堰下游发生远驱式水跃，若流量不变，调整水槽尾门的高度，改变下游水深。试问：当抬高尾门使下游水位升高，水跃的位置会发生什么变化？反之又如何？

8-13 利用分段求和法进行水面曲线计算时，要注意什么问题？

习 题

8-1 有一条养护良好的土质渠道，梯形断面，足够长，底坡不变 $i=0.001$，底宽 $b=0.8\text{m}$，边坡系数 $m=1.5$，当水深 $h=0.6\text{m}$ 时，通过流量是多少？水温 10℃，雷诺数是多少？该水流是层流还是紊流？

8-2　有一条梯形断面长直渠道（土质为中壤土），底宽 $b=2$m，边坡系数 $m=2.0$，底坡 $i=0.0015$，水深 $h_0=0.8$m，粗糙系数 $n=0.025$，通过流量是多少？是否需要衬护？

8-3　铁路路基排水沟，用小片石干砌护面，边度系数 $m=1.0$，粗糙系数 $n=0.020$，底坡 $i=0.003$，排水沟断面为梯形，按水力最优断面设计，通过流量 $Q=1.2$m³/s，试确定其断面尺寸。

8-4　已知一条梯形渠道，通过流量为 $Q=0.5$m³/s，底宽 $b=0.5$m，正常水流 $h_0=0.82$m，边坡系数 $m=1.5$，粗糙系数 $n=0.025$，试设计该渠道的底坡 i。

8-5　有一条梯形渠道，用小片石干砌护面，设计流量 $Q=10$m³/s，粗糙系数 $n=0.02$，底坡 $i=0.003$，边坡系数 $m=1.5$，正常水深 $h_0=1.5$m，试确定渠道的底宽。（谢齐系数 C 用曼宁公式计算）

8-6　已知一条梯形断面渠道，碎石护面，$n=0.02$，底宽 $b=2.0$m，$i=0.005$，边坡系数 $m=1.5$，通过流量 $Q=12.5$m³/s，此时均匀流水深 h_0 为多少？

8-7　有一条高速公路，路基宽 40m，横跨一条排水渠道，该渠道通过量 $Q=1.8$m³/s，初步设计用 $d=1.5$m 混凝土管铺设，设计充满度 $\alpha=h/d=0.75$，底坡 $i=0.001$，试校核是否满足输水能力的要求？

8-8　有一长直排水管，由混凝土制作，粗糙系数 $n=0.014$，管径 $d=0.5$m，按最大充满度考虑，通过流量 $Q=0.3$m³/s，试确定此排水管道的底坡。

8-9　由混凝土衬护的长直矩形渠道，$b=2.0$m，水深 $h=0.7$m，通过流量 $Q=1.6$m³/s，试判断该水流是急流还是缓流？

8-10　有一条人工河道，长直且平顺，过水断面为梯形，已知底宽 $b=4.5$m，粗糙系数 $n=0.025$，底坡 $i=0.001$，边坡系数 $m=2.0$，通过流量 $Q=50$m³/s。试判断在恒定流情况下水流是急流、缓流还是临界流？

8-11　矩形断面排水沟，渠宽 $b=4$m，粗糙系数 $n=0.02$，通过流量 $Q=30$m³/s，若底坡 $i=0.005$，求临界水深，临界底坡，并确定 N-N 线与 K-K 线的相对位置。

8-12　图 8-37 为长直棱柱形渠道，n 不变，试定性绘出可能出现的水面曲线类型。

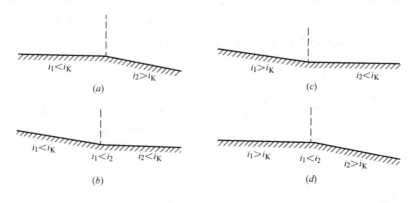

图 8-37　习题 8-12

8-13　如图 8-38 所示，有三段底坡不同的棱柱形渠道，三段渠道的断面形状尺寸相同，前后两段渠道均足够长，$i_1>i_K$，$i_2<i_K$，中间渠道长度为 l，试分析，水面曲线可

能出现的类型（分析时，中间渠道长度可以变化，分不同情况考虑）。

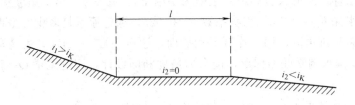

图 8-38　习题 8-13

8-14　如图 8-39 所示，平坡渠道与陡坡渠道相接，平坡渠道尾部设有一平板闸门，其闸孔开度 e 小于渠道的临界水深，闸门距渠道底坡转折处的长度为 L，试分析闸门下游可能出现的水面曲线及衔接形式。

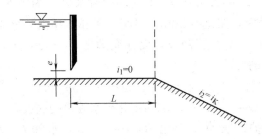

图 8-39　习题 8-14

8-15　一长直棱柱体梯形渠道，底宽 $b=5.0\text{m}$，边坡系数 $m=1.5$，流量 $Q=25\text{m}^3/\text{s}$。有水跃发生，已知跃后水深 $h''=3.0\text{m}$，求跃前水深 $h'=$？

8-16　一长直棱柱体矩形渠道，底宽 $b=5.0\text{m}$，流量 $Q=50\text{m}^3/\text{s}$，底坡 $i=0.005$，粗糙系数 $n=0.014$。已知跃前水深 $h'=0.5m$，试计算跃后水深 h'' 并判断水跃形式。

8-17　有两段矩形断面渠道相连，通过流量 $Q=2.6\text{m}^3/\text{s}$，底宽 $b=2\text{m}$，混凝土衬护，粗糙系数 $n=0.014$，$i_1=0.012$，$i_2=0.0008$，这两段渠道是否为水跃衔接？若是水跃衔接是何种形式水跃？计算确定水跃发生的位置，并绘图。

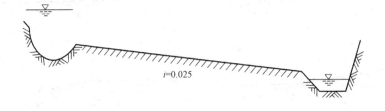

图 8-40　习题 8-18

8-18　如图 8-40 所示为一引水陡渠，矩形断面，混凝土衬护，通过流量 $Q=3.5\text{m}^3/\text{s}$，$b=2\text{m}$，底坡 $i=0.025$，渠长 15m，用分段求和法计算并绘出水面曲线。（相对误差小于 1%）

8-19 如图 8-41 所示，有一条顺直小河，过流断面为梯形，底宽 $b=10\text{m}$，边坡系数 $m=1.5$，底坡 $i=0.003$，粗糙系数 $n=0.02$，流量 $Q=31.2\text{m}^3/\text{s}$，其下游建有一个低坝，坝高 $P_1=2.73\text{m}$，坝上水头 $H=1.27\text{m}$，用分段求和法计算水面曲线并绘图。（要求：上游水深计算到 $h=1.01h_0$，至少分四段）

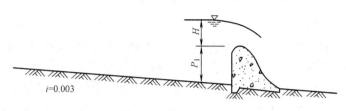

图 8-41　习题 8-19

第9章　堰流及闸孔出流

为了泄水或引水，要修建水闸或溢流坝等建筑物，以控制河流或渠道的水位及流量。当建筑物顶部闸门部分开启，水流从建筑物与闸门下缘间的孔口流出，称这种水流状态为闸孔出流（图9-1a、b）。当闸门全部开启，闸门对水流无约束时，水流从建筑物顶部（溢流坝、闸底板）自由下泄，称此种水流为堰流（图9-1c、d）。在交通工程中，往往在河道或渠道上建桥或涵洞，水流受桥墩或涵洞的控制，也形成堰流。堰流是一种常见的水流现象，在水利工程、土木工程、给水排水工程中有广泛应用。

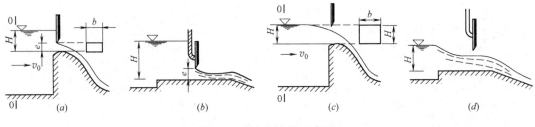

图9-1　堰、闸水流示意图

堰流与闸孔出流水流现象不同，堰流水面线为光滑降水曲线；而闸孔出流由于水流受闸门的约束，闸孔上下游水面是不连续的。因此，堰流与闸孔出流的水流特征与过流能力也不相同。

9.1　堰的类型及堰流基本公式

9.1.1　表征堰流的特征量

如图9-2所示，无压缓流经障壁溢流时，上游水位壅高，而后水面跌落的局部水流现象统称堰流。

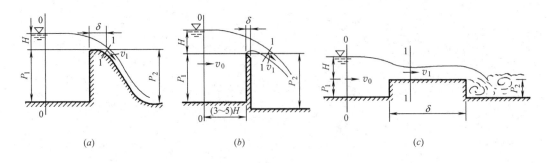

图9-2　堰流示意图

堰流的特征量如图9-3所示，B为渠宽，b为堰宽，P_1上游堰高，P_2为下游堰高，H

为堰上水头，h_t 为下游水深，δ 为堰顶厚度，v 为行近流速，下游水深超过堰顶的高度用 h_s 表示，$h_s = h_t - P_2$，h_s 可以大于 0，也可小于 0。

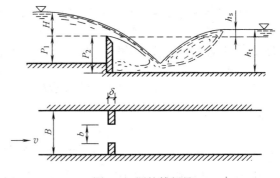

图 9-3 堰的特征量

9.1.2 堰的类型

按堰的厚度 δ 与堰上水头 H 的关系，把堰分为以下三种类型：

1. 薄壁堰

$\delta/H < 0.67$，如图 9-2（b）所示，水流经过堰顶时水舌下缘仅与堰顶的周边相接触，堰厚度对堰流的性质无影响。薄壁堰的堰口可以是三角形、矩形、梯形。因为其水流平稳，常用作量流量设备。

2. 实用断面堰

$0.67 < \delta/H < 2.5$。为了使堰在结构上稳定，往往要把堰加厚，这样水舌下缘与堰顶是面接触，水流受堰顶约束。在工程上常用的有曲线形堰（图 9-2a）和折线形堰。因其结构上稳定，常用于挡水建筑物。

3. 宽顶堰

$2.5 < \delta/H < 10$，在此情况下，堰厚度对水流顶托作用明显。宽顶堰还分为有坎宽顶堰（图 9-2c）和无坎宽顶堰。流经桥孔的水流由于受到桥墩阻碍，上游水位壅高，下游水面跌落，属无坎宽顶堰。

此外，若 $B = b$，称之为无侧收缩堰，若 $b < B$，为侧缩堰，如图 9-3 所示。

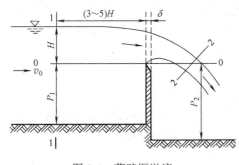

图 9-4 薄壁堰溢流

9.1.3 堰流基本公式

堰的种类较多，但其水流特征相似，都是上游水位壅高，下游水面跌落，故可统一为一个基本公式。下面以薄壁堰为例，利用能量方程建立堰流基本公式，如图 9-4 所示。

取通过堰顶的水平面为基准面 0-0，1-1 为上游过流断面，下游断面为水舌中心与基准面 0-0 交界面上的过流断面 2-2，列出能量方程。设 1-1 断面的平均流速为 v_0，2-2 断面的平均流速为 v，且令 $\alpha_1 = \alpha_2 = \alpha$，则能量方程为：

$$H + \frac{\alpha v_0^2}{2g} = \overline{\left(z_2 + \frac{p_2}{\rho g}\right)} + \frac{\alpha v^2}{2g} + h_{\text{w1-2}} \tag{9-1}$$

因为断面 2-2 上水流弯曲，属急变流，常用测压管水头的平均值 $\overline{(z_2 + p_2/\rho g)}$ 表示。$h_{\text{w1-2}}$ 只计局部水头损失，用 $\zeta \frac{v^2}{2g}$ 表示，所以式（9-1）可写为：

$$H + \frac{\alpha v_0^2}{2g} = \overline{\left(z_2 + \frac{p_2}{\rho g}\right)} + (\alpha + \zeta) \frac{v^2}{2g} \tag{9-2}$$

237

令 $H+\dfrac{\alpha v_0^2}{2g}=H_0$，$\dfrac{\alpha v_0^2}{2g}$ 为行近流速水头，H_0 为全水头。又因为 $\overline{\left(z_2+\dfrac{p_2}{\rho g}\right)}$ 与堰上全水头 H_0 的大小有关，令 $\overline{\left(z_2+\dfrac{p_2}{\rho g}\right)}=\xi H_0$。$\xi$ 为一修正系数。上式可写为：

$$H_0-\xi H_0=(\alpha+\zeta)\dfrac{v^2}{2g}$$

则

$$v=\dfrac{1}{\sqrt{\alpha+\zeta}}\sqrt{2g(H_0-\xi H_0)} \qquad (9\text{-}3)$$

因为堰顶过水断面一般为矩形，设堰宽为 b；水舌厚度与 H_0 有关，用 KH_0 表示，K 反映水舌垂直收缩，则通过的流量为：

$$Q=KH_0bv=KH_0b\,\dfrac{1}{\sqrt{\alpha+\zeta}}\sqrt{2gH_0(1-\xi)}=\varphi K\sqrt{1-\xi}\,b\sqrt{2g}H_0^{3/2}$$

式中 $\varphi=\dfrac{1}{\sqrt{\alpha+\zeta}}$，$\varphi$ 为流速系数，令 $\varphi K\sqrt{1-\xi}=m$，m 为流量系数，则

$$Q=mb\sqrt{2g}H_0^{3/2} \qquad (9\text{-}4)$$

式（9-4）为堰流基本公式，表明过堰流量与全水头的 3/2 次方成比例。从上面推导可知，影响流量系数的主要因素有 φ、K、ξ，即 $m=f\,(\varphi,\ K,\ \xi)$，所以堰的类型不同，流量系数 m 也各不相同。如果有侧向收缩，可在公式中加侧收缩系数 ε；若下游水深超过堰顶，即 $h_s>0$，并且影响过流能力，形成淹没出流，公式中加淹没系数 σ_s。考虑以上因素，式（9-4）可变为：

$$Q=\varepsilon\sigma_s mb\sqrt{2g}H_0^{3/2} \qquad (9\text{-}5)$$

9.2 薄壁堰的水力计算

9.2.1 矩形薄壁堰

堰口为矩形的堰称为矩形薄壁堰，它还被分为完全堰、侧收缩堰。由于矩形薄壁堰水流稳定，精度较高，常作为水力模型试验或野外测量中一种量流量设备。

1. 完全堰

无侧收缩（$B=b$）、自由出流、水舌下缘与大气相通的矩形薄壁正堰，叫完全堰。为了保证溢流状态稳定，堰上水头不宜过小（一般 $H>2.5\text{cm}$），否则溢流水舌要受到表面张力的影响；水舌下缘的空间与大气相通，这样可避免溢流学者舌带走空气，防止水舌下面形成局部真空。

图 9-5 是根据法国学者巴赞（Bazin）的实测数据绘制的。从图 9-5 可以看出，当 $\delta/H<0.67$ 时，堰厚度对堰流性质无影响，故薄壁堰的判别标准定义为 $\delta/H<0.67$。在堰上游 $3H$ 处安装测针即可测量堰上水头 H，若流量系数 m 已知，用式（9-4）

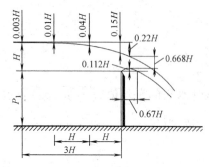

图 9-5　薄壁堰水舌形态

可以直接求解流量。但实测到的是 H，而公式中为 H_0，含有行近流速水头，所以应用此式要用迭代法，计算很繁，故常用：

$$Q = m_0 b \sqrt{2g} H^{3/2} \tag{9-6}$$

式中 m_0 也是流量系数，它包含了行近流速水头的影响。流量系数 m_0 的计算公式很多，应用时可查阅相关书籍及水力手册，这里仅介绍两个公式。

巴赞于 1889 年建立了流量系数 m_0 的经验公式为：

$$m_0 = \left(0.405 + \frac{0.0027}{H}\right)\left[1 + 0.55\left(\frac{H}{H+P_1}\right)^2\right] \tag{9-7}$$

此公式的适用范围：$b = 0.2 \sim 2.0\text{m}$，$H = 0.10 \sim 1.24\text{m}$，$P_1 < 1.1\text{m}$，在此范围内根据式（9-7）计算流量，其误差不超过 $1\% \sim 2\%$。

德国学者雷布克（Rehbock）于 1912 年进行了大量试验，得到流量系数 m_0 的经验公式：

$$m_0 = 0.403 + 0.053\frac{H}{P_1} + \frac{0.0007}{H} \tag{9-8}$$

式中 H/P_1 反映行近流速的影响，当 H/P_1 很小时，此项可以不计，$0.0007/H$ 反映表面张力的影响。其适用范围：$0.10\text{m} \leqslant P_2 \leqslant 1.0\text{m}$，$0.024\text{m} \leqslant H \leqslant 0.60\text{m}$，当 $H/P_1 < 1$，用式（9-8）计算的流量，其误差不超过 1%。在进行量水堰的初步设计时，流量系数可取 $m_0 = 0.42$。

2. 侧收缩堰

如果流量较小，受表面张力的影响，测量精度较差，可以使堰宽 b 小于渠（槽）宽 B，水流将产生侧向收缩。考虑侧收缩的影响，可用 m_c 代替 m_0，式（9-6）变为侧收缩堰计算公式：

$$Q = m_c b \sqrt{2g} H^{3/2} \tag{9-9}$$

$$m_c = \left(0.405 + \frac{0.0027}{H} - 0.03\frac{B-b}{B}\right) \times \left[1 + 0.55\left(\frac{b}{B}\right)^2\left(\frac{H}{H+P_1}\right)^2\right] \tag{9-10}$$

式中　m_c——侧收缩堰的流量系数。H 以米计，$0.0027/H$ 反映表面张力的影响，$\left(\dfrac{H}{H+P_1}\right)^2$ 反映行近流速的影响，$\dfrac{B-b}{B}$ 和 $(b/B)^2$ 反映侧收缩的影响。

9.2.2　三角堰与梯形堰

当被测流量 $Q < 0.1\text{m}^3/\text{s}$ 时，矩形堰的水舌很薄，受表面张力影响可能形成贴壁流，水流不稳定，影响测量精度。为了克服这个问题，将堰口形状、尺寸改变，做成三角形或梯形，称为三角堰或梯形堰，如图 9-6 所示。

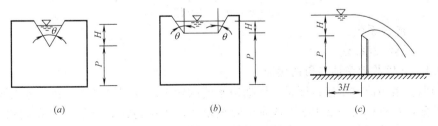

(a)　　　　　　　　　　　(b)　　　　　　　　　　　(c)

图 9-6　三角堰与梯形堰

1. 三角形堰

根据流量的大小可采用 $\theta=15°\sim90°$，如图 9-6 （a）所示，流量公式为：

$$Q=MH^{2.5} \tag{9-11}$$

式（9-11）是自堰流基本公式（9-4）推导得到的，式中 M 值可查有关手册计算。

对于堰口角度 $\theta=90°$ 的直角三角形堰，其流量计算公式为：

$$Q=1.4H^{2.5} \tag{9-12}$$

式中　H——堰上水头，以"m"计，流量以"m³/s"计。

该式适用于 $H=0.05\sim0.25m$，$P_1\geqslant2H$，$B\geqslant$（$3\sim4$）H。当流量 $Q<0.1m^3/s$ 时，具有足够高的精度。

2. 梯形堰

如果流量稍大一些，三角形堰不适用时，可改为梯形堰，如图 9-6 （b）所示。梯形堰的公式为：

$$Q=m_0b\sqrt{2g}H^{1.5}+MH^{2.5} \tag{9-13}$$

式（9-13）表明，梯形堰流量公式为矩形堰、三角形堰流量之和，令 $m_t=m_0+\dfrac{MH}{\sqrt{2g}b}$ 则上式改写为：

$$Q=m_tb\sqrt{2g}H^{3/2} \tag{9-14}$$

式中 m_t 称为梯形堰流量系数，H 和 b 均以 m 计，Q 以 m³/s 计。

若 $\theta=14°$ 时，称为西波利地（Cipoletti）堰，$m_t=0.42$。

9.3　宽顶堰的水力计算

宽顶堰流是实际工程中一种极为常见的水流现象，因底坎引起的水流在垂向产生收缩，形成宽顶堰流，称为有坎宽顶堰，如图 9-7 （a）所示。当水流流经桥孔、隧洞或涵洞时，也会形成宽顶堰流，称为无坎宽顶堰流，如图 9-7 （b）、（c）所示。

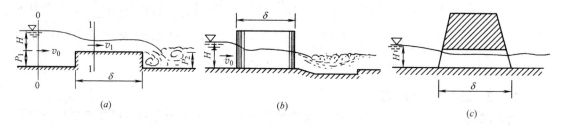

（a）　　　　　　　　　（b）　　　　　　　　　（c）

图 9-7　宽顶堰水流形态

宽顶堰流往往有侧向收缩，或形成淹没式堰流。计算公式为：

$$Q=\sigma_s\varepsilon bm\sqrt{2g}H_0^{3/2} \tag{9-15}$$

式中　σ_s——淹没系数；

　　　ε——侧收缩系数。

9.3.1　无侧收缩宽顶堰自由出流

宽顶堰自由出流的水流特征是，因堰对水流的约束，进口前水位壅高，进入堰顶后水流产生跌落，在进口后约 $2H$ 处形成垂向收缩断面，水深为 h_c，而后在跌坎处再次跌落，形成所谓二次跌落现象，堰顶上水流为急流，如图 9-8 所示。

以堰顶水平面为基准面，取断面 1-1 和 2-2 为过水断面，列能量方程。

设断面 1-1 的平均流速 v_0，断面 2-2 的平均流速 v，且两断面动能修正系数均为 α，则

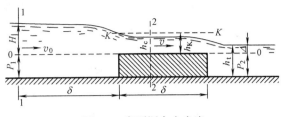

图 9-8　宽顶堰自由出流

$$z_1+\frac{p_2}{\rho g}+\frac{dv_0^2}{2g}=z_2+\frac{p_2}{\rho g}+\frac{dv^2}{2g}+\zeta\frac{v^2}{2g}$$

$$H+0+\frac{\alpha v_0^2}{2g}=h_c+0+\frac{\alpha v^2}{2g}+\zeta\frac{v^2}{2g}$$

式中，ζ 为局部阻力系数，它与进口形状及 H/P_1 有关。断面 2-2 不是渐变流断面，断面测压管水头用 β 修正，所以上式可写为：

$$H+\frac{\alpha v_0^2}{2g}=\beta h_c+(\alpha+\zeta)\frac{v^2}{2g}$$

令 $H_0=H+\dfrac{\alpha v_0^2}{2g}$，则　$v=\dfrac{1}{\sqrt{\alpha+\zeta}}\sqrt{2g(H_0-\beta h_c)}=\varphi\sqrt{1-\beta\dfrac{h_c}{H_0}}\sqrt{2gH_0}$

流量　　　　　　　$Q=vbh_c=bh_c\varphi\sqrt{1-\beta\dfrac{h_c}{H_0}}\sqrt{2gH_0}$

因为 h_c 与 H_0 有关，令 $h_c=KH_0$ 代入上式，则

$$Q=\varphi KH_0 b\sqrt{1-\beta K}\sqrt{2gH_0} \tag{9-16}$$

写为：

$$Q=mb\sqrt{2g}H_0^{3/2} \tag{9-17}$$

式中　m——流量系数，$m=\varphi K\sqrt{1-\beta K}$，它集中反映了 P_1/H 值及进口形状等边界条件产生的影响。

由实测资料证实，当 $P_1/H>3$ 时，直角进口 $m=0.32$，圆角进口 $m=0.36$。

当 $P_1/H\leqslant3$ 时，直角进口

$$m=0.32+0.01\frac{3-P_1/H}{0.46+0.75P_1/H} \tag{9-18}$$

圆角进口

$$m=0.36+0.01\frac{3-P_1/H}{1.2+1.5P_1/H} \tag{9-19}$$

9.3.2　无侧收缩宽顶堰淹没出流

1. 淹没标准及淹没过程

如图 9-9（a）所示，当下游水位超过堰顶，即 $h_s>0$，下游出现水跃衔接形式，仍为自由出流，堰顶水流仍为急流；当下游水位再升高，而下游水位刚刚超过 $K\text{-}K$ 线，这时形成波状水跃（图 9-9b），还不是淹没出流。下游水位继续升高，堰顶上水流受顶托作用，堰顶水流呈缓流，水位超过 $K\text{-}K$ 线，在跌坎以下过水断面变大，流速变小，动能转换化为势能，这是典型的淹没出流现象（图 9-9c）。从上述淹没过程可知，形成宽顶堰淹没出流是有条件的，h_s 必须大于 0，且 h_s 达到一定数值才形成淹没出流，实验研究表明，$h_s=$

241

$0.8H_0$为临界状态。所以形成宽顶堰淹没出流的充分必要条件是：$h_s > 0.8H_0$。

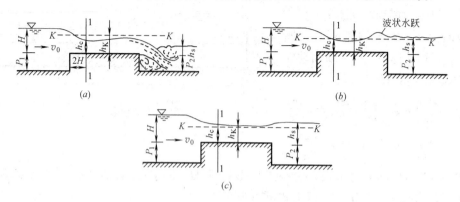

图 9-9 宽顶堰淹没出流及淹没过程

2. 淹没出流的计算公式

宽顶堰淹没出流计算公式：

$$Q = \sigma_s mb \sqrt{2g}H_0^{3/2}$$ （9-20）

式中，m可采用自由出流计算公式的值，淹没系数σ_s值可以查表 9-1。

宽顶堰淹没系数 σ_s 表 9-1

h_s/H_0	0.80	0.81	0.82	0.83	0.84	0.85	0.86	0.87	0.88	0.89
σ_s	1.00	0.995	0.99	0.98	0.97	0.96	0.95	0.93	0.90	0.87
h_s/H_0	0.90	0.91	0.92	0.93	0.94	0.95	0.96	0.97	0.98
σ_s	0.84	0.82	0.78	0.74	0.70	0.65	0.51	0.50	0.40

9.3.3 侧收缩宽顶堰出流

如果有侧向收缩，称为侧收缩宽顶堰出流，其流量公式是在式（9-20）基础上加侧收缩系数 ε，即

$$Q = \varepsilon\sigma_s mb \sqrt{2g}H_0^{3/2}$$ （9-21）

侧收缩系数 ε 与堰宽和渠（槽）宽的比值 b/B、边墩的形状、进口形式有关，据实测资料统计，经验公式有：

$$\varepsilon = 1 - \frac{a}{\sqrt[3]{0.2 + \dfrac{P_1}{H}}} \sqrt[4]{\frac{b}{B}} \left(1 - \frac{b}{B}\right)$$ （9-22）

式中 a——墩形系数，矩形，$a = 0.19$；圆形，$a = 0.10$；

b——溢流孔净宽；

B——上游引渠宽。

宽顶堰的计算公式含有 H_0，在流量未知前，H_0 未知，故常用迭代法计算，举例如下。

【例 9-1】 明渠宽 $B = 10.0$m，设一排水闸，闸底板高 $P = 2.0$m，闸门全开时呈宽顶堰出流，即 $P_1 = P_2 = 2.0$m，无侧收缩，进口为矩形，通过流量 $Q = 30$m³/s，堰下游水深 $h_t = 2.5$m，求堰上水头 H 是多少？

【解】 因 H 未知，m 无法确定，设 $P/H > 3$，取 $m = 0.32$，并假设为自由出流。

（1）第一次试算

应用式（9-17），有

$$H_0=(Q/mb\sqrt{2g})^{2/3}=(30/0.32\times10\times\sqrt{2\times9.8})^{2/3}=1.65\text{m}$$

先设定 $H=H_0$

$$v_0=Q/(H+P_1)b=30/(1.65+2)\times10=0.82\text{m/s}$$

$$H=H_0-\frac{\alpha v_0^2}{2g}=1.65-\frac{0.822^2}{2g}=1.62\text{m}$$

$$\frac{P_1}{H}=\frac{2}{1.62}=1.23<3,\text{与原设}\frac{P_1}{H}>3\text{不符。}$$

（2）第二次试算

应用式（9-18），设 $H=1.62\text{m}$ 有

$$m=0.32+0.01\frac{3-P_1/H}{0.46+0.76P_1/H}=0.32+0.01\times\frac{3-2/1.62}{0.46+0.76\times2/1.62}=0.333$$

$$H_0=(Q/mb\sqrt{2g})^{2/3}=(30/0.333\times10\times\sqrt{2\times9.81})^{2/3}=1.61\text{m}$$

$H_0<H$，原假设不合理。

（3）再设 $H=1.58\text{m}$

$$m=0.32+0.01\frac{3-P_1/H}{0.46+0.76P_1/H}=0.32+0.01\frac{3-2/1.58}{0.46+0.76\times2/1.58}=0.332$$

$$H_0=(Q/mb\sqrt{2g})^{2/3}=(30/0.332\times10\times\sqrt{2\times9.81})^{2/3}=1.61\text{m}$$

$$v_0=Q/(H+P_1)b=30/(1.58+2)\times10=0.84\text{m/s}$$

$$H=H_0-\frac{v_0^2}{2g}=1.61-\frac{0.84^2}{2\times9.81}=1.57\text{m}\ (\text{与}H=1.58\text{m相近})$$

（4）设 $H=1.57\text{m}$

$$m=0.32+0.01\frac{3-P_1/H}{0.46+0.76P_1/H}=0.32+0.01\frac{3-2/1.57}{0.46+0.76\times2/1.57}=0.332$$

$$H_0=(Q/mb\sqrt{2g})^{2/3}=(30/0.332\times10\times\sqrt{2\times9.81})^{2/3}=1.61\text{m}$$

$$v_0=Q/(H+P_1)b=30/(1.57+2)\times10=0.84\text{m/s}$$

$$H=H_0-\frac{v_0^2}{2g}=1.61-\frac{0.84^2}{2\times9.81}=1.57\text{m}$$

取 $H=1.57\text{m}$。

（5）验算出流状态

$$H=1.57\text{m},\ h_s=2.5-2.0=0.5\text{m},\ 0.8H_0=0.8\times1.61=1.29\text{m}$$

所以，$h_s<0.8H_0$ 为自由出流，与原假设相符，取 $H=1.57\text{m}$。

【例 9-2】 若条件与例 9-1 相同，但流量未知，实测堰上水头 $H=1.57\text{m}$，求流量为多少？（要求计算误差为 5% 以下）

【解】 $h_s=h_t-P_2=2.5-2.0=0.5\text{m}$　$0.8H=1.256\text{m}$，故 $h_s<0.8H_0$，为自由出流

$$\frac{P_1}{H}=\frac{2}{1.57}=1.274<3$$

（1）第一次试算

$$m=0.32+0.01\ \frac{3-\dfrac{P}{H}}{0.46+0.76\dfrac{P}{H}}=0.32+0.01\ \frac{3-\dfrac{2}{1.57}}{0.46+0.76\dfrac{2}{1.57}}=0.332$$

因为 H_0 未知，用 H 代替 H_0，则

$$Q=mb\sqrt{2g}H_0^{3/2}=0.332\times10\sqrt{19.6}\times1.57^{3/2}=28.91\mathrm{m^3/s}$$

$$v_0=Q/(H+P)b=28.91/(1.57+2)\times10=0.810\mathrm{m/s}$$

$$H_0=H+\frac{v_0^2}{2g}=1.57+\frac{0.81^2}{2g}=1.603\mathrm{m}$$

（2）第二次试算

$$H_0=1.603\mathrm{m},\ m=0.332$$

$$Q_2=mb\sqrt{2g}H_0^{3/2}=0.332\times10\sqrt{19.6}\times1.603^{3/2}=29.83\mathrm{m}$$

$$v_0=Q/(H+P)b=29.83/(1.57+2)\times10=0.836\mathrm{m/s}$$

$$H_0=H+\frac{v_0}{2g}=1.57+\frac{0.836}{2g}=1.606\mathrm{m}$$

（3）第三次试算

$$H_0=1.606\mathrm{m}$$

$$Q_3=mb\sqrt{2g}H_0^{3/2}=0.332\times10\sqrt{19.6}\times1.606^{3/2}=29.91\mathrm{m^3/s}$$

（4）计算精度

$$\Delta=\left|\frac{Q_3-Q_2}{Q_3}\right|=\left|\frac{29.91-29.83}{29.91}\right|=0.003<0.05$$

已满足精度要求，最后结果 $Q=29.91\mathrm{m^3/s}$。

9.4 实用断面堰的水力计算

当水深、流量较大时，因结构的要求，把堰加厚，做成折线形堰（图 9-10b）、曲线形堰（图 9-10a），称为实用断面堰。实用断面堰是水利工程中最常用的堰型之一，常用做挡水建筑物。

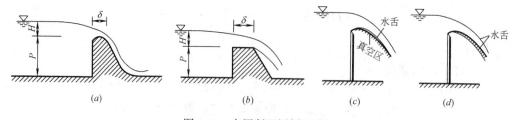

图 9-10 实用断面堰剖面图

曲线形堰又分为真空堰与非真空堰。最理想的剖面形状应该是堰面曲线与薄壁堰水舌下缘吻合，既不形成真空，过流能力又大。在实际工程上要综合考虑堰面的粗糙度、抗空化空蚀能力、过流能力等因素，按薄壁堰水舌下缘曲线加以修正得出堰面曲线形状。

如图 9-10（c）所示，坝面曲线（虚线）与水舌间有一定空间，溢流水舌将脱离堰面，水舌与堰面间的空气将被水流带走，堰面形成一定负压区（真空区），叫作真空堰。堰面

出现负压，实际上是增大了作用水头，过流能力会提高。但是由于负压的形成，可能出现空化空蚀现象，要求建筑材料抗腐蚀性质高。

若坝面曲线深入水舌内部一些，如图 9-10（d）所示，堰面将顶托水流，水舌将压在堰面上，堰面上的压强将大于大气压强，称之为非真空堰。非真空堰的堰前总水头的一部分势能将转换成压能，实际上是降低有效作用水头，过流能力会下降。

实用断面堰流量公式为：

$$Q = \varepsilon \sigma_s m n b' \sqrt{2g} H_0^{3/2} \tag{9-23}$$

式中　　ε——侧收缩系数；

　　　　σ_s——淹没系数；

　　　　m——流量系数；

　　　　n——堰孔数；

　　　　b'——一个堰孔的净宽。

9.4.1　曲线型实用断面堰的堰型

1. 克里盖尔（Creager）—奥菲采洛夫（Офицеров）剖面堰

该剖面系苏联奥菲采洛夫根据克里盖尔的薄壁堰试验，将溢流水舌下缘线进行修正（将堰面略微嵌入水舌）而制定的，简称克—奥剖面。该剖面体形略显肥大，且剖面曲线以表格形式给出，坐标点较少，设计施工过程均不便控制。

2. 渥奇（Ogee）剖面堰

该剖面系美国内务部农垦局在系统研究的基础上推荐为标准剖面。该剖面曲线的有关参数与行近流速水头和设计全水头的比值 $\left(\dfrac{\alpha v_0^2}{2g}\Big/H_d\right)$ 有关，即考虑了坝高对堰剖面曲线的影响，所以能适用于不同上游坝高的堰剖面设计。

3. 长研Ⅰ型剖面堰

该剖面系长江水利委员会研制的，该剖面是在有闸墩的情况下得出的，其剖面曲线方程为：

$$x^{1.8} = 2.1 H_d^{0.8} y \tag{9-24}$$

当设计水头 $H_d = 1.0$m 时，其曲线的坐标列于表 9-2。

长研Ⅰ型剖面曲线坐标（$H_d = 1.0$m）　　表 9-2

x	−0.22	−0.13	0.00	0.10	0.20	0.30	0.40	0.50	0.60	0.70	0.80
y	0.1100	0.0230	0.0000	0.0075	0.0263	0.0545	0.0915	0.1370	0.1900	0.2506	0.3187
x	0.90	1.00	1.20	1.40	1.50	1.70	2.00	2.20	2.70	3.20	
y	0.3940	0.4760	0.6600	0.8720	0.8970	1.238	1.656	1.970	2.846	3.864	

4. WES 标准剖面堰

该剖面系美国陆军兵团水道试验站（Water-ways Experiment Station）研制的，简称 WES 剖面。该剖面曲线用方程表示，便于控制，堰剖面较瘦，节省工程量；且堰面压强分布比较理想，负压也不大，对安全有利，所以近年来溢流坝多采用 WES 剖面。

9.4.2　WES 剖面的水力设计

WES 剖面堰顶曲线通过矩形薄壁堰自由出流水舌下缘曲线特征得出，如图 9-11 所示。设堰顶 B 点处的流体质点的速度为 u，流速方向与水平方向的夹角为 θ，则 x，y 方向的流速分量为 $u_x = u\cos\theta$，$u_y = u\sin\theta$，流体质点受重力与惯性作用，从 B 点向斜上方呈曲线运动，当运动到 o 点（水舌下缘的最高点）后开始向斜下方运动。

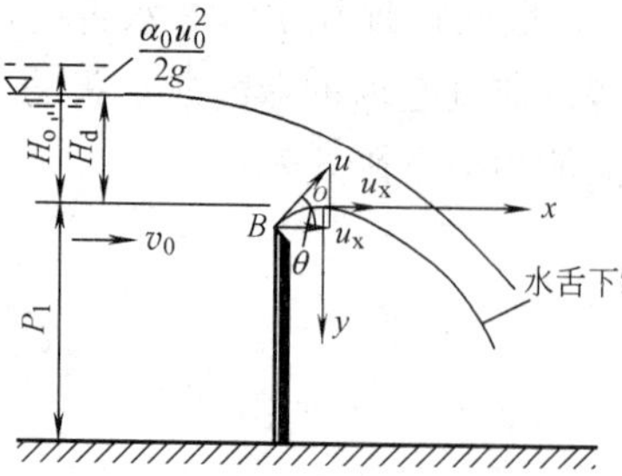

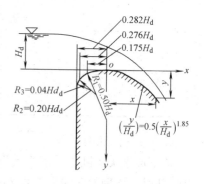

图 9-11　矩形薄壁堰水舌特征

现建立坐标系，如图 9-11 所示，若假定 u_x 为常数，在 o 点处，$u_y = 0$，$u_x = u\cos\theta$。经过 t 时刻后，流体质点的坐标为：

$$\begin{cases} x = u_x t = ut\cos\theta \\ y = \dfrac{1}{2}gt^2 \end{cases} \qquad (9\text{-}25)$$

消去 t 后，并用设计水头除以方程得：

$$\left(\frac{y}{H_d}\right) = k\left(\frac{x}{H_d}\right)^n \qquad (9\text{-}26)$$

式中，系数 k 与行近流速水头和设计水头有关，$k = \dfrac{H_d}{4\cos^2\theta \dfrac{u^2}{2g}}$；指数 $n = 2$。由于工程中溢流水舌下缘的压强并不等于大气压强，作用在流体质点上的力也不仅仅是重力，还有其他的力，所以，工程中溢流水舌与矩形薄壁堰自由出流水舌并不完全相同。因此，式（9-26）不能直接用来计算堰面曲线。工程中通常要进行实验研究得出不同条件下的 k 和 n 值。

工程中 WES 剖面，如图 9-12 所示。该剖面堰顶 o 点以下的曲线可用式（9-26）计算，式中系数 k 及指数 n 取决于堰上游面的坡度，当上游面为垂直时，$k = 0.5$，$n = 1.85$。代入式（9-26）得：

$$\left(\frac{y}{H_d}\right) = 0.5\left(\frac{x}{H_d}\right)^{1.85} \qquad (9\text{-}27)$$

式中，H_d 为设计水头，不含行近流速水头。堰顶 o 点上游的曲线，由三段复合圆弧相接（如图 9-12 所示），以保证堰面曲线平滑连接，改善堰面的压强分布。

由式（9-27）可知，堰面曲线形状（堰剖面的大小）取决于所采用的设计水头 H_d。在实际工程上，堰上水头随流量的变化而改变，因此，设计水头 H_d 的取值是必须注意的问题。设计水头 H_d 取值偏大（若 $H_d = H_{max}$），可保证在任何情况下都不出现负压，若实际运行水头总小于设计水头时，虽然保证了不出现负压，但流量系数偏小，而且，堰剖面体形偏肥大，显然是不经济的。反之，设计水头 H_d 取值偏小（$H_d = H_{min}$），堰剖面体形偏瘦，虽然减少了工程量，但实际运行水头都大于设计水头时，堰面会出现负压，严重

图 9-12　WES 剖面曲线

时可发生空化空蚀，危及大坝的安全。对于中小型溢洪道而言，堰剖面上产生较小的负压是允许的，不至于发生空化空蚀和振动。故设计低堰时，通常选择比最大可能水头 H_{max}

略小的水头作为设计水头。工程上一般建议采用的设计水头为 $H_d = (0.65 \sim 0.95) H_{max}$，这样，在使用过程中多数情况下的水头 $H > H_d$，加大堰的过流能力，同时堰的剖面也比较经济。以上设计的堰剖面为非真空堰，有关真空剖面堰的水力设计可参考水力设计手册。

9.4.3 曲线形实用堰的流量系数

试验研究表明，曲线形实用堰的流量系数主要取决于上游堰高与设计水头之比 P_1/H_d、堰上全水头与设计水头之比 H_0/H_d 以及堰上游面的坡度。本节仅针对 WES 剖面堰加以说明，其他类型的曲线形实用堰的流量系数可参照有关书籍和水力设计手册。

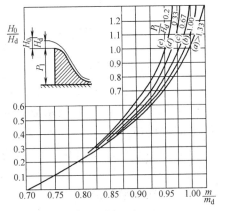

图 9-13　流量系数曲线图

1. 上游面垂直的 WES 剖面堰

当 $P_1/H_d > 1.33$ 时，属于高堰，行近水头可略去不计，若堰上全水头等于设计水头，堰的流量系数为 $m = m_d = 0.502$；当堰上全水头小于设计水头时，$m < m_d$，当堰上全水头大于设计水头时，$m > m_d$，其流量系数可由图 9-13 中的曲线（a）查得。当 $P_1/H_d < 1.33$，行近流速加大，流量系数随 P_1/H_d 减小而减小，其流量系数可由图 9-13 中的曲线（b）、（c）、（d）和（e）查得。

2. 上游面为斜坡的 WES 剖面堰

在实际工程中，堰上游面有的也做成斜面，流量系数 m' 与垂直上游面的流量系数 m 有所不同，$m' = cm$，c 为流量系数修正值，可查表 9-3。

斜坡上游面流量系数的修正值　　表 9-3

c ╲ P_1/H_d　斜坡	0.3	0.4	0.6	0.8	1.0	1.20	1.30
1:3($\alpha=18.4°$)	1.009	1.007	1.004	1.002	1.00	0.998	0.997
2:3($\alpha=33.6°$)	1.015	1.011	1.005	1.002	0.999	0.996	0.993
3:3($\alpha=45°$)	1.021	1.014	1.007	1.002	0.998	0.993	0.989

9.4.4 侧收缩系数

一般溢流堰都建有水闸，边墩及中墩在平面上造成水流的侧向收缩，减少了堰顶有效过流宽度，从而降低了堰的过流能力，如图 9-14 所示。

影响侧收缩的主要因素是边墩、中墩的迎水面的形状，同时也与堰上水头有关。当有侧收缩时，过流的有效宽度为：

247

$$b=\varepsilon_1(nb') \tag{9-28}$$

式中　b'——每个堰孔的宽度；

$\quad\quad n$——堰孔数；

$\quad\quad \varepsilon_1$——侧收缩系数；

$\quad\quad b$——有效过流宽度（图 9-14）。

侧收缩系数 ε_1 可由以下经验公式确定：

$$\varepsilon_1=1-2\left[K_a+(n-1)K_p\right]\frac{H_0}{nb'} \tag{9-29}$$

式中　H_0——堰上全水头；

$\quad\quad K_a$——边墩形状系数；

$\quad\quad K_p$——中墩的形状系数。

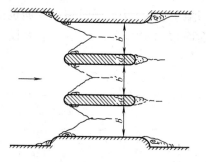

图 9-14　过流侧向收缩

K_a 与边墩头部形式及行近水流的进水方向有关。设计中常用圆弧形边墩，当行近水流正向进入溢流堰时，K_a 可取 0.1；对于与土坝邻接的高溢流坝，K_a 可取 0.2。当行近水流正向进入时，K_a 值增大。K_p 取决于中墩的头部形式、H_0/H_d 及中墩头部与溢流堰上游面的相对位置。当邻孔关闭时，中墩则视为边墩。有关 K_a、K_p 的取值，可查阅相关资料。

9.4.5　实用堰的淹没溢流

在工程中，实用堰一般为自由出流。对于低堰有可能为淹没出流，如何判断溢流为淹没出流，严格说有两个条件：（1）堰下游水位高于堰顶，即 $h_s>0$；（2）堰下为淹没式水跃，对于 WES 剖面堰 $h_s>0.15H_0$（见图 9-15）。当同时满足条件（1）、（2）时，下游水位对过堰水流产生顶托作用，从而降低了堰的泄流能力，这就形成了所谓的淹没出流。

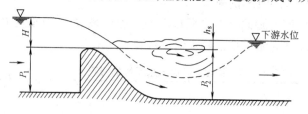

图 9-15　溢流堰的淹没出流

淹没出流对堰过流能力的影响可用淹没系数 σ_s 表示，试验得知，σ_s 取决于堰剖面形状和下游水位及护坦高程，即 h_s/H_0、P_2/H_0。σ_s 可查阅相关资料及水力设计手册。

【例 9-3】　某土坝中段为溢洪道，该坝段采用曲线形实用断面堰。已知设计流量 $Q=1600\text{m}^3/\text{s}$，上游水位高程 $\triangledown_1=165.0\text{m}$，相应下游水位高程 $\triangledown_2=110.0\text{m}$，坝趾河床高程 $\triangledown_3=100.0\text{m}$；堰上游面垂直，下游直线段坡度 $m_\alpha=ctan\alpha=0.7$，溢流段设 5 个闸孔，每孔净宽 $b'=12.0\text{m}$；闸墩头部与堰上游面齐平，边墩头部为圆形，墩形系数 $K_a=0.2$，中墩头部为尖圆形，其墩形系数 $K_p=0.02$。试设计堰顶高程及堰的剖面形状（采用 WES 剖面堰）。

【解】

1. 确定堰顶高程

采用 WES 剖面堰，因该坝比较高，按自由出流设计，即 $P_1/H_d>1.33$，$\sigma_s=1.0$，求设计水头 H_d。略去行近流速水头，由式（9-23）得

$$H_d=\left(\frac{Q}{\varepsilon_1 nb'm_d\sqrt{2g}}\right)^{2/3} \tag{1}$$

设 $H_0=H_d$，由式（9-29），则侧收缩系数 ε_1 为：

$$\varepsilon_1=1-2\left[K_a+(n-1)K_p\right]\frac{H_d}{nb}$$

将 $K_a=0.2$，$K_p=0.02$ 代入上式得：

$$\varepsilon_1=1-2\left[0.2+(5-1)\cdot0.02\right]\frac{H_d}{5\times12}=1-0.0069H_d \qquad (2)$$

取流量系数为 $m=0.502$，将 $\varepsilon_1=1-0.0069H_d$ 代入式（1）

$$H_d=\left[\frac{1600}{(1-0.0069H_d)\times5\times12\times0.502\times\sqrt{19.6}}\right]^{2/3}$$

试算得：$H_d=5.30\text{m}$

堰顶高程：$\nabla_0=\nabla_1-H_d=165.0-5.3=159.7\text{m}$

堰高：$P_1=P_2=\nabla_0-\nabla_3=159.7-100=59.7\text{m}$

$P_1/H_d=59.7/5.3=11.26>1.33$，属于高堰，且下游水位低于堰顶，为自由出流，$\sigma_s=1$；$m_d=0.502$

行近流速可忽略不计。

2. 堰剖面的设计

（1）堰顶曲线

由图 9-12，堰顶 O 点上游三段圆弧的半径及水平坐标为：

$R_1=0.50H_d=0.5\times5.3=2.65\text{m}$；$x_1=-0.175H_d=-0.175\times5.3=-0.928\text{m}$

$R_2=0.20H_d=0.2\times5.3=1.06\text{m}$；$x_2=-0.276H_d=-0.276\times5.3=-1.463\text{m}$

$R_3=0.04H_d=0.04\times5.3=0.212\text{m}$；$x_3=-0.282H_d=-0.282\times5.3=-1.495\text{m}$

O 点下游曲线 OC 的曲线方程为：

$$\left(\frac{y}{H_d}\right)=0.5\left(\frac{x}{H_d}\right)^{1.85}$$

则

$$y=0.5\frac{x^{1.85}}{H_d^{0.85}}=0.5\frac{x^{1.85}}{5.3^{0.85}}=0.121x^{1.85}$$

曲线 OC 的坐标按上式计算，列于下表：

x(m)	1.0	2.0	3.0	4.0	5.0	6.0	7.0	8.0	9.0	10.0
y(m)	0.121	0.436	0.924	1.573	2.376	3.329	4.428	5.669	7.049	8.566

（2）堰面曲线与直线交点的确定

曲线 OC 与下游直线段 CD 相切于 C 点，C 点坐标可由直线坡度 $m_\alpha=0.7$ 及堰面曲线方程求得：

堰面曲线方程一阶导数 $\qquad \dfrac{\mathrm{d}y}{\mathrm{d}x}=0.224x^{0.85}$

直线的坡度 $\qquad \dfrac{\mathrm{d}y}{\mathrm{d}x}=\dfrac{1}{0.7}$

则

$$x_c=\left(\frac{1}{0.224\times0.7}\right)^{1/0.85}=8.844\text{m}$$

$$y_c=0.121x_c^{1.85}=6.825\text{m}$$

（3）反弧半径、反弧曲线圆心 O' 点及 D、E 点的坐标

反弧半径：

坝下游反弧半径 r 可按下式计算

$$r=(0.25\sim 0.5)(H_d+z_{max})$$

式中，z_{max} 为上下游最大水位差，$z_{max}=165.0-110.0=55\text{m}$。

取中值，
$$r=0.375(5.30+55)=22.6\text{m}$$

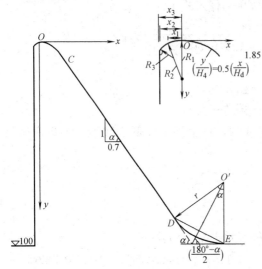

图 9-16　堰剖面设计图

反弧曲线圆心 O' 点坐标：

反弧曲线的上端与直线 CD 相切于 D 点，下端与河床相切于 E 点，反弧半径及 D、E 点的坐标可用下面的方法确定。

由图 9-16 知：

$$x'_0=x_c+m_\alpha(P_2-y_c)+rc\tan\left(\frac{180°-\alpha}{2}\right)$$

$$y'_0=P_2-r$$

堰高 $P_2=59.7\text{m}$，$m_\alpha=0.7$，$r=22.6\text{m}$，$\alpha=55°$，代入上式

$$x'_0=8.844+0.7(59.7-6.825)+$$
$$22.6c\tan\left(\frac{180°-55°}{2}\right)=57.62\text{m}$$

$$y'_0=59.7-22.6=37.1\text{m}$$

D 点的坐标：

$$x_D=x'_0-r\sin\alpha=57.62-22.6\cdot\sin 55°=39.10\text{m}$$

$$y_D=y'_0+r\cos\alpha=37.1+22.6\cdot\cos 55°=50.06\text{m}$$

E 点的坐标：

$$x_E=x'_0=57.62\text{m}, \quad y_E=P_2=59.70\text{m}$$

9.5　闸 孔 出 流

　　水利、土木、市政工程中，水闸是一种常见的水工建筑物，水闸一般都有底坎，闸底坎有宽顶堰式和曲线形实用断面堰。闸门形式有平板闸门与弧形闸门两种形式。水闸的作用是通过闸门的开启控制河道或渠道的流量。闸门部分开启的孔口出流称为闸孔出流。如图 9-17 所示，闸门开度用 e 表示，闸孔泄流时，由于惯性作用在 $(0.5\sim 1.0)e$ 处形成收缩断面 c-c，收缩断面水深用 h_c 表示。

　　闸孔出流也分为自由出流与淹没出流，取决于收缩断面水深 h_c 和下游水深 h_t 的关系。因为闸孔水流为急流，当下游水流为缓流时发生水跃，形成远驱式水跃或临界式水跃时为闸孔自由出流，如图 9-17（a）、（b）所示；当形成淹没式水跃时为闸孔淹没出流，如图 9-17（c）所示。

　　应当指出，闸孔出流和堰流可以相互转换，对于闸底坎为宽顶堰时，$e/H\leqslant 0.65$ 时为闸孔出流，当 $e/H>0.65$ 时为堰流。对于闸底坎为曲线形堰，当 $e/H\leqslant 0.75$ 时为闸孔

出流，当 $e/H > 0.75$ 时为堰流。

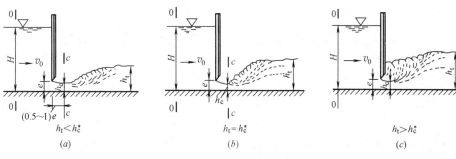

图 9-17　闸孔出流

9.5.1　底坎为宽顶堰型的闸孔自由出流

如图 9-18 所示，宽顶堰上方设有一个平板闸门，闸门的开度为 e，由于受惯性的影响，形成收缩断面，$c\text{-}c$ 断面的垂向收缩系数用 ε_0 表示，它与闸门开度 e 有关，收缩断面水深 h_c 可写为

$$h_c = \varepsilon_0 e \qquad (9\text{-}30)$$

以宽顶堰顶面为基准面，列 0-0 和 $c\text{-}c$ 断面的能量方程：

$$H + \frac{\alpha_0 v_0^2}{2g} = h_c + \frac{\alpha_c v_c^2}{2g} + \zeta \frac{v_c^2}{2g}$$

因距离很短，仅考虑局部水头损失，ζ 为局部阻力系数。

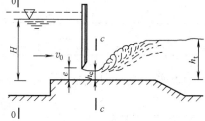

图 9-18　闸孔自由出流

令 $H + \dfrac{\alpha_0 v_0^2}{2g} = H_0$，$H_0$ 为全水头，于是上式可写为：

$$H_0 = h_c + (\alpha_c + \zeta)\frac{v_c^2}{2g}$$

$$v_c = \frac{1}{\sqrt{\alpha_c + \zeta}}\sqrt{2g(H_0 - h_c)}$$

令 $\dfrac{1}{\sqrt{\alpha_c + \zeta}} = \varphi$，$\varphi$ 为流速系数，则

$$v_c = \varphi\sqrt{2g(H_0 - h_c)}$$

因为　$Q = A_c v_c = b h_c v_c$，$h_c = \varepsilon_0 e$

所以　$Q = \varphi \varepsilon_0 be\sqrt{2g(H_0 - \varepsilon_0 e)}$，令 $\varphi \varepsilon_0 = \mu_0$，于是

$$Q = \mu_0 be\sqrt{2g(H_0 - \varepsilon_0 e)} \qquad (9\text{-}31)$$

式中　b——闸门宽度；

　　　μ_0——基本流量系数；

　　　ε_0——垂直收缩系数；

　　　e——闸门开度。

为简化计算，将式（9-31）改写为

$$Q = \mu_0 be\sqrt{1 - \varepsilon_0 e/H_0}\sqrt{2gH_0}$$

令 $\mu=\mu_0\sqrt{1-\varepsilon_0 e/H_0}$，称为闸孔自由出流的流量系数，则

$$Q=\mu be\sqrt{2gH_0} \tag{9-32}$$

式（9-32）为有坎闸孔自由出流的流量公式，表明过闸流量与全水头的 1/2 次方成比例，也适用无坎宽顶堰，即 $P=0$ 的情况。

1. 流量系数

流量系数 μ 可以用南京水利科学研究所的经验公式计算：

$$\mu=0.60-0.176 e/H \tag{9-33}$$

2. 闸门垂向收缩系数

平板闸门垂向收缩系数 ε_0 与作用水头 H 和闸门的开度 e 有关，即 $\varepsilon_0=f(e,\ H)$，闸孔出流垂向收缩系数见表 9-4、表 9-5。

平板闸门垂向收缩系数 ε_0　　表 9-4

e/H	0.1	0.15	0.2	0.25	0.30	0.35	0.40	0.45	0.50	0.55	0.60	0.65	0.70	0.75
ε_0	0.615	0.618	0.620	0.622	0.625	0.628	0.630	0.638	0.645	0.650	0.675	0.660	0.690	0.705

弧形闸门垂向收缩系数 ε_0　　表 9-5

α	35°	40°	45°	50°	55°	60°	65°	70°	75°	80°	85°	90°
ε_0	0.789	0.766	0.742	0.720	0.698	0.678	0.662	0.646	0.635	0.627	0.622	0.620

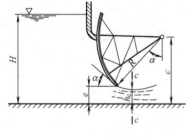

图 9-19　弧形闸门

弧形闸门其垂向收缩系数 ε_0，主要取决于闸门下缘切线与水平方向的夹角 α。水平方向的夹角 α 可按下式计算：

$$\cos\alpha=\frac{c-e}{R}\quad\text{式中符号见图 9-19。}$$

关于闸孔出流的流速系数 φ，主要取决于闸孔入口的边界条件（如闸底坎形式，闸门类型等），无坎宽顶堰型：$\varphi=0.95\sim1.00$；有坎宽顶堰型：$\varphi=0.85\sim0.95$。

当闸前水深较大、开度 e 较小或坎高 P 较大、行近流速 v_0 较小，可不考虑 $\dfrac{\alpha v_0^2}{2g}$，取 $H\approx H_0$。

9.5.2　底坎为宽顶堰型的闸孔淹没出流

如图 9-20 所示，当下游水深 h_t 大于 h_c 所要求的共轭水深 h''，闸孔出流时将形成淹没式水跃，即为闸孔淹没出流。实验证明，闸孔淹没后，收缩断面水深增大到 h，且（$h>h_c$），实际作用水头将减少至（H_0-h），所以闸孔淹没出流其流量小于自由出流的流量。由于 h 位于旋滚区，很难测量其大小，故计算时应用自由出流式（9-32）加上淹没系数 σ_s 改写为：

$$Q_s=\sigma_s\mu be\sqrt{2gH_0} \tag{9-34}$$

式中　σ_s——淹没系数，σ_s 可查有关资料确定；

　　　μ——闸孔自由出流流量系数。

【例 9-4】 某渠道设有一桥闸结合的工程，拟修建矩形断面水闸，平板闸门控制，调节流量与水位，桥孔底板水平，$P_1=P_2=0$，闸孔宽度 $b=3.0$m，当开度 $e=0.7$m 时，闸前水深 $H=2.0$m，闸前行近流速

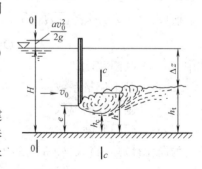

图 9-20　闸孔淹没出流

$v_0 = 0.7 \text{m/s}$，闸孔自由出流，求通过流量 Q。

【解】 解法一

（1）求垂向收缩系数 ε_0

$\dfrac{e}{H} = \dfrac{0.7}{2} = 0.35$，属闸孔出流，查表 9-4，$\varepsilon_0 = 0.628$。

（2）求相关参数

取 $\varphi = 0.96$，则流量系数：$\mu = \varphi \varepsilon_0 = 0.96 \times 0.628 = 0.603$

收缩断面水深：$h_c = \varepsilon_0 e = 0.628 \times 0.7 = 0.44 \text{m}$

作用水头：$H_0 = H + \dfrac{\alpha_0 v_0^2}{2g} = 2 + \dfrac{0.7^2}{2g} = 2 + 0.025 = 2.03 \text{m}$

（3）求通过流量

$$Q = \mu b e \sqrt{2g(H_0 - h_c)} = 0.603 \times 3 \times 0.7 \sqrt{19.6(2.03 - 0.44)} = 7.08 \text{m}^3/\text{s}$$

解法二

由式（9-33）：$\mu = 0.60 - 0.176 e/H = 0.60 - 0.176 \dfrac{0.7}{2} = 0.539$

由式（9-32）　$Q = \mu b e \sqrt{2g H_0}$（$H_0$ 由解法一已解出）

$$Q = 0.539 \times 3 \times 0.7 \sqrt{19.6 \times 2.03} = 7.12 \text{m}^3/\text{s}$$

两结果相近，两种方法都可用。

9.5.3　底坎为曲线形实用堰的闸孔出流的水力计算

在曲线形实用断面的堰顶上，为了控制流量，调节水库水位，往往要建有闸门（平板闸门或弧形闸门），其形式如图 9-21 所示。曲线形实用堰顶上闸孔出流与底坎为宽顶堰型的闸孔出流在水流现象上有相同之处，也有不同之点，从相同之处看，二者都属

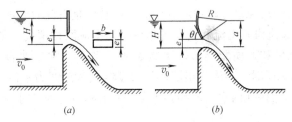

图 9-21　曲线形实用堰的闸孔出流

闸孔出流的范畴，曲线形实用断面的堰顶上闸孔自由出流的流量也可用式（9-32）计算。

它们的不同点在于，底坎为宽顶堰型的闸孔自由出流时，闸孔下游出现有明显的收缩断面，而曲线形实用堰顶上闸孔出流，出闸后水流在重力作用下，沿溢流面下泄，无明显的收缩断面，关于其流量系数，国内外学者进行了许多研究，下面介绍一些经验公式供参考。

1. 平板闸门

平板闸门的流量系数可按以下经验公式计算：

$$\mu = 0.65 - 0.186 \frac{e}{H} + \left(0.25 - 0.357 \frac{a}{H}\right) \cos\theta$$

（9-35）

式中　θ——斜面与水平面的夹角，如图 9-22 所示。

2. 弧形闸门

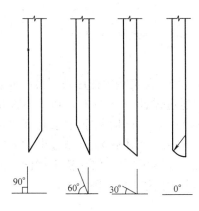

图 9-22　平板闸门斜口

因对弧形闸门的系统研究资料不足，其流量系数可参照表 9-6 选用。

曲线形实用堰堰顶弧形闸门流量系数 μ　　　　　　　　表 9-6

$\frac{e}{H}$	0.05	0.10	0.15	0.20	0.25	0.30	0.35	0.40	0.50	0.60	0.70
μ	0.721	0.700	0.683	0.667	0.652	0.638	0.625	0.610	0.584	0.559	0.535

9.6 桥孔过流的水力计算

在市政、公路与城市道路等工程中，常需修建小桥、涵洞等建筑物。该类孔径过流的水力计算，基本上是应用宽顶堰流理论进行的；另外，还需明渠流的有关知识。

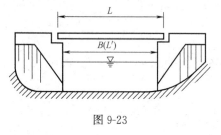

图 9-23

小桥孔径 B（或净跨径 L'）系指在垂直于水流方向之平面内泄水孔口的最大水平距离。对于单孔矩形桥孔断面的桥梁而言，就是指桥台内壁之间的距离，如图 9-23 所示。在设计小桥时，为了缩短桥长，降低造价，常使小桥孔径小于设计洪水位（设计流量）时河渠的水面宽度，使水流受到挤束。本节将讨论这种情况的水力计算。

9.6.1 桥孔水流现象的分析

从河渠中流向桥孔的水流基本是非恒定流动，但当作恒定流动来处理。水流流过桥孔的流动现象与宽顶堰流相似，可看做是有侧收缩的无坎宽顶堰流。水流过桥孔可分为自由（非淹没）出流和淹没（非自由）出流两种情况，如图 9-24（a）、（b）所示。它们的判别条件和宽顶堰类似，实验表明，当下游河渠水深 $h_t \leqslant 1.3 h_{cr}$ 时，为自由出流；当 $h_t > 1.3 h_{cr}$ 时，为淹没出流，且假设桥孔水深即为下游河床水深，其间差别不予考虑。这里的 h_{cr} 为桥孔内水流的临界水深，它和桥前河渠中水流的临界水深在数值上是不等的。

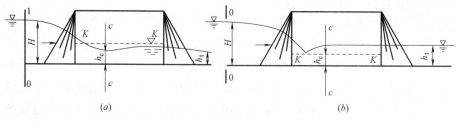

图 9-24

小桥孔径可以应用前述宽顶堰流公式来进行计算，但是，在实践中往往采用另一种途径较为方便。因为设计小桥孔径的原则，就是要保证在通过设计流量 Q 时，桥下不发生冲刷，即桥下流速 v 小于最大允许流速（最大不冲流速）v_{max}；同时桥前壅水高度（水深）H 不能超过某一规定的允许值等。因此在设计时，常从最大不冲流速 v_{max} 出发来计算小桥孔径，核算桥前壅水高度 H 是否满足规定；同时还要考虑到选用小桥定型设计的标准跨径问题。下面介绍常遇的矩形桥孔断面的小桥孔径的水力计算步骤和方法。

9.6.2 小桥孔径计算的步骤和方法

1. 河渠下游水深 h_t 和桥孔下临界水深 h_{cr} 的计算

因为小桥孔径的水力计算首先要判别是否淹没，即要先确定下游水深 h_t 和临界水深 h_{cr}。下游水深可根据设计流量，根据水文资料的流量-水位曲线，求出下游水深 h_t。当缺乏这种资料时，运用明渠均匀流理论计算出河渠断面的正常水深 h_0 来代替 h_t，如图 9-24 (a) 所示。

临界水深可由式 $h_{cr}=\sqrt[3]{\dfrac{\alpha Q^2}{g(\varepsilon B)^2}}=\sqrt[3]{\dfrac{\alpha q^2}{g}}$ 计算，但式中含有桥孔宽度 B，所以无法直接求得。如前所述，设计小桥孔径的原则是：要保证在通过设计流量 Q 时，桥下不发生冲刷，即桥下流速 v 小于最大不冲刷流速 v_{max}，现依此来计算临界水深。因

$$h_c=\psi h_{cr} \tag{9-36}$$

式中　ψ——进口形状系数，非平滑进口 $\psi=0.75\sim0.80$，平滑进口 $\psi=0.80\sim0.85$。

考虑到侧收缩，则有：

$$Q=A_{cr}v_{cr}=\varepsilon B h_{cr}v_{cr}=A_c v_c=\varepsilon B\psi h_{cr}v_c$$

式中　ε——侧收缩系数，由表 9-7 查得；

v_{cr}、v_c——分别为桥孔临界水深和侧收缩断面水深时的流速。

根据设计原则，v_c 应小于 v_{max}，则可得

$$h_{cr}=\frac{\alpha v_{cr}^2}{g} \quad \text{或} \quad h_{cr}=\frac{\alpha\psi^2 v_{max}^2}{g} \tag{9-37}$$

根据上述求得的 h_t 和 h_{cr}，即可判别是自由出流还是淹没出流。

桥孔侧收缩系数 ε 及流速系数 φ

表 9-7

桥台形状	ε	φ
1. 单孔桥，锥坡镇土	0.90	0.90
2. 单孔桥，有八字翼墙	0.85	0.90
3. 多孔桥，或无锥坡，或桥台伸出锥坡之外	0.80	0.85
4. 拱脚淹没的拱桥	0.75	0.80

2. 小桥孔径的确定

若为自由出流，因为 $v_c=v_{max}=\dfrac{1}{\psi}v_{cr}$，$B_{cr}=\dfrac{Q}{\varepsilon h_{cr}v_{cr}}=\dfrac{gQ}{\alpha\varepsilon v_{cr}^3}$，式中 B_{cr} 即为临界流时的桥孔水面宽度。同理可得

$$B=\frac{gQ}{\alpha\varepsilon\psi^3 v_{max}^3} \tag{9-38}$$

式中　B——桥孔水面宽度。

若为淹没出流，则为：

$$B=\frac{Q}{\varepsilon h_t v_{max}} \tag{9-39}$$

式中　B——桥孔水面宽度。

为了减少小桥上部构造的计算工作量，常采用标准跨径 L 的定型设计，可参阅有关部门制定的图表和资料。

一般为使桥下流速 $v<v_{max}$，常采用标准跨径的桥孔净跨径 $L'>B$。在这里需指出，当 $L'>B$ 时，桥下水流状态原来是自由出流可能变成淹没出流，因此需进行复核。这时

255

的临界水深 h'_{cr} 应按式 $h'_{cr}=\sqrt[3]{\dfrac{\alpha Q^2}{(\varepsilon L')^2 g}}$ 计算，并判别水流状态，校核桥孔过水断面流速和桥前壅水高度。

3. 桥前壅水高度的计算

若为自由出流，如图 9-24（a）所示，以河床平面为基准面，对过水断面 1-1 与 c-c 列能量方程得：

$$H+\frac{\alpha_0 v_0^2}{2g}=h_c+\frac{\alpha_c v_c^2}{2g}+\zeta\frac{v_c^2}{2g}$$

因 $h_c=\psi h_{cr}$，$v_c=v_{max}=\dfrac{v_{cr}}{\psi}$，$\varphi=\dfrac{1}{\sqrt{\alpha_c+\zeta}}$，所以上式可表达为：

$$H=\psi h_{cr}+\frac{v_{cr}^2}{2g\varphi^2\psi^2}-\frac{\alpha_0 v_0^2}{2g}\quad 或\quad H=\psi h_{cr}+\frac{v_{max}^2}{2g\varphi^2}-\frac{\alpha_0 v_0^2}{2g}\tag{9-40}$$

式中 $\quad\varphi=\dfrac{1}{\sqrt{\alpha+\zeta}}$——流速系数，查表 9-7；

$\quad\alpha$、α_0——动能修正系数，常取 $\alpha=\alpha_0=1.0$；

$\quad v_0$——桥前壅水高度为 H 时的桥前水流速度；当 $v_0\leqslant1.0\text{m/s}$ 时，行近流速水头 $\dfrac{\alpha_0 v_0^2}{2g}$ 可略去不计；当 $v_0>1.0\text{m/s}$ 时，由于 v_0 随 H 而改变，上式可用试算法求解。一般行近流速水头不计，计算结果偏于安全。

【例 9-5】 设公路跨越河道，需修筑一小桥。根据实测资料，已知设计流量为 $Q=10\text{m}^3/\text{s}$；小桥下游水深 $h_t=0.90\text{m}$，桥前允许壅水高度 $H'=1.50\text{m}$。现桥下加固拟采用碎石垫层上铺片石（由设计手册查得最大允许流速 $v_{max}=3.5\text{m/s}$），桥孔为单孔，并有八字翼墙和较为平滑的进口。试确定小桥标准跨径及桥前壅水高度。

【解】 由表 9-7 查得取 $\varepsilon=0.85$，$\varphi=0.90$；另取进口形状系数 $\psi=0.80$，$\alpha=\alpha_0=1.0$。因此桥孔内临界水深为：

$$h_{cr}=\frac{\alpha\psi^2 v_{max}^2}{g}=\frac{1\times0.8^2\times3.5^2}{9.8}=0.8\text{m}$$

因 $1.3h_{cr}=1.3\times0.80=1.04\text{m}>h_t=0.90\text{m}$，所以小桥为自由出流。由式（9-38）得

$$B=\frac{gQ}{\alpha\varepsilon\psi^3 v_{max}^3}=\frac{9.8\times10}{1.0\times0.85\times0.8^3\times3.5^3}=5.25\text{m}$$

如采用标准桥孔跨径 $L=6\text{m}$，装配式钢筋混凝土矩形板式桥的上部构造，配用轻型桥台，其净跨径 $L'=5.4\text{m}$，则

$$h_{cr}=\sqrt[3]{\frac{\alpha Q^2}{(\varepsilon\times L')^2 g}}=\sqrt[3]{\frac{10^2}{(0.85\times5.4)^2\times9.8}}=0.79\text{m}$$

因 $1.3h_{cr}=1.3\times0.79=1.03\text{m}>h_t=0.90\text{m}$，仍为自由出流。此时桥下流速

$$v_c=\frac{Q}{\varepsilon L'\psi h_{cr}}=\frac{10}{0.85\times5.4\times0.8\times0.79}=3.45\text{m/s}<v_{max}=3.5\text{m/s}$$

满足最大允许流速要求。

不考虑行近流速水头（偏于安全），计算桥前水深：

$$H=\psi h_{cr}+\frac{v_c^2}{2g\phi^2}=0.8\times0.79+\frac{3.45^2}{2\times9.8\times0.90^2}=1.38\text{m}<H'=1.5\text{m}$$

满足桥前允许壅水高度的要求。

最后选定小桥标准跨径为6m。

本 章 小 结

1. 堰流是明渠水流中的缓流流经障壁（闸、坝、涵、桥等水工建筑物）时，上游水位壅高而后产生跌落的局部水流现象。按堰顶宽度 δ 与堰上水头 H 的比值，分为薄壁堰、实用断面堰、宽顶堰三种类型。

2. 堰流依据下游水深对堰流性质的影响，分为自由出流与淹没出流。堰流虽类型不同，其水流特征均是上游水位壅高，而后水面降落，故流量公式相同 $Q = mb\sqrt{2g}H_0^{\frac{3}{2}}$，如果有侧向收缩（$B > b$）加侧收缩系数 ε，若为淹没出流加淹没系数 σ_s，可写表示为 $Q = \sigma_s \varepsilon mb\sqrt{2g}H_0^{\frac{3}{2}}$。过堰流量与堰上全水头的 $\frac{3}{2}$ 次方成比例。

3. 薄壁堰（矩形堰、三角堰、梯形堰）由于水流平稳，常用做量流量设备。

4. 宽顶堰分为有坎宽顶堰和无坎宽顶堰，涵洞、桥孔过流均会形成无坎宽顶堰流。宽顶堰分为自由出流与淹没出流，形成淹没出流的充要条件是：①下游水位要超过堰顶，即 $h_s > 0$；②只有当下游水位达到一定高度，即 $h_s > 0.8H_0$ 时才会变为淹没出流。

5. 实用断面堰是水利工程中常见的建筑物，溢流坝即实用断面堰。为了提高过流能力工程上常用的是曲线形堰，它又分为真空堰与非真空堰，真空堰在堰面形成一定负压区（真空区），过流能力大，可能会出现空化空蚀现象，要求坝面具有抗空化空蚀能力，对建筑材料的抗蚀性能要求高。

6. 闸孔出流也是工程上常见的水流现象。对于具有闸门控制的同一过流建筑物，闸孔出流和堰流可以相互转换，对于闸底坎为平顶堰时，当 $e/H \leqslant 0.65$ 时为闸孔出流，当 $e/H > 0.65$ 时为堰流；对于闸底坎为曲线形堰，当 $e/H \leqslant 0.75$ 时为闸孔出流，当 $e/H > 0.75$ 时为堰流。

7. 闸孔出流也分自由出流与淹没出流，主要取决于下游水深 h_t 与收缩水深 h_c 的关系。由于闸孔出流为急流，下游为缓流，其水流衔接方式为水跃，当 h_c 所要求的共轭水深 h'' 大于下游水深 h_t 时，形成远驱式水跃，为自由出流。反之，则为淹没出流。

8. 闸孔出流的闸门分为平板闸门和弧形闸门两大类，进行水力计算时要注意参数的选择。

思 考 题

9-1　堰流的特征有哪些？是如何划分类型的？

9-2　堰流基本公式中 m、ε、σ_s 等系数与哪些因素有关？

9-3　薄壁堰流量系数 m_0 一般用经验公式计算确定，在选用经验公式要注意什么？

9-4　为什么说下游水位超过堰顶，即 $h_s > 0$，只是淹没出流的必要条件不是充分条件？

9-5　在宽顶堰水力计算时要注意哪些问题？

9-6　曲线形实用断面堰中，真空堰与非真空堰是何含义？

9-7　曲线形实用断面堰有哪些类型？各有哪些特点？

9-8 底坎为宽顶堰型与底坎为曲线形实用堰的闸孔出流的水流特征有何不同？

习 题

9-1 待测流量 $Q=3.0\text{m}^3/\text{s}$，堰高 $P_1=0.6\text{m}$，下游水深 $h_t=0.5\text{m}$，堰上水头控制在 0.63m 以下，试设计无侧收缩矩形薄壁堰的宽度 b。

9-2 一个矩形断面水槽末端设有薄壁堰，水舌下缘通气，用来量测流量，$B=b=2.0\text{m}$，堰高 $P_1=P_2=0.5\text{m}$，当堰上水头 $H=0.2\text{m}$，求水槽中流量。

9-3 习题 9-2 中，若 $H=0.1\text{m}$，其他条件不变，求水槽中流量。

9-4 有一个三角形薄壁堰，$\theta=90°$，堰上水头 $H=0.12\text{m}$，自由出流，求通过流量。若流量增加一倍，求堰上水头 H。

9-5 如图 9-25 所示，一个矩形直角进口无侧收缩宽顶堰，堰宽 $b=3.5\text{m}$，堰高 $P_1=P_2=0.5\text{m}$，堰上游水深 $h_{01}=1.2\text{m}$，下游水深 $h_{02}=0.6\text{m}$，求通过的流量。

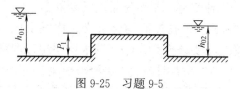

图 9-25 习题 9-5

9-6 一个圆角进口无侧收缩宽顶堰，堰高 $P_1=P_2=2.0\text{m}$，堰上水头限制在 0.4m 以下，通过流量 $Q=4.0\text{m}^3/\text{s}$，求宽顶堰宽度 b。若不形成淹没出流，下游水深最大为多少？

9-7 某河中拟修建一单孔溢流坝，坝剖面按 WES 剖面设计。已知：筑坝处河底高程 $\nabla_1=10.20\text{m}$，坝顶高程 $\nabla_2=16.20\text{m}$，上游设计水位 $\nabla_3=18.70\text{m}$，下游水位 $\nabla_4=14.50\text{m}$，坝上游河宽 $B=15.0\text{m}$，边墩头部为半圆形，当上游水位为设计水位时，通过流量 $Q=80\text{m}^3/\text{s}$，设计坝顶的宽度 b 是多少？

9-8 有一平底水闸，采用平板闸门，已知：渠道与闸门同宽，即 $B=b=6.0\text{m}$，闸门开度 $e=1.0\text{m}$，闸前水深 $H=4.0\text{m}$，为闸孔自由出流，试求通过流量。

9-9 如图 9-26 所示为某一滚水坝，采用 WES 剖面设计，设计水头 $H_d=4.0\text{m}$，坝顶装有弧形闸

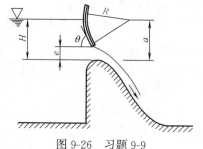

图 9-26 习题 9-9

门，门轴高 $a=4.0\text{m}$，闸门半径 $R=6.0\text{m}$，闸孔净宽 $b=5.0\text{m}$。试求，当坝上游水头 $H=3.0\text{m}$，闸门开度 $e=0.9\text{m}$ 时的流量是多少？

第10章 渗 流

渗流是液体在孔隙介质中的流动。孔隙介质包括土、岩层等各种多孔介质和裂隙介质。水利、土建、石油、化工、地质等许多学科都涉及渗流问题。在水利工程中，渗流主要指水在地表面以下的土或岩层中流动，因此往往称作地下水运动。

工程中经常要处理和解决许多地下水渗流问题，概括起来主要有以下几方面：

1. 渗流量的估算

在工程中，水库蓄水时水量的损失与渗流量有很大的关系，施工基坑排水量的大小是按渗流量来估算的；此外，输水渠道渗漏损失量的确定以及地基处理中的排水等都离不开渗流量的合理估算。

2. 渗流区（范围）的确定

许多挡水建筑物，如坝、围堰，广泛采用透水材料（如土、堆石）筑成，在设计这些建筑物时，需要知道坝身中渗流区自由面的位置，以计算坝的边坡稳定。

3. 建筑物底板上的渗透压力及下游边界逸出的渗透流速确定

建筑物地基透水时，渗流动水压力在建筑物底部产生向上的扬压力，影响到建筑物的稳定性。建筑物下游渗透流速过大时，可能造成土体颗粒的流失，影响到建筑物的整体稳定。因此，建筑物地下轮廓的长度和形状，常常要根据渗流情况来决定。国内外许多水工建筑物的失事，就是由于渗流的破坏作用造成的。所以，渗流问题对于水利工程具有重要意义。

本章主要介绍渗流的基本规律及其在水利工程中基本的应用，以便为进一步学习和研究复杂的实际渗流问题打下基础。

10.1 渗流的基本概念

土是孔隙介质的典型代表，本章研究的渗流主要指水在土中的流动，是水流与土相互作用的产物，二者互相依存、互相影响。研究渗流问题必须首先了解水在土中的状态以及土对渗流影响的各种性质。

10.1.1 水在土中的状态

水在土中的状态可以分为气态水、附着水、薄膜水、毛细水和重力水。

气态水以水蒸气的状态存在于土孔隙中，其数量很少，对于一般水利工程的影响可以不计。附着水和薄膜水都是由于土颗粒与水分子相互作用而形成的，也称结合水。结合水数量很少，很难移动，在渗流运动中也可以忽略不计。毛细水指由于表面张力（毛细）作用而保持在土中的水，它可在土中移动，可传递静水压力。除特殊情况（极细颗粒土中渗流）外，毛细水一般在工程中也是可以忽略不计的。

当土的含水量很大时，除少量水分吸附于土粒四周和存在于毛细区外，绝大部分的水受重力作用而在孔隙中流动，称为重力水或自由水。重力水是渗流运动研究的主要对象。

毛细水区与重力水区分界面上的压强等于大气压强，此分界面称为地下水面或浸润面。重力水区内的孔隙一般为水所充满，故又称为饱和区。本章所研究的是饱和区重力水的渗流规律。

10.1.2 土的渗流特性

土的性质对渗流有很大的制约作用和影响。土的结构是由大小不等的各级固体颗粒混合组成的，由土粒组成的结构称为骨架。水在土体孔隙中的渗流特性与土体孔隙的形状、大小等有关，而土体孔隙的形状大小又与土颗粒的形状、大小等有关。

土孔隙的大小可以用土的孔隙率来反映，它表示一定体积的土中，孔隙的体积 w 与土体总体积 W（包含孔隙体积）的比值：

$$n=\frac{w}{W} \tag{10-1}$$

孔隙率 n 反映了土的密实程度。

土颗粒大小的均匀程度，通常用不均匀系数 η 来反映：

$$\eta=\frac{d_{60}}{d_{10}} \tag{10-2}$$

式中，d_{60} 和 d_{10} 分别表示小于这种粒径的土粒重量占土样总重量的 60% 和 10%。一般 η 值总是大于 1，η 值越大，表示组成土的颗粒大小越不均匀。均匀颗粒组成的土体，$\eta=1$。

一般来说，土总是有孔隙的，绝对不透水的土是没有的，工程中所谓的不透水层，一般指土的透水能力相对于其邻层土的透水能力很小而言。若土的透水性能各处相同，不随空间位置而变化，则称之为均质土，否则就称为非均质土。若土中任意一点的透水性能在各个方向均相同，则称之为各向同性土，否则就是各向异性土。自然界中土的构造是十分复杂的，一般都是非均质各向异性的。本章着重研究较简单的均质各向同性土的渗流问题。

10.1.3 渗流模型

土的孔隙形状、大小及其分布情况是十分复杂的，要详细地确定渗流沿孔隙的流动路径和流速是很困难的，实际上也无必要。在解决实际工程问题时，关心的主要是某一范围内渗流的宏观平均效果，而不是孔隙内的流动细节。因此，研究渗流时常引入简化的渗流模型来代替实际的渗流运动。

所谓渗流模型，即认为流体和孔隙介质所占据的空间，其边界形状和其他边界条件均维持不变，假想渗流区全部空间都由水所充满，渗流运动就变为整个空间内的连续介质运动。这样，前面的概念和方法，如过水断面、流线、流束、断面平均流速等，就可以引申到渗流研究中。渗流模型中任意过水断面上所通过的流量等于实际渗流中该断面所通过的真实流量，而渗流模型中的流速则与实际渗流中的孔隙平均流速不同。

在渗流模型中，任一微小过水断面面积 ΔA 上的渗流流速 u，应等于通过该断面上的真实流量 ΔQ 除以该面积，即

$$u=\frac{\Delta Q}{\Delta A} \tag{10-3}$$

ΔA 包括了土粒骨架所占横截面积，所以真实渗流的过水断面面积 $\Delta A'$ 要比 ΔA 小。考虑孔隙率为 n 的均质土，真实渗流的孔隙过水断面面积为 $\Delta A'=n\Delta A$，因而通过过水断面孔隙内的真实平均流速为：

$$u'=\frac{\Delta Q}{\Delta A'}=\frac{\Delta Q}{n\Delta A}=\frac{u}{n} \tag{10-4}$$

引进渗流模型后，与一般水流运动一样，渗流也可以按照运动要素是否随时间变化而分为恒定渗流与非恒定渗流；根据运动要素是否沿程变化分为均匀渗流与非均匀渗流；非均匀渗流又可分为渐变渗流和急变渗流，此外，根据有无自由水面还可分为无压渗流和有压渗流等。

10.2 渗流的基本定律

10.2.1 达西定律

在 1852～1855 年间，法国工程师达西（H. Darcy）经过大量实验，总结出了渗流的基本规律，称为达西定律。

达西实验的装置如图 10-1 所示。其设备为上端开口的直立圆筒，在圆筒侧壁相距为 l 处分别装有两支测压管，在筒底以上一定距离处装有滤板 C，其上装入颗粒均匀的砂土。水由上端注入圆筒，并以溢流管 B 使筒内维持一恒定水头。通过砂土的渗流水体从排水管 T 流入容器中，并可由此测算渗流量 Q。上述装置中通过砂土的渗流是恒定流，测压管中水面保持恒定不变。

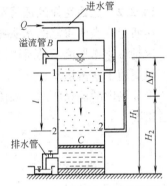

图 10-1　达西渗流试验装置

如果圆筒横断面积为 A，则断面平均渗流流速为：

$$v=\frac{Q}{A}$$

由于渗流流速 v 极微小，可以不计流速水头，因此，渗流中的总水头 H 可用测压管水头 h 来表示，水头损失 h_w 可以用测压管水头差来表示，即

$$H=h=z+\frac{p}{\rho g}$$

$$h_w=h_1-h_2$$

水力坡度为：

$$J=\frac{h_w}{l}=\frac{h_1-h_2}{l}$$

达西分析了大量试验资料发现，渗流流量 Q 与过水断面面积 A 以及水力坡度 J 成正比，即

$$Q=kJA \tag{10-5}$$

式中　k——反映土的透水性质的比例系数，称为渗透系数。

上式也可以写为：

$$v=kJ \tag{10-6}$$

式（10-6）即为达西公式。它表明均质孔隙介质中渗流流速与水力坡度的一次方成比例并与土的性质有关，即达西定律。

达西实验中的渗流为均匀渗流，任意点的渗流流速 u 等于断面平均渗流流速，故达西定律也可表示为：

$$u=kJ \tag{10-7}$$

达西定律是从均质砂土的恒定均匀渗流实验中总结出来的，后来的大量实践和研究表明，达西定律可以近似推广到非均匀渗流和非恒定渗流中去。此时达西定律表达式只能采用针对一点的式（10-7），并应采用以下的微分形式（非恒定渗流时需采用偏微分）

$$J=-\frac{\mathrm{d}H}{\mathrm{d}s}$$

$$u=\frac{\mathrm{d}Q}{\mathrm{d}A}=kJ=-k\frac{\mathrm{d}H}{\mathrm{d}s} \tag{10-8}$$

10.2.2 达西定律的适用范围

达西定律表明渗流的水头损失与流速的一次方成正比，即水头损失与流速呈线性关系，这是流体作层流运动所遵循的规律。大量研究表明，达西定律只能适应于层流渗流，而不能适用于紊流运动。

渗流场内的流动状态，采用临界雷诺数来判定较为合理。巴甫洛夫斯基定义了如下渗流雷诺数

$$Re=\frac{1}{0.75n+0.23}\frac{vd}{\nu} \tag{10-9}$$

式中　n——孔隙率；

　　　v——渗流流速；

　　　ν——运动黏滞系数；

　　　d——土的有效粒径，一般用 d_{10} 代表。

临界雷诺数一般取作

$$Re_{\mathrm{k}}=7\sim9 \tag{10-10}$$

当 $Re<Re_{\mathrm{k}}$ 时渗流为层流。

对于非层流渗流，可以采用如下经验公式来表达其流动规律：

$$v=kJ^{\frac{1}{m}} \tag{10-11}$$

式中　m——大于1的指数，与土的结构和粒径大小有关。

当 $m=2$ 时，上式代表完全紊流渗流；当 $1<m<2$ 时，代表层流到紊流的过渡。

按照上述判别标准，可知大多数渗流运动服从达西定律。工程中有关的渗流问题一般也是在线性定律范围内的。但是在堆石坝等大孔隙介质中，渗流往往进入紊流状态。这时必须选用根据实验成果所确定的公式，作为计算依据。

以上所讨论的渗流规律，都是以土颗粒不因渗流作用而发生变形（运动或破坏）为前提的。但是，在渗流作用严重的情况下，土体颗粒可能会因渗流作用而发生运动，或土体结构因渗流而失去稳定性，这时渗流水头损失将服从另外的定律。渗流变形问题是工程设计中很重要的问题，将在土力学等其他课程中讲述。

10.2.3 渗透系数及其确定方法

利用达西定律进行渗流计算时，首先需要知道土的渗透系数。渗透系数 k 的物理意义可理解为单位水力坡度下的渗流流速，其量纲为 LT^{-1}，常用"cm/s"表示。它综合反映了土和流体两方面对渗流特性的影响。渗透系数的大小一方面取决于孔隙介质的特性，同时也和流体的物理性质如黏滞系数等有关。因此 k 值将随孔隙介质、流体以及温度而变化。

工程中所讨论的渗流问题主要以水为对象，温度对透水性能的影响一般忽略不计，故可以把渗透系数单纯理解为土的结构和性质对透水性能影响的一个参数。

确定渗透系数的方法大致有以下三类：

1. 经验法

当进行渗流初步估算、同时缺乏可靠的实际资料时，可以参照有关规范及某些经验公式或数表来选定 k 值。表 10-1 列出了各类土的渗透系数，可供粗略计算时参考。

土的渗透系数参考值

表 10-1

土　名	渗　透　系　数 k	
	(m/d)	(cm/s)
黏土	<0.005	$<6\times10^{-6}$
亚黏土	$0.005\sim0.1$	$6\times10^{-6}\sim1\times10^{-4}$
轻亚黏土	$0.1\sim0.5$	$1\times10^{-4}\sim6\times10^{-4}$
黄土	$0.25\sim0.5$	$3\times10^{-4}\sim6\times10^{-4}$
粉砂	$0.5\sim1.0$	$6\times10^{-4}\sim1\times10^{-3}$
细砂	$1.0\sim5.0$	$1\times10^{-3}\sim6\times10^{-3}$
中砂	$5.0\sim20.0$	$6\times10^{-3}\sim2\times10^{-2}$
均质中砂	$35\sim50$	$4\times10^{-2}\sim6\times10^{-2}$
粗砂	$20\sim50$	$2\times10^{-2}\sim6\times10^{-2}$
均质粗砂	$60\sim75$	$7\times10^{-2}\sim8\times10^{-2}$
圆砾	$50\sim100$	$6\times10^{-2}\sim1\times10^{-1}$
卵石	$100\sim500$	$1\times10^{-1}\sim6\times10^{-1}$
无填充物卵石	$500\sim1000$	$6\times10^{-1}\sim1\times10$
稍有裂隙岩石	$20\sim60$	$2\times10^{-2}\sim7\times10^{-2}$
裂隙多的岩石	>60	$>7\times10^{-2}$

2. 实验室测定法

室内实验测定渗透系数通常采用图 10-1 所示达西实验装置，测得水头损失与流量后，即可按下式求得渗透系数：

$$k=\frac{Ql}{Ah_{w}}$$

值得指出的是，实验室测定法从实际出发，比经验法可靠，但设备比较简易，土样在采集、运输等过程中难免被扰动，土样的数量有限，仍难反映真实情况。

3. 现场测定法

现场测定法一般是现场钻井或挖坑，采用抽水或压水的方式，测定其流量及水头等数值，再根据相应的理论公式反算出渗透系数值，其具体做法，这里不再详述。现场测定法是较可靠的方法，可以取得大面积的平均渗透系数，但需要的设备和人力较多，通常在大型工程中采用。

10.3 地下水的均匀渗流和非均匀渐变渗流

10.3.1 恒定均匀渗流与非均匀渐变渗流断面流速分布

在引进渗流模型后，就可以用过去研究地表水一样的方法将地下水渗流区分为均匀渗流与非均匀渗流（渐变渗流与急变渗流）。对于均匀流与非均匀渐变流，其过流断面具有以下两个特性：（1）过流断面是（或可视为）一个平面；（2）过流断面上的动水压强符合静水压强分布规律。对于地下水渗流，上述性质同样适用。所不同的是，在地下水均匀渗流与渐变渗流过流断面上，断面渗透流速是均匀分布的（下面将加以证明），这样就可以将地下水渗流的均匀流和非均匀渐变流完全作为一元（一维）流动来处理。因此，首先介绍地下水均匀渗流和非均匀渐变渗流的有关问题，然后再讲述有关渗流场的问题。

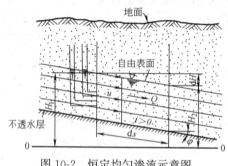

图 10-2 恒定均匀渗流示意图

1. 均匀渗流

如图 10-2 所示为一地下水无压恒定均匀渗流（自由表面上的压强为大气压），设不透水层是坡度为 $i = \sin\varphi$ 的平整倾斜面并和自由表面平行。我们把无压渗流中重力水的自由表面称为浸润面，在平面问题中，则称为浸润线。

在均匀渗流中所有的基元流束（流线）都是平行的直线，而且过流断面的压强分布符合静水压强分布规律，则均匀流断面上各点的测压管水头为常数。渗流自由表面线（浸润线）就是所有基元流束的测压管水头线（总水头线），因而任一断面的水力坡度

$$J = -\frac{\mathrm{d}H}{\mathrm{d}s} = i \tag{10-12}$$

是个常量。根据达西定律，任一断面上某点的渗透流速 u 为：

$$u = kJ = -k\frac{\mathrm{d}H}{\mathrm{d}s}$$

所以

$$u = ki = 常量 \tag{10-13}$$

即均匀渗流断面上各点渗透流速均匀分布，断面平均流速 $v = u$。均匀渗流中断面流速分布为矩形，在整个均匀渗流流场中，渗透流速处处相等。

根据式（10-13）可得断面平均渗流流速：

$$v = ki = 常量 \tag{10-14}$$

渗流量 Q 为：

$$Q = A_0 v = A_0 ki \tag{10-15}$$

式中　A_0——所讨论均匀渗流的过流断面面积。

设过流断面为矩形断面，其断面宽度为 b，则 $A_0 = bh_0$（h_0 为均匀流水深），因此得单宽流量 q 为：

$$q = \frac{Q}{b} = kih_0 \tag{10-16}$$

2. 非均匀渐变渗流

如图 10-3 所示为一地下水的非均匀渐变渗流（仍以无压流为例）。对于非均匀渐变渗流，由于各断面上动水压强仍服从静水压强的分布规律；又因各基元流束的曲度非常微小且近于平行，1-1 及 2-2 两断面间各基元流束的长度可视为常数，均等于 $\mathrm{d}s$。于是，在渐变流过流断面上各点的水力坡度 $J = -\dfrac{\mathrm{d}H}{\mathrm{d}s}$

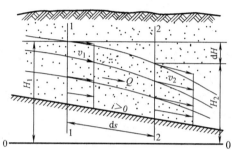

图 10-3　非均匀渐变渗流流速分布示意图

可视为常数。根据达西定律，在同一断面上任一点渗透流速为：

$$u = kJ = -k\frac{\mathrm{d}H}{\mathrm{d}s} = 常量$$

渐变渗流断面上渗透流速 u 也是均匀分布的，即

$$v = u = -k\frac{\mathrm{d}H}{\mathrm{d}s} \tag{10-17}$$

必须指出，与均匀渗流情况不同，在非均匀渐变渗流中，虽然在同一断面上 $J = -\mathrm{d}H/\mathrm{d}s = 常量$，过流断面上渗透流速也是呈矩形分布的，但不同断面的 J 是不一样的，即各断面上的流速大小及断面平均流速 v 是沿程变化的（如图 10-3 所示）。

根据式（10-17）可得流量为：

$$Q = Av = -kA\frac{\mathrm{d}H}{\mathrm{d}s} \tag{10-18}$$

式中　A——过流断面面积。

式（10-17）和式（10-18）称为杜比（J. Dupuit）公式，由法国学者杜比于 1857 年首先推导出来。杜比公式是达西定律在非均匀渐变渗流中的引申。对于非均匀突变渗流，式（10-17）和式（10-18）并不成立。

10.3.2　地下水无压恒定渐变渗流的浸润线

对于无压渗流，重力水的自由表面称为浸润面，在渗流空间较大时可视为平面渗流，浸润面的剖面为浸润线。

1. 渐变渗流基本微分方程式

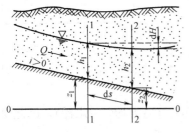

图 10-4 恒定渐变渗流浸润线示意图

如图 10-4 所示为一无压恒定渐变渗流，假定在距起始断面为 s 的断面 1-1 处水深为 $h_1=h$，测压管水头为 H，经过流程 ds 后的断面 2-2 处水深为 $h_2=h_1+dh$，测压管水头为 $H+dH$，其不透水层底坡为 i，由图中的几何关系可知：

$$-dH=(z_1+h_1)-(z_2+h_2)$$
$$=(h_1-h_2)+(z_1-z_2)=-dh+ids$$

因此，微分流段内平均水力坡度为：

$$J=-\frac{dH}{ds}=i-\frac{dh}{ds} \tag{10-19}$$

即在地下水无压渐变渗流中，任一断面的水力坡度都可以表示为式（10-19）的形式（式中 h 为任一断面的水深）。

根据杜比公式可得断面平均流速和渗透流量分别为：

$$v=k\left(i-\frac{dh}{ds}\right) \tag{10-20}$$

$$Q=kA\left(i-\frac{dh}{ds}\right) \tag{10-21}$$

式（10-21）即为地下水无压恒定非均匀渐变渗流的基本微分方程式，利用该式就可以对浸润线进行定性分析和定量计算。

在非均匀渗流中，和一般明渠流动的水面线一样，浸润线可以是降水曲线，也可以是壅水曲线。但由于地下水渗流时的动能极小，流速水头可忽略，断面比能 E_s 实际上就等于水深 h，故在地下水层流中不存在临界水深 h_k 的问题，临界底坡、缓坡、陡坡的概念不复存在，急流、缓流、临界流也不会出现。由于流速水头可忽略，渐变渗流的浸润线就是测压管水头线，也就是总水头线，因此浸润线各点的高程总是沿程下降，而不可能沿程升高。

2. 地下水无压渐变渗流浸润线的形式

不透水层分正坡、逆坡和平底（即 $i>0$、$i<0$ 和 $i=0$）三种情况来讨论地下水无压渐变渗流的浸润线形式。将式（10-21）改写为以下形式：

$$\frac{dh}{ds}=i-\frac{Q}{kA} \tag{10-22}$$

（1）正坡（$i>0$）地下水渗流浸润线

在正坡（$i>0$）情况下，存在均匀流，非均匀渐变渗流流量可以用相应的均匀流流量公式来代替，即

$$Q=kA_0i$$

将上式代入（10-22）得

$$\frac{\mathrm{d}h}{\mathrm{d}s}=i\left(1-\frac{A_0}{A}\right) \tag{10-23}$$

因正坡地下水均匀渗流有正常水深存在，可画出与底坡平行的正常水深线 N-N（如图 10-5 所示），N-N 线将水流划分为水深 $h>h_0$ 的 a 区和 $h<h_0$ 的 b 区。

在 a 区，由于 $h>h_0$，故 $A>A_0$，$\frac{\mathrm{d}h}{\mathrm{d}s}>0$，浸润线为壅水曲线。当 $h\to h_0$ 时，$A\to A_0$，$\frac{\mathrm{d}h}{\mathrm{d}s}\to 0$，即浸润线在上游以 N-N 线为渐近线。当 $h\to\infty$ 时，$A\to\infty$，$\frac{\mathrm{d}h}{\mathrm{d}s}\to i$，即浸润线在下游渐趋水平。

在 b 区，由于 $h<h_0$，故 $A<A_0$，$\frac{\mathrm{d}h}{\mathrm{d}s}<0$，浸润线为降水曲线。当 $h\to h_0$ 时，$A\to A_0$，$\frac{\mathrm{d}h}{\mathrm{d}s}\to 0$，即浸润线在上游仍以 N-N 线为渐近线。在下游端，当 $h\to 0$ 时，$A\to 0$，$\frac{\mathrm{d}h}{\mathrm{d}s}\to -\infty$，即浸润线与坡底有正交趋势，但此时已不是渐变渗流，不能应用式（10-23）分析。实际上浸润线将以某一不等于零的水深为终点，这个水深决定于具体边界条件。

若渗流过流断面为宽度为 b 的矩形断面，则单宽流量为：

$$q=\frac{Q}{b}=kh_0 i \tag{10-24}$$

相应均匀流时的正常水深为 h_0，于是式（10-23）可改写为：

$$\frac{\mathrm{d}h}{\mathrm{d}s}=i\left(1-\frac{h_0}{h}\right) \tag{10-25}$$

令 $\eta=\frac{h}{h_0}$，则 $\mathrm{d}\eta=\frac{\mathrm{d}h}{h_0}$，将之代入上式得：

$$\frac{h_0\,\mathrm{d}\eta}{\mathrm{d}s}=i\left(1-\frac{1}{\eta}\right)=\left(\frac{\eta-1}{\eta}\right)i$$

或写为：

$$\frac{i}{h_0}\mathrm{d}s=\mathrm{d}\eta+\frac{\mathrm{d}\eta}{\eta-1}$$

把上式从断面 1-1 到断面 2-2（图 10-6）积分，得

$$\frac{i}{h_0}l=\eta_2-\eta_1+\ln\frac{\eta_2-1}{\eta_1-1} \tag{10-26}$$

式中，l 为断面 1-1 至断面 2-2 的距离，$\eta_1=\frac{h_1}{h_0}$，$\eta_2=\frac{h_2}{h_0}$。利用式（10-26）可进行正坡矩形过流断面渗流浸润线及其他相关计算。

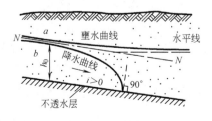

图 10-5　正底坡渐变渗流浸润线

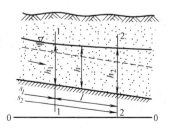

图 10-6　正底坡渐变渗流分析

（2）平底（$i=0$）地下水渗流浸润线

对于平底坡（$i=0$）情况，由式（10-21）得

$$Q=-kA\frac{\mathrm{d}h}{\mathrm{d}s} \tag{10-27}$$

$$\frac{\mathrm{d}h}{\mathrm{d}s}=-\frac{Q}{kA} \tag{10-28}$$

因平底情况下不可能发生均匀流，不存在正常水深，浸润线只有一种形式，由式

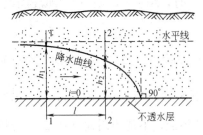

图 10-7 平底渐变渗流浸润线

（10-28）可知，始终有 $\frac{\mathrm{d}h}{\mathrm{d}s}<0$，浸润线只能是降水曲线，如图 10-7 所示。在曲线下游端，当 $h\to0$ 时，$A\to0$，$\frac{\mathrm{d}h}{\mathrm{d}s}\to-\infty$，即浸润线与底坡有正交趋势，如前所述，这是不符合实际的。在曲线上游端，极限情况下，当 $h\to\infty$ 时，$\frac{\mathrm{d}h}{\mathrm{d}s}\to0$，即浸润线以水平线为渐近线。

对于矩形过流断面地下水渗流，$A=bh$，$Q=qb$，则式（10-28）变为：

$$\frac{q}{k}\mathrm{d}s=-h\mathrm{d}h$$

从断面 1-1 到断面 2-2 积分（参看图 10-7），得

$$\frac{q}{k}l=\frac{h_1^2-h_2^2}{2}$$

或

$$q=\frac{k(h_1^2-h_2^2)}{2l} \tag{10-29}$$

由式（10-29）可知，在 $i=0$ 情况下的浸润线为二次抛物线。利用式（10-29）可进行平底渗流浸润线及其他有关计算。

（3）逆坡（$i<0$）地下水渗流浸润线

为了研究逆坡情况下的渗流，我们虚拟一个在底坡为 i' 的均匀渗流，令其流量和在底坡为 i 的逆坡非均匀流所通过的流量相等，其正常水深为 h_0'，则

$$Q=kA_0'i_0' \tag{10-30}$$

式中　A_0'——虚拟均匀渗流的正常水深所相应的过水断面面积。

将式（10-30）代入式（10-22）得：

$$\frac{\mathrm{d}h}{\mathrm{d}s}=-i'\left(1+\frac{A_0'}{A}\right) \tag{10-31}$$

由上式可知，始终有 $\frac{\mathrm{d}h}{\mathrm{d}s}<0$，因此逆坡渗流浸润线只能是降水曲线。在曲线下游端，当 $h\to0$ 时，$A\to0$，$\frac{\mathrm{d}h}{\mathrm{d}s}\to-\infty$，即浸润线与坡底有正交趋势，仍如前述，这是不符合实际

的，仍应以某一定的水深为终点。在曲线上游端，极限情况下，当 $h \to \infty$ 时，$A \to \infty$，$\dfrac{\mathrm{d}h}{\mathrm{d}s} \to i$，即浸润线以水平线为渐近线，如图 10-8 所示。

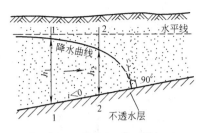

图 10-8　逆坡渐变渗流浸润线

对于矩形断面渗流，令 $\eta' = \dfrac{h}{h'_0}$，则 $\mathrm{d}h = h'_0 \mathrm{d}\eta'$，代入式（10-31）积分得

$$\frac{i'}{h_0}l = \eta'_1 - \eta'_2 + \ln\frac{\eta'_2 + 1}{\eta'_1 + 1} \tag{10-32}$$

可利用式（10-32）进行逆坡地下渗流浸润线及其他有关计算。

【例 10-1】　如图 10-9 所示，已知平行于河道长度为 2km 的渠道距河道 300m，渠道水深 $h_1 = 2$m，河道水深 $h_2 = 4$m，不透水层底坡 $i = 0.025$，土的渗透系数 $k = 0.002$cm/s。试求由渠道渗入河道的渗流量，并绘制浸润线。

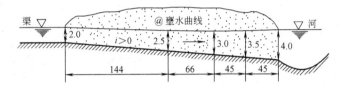

图 10-9　渠道向河道渗流浸润线

【解】　因 $i > 0$，$h_2 > h_1$，可知此浸润线为正底坡情况下的壅水曲线，可以按照以下两个步骤进行计算：

（1）利用式（10-26）求出正常水深 h_0，从而计算由渠道渗入河道的渗流量。

由式（10-26）得：

$$\frac{i}{h_0}l = \eta_2 - \eta_1 + \ln\frac{\eta_2 - 1}{\eta_1 - 1}$$

因 $\eta_2 = \dfrac{h_2}{h_0}$，$\eta_1 = \dfrac{h_1}{h_0}$，上式可改写为：

$$il - h_2 + h_1 = h_0 \ln\frac{h_2 - h_0}{h_1 - h_0}$$

将 $h_1 = 2$m、$h_2 = 4$m、$i = 0.025$ 代入上式得：

$$h_0 \ln\frac{h_2 - h_0}{h_1 - h_0} = 0.025 \times 300 - 4 + 2 = 5.5\text{m}$$

对上式进行试算或采用二分法进行数值计算得 $h_0 = 1.88$m，代入式（10-15）得

$$Q = A_0 k i = 1.88 \times 2000 \times 0.00002 \times 0.025 = 1.88 \times 10^{-3}\,\mathrm{m}^3/\mathrm{s}$$

（2）计算浸润线。

浸润线为壅水曲线，上游水深 $h_1 = 2.0$m，依次设 $h_2 = 2.5$m、3.0m 及 3.5m，分别算出各个 h_2 处距上游的距离 l 为 144m、210m 及 255m。于是可绘出浸润线，如图 10-9 所示。

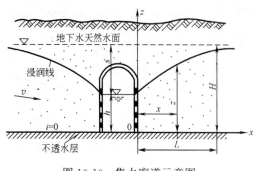

图 10-10　集水廊道示意图

【例 10-2】　为了汲取地下水或排除坝身的渗水，常设置集水廊道。最简单的廊道为设置在水平不透水层上的水平廊道（它可以是单独的，平行系统的和其他多种形式的布置，这里只讨论单独集中廊道）。如图 10-10 所示，地下水从两侧流入廊道，故两侧将形成如图所示的浸润线。设廊道中水深为 h_0，当 $x=L$ 时，水深 $h=H_0$。试求沿廊道单位长度上自一侧渗入廊道中的单宽流量 q。

【解】　由平底渐变渗流公式（10-29）得自廊道一侧渗入廊道中的单宽流量为：

$$q=\frac{k(H^2-h^2)}{2L} \tag{10-33}$$

式中，H 为含水层的深度，L 为廊道的影响范围，也即在该范围以外，地下水水面不降落，因而水深 $z=H$，L 的大小与土的种类有关。若令 $\bar{J}=\dfrac{H-h}{L}$ 为浸润线的平均坡度，我们可得出用于初步估算 q 的简单公式：

$$q=\frac{k}{2}(H+h)\bar{J} \tag{10-34}$$

$\bar{J}$ 可根据以下数值选取：对于粗砂及卵石，$\bar{J}$ 为 $0.003\sim0.005$；砂土为 $0.005\sim0.015$；砂质粉土为 0.03；粉质黏土为 $0.05\sim0.10$；黏土为 0.15。

10.4　均质土坝的渗流

在水利工程中，土（堤）坝是应用最广泛的建筑物之一，而坝体的渗流关系到大坝的安全和水量的损失。所以土坝的渗流计算在工程实践中具有很重要的意义。土坝渗流计算的主要目的和任务为：（1）确定坝身及坝基的渗流量；（2）确定浸润线的位置；（3）确定渗流流速和水力坡降。

一般情况下坝轴线较长，断面形式比较一致，除坝两端外，可按平面问题处理；而当断面形状和地基条件比较简单时，又可进一步按一元渐变渗流处理。土坝形式众多，本节主要介绍最简单和最基本的水平不透水基础上均质土坝的渗流问题，其他形式的土坝渗流计算可参考有关书籍。

设有一建在水平不透水地基上的均质土坝，如图 10-11 所示。当上游水深 H_1 和下游水深 H_2 固定不变时，渗流为恒定渗流。在上、下游水位差的作用下，上游水流将通过上游坝面边界 AB 深入坝体，在坝内形成无压渗流，其自由表面即浸润面 AC，在下游坝坡，一部分渗流沿 CD 渗出，C 点成为出渗点（或逸出点），渗出段高度为 a_0，另一部分则通过 DE 段流入下游。

上述土坝的渗流计算常采用分段方法，一般有三段法和两段法两种计算方法。三段法

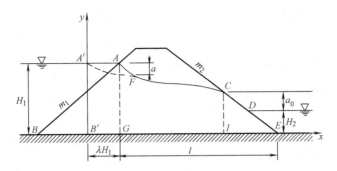

图 10-11　水平不透水地基上均质土坝的渗流

是把坝内渗流区划分为三段，第一段为上游三角体 ABG，第二段为中间段 $ACIG$，第三段为下游三角体 CEI。对每一段利用渐变渗流的基本性质计算渗流流量，然后根据通过三段的渗流流量应该相等的连续性原理进行三段联合求解，即可求得坝的渗流流量和浸润线 AC。

　　两段法是在三段法基础上进行了修正和简化的方法。它把第一段的三角体用矩形体 $AA'B'G$ 代替，并使替代以后的渗流效果不变。这样就把第一段和第二段合并为一段，即上游渗流段 $A'B'GICA$。替代矩形体宽度的确定应遵循以下原则：在上游水深 H_1 和单宽流量 q 相同的情况下，通过矩形体和三角体到达 AG 断面时的水头损失相等。根据试验，等效矩形体宽度为：

$$\Delta L = \lambda H_1 = \frac{m_1}{1+2m_1}H_1 \tag{10-35}$$

式中　m_1——坝的上游面边坡系数。

　　下面用两段法进行分析。

10.4.1　上游段的计算

　　设水流从 $A'B'$ 面入渗，在上游段内可作为渐变渗流，CI 为该段最末的过水断面。渗流从 $A'B'$ 断面至 CI 断面的水头差为 $\Delta H = H_1 - (a_0 + H_2)$，两过水断面间平均渗透流程为 $\Delta s = L + \Delta L - m_2(a_0 + H_2)$，$m_2$ 为坝下游面边坡系数。由此得上游段的平均水力坡度为：

$$J = \frac{H_1 - (a_0 + H_2)}{L + \Delta L - m_2(a_0 + H_2)}$$

根据杜比公式，上游段的平均渗流流速为：

$$v = kJ = k\frac{H_1 - (a_0 + H_2)}{L + \Delta L - m_2(a_0 + H_2)}$$

设上游段单宽坝长的平均过水断面积为 $A = \frac{1}{2}(H_1 + a_0 + H_2)$，得到单宽渗流量为：

$$q = \frac{k[H_1^2 - (a_0 + H_2)^2]}{2[L + \Delta L - m_2(a_0 + H_2)]} \tag{10-36}$$

由于式（10-36）中 a_0 未知，故还不能计算 q，这一问题需通过对下游段的分析才能解决。

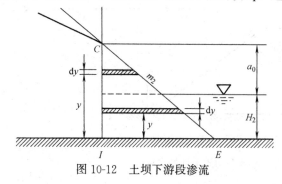

图 10-12　土坝下游段渗流

10.4.2　下游段的计算

由于坝下游有水，下游段 CIE 的渗流应分为两个区域处理，下游水面线以上部分是无压渗流，以下部分为有压渗流，如图 10-12 所示。根据实际流线情况，可近似地把下游段内的渗流流线看作水平线。

对于下游段水面以上部分，设在距坝底高度为 y 处取一水平微小流束 $\mathrm{d}y$，该微小流束由起始断面至末端断面的水头差为 (a_0+H_2-y)，微小流束的长度为 $m_2(a_0+H_2-y)$，故微小流束的水力坡度为 $J=\dfrac{1}{m_2}$，通过微小流束的单宽流量为：

$$\mathrm{d}q_1=kJ\mathrm{d}y=\frac{k}{m_2}\mathrm{d}y$$

整个水面以上部分的单宽渗流流量可由上式积分得到：

$$q_1=\int\mathrm{d}q_1=\int_{H_2}^{a_0+H_2}\frac{k}{m_2}\mathrm{d}y=\frac{ka_0}{m_2}\tag{10-37}$$

对于下游段水面以下部分，同样在距坝底高度为 y 处取一水平微小流束 $\mathrm{d}y$，该微小流束起始断面测压管水头为 a_0+H_2，末端断面测压管水头为 H_2，因此起始至末端断面水头差为 a_0，微小流束的长度为 $m_2(a_0+H_2-y)$，其水力坡度为 $J=\dfrac{a_0}{m_2(a_0+H_2-y)}$，通过微小流束的单宽流量为：

$$\mathrm{d}q_2=kJ\mathrm{d}y=\frac{ka_0}{m_2(a_0+H_2-y)}\mathrm{d}y$$

整个水面以下部分的单宽渗流流量为：

$$q_2=\int\mathrm{d}q_2=\int_0^{H_2}\frac{ka_0}{m_2(a_0+H_2-y)}\mathrm{d}y=\frac{ka_0}{m_2}\ln\frac{a_0+H_2}{a_0}\tag{10-38}$$

通过下游段的总单宽渗流流量为：

$$q=q_1+q_2=\frac{ka_0}{m_2}\left(1+\ln\frac{a_0+H_2}{a_0}\right)\tag{10-39}$$

联解式（10-36）和式（10-39）可求得坝的单宽渗流量 q 和渗出段高度 a_0。

10.4.3　浸润线

取 x、y 坐标系如图 10-11 所示，由平坡浸润线公式（10-29）得

$$y^2=H_1^2-\frac{2q}{k}x\tag{10-40}$$

采用上式可绘出浸润线 $A'C$，但因实际浸润线起点为 A，故曲线前端 $A'F$ 应加以修

正，从 A 点作一垂直于上游坡面而又与 $A'FC$ 相切的弧线 AF，则曲线 AFC 即为所求的浸润线。

10.5 渗流场问题的理论基础

以上研究了地下水恒定渐变渗流的一维流动问题，但在工程中，经常遇到的某些地下水渗流，例如船闸、船坞底板下及绕边墩（边墙）的渗流、基坑排水等，则大多属于空间场或平面场的问题。在这样的地下水恒定流的流场中，任一点的水力要素，如渗透流速 u（其在各坐标轴上的投影分别为 u_x、u_y 和 u_z）和渗透压强 p 均为坐标 x，y，z 的函数，即 $u_x = u_x(x,y,z)$，$u_y = u_y(x,y,z)$，$u_z = u_z(x,y,z)$，$p = p(x,y,z)$。上述变量的描述和求解需要通过渗流的连续性方程和运动方程进行。

10.5.1 渗流的连续性方程

设液体是不可压缩的，则在采用渗流模型的前提下，地下水渗流的连续性方程式仍为：

$$\frac{\partial u_x}{\partial x} + \frac{\partial u_y}{\partial y} + \frac{\partial u_z}{\partial z} = 0 \tag{10-41}$$

10.5.2 渗流的运动方程

1. 渗流阻力的表达式

渗流模型假想不存在土颗粒，但实际液体沿土颗粒孔隙作渗流时，土颗粒对渗流必然产生阻力，这种阻力必须在模型中得到反映。由于土颗粒直径与渗流区尺度相比非常微小，可以认为在分析流体作用力时，所取的控制体中仍包含着足够多的土壤颗粒，这样可以认为土颗粒对流动的阻力均匀分布在控制体内，因此，渗流阻力可视为体积力。设 f 表示单位质量的液体所受到的这种渗流阻力，则单位质量液体流经 ds 距离后，阻力做功为 $-fds/g$。若以 H 代表某一点的总水头（在渗流中由于流速水头很小，可以认为也就是测压管水头），则由于克服阻力所消耗的能量 dH，应等于渗流阻力所做的功为：

$$-\frac{fds}{g} = dH$$

即

$$f = -g\frac{dH}{ds} = gJ$$

若渗流在达西定律范围内，则渗流阻力的表达式为：

$$f = \frac{g}{k}u \tag{10-42}$$

2. 渗流的运动方程

一般情况下，渗流的流速很小，渗流的惯性力和渗流阻力相比可以忽略不计。所以渗流中可以只考虑压力、质量力与阻力的平衡。

若渗流压强为 p，流速在各方向分量为 u_x、u_y、u_z；单位质量流体所受的质量力与渗流阻力在各坐标轴方向的分力分别为 X、Y、Z 和 f_x、f_y、f_z，根据第 4 章的欧拉运动方程，可写出忽略惯性力的渗流运动微分方程为：

$$
\left.
\begin{aligned}
X-\frac{1}{\rho}\frac{\partial p}{\partial x}-f_x&=0\\
Y-\frac{1}{\rho}\frac{\partial p}{\partial y}-f_y&=0\\
Z-\frac{1}{\rho}\frac{\partial p}{\partial z}-f_z&=0
\end{aligned}
\right\}
\tag{10-43}
$$

若渗流符合达西定律，则可将式（10-42）代入式（10-43）得：

$$
\left.
\begin{aligned}
X-\frac{1}{\rho}\frac{\partial p}{\partial x}-\frac{g}{k}u_x&=0\\
Y-\frac{1}{\rho}\frac{\partial p}{\partial y}-\frac{g}{k}u_y&=0\\
Z-\frac{1}{\rho}\frac{\partial p}{\partial z}-\frac{g}{k}u_z&=0
\end{aligned}
\right\}
\tag{10-44}
$$

若质量力只有重力（$Z=-g$，$X=Y=0$），而且渗流中总水头等于测压管水头 $\left(H=z+\dfrac{p}{\rho g}\right)$，则式（10-44）可化简为：

$$
\left.
\begin{aligned}
u_x&=-k\frac{\partial H}{\partial x}\\
u_y&=-k\frac{\partial H}{\partial y}\\
u_z&=-k\frac{\partial H}{\partial z}
\end{aligned}
\right\}
\tag{10-45}
$$

式（10-45）即地下水渗流的运动方程。该式也可从达西定律直接引申而来。

渗流的连续性方程（10-41）和运动方程（10-45）所组成的方程组共有四个微分方程式，包含 u_x、u_y、u_z 和 H 四个未知函数。在一定的初始条件和边界条件下，求解此微分方程组，就可求得渗流流速场和水头场（或压强场）。

10.5.3 渗流的流速势与拉普拉斯方程

对于均质各向同性土，k 是常数，则式（10-45）中的 k 值可以放到偏导数里。如设

$$
\varphi=-kH
\tag{10-46}
$$

则渗流运动方程式可写为：

$$
\left.
\begin{aligned}
u_x&=\frac{\partial \varphi}{\partial x}\\
u_y&=\frac{\partial \varphi}{\partial y}\\
u_z&=\frac{\partial \varphi}{\partial z}
\end{aligned}
\right\}
\tag{10-47}
$$

由第 3 章得知，适合式（10-47）条件的流动称为势流，而函数 φ 就是渗流的流速势。因此，在重力作用下，均质各向同性土符合达西定律的渗流运动，可以看作是具有流速势

φ的一种势流。

将式（10-47）代入连续性方程式（10-41）得：

$$\frac{\partial^2 \varphi}{\partial x^2}+\frac{\partial^2 \varphi}{\partial y^2}+\frac{\partial^2 \varphi}{\partial z^2}=0 \qquad (10-48)$$

因$\varphi=-kH$，于是

$$\frac{\partial^2 H}{\partial x^2}+\frac{\partial^2 H}{\partial y^2}+\frac{\partial^2 H}{\partial z^2}=0 \qquad (10-49)$$

即水头函数H及流速势φ均适合于拉普拉斯方程式，H或φ均为调和函数。

可以证明，在恒定无压地下水渐变渗流中（水平不透水基底情况）另一函数$\varphi'=\frac{kH^2}{2}$也适合拉普拉斯方程式，即

$$\frac{\partial^2 \left(\frac{kH^2}{2}\right)}{\partial x}+\frac{\partial^2 \left(\frac{kH^2}{2}\right)}{\partial y}=0 \qquad (10-50)$$

综上所述，求解层流型地下水渗流场的问题，可以归结为结合问题的边界条件求解拉普拉斯方程的问题。

根据第 3 章知道，在地下水的平面势流中也应存在流函数$\psi(x,y)$，它也遵从拉普拉斯方程，即

$$\frac{\partial^2 \psi}{\partial x^2}+\frac{\partial^2 \psi}{\partial y^2}=0 \qquad (10-51)$$

且

$$\left.\begin{aligned} u_x &= \frac{\partial \psi}{\partial y} \\ u_y &= -\frac{\partial \psi}{\partial x} \end{aligned}\right\} \qquad (10-52)$$

φ和ψ之间存在有下列关系：

$$\left.\begin{aligned} \frac{\partial \varphi}{\partial x} &= \frac{\partial \psi}{\partial y} \\ \frac{\partial \varphi}{\partial y} &= -\frac{\partial \psi}{\partial x} \end{aligned}\right\} \qquad (10-53)$$

于是地下水平面势流的问题，也可应用流函数或流函数与势函数共同来求解。

10.5.4 边界条件的确定

在平面渗流问题中，一般有下列四种形式的边界条件。

1. 不透水边界

在不透水边界上，如图 10-13（a）的 1-2-3-4-5，AB 及图 10-13（b）中的 AB，液体不会穿过这些边界流动，而只是沿着这些边界而流动。即在这样的边界上，任一点渗透流速的法向分量为零（不存在法向分速）。设 n 和 t 代表法向和切向，则根据式

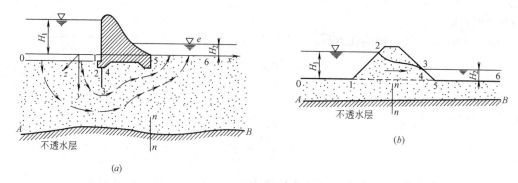

图 10-13　渗流问题的边界条件

（10-51）得：

$$\frac{\partial \varphi}{\partial n}=\frac{\partial \psi}{\partial t}=0 \qquad (10\text{-}54)$$

即在这些边界上，$\psi=$ 常数，因此不透水边界是一条流线。

2. 渗流边界

在如图 10-13（a）中的 0-1 及 5-6，图 10-13（b）中的 0-1-2 及 4-5-6 渗流边界上，由于压强可设为静水压强分布，则各点的势能头（即总能头）相等，所以渗流边界均为等水头线或等势线。如图 10-13（a）中的 0-1 边界，系水头为 H_1、流速势 $\varphi_1=-kH_1$ 的一条等势线；边界 5-6 则为水头为 H_2、$\varphi_2=-kH_2$ 的另一条等势线。

3. 浸润线

浸润线（如图 10-13b 中的 2-3 线）是流动区最上面的一根流线（$\psi=$ 常数）。很明显，在浸润线上各点压强均等于大气压，即 $p=0$。沿此线上，水头函数 $H=z$ 或流速势 $\varphi=-kz$，即浸润线上各点水头函数与其高程值相等。

4. 逸出边界

图 10-13（b）中浸润线末端 3 点称为逸出点，3-4 段则称为逸出边界。地下水由此段逸出后而不再具有地下水渗流的性质，它是一系列流线的逸出点的轨迹，因而不是一条流线。逸出边界上各点压强均为大气压，则线上各点的水头 $H=z$ 并不是常数，所以该线也不是一条等势线。

10.5.5　渗流场解法简介

在确定了边界条件之后，问题就在于如何求解满足拉普拉斯方程的势函数 φ 及流函数 ψ 了。渗流场中求解拉普拉斯方程的方法大致有以下四种类型：

1. 解析法

解析法即根据微分方程，结合具体边界条件，利用数学推导方法求得水头函数 H 或流速势 φ 的解析解，从而得到流速和压强场的分布函数。由于实际渗流问题的复杂性，用解析法所能求解的问题是很有限的。前面的土坝渗流等可简化为一维渐变渗流的问题的推导，也属于解析法的范畴。

2. 数值解法

实际工程渗流问题的边界条件常是很复杂的，当求不出解析解时，可以利用数值解法，其实质在于利用近似解法求得有关渗流要素在场内若干点上的数值。在现代，数值解法已成为求解各种复杂渗流问题的主要方法，其具体方法包括有限差分法、有限元法、边界元法、有限体积法、离散元法等。

3. 图解法

对于平面恒定渗流问题，可以采用绘制流网的方法求解。对于一般工程问题，该法简捷且能满足工程精度的要求，因而应用较普遍。

4. 实验法

采用按一定比例缩制的模型来模拟真实的渗流场，用实验手段测定渗流要素，可以模拟比较复杂的自然条件和各种影响因素。实验法一般有沙槽法、狭缝槽法和电比拟法。应用最广泛的是用电比拟法求渗流流网。

10.6 井 的 渗 流

井是一种汲取地下水或排水用的集水建筑物。根据水文地质条件，井可分为普通井（无压井）和承压井（自流井）两种基本类型。普通井也称为潜水井，指在地表含水层中汲取无压地下水的井。当井底直达不透水层称为完全井或完整井。如井底未达到不透水层则称为非完全井或非完整井。承压井指穿过一层或多层不透水层，而在有压的含水层中汲取有压地下水的井，它也可视井底是否直达不透水层而分为完全井和不完全井。

10.6.1 普通井

1. 完全普通井

水平不透水层上的完全普通井如图 10-14 所示，其含水层深度为 H，井的半径为 r_0。当不取水时，井内水面与原地下水的水位齐平。若从井内取水，则井中水位下降，四周地下水向井渗流，形成对于井中心垂直轴线对称的漏斗形浸润面。当含水层范围很大，从井中取水的流量不太大并保持恒定时，则井中水位 h_0 与浸润面位置均保持不变，井周围地下水的渗流成为恒定渗流。这时流向水井的渗流过水断面，成为一系列同心圆柱面（仅在井壁附近，过水断面与同心圆柱面有较大偏差），通过井轴中心线沿径向的任意剖面上，流动情况均相同。于是对于井周围的渗流，可以按恒定一元渐变渗流处理。

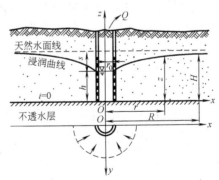

图 10-14 完全普通井渗流

取半径为 r，并与井同轴的圆柱面为过水断面，设该断面浸润线高度为 z（以不透水层表面为基准面），则过水断面面积为 $A = 2\pi rz$，断面上各处的水力坡度为 $J = \dfrac{\mathrm{d}z}{\mathrm{d}r}$。根据杜比公式，该渗流断面平均流速为：

$$v = k\frac{\mathrm{d}z}{\mathrm{d}r}$$

通过断面的渗流量为：

$$Q = Av = 2\pi rzk\frac{\mathrm{d}z}{\mathrm{d}r} \tag{10-55}$$

即

$$2z\mathrm{d}z = \frac{Q}{\pi k}\frac{\mathrm{d}r}{r}$$

经过所有同轴圆柱面的渗流量都等于井的出水流量，从 (r, z) 积分到井壁 (r_0, h)：

$$2\int_h^z z\mathrm{d}z = \frac{Q}{\pi k}\int_{r_0}^r \frac{\mathrm{d}r}{r}$$

得

$$z^2 - h^2 = \frac{Q}{\pi k}\ln\frac{r}{r_0} \tag{10-56}$$

由式（10-56）可以绘制沿井的径向剖面的浸润线。

浸润线在离井较远的地方逐步接近原有的地下水位。为计算井的出水量，引入井的影响半径 R 的概念：在浸润漏斗面上有半径 $r = R$ 的圆柱面，在 R 范围以外的区域，地下水面不受井中抽水影响，$z = H$，R 即称为井的影响半径。因此，完全普通井的产水量为：

$$Q = \frac{\pi k(H^2 - h^2)}{\ln\dfrac{R}{r_0}} \tag{10-57}$$

式（10-57）中，井中水深 h 不易测量，当抽水时地下水水面的最大降落 $S = H - h$ 称为水位降深。式（10-57）可改写为：

$$Q = \frac{2\pi kHS}{\ln\dfrac{R}{r_0}}\left(1 - \frac{S}{2H}\right) \tag{10-58}$$

当含水层很深时，$S/2H \ll 1$，式（10-58）可简化为：

$$Q = \frac{2\pi kHS}{\ln\dfrac{R}{r_0}} \tag{10-59}$$

影响半径 R 最好使用抽水试验测定。在初步计算中，可采用下列经验值估算：细粒土 $R = 100 \sim 200\mathrm{m}$；中粒土 $R = 250 \sim 700\mathrm{m}$；粗粒土 $R = 700 \sim 1000\mathrm{m}$。也可采用如下经验公式估算：

$$R = 3000S\sqrt{k} \tag{10-60}$$

式中，R、S 均以"m"计，k 以"m/s"计。

如果在井的附近有河流、湖泊、水库时，影响半径应采用由井至这些水体边缘的距离。对于极为重要的精确计算，最好用野外实测方法来确定影响半径。

除了抽水井外，工程中还存在将水注入地下的注水井（渗水井），主要应用于测定渗透系数和人工补给地下水以防止抽取地下水过多所引起的地面沉降。注水井与出水井的工作条件相反（$h > H$），浸润面成倒转漏斗形。对位于水平不透水层的完整普通井，其注水量公式与式（10-57）基本相同，只是将该式中的（$H^2 - h^2$）换为（$h^2 - H^2$）即可。

对于上述完全普通井，也可以通过势函数求解。由于井周围的渗流可视为无压渐变流，根据 10.5 节，在此种流动中存在有另一流速势 $\varphi' = \dfrac{kH^2}{2}$（这里 $z = H$），并满足拉普拉斯方程。根据上面的讨论，当从井中抽水并达到恒定流状态时，在井周围的测压管水头面将形成完全对称于水井中心轴线（即 Oz 轴）的漏头形曲面，从而等水头线（即等势线），将为以原点为中心的圆线，如图 10-14 下部所示（只画出该圆的一半）。显然，这种流动正是 xy 面上的典型的汇点问题，可以采用具有流速势 φ' 的汇点来代替普通水井，即有

$$\varphi' = \frac{kH^2}{2} = \frac{Q}{2\pi}\ln r + C$$

$$\frac{kH^2}{2} = \frac{Q}{2\pi}\ln r + C \tag{10-61}$$

当 $r = r_0$ 时，$H = h$，代入式（10-61）求得：

$$C = \frac{kh^2}{2} - \frac{Q}{2\pi}\ln r_0$$

将 C 再代入式（10-61），则得普通完全井的浸润线方程为：

$$H^2 - h^2 = \frac{Q}{\pi k}\ln\frac{r}{r_0} \tag{10-62}$$

把 $r = R$ 时，$H = H_0$ 的条件代入式（10-62）就可得到与式（10-57）完全相同的出水量表达式。

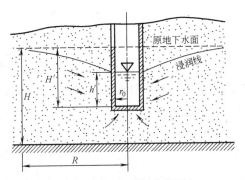

图 10-15　不完全普通井渗流

2. 不完全普通井

在工程实践中，时常建造一些井底不直达于基底的所谓不完全水井（图 10-15），在此种情况下，井的出水量不仅来自井壁，还来自井底，流动较为复杂，常用以下经验公式估算井的流量：

$$Q = \frac{\pi k (H'^2 - h'^2)}{\ln(R/r_0)}\left[1 + 7\sqrt{\frac{r_0}{2H'}}\cos\frac{\pi H'}{2H}\right] \tag{10-63}$$

式中　h'——井中水深；

　　　H'——原地下水面到井底的深度。

10.6.2　有压水井的渗流

当含水层位于两个不透水层之间时，则这种含水层内的渗透压力将大于大气压力，从而形成了所谓的有压含水层（或承压层）。从有压含水层取水的水井，一般叫作自流井，或称为承压井。

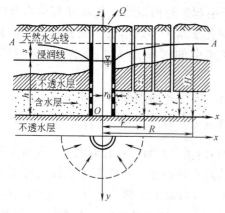

图 10-16　自流井的渗流

如图 10-16 所示为一自流井渗流层的纵断面，设渗流层具有水平不透水的基底和上顶，渗流层的均匀厚度为 t，完全井的半径为 r_0。当凿井穿过覆盖在含水层上的不透水层时，地下水位将上升到高度 H（图 10-16 中的 A-A 平面），H 为承压含水层的天然总水头。当从井中抽水并达到恒定流状态时，井内水深由 H 降至 h，在井周围的测压管水头面将下降形成一漏头形曲面。此时，和完全普通井一样，渗流仍可按一维渐变渗流来处理。

离井轴距离为 r 处的过水断面面积为 $A = 2\pi rt$，过水断面上的平均流速为 $v = k\dfrac{\mathrm{d}z}{\mathrm{d}r}$，因此渗流流量为：

$$Q = Av = 2\pi rtk\frac{\mathrm{d}z}{\mathrm{d}r}$$

式中　z——半径为 r 的过水断面的测压管水头。

将上式分离变量并从（r, z）到井壁积分得：

$$z - h = \frac{Q}{2\pi kt}\ln\frac{r}{r_0} \tag{10-64}$$

或

$$z - h = 0.37\frac{Q}{kt}\lg\frac{r}{r_0} \tag{10-65}$$

此即自流井的测压管水头线方程。同样引入影响半径 R 的概念，设 $r = R$ 时，$z = H$，则得完全自流井的出水量为：

$$Q = \frac{2\pi ktS}{\ln(R/r_0)} \text{ 或 } Q = \frac{2.73kt(H-h)}{\lg(R/r_0)} \tag{10-66}$$

影响半径 R 也可按照完全普通井的方法确定。

关于利用势函数推导式（10-66），读者可按照完全普通井中类似的方法推导，只不过这里的势函数为 $\varphi = kH$。

10.6.3　井群

多个单井组合成的抽水系统称为井群（图 10-17）。井群用来汲取地下水或降低地下水水位。按井深和井所处的位置，井群可分为潜水井井群和承压井井群。井群各井之间的距离一般不大，则当井群工作时，各井之间相互影响，渗透区将形成很复杂的浸润曲面，井群的水力计算也比单井复杂得多。这里利用势流叠加原理来研究完全普通井井群。

如图 10-17 所示，假设有 n 个完全普通井，距 A 点的距离分别分 r_1，r_2，$r_3 \cdots r_n$；井半径分别为 r_{01}，r_{02}，

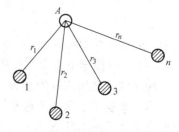

图 10-17　井群渗流示意图

$r_{03} \cdots r_{0n}$，产水量分别为 Q_1，Q_2，$Q_3 \cdots Q_n$，当各单井工作时，其流速势为：

$$\varphi_1 = \frac{kH_1^2}{2}, \quad \varphi_2 = \frac{kH_2^2}{2}, \quad \varphi_3 = \frac{kH_3^2}{2} \cdots \varphi_n = \frac{kH_n^2}{2}$$

当井群工作时，其流速势符合平面势流叠加原理，即对各流速势求和，有

$$\varphi = \sum_i^n \varphi_i$$

若单井单独工作时，井内水深分别为 h_1，$h_2 \cdots h_n$，它们的浸润线在 A 点的深度分别为 z_1，z_2，$z_3 \cdots z_n$，由式（10-56）有

$$z_i^2 - h_i^2 = \frac{Q_i}{\pi k} \ln \frac{r_i}{r_{0i}} \tag{10-67}$$

井群工作时，必然有一个共有的浸润面，每个井抽水对 A 点的浸润线深度 z 都有影响，按势流叠加原理，即对 z 求和，得出普通井群对 A 点水位降深的计算公式为：

$$z^2 = \sum_{i=1}^n z_i^2 = \sum_{i=1}^n \left(\frac{Q_i}{\pi k} \ln \frac{r}{r_{0i}} + h_i^2 \right) \tag{10-68}$$

若每个井的流量相同，即 $Q_1 = Q_2 = Q_3 = \cdots Q_n = Q$，$Q_0 = nQ$，$Q_0$ 为总抽水量，则

$$z^2 = \frac{Q}{\pi k} [\ln(r_1 \cdot r_2 \cdot r_3 \cdots r_n) - \ln(r_{01} \cdot r_{02} \cdot r_{03} \cdots r_{0n})] + nh^2 \tag{10-69}$$

若各井与 A 点相距较远，$r_1 = r_2 = r_3 = \cdots r_n = R$，$z = H$，则式（10-69）改写为：

$$H^2 = \frac{Q}{\pi k} [n\ln R - \ln(r_{01} \cdot r_{02} \cdot r_{03} \cdots r_{0n})] + nh^2 \tag{10-70}$$

式（10-69）、式（10-70）都含有 nh^2，所以，二式联立

$$z^2 - \frac{Q}{\pi k} [\ln(r_1, r_2, r_3 \cdots r_n) - \ln(r_{01} \cdot r_{02} \cdot r_{03} \cdots r_{0n})]$$

$$= H^2 - \frac{Q}{\pi k} [n\ln R - \ln(r_{01}, r_{02}, r_{03} \cdots r_{0n})]$$

则

$$z^2 = H^2 - \frac{Q_0}{\pi k} \left[\ln R - \frac{1}{n} \ln(r_1 \cdot r_2 \cdot r_3 \cdots r_n) \right] \tag{10-71}$$

总抽水量公式为：

$$Q_0 = nQ = \frac{\pi k(H^2 - z^2)}{\ln R - \dfrac{1}{n} \ln(r_1 \cdot r_2 \cdot r_3 \cdots r_n)} \tag{10-72}$$

式（10-71）可以求解 A 点处的水位降深 $s = H - z$，式（10-72）也可以用来求解井群的抽水量。

10.6.4　关于水井问题的一些补充说明

1. 关于普通水井浸润线的问题

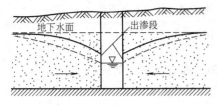

图 10-18　完全普通井实际浸润线

根据理论推导出的完全普通水井浸润线方程式（10-56）所给出的浸润线如图 10-18 虚线所示。但实际的浸润线比理论的稍高，如图 10-18 中实线所示，并存在有一出渗段。这主要是理论推导中关于渐变渗流的假定在靠近井壁周围已不正确的缘故。

2. 渗透系数 k 的现场求法

渗透系数可通过现场对单井或井群进行抽水（或压水）试验测量，将所观测得的 Q、H、R_0、r_0、h 等值，代入有关公式中即可求 k 值。但应注意在抽水试验时，须待地下水流稳定后，再进行观测，否则将得出不可靠的结果。

【例 10-3】 为降低基坑中的地下水水位，在基坑周围设置了六个普通完全井的井群，其分布如图 10-19 所示。长方形长边长 50m，短边长 20m。总抽水量 $Q_0 = 90\text{L/s}$，井半径 $r_0 = 0.1\text{m}$，渗透系数 $k = 0.001\text{m/s}$，不透水层水平，含水层 $H = 10\text{m}$，影响半径 $R = 500\text{m}$。求基坑 a、b、c 点的地下水位。

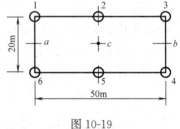

图 10-19

【解】 由图 10-19 可知，c 点距各井的距离：

$$r_1 = \sqrt{10^2 + 25^2} = 26.9\text{m}$$

$$r_1 = r_3 = r_4 = r_6 = 26.9\text{m}, \quad r_2 = r_5 = 10\text{m}$$

代入式（10-71）得：

$$z_c^2 = 10^2 - \frac{0.09}{3.14 \times 0.001} - \left[\ln 500 - \frac{1}{6}\ln(10^2 \times 26.9^4)\right] = 6.95\text{m}$$

$$z_c = \sqrt{6.95} = 2.64\text{m}$$

又，a 点距各井距离

$$r_1 = r_6 = 10\text{m} \quad r_2 = r_5 = \sqrt{10^2 + 25^2} = 26.9\text{m}$$

$$r_3 = r_4 = \sqrt{10^2 + 50^2} = 51.0\text{m}$$

代入式（10-71）得：

$$z_a^2 = 10^2 - \frac{0.09}{3.14 \times 0.001}\left(\ln 500 - \frac{1}{6}\ln(10^2 \cdot 26.9^2 \cdot 51^2)\right) = 13.04\text{m}$$

$$z_a = \sqrt{13.04} = 3.61\text{m}, \quad z_b = z_a = 3.61\text{m}$$

通过计算各点水位，可知井群工作时，地下水位降低情况。

10.7　求解渗流问题的流网法

满足达西定律的地下水渗流可以作为一种势流来处理，平面渗流即平面势流，因此可以采用流网法（见第 3 章）求解平面渗流。

流网由多条等势线和流线构成。为了利用流网求解渗流问题，在绘流网时，可有选择地来画等势线和流线，其选择原则如下：

282

（1）任何相邻的两流线之间通过的流量 Δq 均相等，即

$$q=(m-1)\Delta q \quad (m \text{ 为含边界流线在内的流线总条数})$$

（2）任何相邻的两等势线（等水头线）的势函数差 $\Delta \varphi$ 也均相等，即任何相邻的两等势线的水头差 $\Delta H=\dfrac{H_1-H_2}{n-1}$，其中 n 为含边界等势线在内的等势线总条数。

可以证明，这样绘出的流网，其每个网眼均具有正方形的特性（每个网眼四边相等，四角成正交，对角线正交），但一般 Δq 不是无限小，而是有一定大小的量，因此流网只能具有扭曲的正方形形状。

在渗流区流函数 $\psi(x，y)$ 及流速势函数 $\varphi(x，y)$ 未知的情况下，可以按照给定的边界条件，试绘出每个网眼均为正方形或扭曲正方形的流网，则这个流网图形就是该渗流区的解答。

如图 10-20 所示为一按照上述原则试绘好的闸门地基中的平面有压渗流的流网。c_1 为该流网的第一根等势线（等水头线），其水头 $H=H_1$（以入渗床面为基准面）；c_2 为最末一根等水头线，其水头 $H=H_2$，上、下游水头差为 $H_k=H_1-H_2$；c_0 为建筑物地下（包括板桩）轮廓线，是不透水边界，即是第一根流线；c_3 为地下不透水边界，也即是最末一根流线。

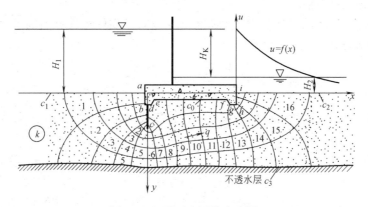

图 10-20　平面有压渗流流网

设 c_0 及 c_3 之间通过的渗透流量为 q（单宽流量），图 10-20 流网的每个网眼均为扭曲正方形（仅在边界突然改变方向的地方，有不太规则的网格出现，不影响整体精度），此流网就是该渗流的解答。因此，可应用该流网求解渗流流速、流量和压强。

1. 渗透流速 u 的确定

计算渗流区中某一网格内的渗流流速。可以从图中量出该网格的平均流线长度 Δs，然后找出渗流在该网格内的水头差 ΔH，就可得到该网格渗流的平均水力坡度 $J=-\dfrac{\Delta H}{\Delta s}$，从而根据 $u=kJ$ 可得到该网格渗流流速。

根据流网性质，任意两条等势线间的水头差均为：

$$\Delta H=-\frac{H_1-H_2}{n-1}=-\frac{H_k}{n-1} \tag{10-73}$$

因此得网格的渗流流速为：

$$u = kJ = -k\frac{\Delta H}{\Delta s} = \frac{kH_k}{(n-1)\Delta s} \tag{10-74}$$

2. 渗流流量 q 的确定

对于任意计算网格，设通过该网格两相邻流线间的流量为 Δq，网格等势线之间的宽度为 Δb，则

$$\Delta q = u\Delta b = \frac{kH_k}{(n-1)\Delta s}\Delta b \tag{10-75}$$

根据流网性质，各网格的渗流量均相等，因此得整个渗流区的单宽渗流量为：

$$q = (m-1)\Delta q = \frac{kH_k(m-1)}{(n-1)\Delta s}\Delta b \tag{10-76}$$

考虑到网格基本接近正方形，有

$$q = \frac{(m-1)}{(n-1)}k(H_1 - H_2) \tag{10-77}$$

m 和 n 的意义前面已有说明，在本例中 $m=6$，$n=17$。

3. 渗流压强 p 的确定

在如图 10-20 所示的坐标系中，设水头基准线向下到任意计算点的垂直距离为 y，则作用在该点的渗流压强为：

$$\frac{p}{\rho g} = H + y \tag{10-78}$$

式（10-78）中水头 H 可以根据该点所在等势线的位置求得，从上游算起的第 i 条等势线的渗流水头为：

$$H = H_1 - \frac{i-1}{n-1}H_k \tag{10-79}$$

由此得

$$\frac{p}{\rho g} = (H_1 + y) - (i-1)\Delta H \tag{10-80}$$

式（10-80）中等号右边第一项表示所求点在上游液面下的深度，第二项则表示上游河床入渗水流到达该点所在等势线处的水头损失。这表明渗流区内任意点的动水压强等于从上游液面算起的该点静水压强减去由入渗点至该点的水头损失。当计算点不在等势线上时，可进一步在计算点所在网格内绘小的流网，从而获得可用非整数近似的 i 值。

流网法也可用于解无压渗流问题，但由于需同时确定浸润线，因而较麻烦，工程上较少采用。

【例 10-4】 如图 10-20，闸门上、下游水位分别为 25m 和 5m，基床渗流系数 $k=0.005$cm/s。根据边界条件绘出图示流网，流线数为 6，等势线数为 17。试求：（1）单宽渗流流量 q。（2）试求建筑物基底面上各点 a、b、c、d、e、f、g、h、i 的渗流压力。（3）基底下游河底处上渗的渗流流速。

【解】 (1) 流线数 $m=6$，等势线数 $n=17$，根据式（10-76）得单宽渗流流量为：

$$q=\frac{(m-1)}{(n-1)}k(H_1-H_2)=\frac{6-1}{17-1}\times0.00005\times(25-5)=3.1\times10^{-4}\,\mathrm{m^3/(m\cdot s)}$$

（2）a、b、c、d、e、f、g、h、i 为底板轮廓线转折处各点，求得这些点上的渗流压强，即可积分求得建筑物底板上总渗透压力。根据式（10-79）$p/\rho g=(H_1+y)-(i-1)\Delta H$，而 $\Delta H=1.25\mathrm{m}$，可得到如表 10-2 所示的各点压强。

建筑物底板上各点压强计算   表 10-2

点　　号	a	b	c	d	e	f	g	h	i
$y(\mathrm{m})$	0	1.5	5.0	1.5	0.8	0.8	1.5	1.5	0
等势线位置 i	1	2.1	6	8.4	8.6	12.6	13	15	17
水头损失 $(i-1)\Delta H$ (m)	0	1.38	6.25	9.25	9.50	14.50	15.00	17.50	20.00
渗流压强 ρg(m)	25	25.13	23.75	17.25	16.30	11.30	11.50	9.00	5.00

（3）如图 10-20 所示，下游河底线是第 17 条等势线。在该流段范围内，沿各流线的平均渗流流速可以认为是该流线与下游河底交点处的渗流流速，由式（10-74）知：

$$u=kJ=k\frac{\Delta H}{\Delta s}$$

下游河底各网格流线平均长度分别约为 $\Delta s=0.6$、1.0、1.6 和 $4.0\mathrm{m}$，因此计算得到第 1~4 根流线与河底交点处的流速分别为 $u=1.04\times10^{-3}$、6.25×10^{-4}、3.91×10^{-4} 和 $1.56\times10^{-4}\mathrm{m/s}$。根据河底流速可以进一步估算孔隙中的平均流速，从而判断河底土颗粒是否稳定。

10.8 水电比拟法

符合达西定律的恒定渗流场可以用流速势函数来描述，势函数满足拉普拉斯方程，在导体中的电流场也可用拉普拉斯方程描述，这个事实表明渗流和电流现象之间存在着比拟关系。利用这种关系，可以通过对电流场中电学量的测量来解答渗流问题，这种试验方法称为水电比拟法，由巴甫洛夫斯基于 1918 年首创。水电比拟法简易可行，曾经得到广泛应用。

10.8.1 水电比拟法的原理

根据物理学中的欧姆定律，电流密度向量 i 在空间坐标轴上的三个投影为：

$$i_x=-\sigma\frac{\partial V}{\partial x},\ i_y=-\sigma\frac{\partial V}{\partial y},\ i_z=-\sigma\frac{\partial V}{\partial z} \tag{10-81}$$

式中　σ——电场中导电介质的电导系数；

　　　V——电位势。

根据克希荷夫第一定律，电流的连续性方程为：

$$\frac{\partial i_x}{\partial x}+\frac{\partial i_y}{\partial y}+\frac{\partial i_z}{\partial z}=0 \tag{10-82}$$

由式（10-81）和式（10-82）可得：

$$\frac{\partial^2 V}{\partial x^2} + \frac{\partial^2 V}{\partial y^2} + \frac{\partial^2 V}{\partial z^2} = 0 \qquad (10\text{-}83)$$

由此可见，在电场中的电位势 V 和渗流场中的水头 H 一样，都满足拉普拉斯方程。因此，电场中的物理量和渗流场中的渗流要素存在着一系列类比关系，两者的对比见表 10-3。

渗流场与电流场的比拟 表 10-3

电　流　场	渗　流　场
电势 V	水头 H
电流密度 i	渗透流速 u
电导系数 σ	渗透系数 k
欧姆定律： $i_x = -\sigma\dfrac{\partial V}{\partial x}, i_y = -\sigma\dfrac{\partial V}{\partial y}, i_z = -\sigma\dfrac{\partial V}{\partial z}$	达西定律： $u_x = -k\dfrac{\partial H}{\partial x}, u_y = -k\dfrac{\partial H}{\partial y}, u_z = -k\dfrac{\partial H}{\partial z}$
电位函数的拉普拉斯方程： $\dfrac{\partial^2 V}{\partial x^2} + \dfrac{\partial^2 V}{\partial y^2} + \dfrac{\partial^2 V}{\partial z^2} = 0$	水头函数的拉普拉斯方程： $\dfrac{\partial^2 H}{\partial x^2} + \dfrac{\partial^2 H}{\partial y^2} + \dfrac{\partial^2 H}{\partial z^2} = 0$
克希荷夫第一定律(电荷守恒)： $\dfrac{\partial i_x}{\partial x} + \dfrac{\partial i_y}{\partial y} + \dfrac{\partial i_z}{\partial z} = 0$	连续性方程(质量守恒)： $\dfrac{\partial u_x}{\partial x} + \dfrac{\partial u_y}{\partial y} + \dfrac{\partial u_z}{\partial z} = 0$
电流强度 I	渗透流量 Q
电流通过的横断面面积 A	渗流通过的横断面面积 A
等电位线 V＝常数	等水头线 H＝常数
绝缘边界条件： $\dfrac{\partial V}{\partial n} = 0$ (n 为绝缘边界的法线)	不透水边界条件： $\dfrac{\partial H}{\partial n} = 0$ (n 为不透水边界的法线)

基于上述比拟关系，如果用导电材料做成的模型与渗流区域做到几何形状相似、边界条件相似和电导系数与渗透系数相似，则通过电流场中测得的等电位线便可得到渗流场中的等水头线（等势线）。这样，我们就可以通过电流的实验来得到渗流问题的解答。而进行电流的实验在技术上比直接进行地下水渗流模型实验要容易得多。水电比拟实验可以解决平面问题，也可以解决空间问题。

10.8.2 模型的制作及实验方法

在进行恒定渗流电模拟实验时，根据以上论述，必须满足下列相似条件：

1. 渗流区和电拟模型的外部边界应当在几何上相似；

2. 在渗流区和电拟模型的相应边界处，水头和电位的边界条件应当一一对应；

3. 对具有不同渗水层（即 k 不同）的渗流区，应当在电拟模型中划分出具有不同导电系数的（电导介质的）区域，并互相隔开，保持通路，其介质导电系数 σ 应与相应土层的渗透系数 k 遵守以下关系：

$$\frac{\sigma_1}{k_1}=\frac{\sigma_2}{k_2}=\cdots=\frac{\sigma_n}{k_n} \qquad (10\text{-}84)$$

式中　k_1、k_2、$\cdots k_n$——各渗水层的渗透系数；

　　　σ_1、σ_2、$\cdots \sigma_n$——电拟模型中相应各渗水层的导电介质的电导系数。若是均质土壤中的渗流，则电拟模型中的导电系数可以是任意的。

根据以上论述，可以把渗流区域变成电模型来处理，如图 10-21 所示。若要测得原型渗流区的等水头线分布（图 10-21a），可制作一个与原型边界相似的电模型（如图 10-21b），其电路的连接如图 10-21（b）上方所示。电模型的绝缘边界常用木材、塑料、胶木或橡皮泥等制作。导电的等势面（线）则常用黄铜或紫铜片制成。电模型电流区域中常用的导电材料有导电液、胶质石墨、凝胶、导电纸等。

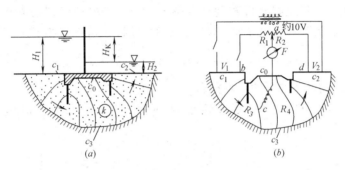

图 10-21　渗流问题转换为电流模型

（a）断面图；（b）电模型

电模型中的电测系统包括两个部分，即电源部分和量测部分（图 10-21b）。由于常用的导电液电拟模型为离子导电，为了防止模型中发生有害电化学现象，所以采用交流电源，一般通过音频振荡器供给，其频率采用 $500\sim2000\mathrm{Hz}$。在某些情况下（当导电液浓度很小，不易产生电解）也可不用振荡器，而直接用变压器降压后供给模型交流电源。为了满足实验操作的安全性和模型电场应有的强度，供给模型极板两端的电压一般采用 10V 左右。

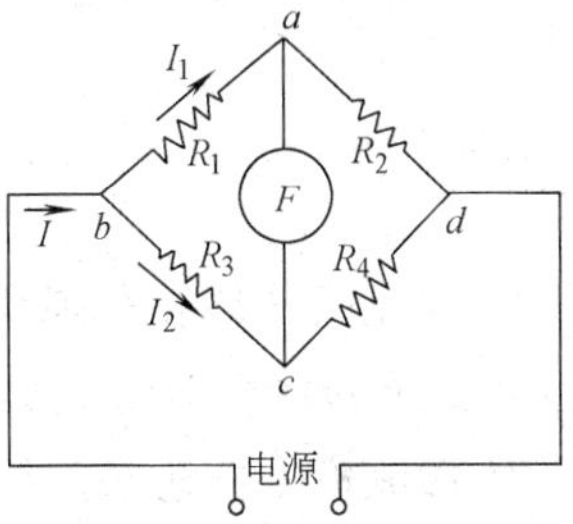

测量电路按照惠更斯电桥原理组成，如图 10-22。此桥路由 $R_1\sim R_4$ 四个电阻和一根测针及零点指示器 F 组成。R_1 及 R_2 均为可变电阻，c 点是测针触点在模型中的位置，而 R_3 和 R_4 分别为从 b 点到测针触点 c 和从 c 点到 d 点之间的电阻。

图 10-22　水电比拟的测量电路

当 R_1 和 R_2 的值固定后（即固定了 R_1 和 R_2 的比例）。移动测针触点在模型中的位置，当电桥的零点指示器表明无电流通过时，则根据惠更斯电桥原理得：

$$\frac{R_1}{R_2}=\frac{R_3}{R_4}=\frac{V_1-V_c}{V_c-V_2}$$

即

$$\frac{R_1}{R_1+R_2}=\frac{V_1-V_c}{V_1-V_2} \qquad (10\text{-}85)$$

这样，我们就可以在此电阻 R_1 和 R_2 的比例下，把测针触点在导电液中移动，于电桥平衡状态下找出一系列的点，把这些点连成曲线即为等位线。欲得到不同的等位线，只需调整 R_1 和（R_1+R_2）的比例即可测得。

等电位线即等水头线，由此可以进一步通过作图法而绘出渗流场的流网。

在做渗流的电比拟模型时，如渗流区下面有不透水底层（图 10-23），则电拟模型段长度 L 可取为：

$$L=B+(3\sim4)T \tag{10-86}$$

式中 B——建筑物地下部分水平投影长度；

T——不透水底层的埋深。

如不透水底层离建筑物底板甚远时（图 10-24），则电拟模型的流动区可取为以建筑物地下部分的中心为圆心、以 r 为半径所绘出的半圆，r 可近似按下式计算：

$$r=1.5B \quad 或 \quad r=3S \tag{10-87}$$

式中 S——建筑物地下部分的铅垂投影。

水电比拟法也可以应用到空间渗流问题和非恒定渗流问题，但都比较复杂，这里不再介绍。

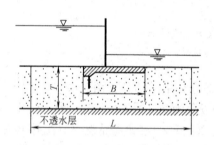

图 10-23 具有不透水底层的渗流

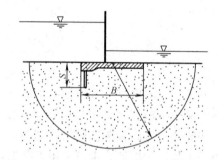

图 10-24 不透水底层距建筑物底板较远的渗流

本 章 小 结

1. 渗流指液体在孔隙介质中的流动，工程中的渗流主要研究重力水在土颗粒孔隙中的运动，土的特性对渗流具有重要影响。

2. 渗流模型假想渗流区全部空间都由水所充满，渗流变为整个空间的连续介质运动，渗流问题即可以利用研究管流、明渠水流时建立的理论处理。渗流模型的边界条件应与实际渗流区相同，其流量与实际渗流区渗流量应相等，对应点压强、对应流段内水头损失等均应相等。渗流模型的流速小于实际渗流流速。

3. 达西定律是描述渗流运动的基本定律，是通过实验总结出来的，它可以采用断面平均流速的形式表示为 $v=kJ$，也可以推广至过水断面上任一点流速表达式 $u=kJ=-kdH/ds$。达西定律只适用于层流渗流。

4. 地下水的运动和地表水一样，可以分为均匀渗流和非均匀渗流，非均匀渗流又可分为渐变渗流和急变渗流。

5. 均匀渗流中所有的基元流束都是平行的直线，渗流断面上各点测压管水头为常数，浸润线就是测压管水头线。均匀渗流断面上各点渗透流速呈均匀分布，都等于断面平均流速，即 $u=v=ki$，而且各断面平均流速也是相同的。

6. 非均匀渐变渗流断面上的渗透流速服从杜比公式，即 $v=u=-k\mathrm{d}H/\mathrm{d}s$，但断面上的流速大小是沿程变化的。

7. 从杜比公式出发可以导出地下水无压恒定非均匀渐变渗流的基本微分方程式 $Q=kA\left(i-\dfrac{\mathrm{d}h}{\mathrm{d}s}\right)$，利用该式可以对渐变渗流浸润线进行定性分析和定量计算。在非均匀渐变渗流中，和明渠恒定非均匀流水面线一样，浸润线可以是降水曲线，也可以是壅水曲线。但由于地下水渗流的流速水头可忽略，故在渗流中不存在临界水深 h_k 的问题，临界底坡、缓坡、陡坡；急流、缓流、临界流的概念不复存在。

8. 正坡地下水渗流的浸润线，根据上、下游水深不同可以有降水和壅水曲线两种情况，平底和逆坡则只有降水曲线，这些浸润线分别可以采用不同浸润线方程描述。

9. 通过一维渐变渗流的公式和解析方法可以获得一些实际问题的解答，如均质土坝、井、集水廊道等。

10. 对于更为复杂的实际渗流问题，则需要通过求解渗流场来描述。由于渗流中土颗粒对流动的阻力均匀分布在渗流区内，渗流阻力可视为体积力，从渗流运动的连续性方程和运动方程从发，可以推导出均质各向同性土符合达西定律的渗流可以看作势流。渗流的描述可以通过求解满足拉普拉斯方程的流速势 φ 来进行。

11. 为了求解渗流场，需要给出合理的渗流边界条件，这些边界包括：不透水边界、入渗边界、浸润线边界和逸出边界。

12. 渗流问题的求解除了解析法和数值方法外，还可以通过图解法和实验法求解。通过绘制流网求解平面渗流问题，就是求解渗流的图解法。画出流网后，可以进行渗流计算，确定渗流流速、流量和压强。

13. 水电比拟法是求解渗流问题的一种简易可行的实验方法，它利用渗流场与电场之间存在的比拟关系，将渗流问题转化为电流场问题求解。

思 考 题

10-1 何谓渗流模型？为什么要引入这一概念？渗流中所指的流速是哪种流速？它与真实流速有何联系？

10-2 试比较达西定律与杜比公式的异同点及应用条件。

10-3 渗透系数的物理意义是什么？影响渗透系数的因素有哪些？

10-4 棱柱形渠道水面曲线有 12 条，而地下水渐变渗流的浸润线只有 4 条，为什么？

10-5 现有两个建在不透水地基上的尺寸完全相同的均质土坝，试问：（1）两坝的上下游水位相同，但渗透系数不同，两者的浸润线是否相同？为什么？（2）如果两坝的上、下游水位不同，而其他条件相同，浸润线是否相同？为什么？（3）浸润线是流线还是等势线？为什么？

10-6 根据对液体微团运动的分析，地下水层流运动应该为有旋运动，为什么可将地下水的渗流运动看作势流？

10-7 什么叫完全井与不完全井？什么是井的影响半径？自流井有没有影响半径？

10-8 现有两个建在透水地基上的水闸，试问：（1）两水闸的地下轮廓线相同，渗透系数相同，但作用水头不同，流网是否相同？为什么？（2）两水闸的地下轮廓线相同，上、下游水位也相同，但渗透系数不同，流网是否相同？为什么？

习　题

10-1 在实验室中用达西实验装置测定某土样的渗透系数时，已知圆筒直径 $D=20\text{cm}$，两测压管间距 $l=40\text{cm}$，两测压管的水头差 $H_1-H_2=20\text{cm}$，经过一昼夜测得渗透水量为 0.024m^3，试求该土样的渗透系数 k。

10-2 已知渐变渗流浸润线在某一过水断面上的坡度为 0.005，渗透系数为 0.004 cm/s，试求过水断面上的点渗流流速及断面平均流速。

10-3 某铁路路基为了降低地下水位，在路基侧边设置集水廊道（称为渗沟）以降低地下水位。已知含水层厚度 $H=2\text{m}$，渗沟中水深 $h=0.3\text{m}$，两侧土为亚砂土，渗透系数为 $k=0.0025\text{cm/s}$，试计算从两侧流入 100m 长渗沟的流量。

10-4 某处地质剖面如图 10-25 所示。河道左岸为透水层，其渗透系数为 0.002cm/s，不透水层底坡坡度为 0.005。距离河道 1000m 处的地下水深为 2.5m。今在该河修建一水库，修建前河中水深为 1m；修建后河中水位抬高了 10m，设距离 1000m 处的原地下水位仍保持不变。试计算建库前和建库后的单宽渗流量。

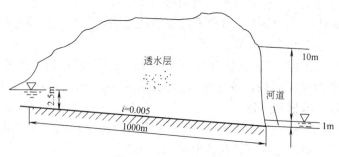

图 10-25　习题 10-4 图

10-5 某均质土坝建于水平不透水地基上，如图 10-26 所示。坝高为 17m，上游水深 $H_1=15\text{m}$，下游水深 $H_2=2\text{m}$，上游边坡系数 $m_1=3$，下游边坡系数 $m_2=2$，坝顶宽 $b=6\text{m}$，坝身土的渗透系数 $k=0.001\text{cm/s}$。试计算坝身的单宽渗流量并绘出浸润线。

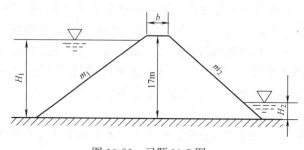

图 10-26　习题 10-5 图

10-6 对承压井进行抽水试验确定土的渗透系数时，在距离井轴分别为 10m 和 30m 处各钻一观测孔，当承压井抽水后，两个观测孔中水位分别下降了 42cm 和 20cm。承压井含水层厚度为 6m，稳定抽水流量为 24m³/h，求土的渗透系数。

10-7 某工地欲打一完全普通井取水，已测得不透水层为平底，井的半径 $r_0 = 0.15m$，含水层厚度为 $H_0 = 6m$，土为细砂，实测渗透系数 $k = 0.001cm/s$。试计算当井中水深 h_0 不小于 2m 时的最大出水量，并算出井中水位与出水量的关系。

10-8 如图 10-27 所示，为降低基坑中的地下水位，在长方形基坑长 60m、宽 40m 的周线上布置 8 眼完全普通井，各井抽水流量相同，井群总抽水量为 $Q_0 = 40L/s$，含水层厚度 $H = 10m$，渗透系 $k = 0.01cm/s$，井群的影响半径为 500m。试求基坑中心点 O 的地下水位下降高度。若将上述 8 个井布置在面积为 2400m² 的圆周上，试求圆周中心点的地下水位下降高度。

10-9 某闸的剖面如图 10-28 所示。现已绘出流网，并已知渗透系数 $k = 0.002cm/s$，各已知高程如图所注。试求单宽渗流量，并求出 B 点的压强水头。

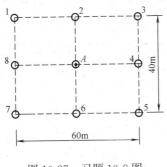

图 10-27 习题 10-8 图

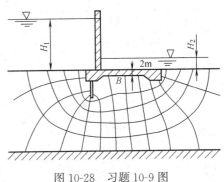

图 10-28 习题 10-9 图

附录 A 常用单位换算表

a. 基本单位（附表 A-a）

基 本 单 位 表

国际单位制			工程单位制		
基本物理量	单位名称及符号	量纲	基本物理量	单位名称及符号	量纲
长度	米(m)	L	长度	米(m)	L
时间	秒(s)	T	时间	秒(s)	T
质量	千克(kg)	M	力	公斤力(kgf)	F

注：国际单位制中，长度、时间、质量构成一组基本量，其余量为导出量；工程单位制中，长度、时间、力构成一组基本量，其余量为导出量。

b. 单位换算关系（附表 A-b）

单位换算关系表

物理量	国际单位制		工程单位制		换算关系
	单位名称及符号	量纲	单位名称及符号	量纲	
质量	千克(kg)	M	公斤力·秒²/米 (kgf·s²/m)	FT^2L^{-1}	1kgf·s²/m＝9.807kg 1kg＝0.102kgf·s²/m
力	牛顿(N)	MLT^{-2}	公斤力(kgf)	F	1kgf＝9.807N 1N＝0.102kgf
密度	千克每立方米 (kg/m³)	ML^{-3}	公斤力·秒²/米⁴ (kgf·s²/m⁴)	FT^2L^{-4}	1kgf·s²/m⁴＝9.807kg/m³ 1kg/m³＝0.102kgf·s²/m⁴
动力黏滞系数	帕斯卡秒(Pa·s) 1Pa·s＝1N·s/m²	$ML^{-1}T^{-1}$	公斤力·秒/米² (kgf·s/m²)	FTL^{-2}	1kgf·s/m²＝9.807Pa·s
运动黏滞系数	平方米每秒 (m²/s)	L^2T^{-1}	*厘米²/秒(cm²/s) 斯托克斯(St) 1St＝1cm²/s	L^2T^{-1}	1St＝10⁻⁴m²/s
压强、应力	帕斯卡(Pa) 千帕(kPa) 1Pa＝1N/m²	$ML^{-1}T^{-2}$	公斤力/厘米²(kgf/cm²) 吨/米²(t/m²)	FL^{-2}	1kgf/cm²＝98.07kPa 1t/m²＝9.807kPa
功、能	焦耳(J) 1J＝1N·m	ML^2T^{-2}	公斤力·米(kgf·m)	FL	1J＝0.102kgf·m
功率	瓦(W) 千瓦(kW) 1W＝1J/s	ML^2T^{-3}	公斤力·米/秒(kgf·m/s) 马力(HP) 1HP＝75kgf·m/s	FLT^{-1}	1kgf·m/s＝9.807W 1W＝0.102kgf·m/s 1HP＝735.5W

* 该项为 cgs 单位制。

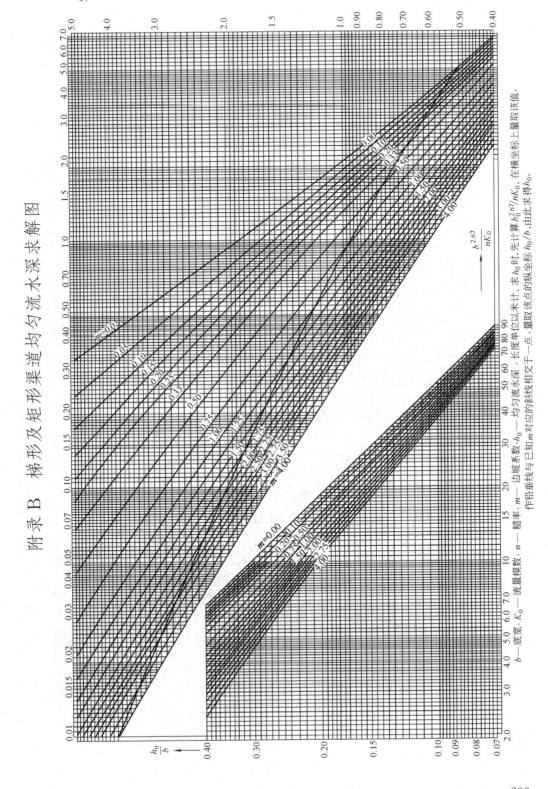

附录 B 梯形及矩形渠道均匀流水深求解图

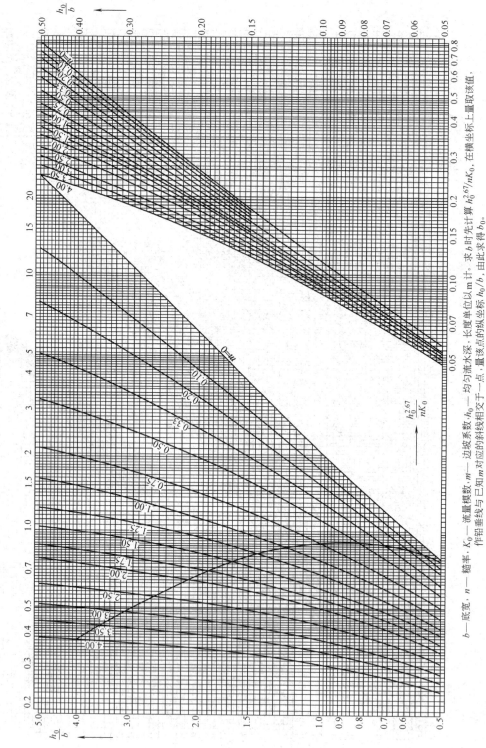

附录 C 梯形及矩形渠道均匀流底宽求解图

b—底宽，n—糙率，K_0—流量模数，m—边坡系数，h_0—均匀流水深，长度单位以 m 计。求 b 时先计算 $h_0^{2.67}/nK_0$，在横坐标上量取该值，作铅垂线与已知 m 对应的斜线相交于一点，量该点的纵坐标 h_0/b，由此求得 b_0。

参 考 文 献

[1] 天津大学水力学教研室. 水力学：上、下册. 北京：人民教育出版社，1980.
[2] 吴持恭主编. 水力学：上、下册. 北京：高等教育出版社，2003.
[3] 清华大学水力学教研组. 水力学：上册. 北京：人民教育出版社，1982.
[4] 闻德荪主编. 工程流体力学（水力学）：上下册. 北京：人民教育出版社，1991.
[5] 西南交通大学水力学教研室. 水力学. 第三版. 北京：高等教育出版社，1983.
[6] 夏震寰. 现代水力学：（一）控制流动的理论. 北京：高等教育出版社，1990.
[7] 周谟仁主编. 流体力学泵与风机. 北京：中国工业建筑出版社，1985.
[8] 大连工学院水力学教研室. 水力学解题指导及习题集. 北京：高等教育出版社，1984.
[9] 椿東一郎，荒木正夫. 水力学解题指导：上册. 杨景芳主译. 北京：高等教育出版社，1984.
[10] 武汉水利电力学院水力学教研室. 水力学：下册. 北京：人民教育出版社，1987.
[11] 李大美，杨小亭. 水力学. 武汉：武汉大学出版社，2004.
[12] 肖明葵主编. 水力学. 重庆：重庆大学出版社，2001.
[13] 莫乃榕，槐文信. 流体力学、水力学题解. 武汉：华中科技大学出版社，2002.
[14] John K. Venard, Robert L. Street. Elementary Fluid Mechenics. America：John Wiley & Sons, Inc. ，1976.
[15] Terry W. Sturm. Open Channel Hydraulics. McGraw-Hill，2001.